# INTRODUCCIÓN A LOS MÉTODOS MATEMÁTICOS EN BIOLOGÍA Y CIENCIAS AMBIENTALES

# INTRODUCCIÓN A LOS MÉTODOS MATEMÁTICOS EN BIOLOGÍA Y CIENCIAS AMBIENTALES

LUIS E. SOLÁ CONDE

Paraninfo

Paraninfo

**Introducción a los métodos matemáticos en biología y ciencias ambientales**


**Gerente Editorial**
María José López Raso

**Equipo Técnico Editorial**
Alicia Cerviño González
Paola Paz Otero

**Editora de Adquisiciones**
Carmen Lara Carmona

**Producción**
Nacho Cabal

**Diseño de cubierta**
Luis E. Solá Conde

**Maquetación**
Luis E. Solá Conde



C/ Velázquez, 31, 3° dcha. / 28001 Madrid, ESPAÑA
Teléfono: 902 995 240 / Fax: 914 456 218
clientes@paraninfo.es / www.paraninfo.es

ISBN: 978-84-283-3830-1
Depósito legal: M-5072-2016

(18653)

Impreso en España
Printed in Spain

**Impresión**
Liber Digital, S.L.

*A Mercedes, por su paciencia y cariño sin límites.*

# Índice general

# Índice de figuras

# Índice de tablas

# Prefacio

Este libro que ahora tienes en tus manos contiene una versión expandida de las notas de un curso de Matemáticas para los grados de Biología y Ciencias Ambientales que he venido impartiendo desde el curso 2009/10. La introducción de este nuevo grado, diseñado de acuerdo a los criterios del Plan Bolonia, supuso para mí la oportunidad de replantearme muchas ideas docentes, de embarcarme en un proyecto docente en el que yo mismo debía desarrollarme y, por qué no, me proporcionó una excusa para aprender yo mismo un poco de Biología, materia que siempre me ha parecido fascinante.

En algún momento de nuestra juventud, posiblemente hayamos tenido la imagen romántica del biólogo como enciclopedia viviente de conocimientos sobre la Naturaleza; caminando por paisajes de inusual belleza; examinando algunas muestras recogidas en alguno de sus viajes; tomando notas en un cuadernos en uno de los camarotes del Beagle; descubriendo nuevos microorganismos en una placa de Petri, en algún laboratorio.

> *... and I have taken some pains to estimate its probable minimum rate of natural increase...* [1]

Al igual que el resto de las ciencias, la Biología ha evolucionado a lo largo de los siglos y, queriendo hacerse más precisa, ha escrito muchos de sus resultados en forma de modelos matemáticos. El fin sigue siendo la descripción de la Naturaleza; los medios son todos los que puedan ayudar a responder nuestras preguntas: de la Química Orgánica a la Teoría de Autómatas, de las Ecuaciones Diferenciales a la Física Cuántica, la diversidad de herramientas que los biólogos usan es ilimitada.

Aunque obviamente no podemos tomar como meta el conocimiento de todas estas herramientas, resulta imprescindible que al menos conozcamos

[1] Charles Darwin (cf. [10]).

el lenguaje más básico en que se articulan. La Biología es, en muchos de sus aspectos, una ciencia cuantitativa: trabaja con cantidades que han de ser medidas de forma precisa y que se expresan numéricamente. Debemos entonces ser capaces de hacer cálculos que involucren estas cantidades, razonar con ellas. Estas cantidades pueden variar según las condiciones del sistema que estemos estudiando; de esta manera aparecen las variables, las funciones, los parámetros, los modelos matemáticos.

Algunas de las operaciones matemáticas que consideraremos en nuestro trabajo serán sencillas: sumas, multiplicaciones, etc. Problemas más complejos requerirán, en cambio, procedimientos matemáticos más elaborados. Según nuestro conocimiento de la naturaleza se hace más profundo, requeriremos herramientas matemáticas más sofisticadas. Un ejemplo en este sentido es la Estadística, una de las ramas de las Matemáticas de mayor utilidad para el biólogo. Esta disciplina permite sacar conclusiones del comportamiento de un sistema a partir de un conjunto finito de datos y diseñar eficientemente experimentos que garanticen obtener muestras significativas. Una vez realizado el tratamiento estadístico de los datos reales dispondremos de la información suficiente para buscar, adaptar o crear un modelo matemático que se ajuste de manera óptima a ellos. Trabajaremos entonces a un nivel abstracto: mediante la manipulación matemática del modelo extraeremos conclusiones, que reescribiremos en lenguaje biológico; podremos además cotejar estas conclusiones con nuevos datos reales, que nos permitan mejorar nuestro modelo matemático y hacerlo más preciso, extraer nuevas conclusiones, y así sucesivamente. Idénticos argumentos pueden aplicarse a cualquier ciencia, y en particular a las Ciencias Ambientales. Dado el interés *per se* de los modelos matemáticos, y dado que la Estadística requiere también de unos conocimientos básicos del lenguaje de las Matemáticas, se plantea entonces como uno de los objetivos razonables del curso de primero el proveer al estudiante del conocimiento del lenguaje matemático necesario para acceder desde las herramientas básicas a teorías más elaboradas y, en particular, a la Estadística.

En este libro nos centraremos en dos aspectos fundamentales de ese lenguaje matemático básico: En primer lugar la *Teoría de Funciones*, destinada a modelizar el comportamiento de una propiedad medible al variar una o más variables de un sistema. Dentro de esta teoría nos ocuparemos, por un lado, de las propiedades de las funciones, que se escriben en el lenguaje de límites, derivadas e integrales; por el otro, introduciremos las ecuaciones diferenciales, que aparecen de manera natural al considerar modelos matemáticos. En segundo lugar nos ocuparemos del *Álgebra Matricial*, que estudia los objetos lineales. Teniendo en cuenta que las relaciones lineales aparecen en muchos modelos matemáticos y que una de las formas más comunes de tratar un problema matemático es mediante aproximaciones lineales, esta disciplina, el Álgebra Matricial o *Álgebra Lineal*, se plantea como una de las más básicas y fundamentales. Otras herramientas fundamentales, como el estudio de las Ecuaciones en Derivadas Parciales (y sus innumerables aplicaciones, con especial mención de la mecánica de fluidos, crucial para la Ambientología), han sido excluídas de este primer curso por su dificultad intrínseca.

Durante el diseño del curso he creído que sería más eficiente evolucionar desde un planteamiento de "Curso de Matemáticas con aplicaciones a la Biología y a las Ciencias Ambientales" a otro en el que temas biológicos, ambientales y herramientas matemáticas se presenten de una manera más coordinada.

La estructura elegida para este libro, y para el curso en el que está basado es, por tanto, doble. En cada tema se irán introduciendo conceptos matemáticos básicos de las teorías descritas anteriormente, a la vez que se muestran aplicaciones en las que esos conceptos juegan un papel central. Más concretamente, he elegido la Dinámica de Poblaciones como campo central de trabajo para los estudiantes de este curso: aunque las Matemáticas se usan en todas las ramas de la Biología y de las Ciencias Ambientales, he preferido centrarme en este tema concreto a lo largo de todo el curso para facilitar un aprendizaje matemático contextualizado. No es este el único campo de la Biología en el que las Matemáticas son una herramienta imprescindible. Sería absolutamente inviable ponernos como objetivo estudiar *todas* las herramientas matemáticas que un biólogo puede necesitar: son muchas las técnicas matemáticas que se usan ya hoy en día, pero no podemos delimitar cuales son susceptibles de ser usadas en el futuro. Introduzcámonos hoy en el concepto de Modelización Matemática a través de la Dinámica de Poblaciones, y mantegamos una mente abierta al uso de nuevas técnicas que nos ayuden en nuestras futuras investigaciones.

Una de las características habituales en los libros de Matemáticas es su estructura lineal, en la que en cada momento se usan solamente aquellas herramientas que se hayan introducido y justificado rigurosamente con anterioridad. De esta manera uno puede, partiendo de cero, convencerse paso a paso de los enunciados que el libro presenta. En este caso no he creído necesario hacerlo así. Así, por ejemplo, el objetivo del tema de derivación es que el alumno alcance un conocimiento profundo de las utilidades de las derivadas, y no considero problemático usar en temas anteriores que, por ejemplo, la derivada de la función seno es la función coseno, hecho que los alumnos han aprendido durante el Bachillerato. Se asume, por tanto, que el lector ha cursado Matemáticas durante el Bachillerato, y ha alcanzado:

- un adecuado dominio de la aritmética, incluyendo las propiedades fundamentales de la exponenciación, los logaritmos y las funciones trigonométricas;

- conocimientos básicos sobre límites, derivación e integración de funciones; y

- conocimientos sobre resolución de sistemas lineales, aritmética de matrices y cálculo de determinantes.

**Objetivos.**
Partiendo de los conocimientos anteriormente descritos, nuestros objetivos serán:

- reflexionar sobre el *significado de los conceptos matemáticos* que ya aprendimos a manipular,

- mejorar nuestra *capacidad de manipulación* de las herramientas matemáticas básicas, e

- ilustrar la manera de *usar estos conceptos y herramientas* en problemas aplicados a la Dinámica Poblacional.

**Estructura.**
El libro está dividido en tres partes. La primera está dedicada a los aspectos básicos sobre funciones de una variable real: límites, derivación e integración. Como aplicación, utilizaremos estas herramientas para trabajar con modelos poblacionales de una especie, como el modelo de Malthus, el logístico y algunas variaciones de este último.

La segunda parte del libro se ocupa del Álgebra Lineal, en particular de la aritmética matricial, la resolución de sistemas lineales, los determinantes y la diagonalización de matrices. El contrapunto biológico a este tema lo hallaremos en los modelos poblacionales lineales, más concretamente en el modelo de Leslie y sus generalizaciones.

La tercera parte trata sobre ecuaciones diferenciales y sistemas de ecuaciones diferenciales. Algunas de estas ecuaciones, muy sencillas, aparecieron ya en los modelos de una especie que se presentan en la primera parte. Aparte de revisar estos modelos, estudiaremos aquí también los de dos especies, prestando especial atención al de Lotka-Volterra.

**Agradecimientos.**

Deseo mostrar mi gratitud a aquellos que me han ayudado a que este libro sea posible. En primer lugar a todos mis compañeros del Departamento de Matemática Aplicada de la Universidad Rey Juan Carlos, y muy especialmente a Roberto Muñoz, por sus ideas y sugerencias. También a mis amigos biólogos, cuyas sesiones deportivas se vieron durante mucho tiempo alteradas por mis preguntas sin fin sobre Dinámica de Poblaciones. A mi mujer, a toda mi familia y amigos, por sus ánimos y por su buena disposición a las horas que les robé para teclear delante de una pantalla. Por último, a María Eugenia, mi profesora del instituto, por inculcarme el gusto por la Biología.

# Parte I

# Teoría de Funciones

# Capítulo 1

# Funciones Elementales

*La gran mayoría de las funciones que un científico utiliza se construyen a partir de unas cuantas funciones básicas, que llamamos funciones elementales. En este capítulo estudiaremos las funciones lineales, polinómicas, exponenciales, logarítmicas y trigonométricas, atendiendo a sus propiedades fundamentales y a su representación gráfica. La mayoría del material expuesto en este capítulo ha sido estudiado con detalle en el bachillerato, de manera que obviaremos la demostración de muchas de estas propiedades.*

## 1.1. Funciones lineales

Las funciones más básicas son las funciones lineales, que son del tipo:

$$f(x) = mx + b,$$

donde $m$ y $b$ son dos constantes. La constante $b$ es igual al valor de $f$ en $x = 0$, es decir $f(0) = b$. La constante $m$ se llama *pendiente de* $f$ y nos da una información muy importante: $f(x)$ crece proporcionalmente a $x$ (linealmente, en lenguaje matemático). Esto quiere decir que si $x$ aumenta 1 unidad, entonces $f(x)$ aumenta $m$ unidades; si $x$ aumenta $k$ unidades, entonces $f(x)$ aumenta $mk$ unidades. En efecto:

$$f(x+k) = m(x+k) + b = mx + mk + b = mx + b + mk = f(x) + mk.$$

La pendiente $m$ puede interpretarse como la tasa de crecimiento de la función $f$, concepto que habéis visto ya al estudiar derivación, y que veremos de nuevo en el capítulo 4. De momento baste recordar que la función derivada de nuestra función lineal $f(x) = mx + b$ es

$$f'(x) = \frac{df}{dx} = m.$$

En otras palabras, las funciones lineales son las que tienen derivada, o tasa de crecimiento, constante. Si usamos terminología asociada al movimiento ($x$ es tiempo, $f(x)$ espacio), la tasa de crecimiento es la velocidad, que en el caso de las funciones lineales es de este modo constante: movimiento uniforme.

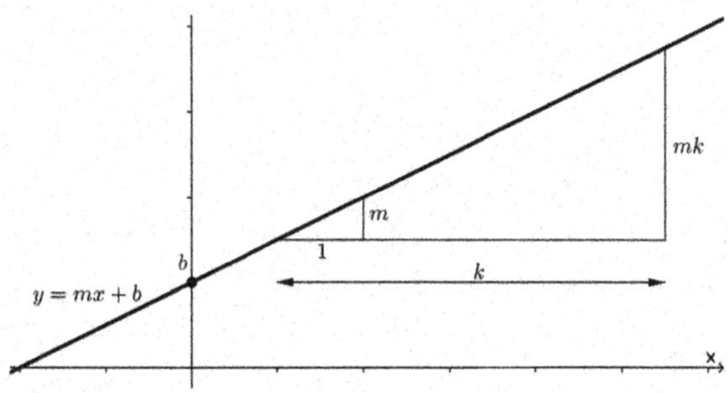


**Figura 1.1:** Las funciones lineales tienen tasa de crecimiento constante.

Geométricamente, esta propiedad es la que hace que la representación gráfica de $y = f(x)$ sea una recta, que puede describirse como la recta que pasa por el punto $(0, b)$ con pendiente $m$. La pendiente se interpreta entonces como la inclinación de la recta; de hecho $m$ puede calcularse como la tangente del ángulo $\alpha$ que la recta forma con la horizontal, $m = \text{tg}(\alpha)$.

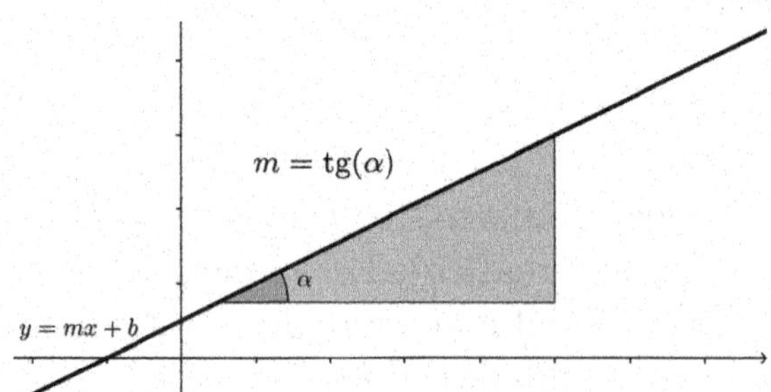


**Figura 1.2:** Pendientes y ángulos.

Cuanto mayor sea $m$, mayor será el ángulo; si $m$ es negativo, el ángulo será negativo y la función $f(x)$ será decreciente.

Las funciones lineales pueden venir expresadas de otras maneras. Una especialmente útil es la siguiente:

$$f(x) = m(x - x_0) + y_0, \text{ donde } x_0, y_0 \text{ son constantes.}$$

Fijémonos que el valor de la función en $x_0$ es $y_0$, esto es $f(x_0) = y_0$, y la pendiente de la función sigue siendo $m$. En otras palabras, la fórmula expresa la inclinación de la recta (la pendiente $m$) y uno de sus puntos (el punto de coordenadas $(x_0, y_0)$, a veces denominado *valor inicial*), no necesariamente el del corte con el eje $y$.

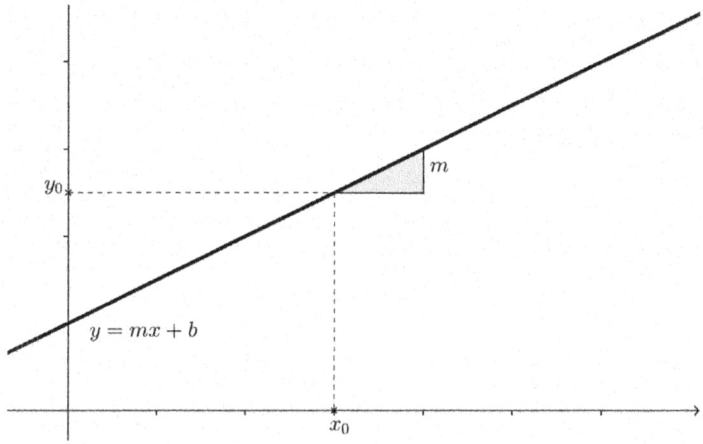


**Figura 1.3:** Recta por $(x_0, y_0)$ con pendiente fijada.

# 1.2. Funciones polinómicas

Las funciones polinómicas son la generalización inmediata de las funciones lineales. Toman la forma siguiente

$$f(x) = a_n x^n + a_{n-1}x^{n-1} + \cdots + a_1 x + a_0,$$

donde $a_n, a_{n-1}, \ldots, a_1, a_0$ son constantes ($a_n \neq 0$). La potencia máxima de $x$ que aparece en la expresión anterior, en este caso $n$, se llama *grado de $f$*. Las funciones polinómicas de grados bajos reciben nombres especiales: las de grado 1 son las lineales, explicadas en la sección anterior, las de grado 2 se llaman cuadráticas, las de grado 3 cúbicas, etc.

Las funciones polinómicas son importantes en el contexto de la Teoría de Funciones y su importancia radica en, entre otros, estos dos hechos:

- Por un lado, dada una función polinómica $f(x)$ y un número $x_0$ cuya expresión decimal conocemos, el cálculo del valor de $f$ en $x_0$ se realiza sólo mediante *sumas y productos*, que son operaciones para las que disponemos de algoritmos sencillos.

- Las representaciones gráficas de las funciones polinómicas pueden tener tal cantidad de formas que nos permiten aproximar casi cualquier función. En el Capítulo 4 veremos de qué manera podemos conseguir estas aproximaciones y cómo estudiar su precisión.

Ilustremos lo anterior con un ejemplo. En la Figura 1.4 vamos a hacer sucesivas aproximaciones de la función sen($x$), para valores de $x$ cercanos a cero, por funciones polinómicas:

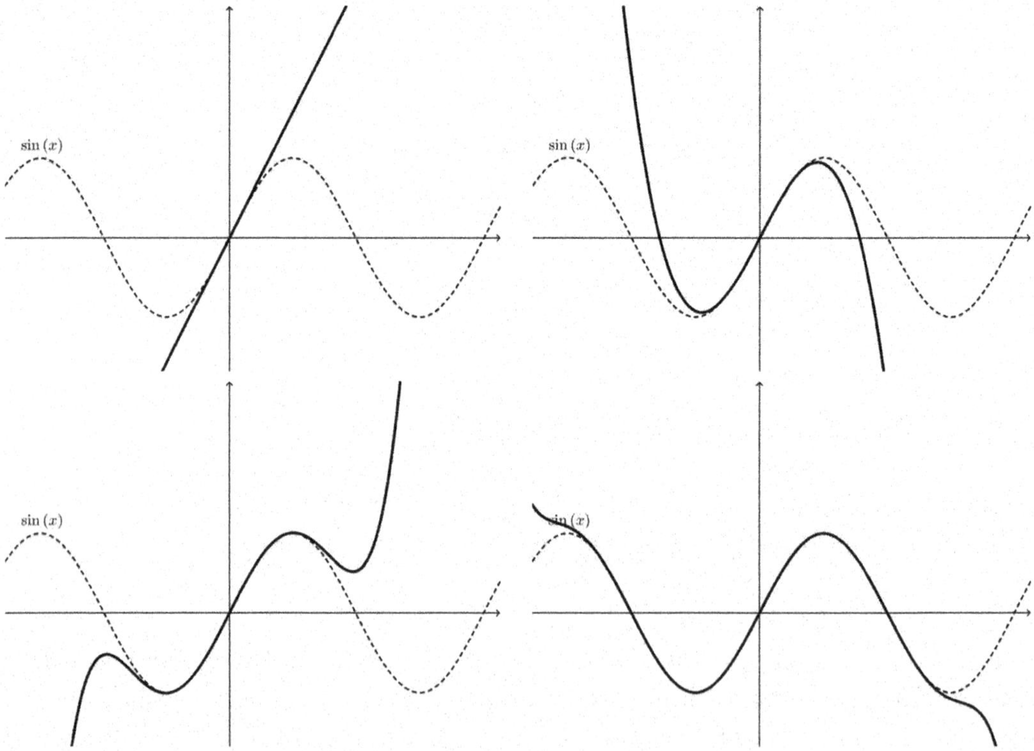


**Figura 1.4:** Aproximaciones de la función seno.

La función sen($x$) se ha pintado de línea de puntos, y se ha representado junto a algunas de sus aproximaciones, en cada una de las figuras. La última de estas aproximaciones es

$$g(x) = x - \frac{x^3}{6} + \frac{x^5}{120} - \frac{x^7}{5040} + \frac{x^9}{362880} - \frac{x^{11}}{39916800},$$

cuya expresión es, a primera vista, más complicada que la de $\operatorname{sen}(x)$. Sin embargo, no hay ningún algoritmo sencillo que calcule, por ejemplo $\operatorname{sen}(0'6145)$, mientras que el valor $g(0'6145)$ se calcula mediante sumas y productos. Si además disponemos de una herramienta electrónica de cálculo, el valor anterior se calculará en un tiempo muy corto. De hecho, cuando pedimos a nuestra calculadora que calcule $\operatorname{sen}(0'6145)$, lo que en realidad la calculadora hace es usar una aproximación polinómica de $\operatorname{sen}(x)$, posiblemente más complicada (de grado más alto) que $g(x)$.

**Ejercicio 1.2.1:**

Comprueba, usando una herramienta informática, que $g(0,6145)$ y $\operatorname{sen}(0'6145)$ coinciden en 11 decimales.

En resumen, las funciones polinómicas son por tanto fáciles de evaluar, y se suelen usar para producir aproximaciones (locales, es decir cerca de un punto) de funciones más complejas.

**Parábolas.** Veamos cómo se representa un tipo sencillo de funciones polinómicas: las funciones cuadráticas, es decir, aquellas que son de la forma

$$f(x) = ax^2 + bx + c,$$

donde $a, b, c$ son constantes, $a \neq 0$. Las gráficas de estas funciones reciben el nombre de *parábolas*.Si calculamos la derivada de $f(x)$, a saber $f'(x) = 2ax + b$, se tiene una función lineal, cuya tasa de crecimiento es constante, como vimos anteriormente. De este modo la tasa de crecimiento de la velocidad de $f(x)$, lo que habitualmente se denomina *aceleración*, es constante. Así, del mismo modo que las funciones lineales son modelos de situaciones donde la tasa de variación es constante (como los movimientos uniformes), las funciones cuadráticas modelan situaciones donde la aceleración es constante (como los movimientos uniformemente acelerados).

En general las parábolas de ecuación $y = ax^2 + bx + c$ verifican las siguientes propiedades:

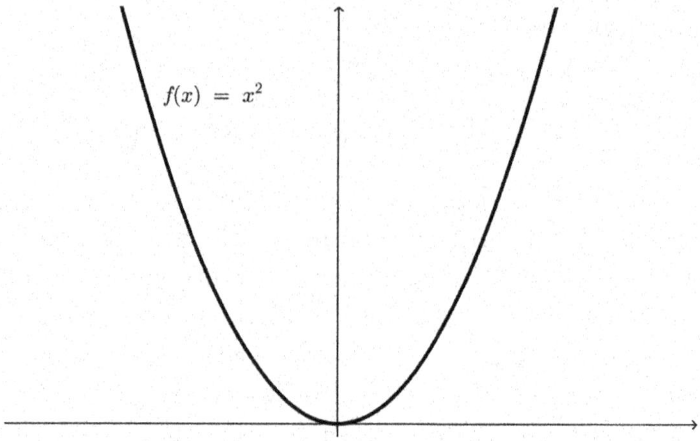


**Figura 1.5:** La parábola $f(x) = x^2$.

1. Según el signo de $a$, la parábola será convexa si $a > 0$, como lo es $y = x^2$ o cóncava, como $y = -x^2$, si $a < 0$.

2. La función tiene un sólo punto crítico, que se alcanza para $x = -b/2a$, y que es un mínimo si $a > 0$ y un máximo si $a < 0$. La función es simétrica respecto al eje $x = -b/2a$.

3. El valor de $a$ controla la abertura de la parábola: si el valor absoluto de $a$ es grande, la parábola está más cerrada.

4. $c = f(0)$, de manera que $c$ determina la altura a la que se sitúa la gráfica respecto al eje $x$.

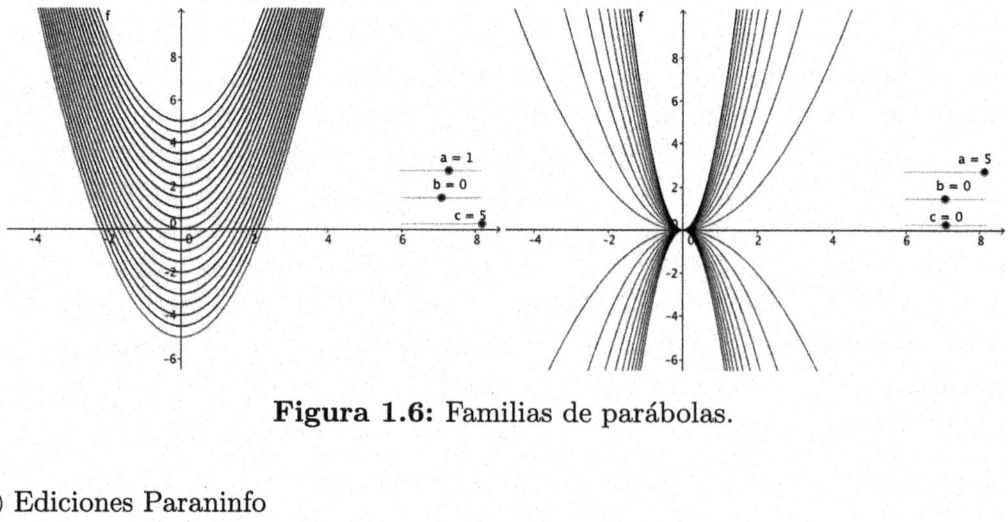


**Figura 1.6:** Familias de parábolas.

**Ejercicio 1.2.2:**

Utiliza un programa informático (geogebra, por ejemplo) para representar parábolas $y = ax^2 + bx + c$ y observa gráficamente cómo los valores de $a, b, c$ modifican la gráfica.

## 1.3. Funciones racionales

Las funciones racionales son cocientes de polinomios, esto es, de la forma:

$$f(x) = \frac{p(x)}{q(x)}.$$

donde $p(x)$ y $q(x)$ son dos polinomios ($q(x)$ no puede ser el polinomio cero, por supuesto).

Hemos visto en la sección anterior la importancia de los polinomios dentro de la teoría de funciones: fáciles de evaluar y que nos permiten aproximar funciones. Considerar funciones racionales, en lugar de polinómicas, para realizar aproximaciones, tiene un beneficio adicional pues permite lidiar con situaciones algo más complejas. Las funciones polinómicas son continuas y tienen derivadas de todos los órdenes, sin embargo, en muchas ocasiones en ciencia, aparecen funciones que tienen discontinuidades en algún punto (lo que se conoce habitualmente como una "singularidad"). Las funciones racionales resultan en estos casos útiles para estudiar las funciones en torno a una de sus singularidades.

El ejemplo más simple de función racional es $f(x) = 1/x$, que tiene una singularidad (una asíntota vertical) en $x = 0$, y cuya gráfica es la hipérbola equilátera (Figura 1.7).

En el capítulo 2 veremos más ejemplos de funciones racionales.

## 1.4. Funciones exponenciales y logarítmicas

La función exponencial y sus modificaciones aparecerán muy a menudo cuando estudiemos modelos poblacionales (véase la Sección 1.6), y son de gran importancia en muchos otros ámbitos de la ciencia. Quizás el modelo más sencillo en el que aparece una función exponencial es el de un organismo

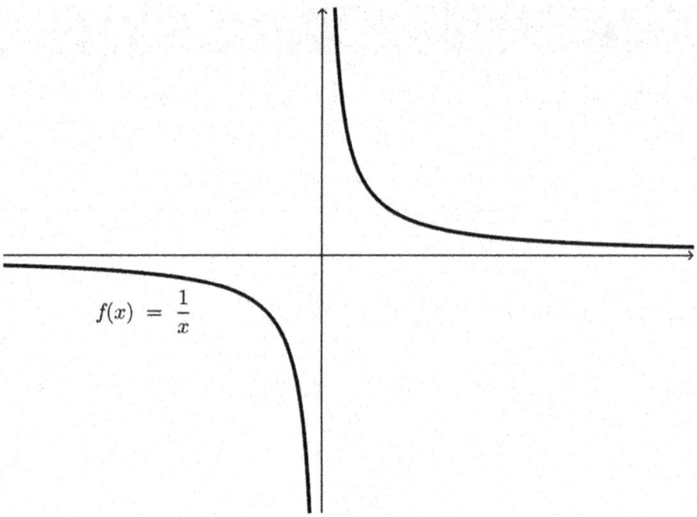


**Figura 1.7:** La hipérbola $f(x) = 1/x$.

unicelular que se reproduce por mitosis cada unidad de tiempo, dando lugar a dos individuos iguales que, pasada otra unidad de tiempo darán lugar a otros dos, en total 4, y así sucesivamente. El proceso se matendrá mientras haya suficientes recursos que permitan a la especie perpetuarse, de manera que pasadas $x$ unidades de tiempo tendremos $f(x) = 2^x$ individuos. En la Sección 1.6 estudiaremos más a fondo este tipo de ejemplos.

En general, la *función exponencial de base* $a > 0$ es la función

$$f(x) = a^x,$$

que está bien definida en todos los números reales[1], y cuyos valores son siempre positivos ($a^x > 0$ para todo $x$). Normalmente no consideramos la función exponencial de base 1, que es constantemente igual a 1.

La *función logaritmo de base* $a > 0$, $a \neq 1$, se define como la función inversa de $a^x$, de manera que exponenciales y logaritmos se relacionan así:

$$y = \log_a x \text{ si y sólo si } x = a^y, \text{ es decir } \log_a(a^x) = x, \; a^{\log_a x} = x.$$

En la Tabla 1.1 quedan recogidas algunas de las propiedades aritméticas de las funciones exponenciales y logarítmicas.

[1]La definición de $a^x$ en cada número real no es inmediata, y se haya fuera de los objetivos de este curso: está muy claro cómo definir $a^x$ en números enteros, pero ¿cómo definimos $2^\pi$, por ejemplo?

| | | |
|---|---|---|
| Propiedades aritméticas | $(ab)^x = a^x b^x$ | |
| | $a^{x_1+x_2} = a^{x_1}a^{x_2}$ | $\log_a(x_1x_2) = \log_a x_1 + \log_a x_2$ |
| | $a^0 = 1$ | $\log_a 1 = 0$ |
| | $a^{-x} = \dfrac{1}{a^x}$ | $\log_a\left(\dfrac{1}{x}\right) = -\log_a x$ |
| | $a^{x_1-x_2} = \dfrac{a^{x_1}}{a^{x_2}}$ | $\log_a\left(\dfrac{x_1}{x_2}\right) = \log_a x_1 - \log_a x_2$ |
| | $a^{xk} = (a^x)^k$ | $\log_a(x^k) = k\log_a x$ |

**Tabla 1.1:** Propiedades aritméticas de funciones exponenciales y logarítmicas.

Fijémonos que estas propiedades nos permiten, en particular, cambiar la base de una función exponencial:

$$a^y = \left(b^{\log_b a}\right)^y = b^{y\log_b a}, \text{ o también } \log_b(x) = \log_a(x)\log_b(a).$$

Usando esto, podemos escribir las funciones exponenciales de cualquier base en función de una que decidamos prefijar. En matemáticas la base más habitual de la exponencial es el *número de Euler*, $e$, cuya expresión decimal es no periódica: $e = 2{,}718281828459045\ldots$ La razón principal de esta elección es que resulta más sencillo operar con $e^x$ puesto que la derivada de esta función es ella misma:

$$\frac{d}{dx}e^x = e^x,$$

mientras que en general la derivada de $a^x$ es solamente proporcional a $a^x$, como se deduce de la fórmula anterior: podemos escribir $a^x = \left(e^{\log_e a}\right)^x = e^{x\log_e a}$ y al derivar obtenemos:

$$\frac{d}{dx}a^x = \frac{d}{dx}e^{x\log_e a} = e^{x\log_e a}\log_e a = a^x\log_e a.$$

En la sección siguiente, estudiaremos el significado de estas propiedades en el ámbito de los modelos poblacionales.

La inversa de la función $e^x$, es la función logaritmo de base $e$, que se llama *logaritmo natural, o neperiano*, y se denota[2] por $\ln x$, en lugar de $\log_e x$.

[2]El logaritmo de base 10, de uso común en Química y Economía, se denota en estas ciencias por log. En Matemáticas y en otras ciencias en las que no se usa la base 10 habitualmente, algunos autores usan log para denotar el logaritmo de base $e$.

Su derivada es $1/x$, lo cual hace que la derivada de la función $\log_a x$ sea $1/(x \ln a)$. En efecto, podemos razonarlo mediante cambio de base:

$$\frac{d}{dx}\log_a x = \frac{d}{dx}\frac{\ln x}{\ln a} = \frac{1}{x}\frac{1}{\ln a} = \frac{1}{x \ln a}.$$

| | $a^x$ | | $\log_a x$ | |
|---|---|---|---|---|
| | $a > 1$ | $0 < a < 1$ | $a > 1$ | $0 < a < 1$ |
| Derivada | $a^x \ln a$ | | $1/(x \ln a)$ | |
| Crecimiento | Creciente | Decreciente | Creciente | Decreciente |
| Convexidad | Convexa | Convexa | Cóncava | Convexa |
| $\lim_{x \to -\infty}$ | 0 | $+\infty$ | No existe | No existe |
| $\lim_{x \to 0}$ | 1 | 1 | $-\infty$ | $+\infty$ |
| $\lim_{x \to +\infty}$ | $+\infty$ | 0 | $+\infty$ | $-\infty$ |

**Tabla 1.2:** Propiedades analíticas de funciones exponenciales y logarítmicas.

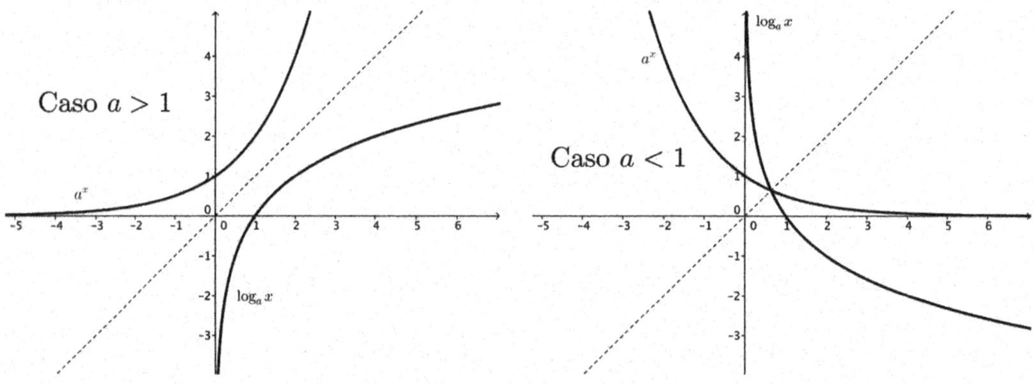


**Figura 1.8:** Funciones exponenciales y logarítmicas.

La Tabla 1.2 contiene las propiedades analíticas de exponenciales y logarítmicos, las cuales pueden visualizarse en las gráficas de dichas funciones. En la Figura (1.8) se ha representado cada exponencial $a^x$ junto a su correspondiente inversa $\log_a x$; nótese que las dos gráficas son simétricas respecto a la bisectriz del primer cuadrante, por ser una la inversa de la otra.

## 1.5. Funciones trigonométricas

Las funciones trigonométricas son

$$\operatorname{sen}(x), \quad \cos(x), \quad \operatorname{tg}(x), \quad \sec(x), \quad \operatorname{cosec}(x), \quad \operatorname{cotg}(x),$$

(llamadas función seno, coseno, tangente, secante, cosecante y cotangente, respectivamente), y se construyen de la siguiente manera (ver Figura (1.9)): en el plano se toma una circunferencia centrada en el origen de coordenadas y radio 1 y la semirrecta resultado de girar el semieje positivo de abscisas $x$ radianes alrededor del origen de coordenadas (el giro es en el sentido contrario a las agujas del reloj si $x$ es positivo, y en el de las agujas si $x$ es negativo). Entonces se considera el punto de corte de dicha semirrecta con la circunferencia de radio 1. Las coordenadas de este punto son, por definición, $(\cos(x), \operatorname{sen}(x))$.

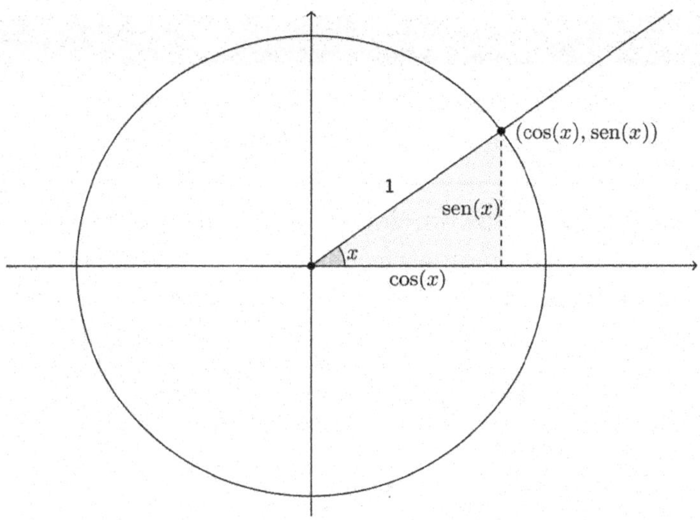


**Figura 1.9:** Definición de $\operatorname{sen}(x)$ y $\cos(x)$.

El resto de funciones trigonométricas se definen a partir del seno y el coseno mediante las siguientes fórmulas:

$$\operatorname{tg}(x) = \frac{\operatorname{sen}(x)}{\cos(x)}, \ \operatorname{cotg}(x) = \frac{\cos(x)}{\operatorname{sen}(x)}, \ \sec(x) = \frac{1}{\cos(x)}, \ \operatorname{cosec}(x) = \frac{1}{\operatorname{sen}(x)}.$$

Con estas definiciones estas funciones tienen una interpretación geométrica similar a la del $\operatorname{sen}(x)$ y $\cos(x)$: véase la Figura (1.10), donde las razones trigonométricas anteriores han sido representadas para un ángulo del primer cuadrante:

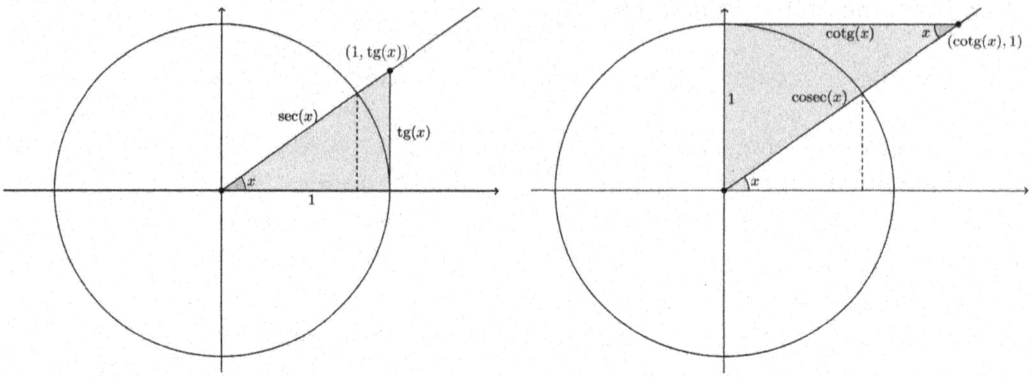


**Figura 1.10:** Definición de las restantes funciones trigonométricas.

**Ejercicio 1.5.1:**

¿Puedes deducir las fórmulas que definen $\text{tg}(x)$ $\sec(x)$, $\text{cosec}(x)$ y $\text{cotg}(x)$ de las gráficas de la Figura (1.10)? Usa el Teorema de Thales.

Además de los valores de las funciones trigonométricas para los cuadrantes, $x = 0, \pi/2, \pi$ y $3\pi/2$, la geometría básica de triángulos proporciona los valores de estas funciones en ángulos especiales (véase la Tabla 1.3).

| | $0$ | $\pi/2$ | $\pi/6$ | $\pi/4$ | $\pi/3$ |
|---|---|---|---|---|---|
| $\text{sen}(x)$ | $0$ | $1$ | $1/2$ | $\sqrt{2}/2$ | $\sqrt{3}/2$ |
| $\cos(x)$ | $1$ | $0$ | $\sqrt{3}/2$ | $\sqrt{2}/2$ | $1/2$ |
| $\text{tg}(x)$ | $0$ | No def. | $\sqrt{3}/3$ | $1$ | $\sqrt{3}$ |

**Tabla 1.3:** Razones trigonométricas de ángulos especiales.

De manera análoga, se obtienen muchas propiedades de las funciones trigonométricas y sus relaciones (véase las Tablas 1.4 y 1.5).

Entre tales propiedades, una de las fundamentales es que las funciones trigonométricas son *periódicas*, dado que un ángulo $x$ y otro $x + 2k\pi$ ($k$ entero) tienen las mismas razones trigonométricas. En otras palabras: basta conocer cómo se comportan en el intervalo $[0, 2\pi]$, porque se comportan

| | |
|---|---|
| Igualdad pitagórica | $\operatorname{sen}^2(x) + \cos^2(x) = 1$ |
| Periodicidad | $\cos(x + 2\pi) = \cos(x)$, $\operatorname{sen}(x + 2\pi) = \operatorname{sen}(x)$, $\operatorname{tg}(x + \pi) = \operatorname{tg}(x)$ |
| Ángulo opuesto | $\cos(-x) = \cos(x)$, $\operatorname{sen}(-x) = -\operatorname{sen}(x)$, $\operatorname{tg}(-x) = -\operatorname{tg}(x)$ |
| Ángulo suplementario | $\cos(\pi - x) = -\cos(x)$, $\operatorname{sen}(\pi - x) = \operatorname{sen}(x)$, $\operatorname{tg}(\pi - x) = -\operatorname{tg}(x)$ |
| Ángulo complementario | $\cos(\pi/2 - x) = \operatorname{sen}(x)$, $\operatorname{sen}(\pi/2 - x) = \cos(x)$, $\operatorname{tg}(\pi/2 - x) = \operatorname{cotg}(x)$ |

**Tabla 1.4:** Propiedades aritméticas de las funciones trigonométricas (1).

| | |
|---|---|
| Ángulo suma | $\operatorname{sen}(x + y) = \operatorname{sen}(x)\cos(y) + \operatorname{sen}(y)\cos(x)$ |
| | $\cos(x + y) = \cos(x)\cos(y) - \operatorname{sen}(x)\operatorname{sen}(y)$ |
| | $\operatorname{tg}(x + y) = \dfrac{\operatorname{tg}(x) + \operatorname{tg}(y)}{1 - \operatorname{tg}(x)\operatorname{tg}(y)}$ |
| Ángulo doble | $\operatorname{sen}(2x) = 2\operatorname{sen}(x)\cos(x)$ |
| | $\cos(2x) = \cos^2(x) - \operatorname{sen}^2(x)$ |
| | $\operatorname{tg}(2x) = \dfrac{2\operatorname{tg}(x)}{1 - \operatorname{tg}^2(x)}$ |

**Tabla 1.5:** Propiedades aritméticas de las funciones trigonométricas (2).

exactamente igual en cada uno de los intervalos $[2k\pi, 2(k+1)\pi]$. Es esta propiedad la que hace que estas funciones (o algunas variaciones y/o combinaciones de ellas) sean especialmente útiles para modelizar, en el ámbito de las ciencias aplicadas, alguno de los muchos fenómenos periódicos que se observan en el mundo real [3].

[3] El ejemplo más claro es el de los fenómenos ondulatorios de la Física, pero, en el ámbito biológico, existen modelos con este comportamiento (véase la Sección 11.2).

Las funciones trigonométricas más habitualmente usadas son seno, coseno y tangente: sus gráficas han sido representadas en la Figura 1.11.

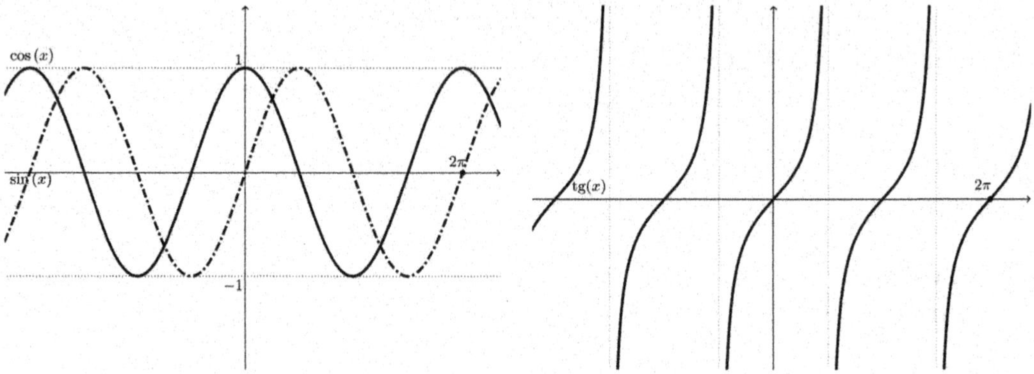


**Figura 1.11:** Gráficas de las funciones seno, coseno y tangente.

Las funciones inversas de las funciones seno, coseno, etc., reciben el nombre de función arcoseno, arcocoseno... Por definición entonces:

$$y = \operatorname{sen}(x) \text{ si y sólo si } x = \operatorname{arc\,sen}(y),$$

$$y = \cos(x) \text{ si y sólo si } x = \arccos(y), \text{ etc.}$$

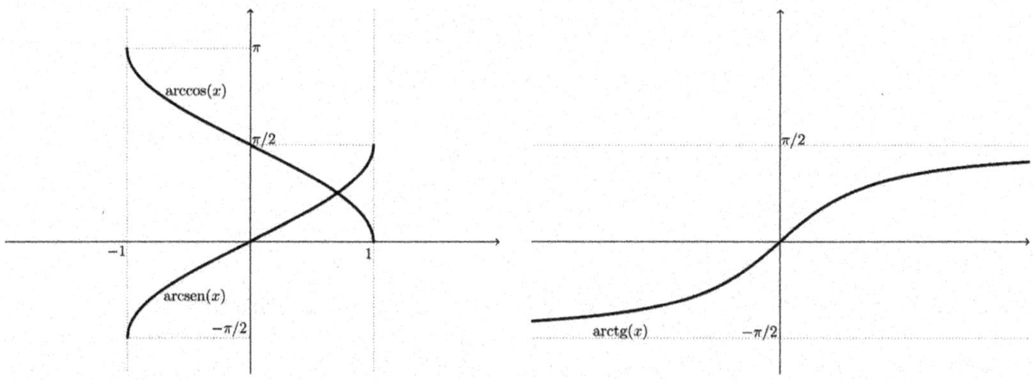


**Figura 1.12:** Gráficas de las funciones arcoseno, arcocoseno y arcotangente.

Para que estén bien definidas, debemos restringir su dominio y su imagen adecuadamente. La forma estándar es la siguiente:

- $\operatorname{arc\,sen}(x)$ está definido en $[-1, 1]$, tomando valores en $[-\pi/2, \pi/2]$.
- $\arccos(x)$ está definido en $[-1, 1]$, tomando valores en $[0, \pi]$.

- $\operatorname{arc\,tg}(x)$ está definido en todo $\mathbb{R}$, tomando valores en $[-\pi/2, \pi/2]$.

Para terminar, hemos incluido en la Tabla 1.6 contiene las derivadas de las funciones trigonométricas y sus inversas.

| $f(x)$ | $f'(x)$ | $f(x)$ | $f'(x)$ |
|---|---|---|---|
| $\operatorname{sen}(x)$ | $\cos(x)$ | $\operatorname{arc\,sen}(x)$ | $\frac{1}{\sqrt{1-x^2}}$ |
| $\cos(x)$ | $-\operatorname{sen}(x)$ | $\arccos(x)$ | $-\frac{1}{\sqrt{1-x^2}}$ |
| $\operatorname{tg}(x)$ | $1+\operatorname{tg}^2(x) = \frac{1}{\cos^2(x)}$ | $\operatorname{arc\,tg}(x)$ | $\frac{1}{1+x^2}$ |

**Tabla 1.6:** Derivadas de las funciones trigonométricas.

# 1.6. Modelos poblacionales de una especie (I)

Dada la naturaleza cuantitativa de la Ciencia, y en particular de la Biología, las funciones aparecen de manera natural en todo proceso de modelización. Dadas dos variables $x$ e $y$ mesurables tales que $y$ sea dependiente de $x$, expresamos formalmente esa dependencia mediante una función $y = f(x)$. La determinación de esa función en cada caso es una de las partes fundamentales de la disciplina llamada *Modelización*.

Veamos un ejemplo biológico concreto. Consideremos una población[4] cuyo tamaño sea mesurable, y denotemos al número de individuos de dicha población mediante la letra $N$. El tamaño de la población variará a lo largo del tiempo, de manera que, a tiempo $t$, la población constará de $N(t)$ individuos, donde $N(t)$ es, por definición, una función real de variable real.

| N(t):=número de individuos de la población a tiempo t |
|---|

[4]No entraremos aquí en una discusión sobre la definición formal de "población"; las distintas versiones de esta definición no afectan a nuestro desarrollo teórico. Podemos considerar población como un grupo de personas u organismos de una especie particular, que vive en un espacio determinado.

Desearíamos entonces encontrar una *función modelo* $N(t)$ teórica que aproximase lo mejor posible la evolución real de la población con el tiempo, de manera que podamos hacer predicciones. Obviamente no podemos tener en cuenta todos los posibles parámetros que puedan influir sobre la población, de manera que nuestro objetivo será obtener una solución que funcione en una situación determinada; si esta situación cambia, el modelo deberá ser reestructurado para que funcione en las condiciones actuales.

Una vez que hayamos encontrado la función modelo $N(t)$, cada una de sus características tendrá una interpretación biológica. Por ejemplo, su función derivada $N'(t)$ [5] representa la tasa de crecimiento de la población en el momento $t$, es decir la velocidad a la que la población está creciendo. De esta manera, $N'(t)$ se mide en número de individuos por unidad de tiempo.

| N'(t):=tasa de crecimiento de la población a tiempo t |
|---|

## 1.6.1. El modelo malthusiano

El modelo malthusiano es un modelo sencillo en el que la tasa de crecimiento de la población sólo depende del número de individuos y de las tasas de natalidad y mortalidad de la población, siendo estas últimas constantes en el tiempo.

La *tasa de natalidad* $r_n$ (respectivamente *de mortalidad* $r_m$) es el número de individuos que nacen (respectivamente mueren), por individuo de la población y unidad de tiempo (infinitesimal, son tasas que se miden en un instante). El hecho de que estas dos tasas sean constantes nos dice que la tasa de crecimiento de la población será proporcional al número de individuos de la población, más concretamente

$$N' = (r_n - r_m)N,$$

de manera que la relación entre $N$ y su derivada es lineal (Figura (1.13)).

Veamos cómo esta simple propiedad, llamada Ley de Malthus, determina los valores de la función población $N(t)$. Antes de comenzar, vamos a simplificar la expresión de la Ley de Malthus denotando por $r$ el valor de $r_n - r_m$,

$$r := r_n - r_m.$$

[5]Trataremos más exhaustivamente la interpretación de la derivada en diferentes situaciones en el Capítulo 4.

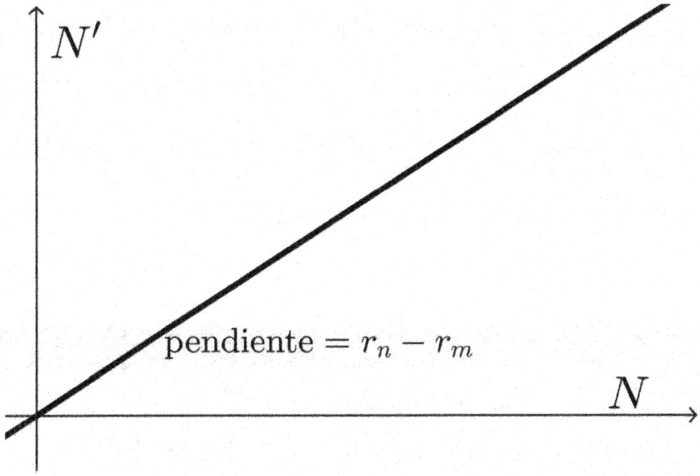


**Figura 1.13:** Modelo malthusiano: población y crecimiento.

Intuitivamente, si $r$ es positivo (mayor natalidad que mortalidad) la población $N(t)$ crecerá, y si es negativo la población decrecerá, pero nos gustaría describir con más precisión de qué manera crece o decrece.

Consideremos la ley $N' = rN$, que puede expresarse también como $N'/N = r$. Recordemos que $N$ y $N'$ son funciones de $t$, con lo cual tenemos una igualdad de funciones:

$$\frac{N'(t)}{N(t)} = r.$$

Como dos funciones que tienen la misma derivada se diferencian en una constante, al integrar en la expresión de arriba respecto de $t$ en ambos lados de la igualdad obtenemos, para la parte izquierda de la igualdad:

$$\int \frac{N'(t)}{N(t)} dt = \ln(N(t)) + k_1,$$

y para la parte derecha

$$\int r dt = rt + k_2,$$

donde $k_1$ y $k_2$ son dos constantes de integración. Pasando, por ejemplo $k_1$ al lado derecho restando, obtengo una única constante $k = k_2 - k_1$, de manera que tenemos

$$\ln(N(t)) = rt + k, \text{ equivalentemente, } N(t) = e^{rt+k}.$$

Nótese que el valor de $N$ a tiempo $t = 0$ es igual a $N(0) = e^k$, por lo que usualmente denotamos $N_0 := e^k$, y reescribimos:

$$N(t) = e^{rt+k} = e^{rt}e^k = N_0 e^{rt}.$$

Finalmente, si denotamos $\lambda := e^r$, también podemos escribir:

$$N(t) = N_0(e^r)^t = N_0\lambda^t.$$

Concluimos entonces lo siguiente:

**Resumen: El modelo malthusiano.**

Una población con tasas de natalidad $r_n$ y mortalidad $r_m$ constantes, esto es, que se rige según la Ley de Malthus

$$N' = (r_n - r_m)N,$$

evolucionará en el tiempo de acuerdo a una función exponencial

$$N(t) = N_0 e^{rt} = N_0\lambda^t,$$

($N_0 = N(0)$ y $r = r_n - r_m$)), multiplicándose por $\lambda = e^r$ cada unidad de tiempo; $\lambda$ se denomina *crecimiento intrínseco de la población.* De manera que

- Si $r$ es positivo (más natalidad que mortalidad), $\lambda$ es mayor que 1, y la población crece exponencialmente.
- Si $r$ es negativo (más mortalidad que natalidad), $\lambda$ es menor que 1, y la población decrece exponencialmente.

En la Sección 1.4 vimos que las funciones exponenciales verifican la propiedad de ser proporcionales a sus funciones derivadas. En el desarrollo anterior hemos visto algo más: que la propiedad de tener crecimiento exponencial se deduce de esa propiedad.

Finalmente señalamos que, en la Sección 1.4 razonábamos por qué la exponencial estándar es la de base $e$ (es la única función exponencial cuya derivada es ella misma). En esta sección hemos visto que, en Biología, cuando escribimos $\lambda^t$ como $e^{rt}$, la constante $r$ que aparece se puede interpretar como una tasa vital de la población. Es decir, tanto $\lambda$ como $r$ tienen una interpretación biológica.

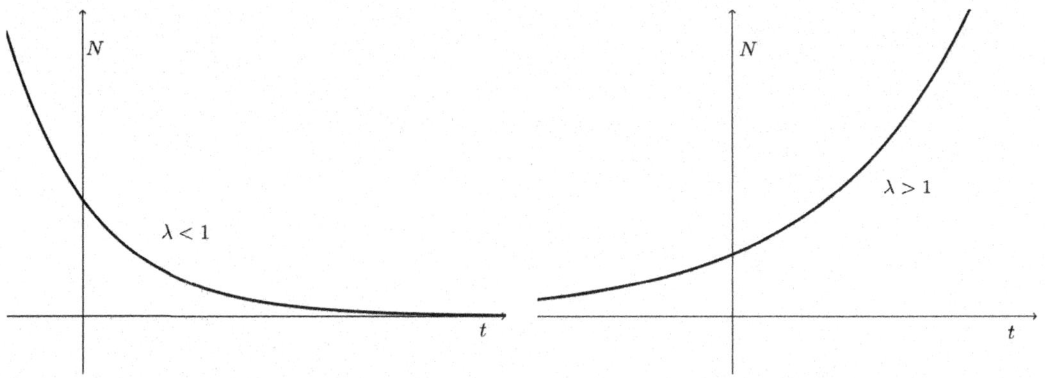


**Figura 1.14:** Modelo malthusiano: crecimiento exponencial.

## 1.7. Ejercicios

1. Se dice que una función tiene comportamiento Malthusiano si se rige por un modelo de la forma $N(t) = N_0 e^{rt}$. Una toma de datos de una cierta población proporciona estos valores:

$$N(0) = 100, \quad N(2) = 400, \quad N(6) = 1200.$$

¿Tiene comportamiento Malthusiano?

2. Una población se comporta de acuerdo a un modelo Malthusiano, $N(t) = N_0 e^{rt}$. Conocemos los siguientes datos de $N(t)$:

$$N(0) = 1000, \quad N(2) = 250.$$

Calcula $r$ y $N(3)$.

# Capítulo 2

# Construyendo funciones

*Las funciones elementales son las piezas básicas que usaremos para construir funciones. En este capítulo veremos qué herramientas nos permiten construir otras funciones a partir de ellas. Estudiaremos primeramente cómo funcionan la suma, producto, cociente, composición e inversa de funciones. Prestaremos especial atención a la incidencia de estas operaciones sobre la representación gráfica de las funciones. Definiremos también funciones a trozos y finalmente aprenderemos qué modificaciones debemos hacer para realizar ciertas operaciones geométricas sobre la representación gráfica de una función. El tratamiento que aquí haremos sobre representación de funciones no pretende sustituir a las herramientas básicas habituales de representación, que el alumno debe conocer desde el bachillerato, sino complementarlas con un punto de vista más global.*

**Advertencia 2.0.1.** Algunas veces confundimos una función con la expresión que la define. Pensemos en el siguiente ejemplo: de manera precisa, $\ln(x)$ no es una función, sino una expresión matemática que podemos usar para definir una función, para lo cual debemos explicitar su dominio. Por ejemplo, podemos definir una función

$$f : [1,7] \longrightarrow \mathbb{R} \quad \text{dada por} \qquad f(x) = \ln(x).$$

*El hecho de que podamos explicitar el dominio de la función agrega una componente de versatilidad muy importante al concepto moderno de función* (véase por ejemplo la Sección 2.4). No es la intención de este curso estudiar funciones con toda generalidad sino que consideraremos sólo el tipo de funciones más habituales en la práctica, que son las que se construyen usando ciertas operaciones (suma, producto, composición, etc.) sobre el conjunto de funciones elementales.

Volviendo al ejemplo, sabemos que la expresión $\ln(x)$ está definida para cualquier valor positivo de $x$, es decir en $(0, +\infty)$, de manera que, para simplificar la notación, cuando nos refiramos a "la función $\ln(x)$", estamos realmente pensando en la función:

$$g : (0, +\infty) \longrightarrow \mathbb{R} \quad \text{dada por} \quad g(x) = \ln(x).$$

Pero tenemos que tener presente que podíamos haber creado otras funciones diferentes, como la $f$ anterior, usando la expresión $\ln(x)$. En general, si $\text{expr}(x)$ es una expresión matemática, llamamos "función $\text{expr}(x)$" a aquella cuyo dominio es el conjunto de puntos $x$ en el que está definida la expresión.

## 2.1. Operaciones elementales

En esta sección estudiaremos las operaciones aritméticas entre funciones, es decir, suma, producto y cociente.

### 2.1.1. Definiciones

Consideremos dos funciones $f$ y $g$, definidas en dominios $D_1$ y $D_2$. Las funciones suma y producto de $f$ y $g$ se denotan por $f + g$ y $fg$ respectivamente y tienen como dominio la intersección $D_1 \cap D_2$ (están definidas en los puntos donde estén a la vez definidas $f$ y $g$). En cada punto $x$ toman como valor, respectivamente, la suma y el producto de los valores $f(x)$ y $g(x)$, es decir:

$$(f + g)(x) := f(x) + g(x), \qquad (fg)(x) := f(x)g(x).$$

La función cociente de dos funciones se define de manera análoga:

$$(f/g)(x) := f(x)/g(x),$$

pero no está definida en todos los puntos de $D_1 \cap D_2$; más concretamente, no está definida en los puntos donde $g(x)$ se anula.

**Ejemplo 2.1.1.** Calculamos el dominio de la función $(x^2 + 1)/\operatorname{arc\,sen}(x)$: El dominio del numerador es $\mathbb{R}$, pero la función $\operatorname{arc\,sen}(x)$ sólo está definida en $[-1, 1]$. Además, $\operatorname{arc\,sen}(x)$ se anula en $x = 0$, por lo tanto, el dominio de la función es $[-1, 0) \cup (0, 1]$.

### 2.1.2. Suma de funciones

En ciertos casos sencillos podemos visualizar gráficamente la suma de funciones de la manera siguiente: pintamos primero la gráfica de $f$, y sobre ella superponemos la gráfica de $g$, considerando que la gráfica de $f$ hace el papel del eje de abscisas. Veamos un ejemplo.

Sea $g(x)$ la función $\text{sen}(10x)/5$, cuya gráfica es la recogida en la Figura 2.1 (para aprender como construirla a partir de la función seno, léanse las secciones 2.1.3 y 2.5.2).

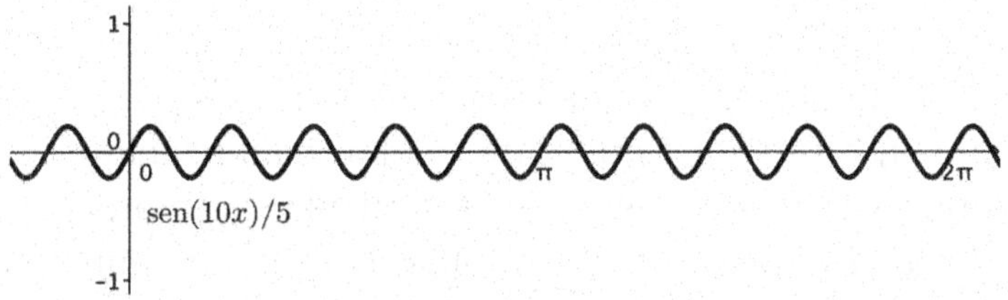


**Figura 2.1:** La función $\text{sen}(10x)/5$.

Es una función parecida a la función seno, pero que oscila (10 veces) más rápido, y cuyas crestas tienen una amplitud de $1/5$. Si se la sumamos a la función $f(x) = 2$, esto es, constantemente igual a 2, lo que haremos será subir la gráfica de $g$ dos unidades, ya que la estaremos pintando sobre la gráfica de $y = 2$. Si se la sumamos a la función $\text{sen}(x)$ entonces la gráfica resultante oscila como la función $g$, pero respecto a la función seno (ver Figura 2.2).

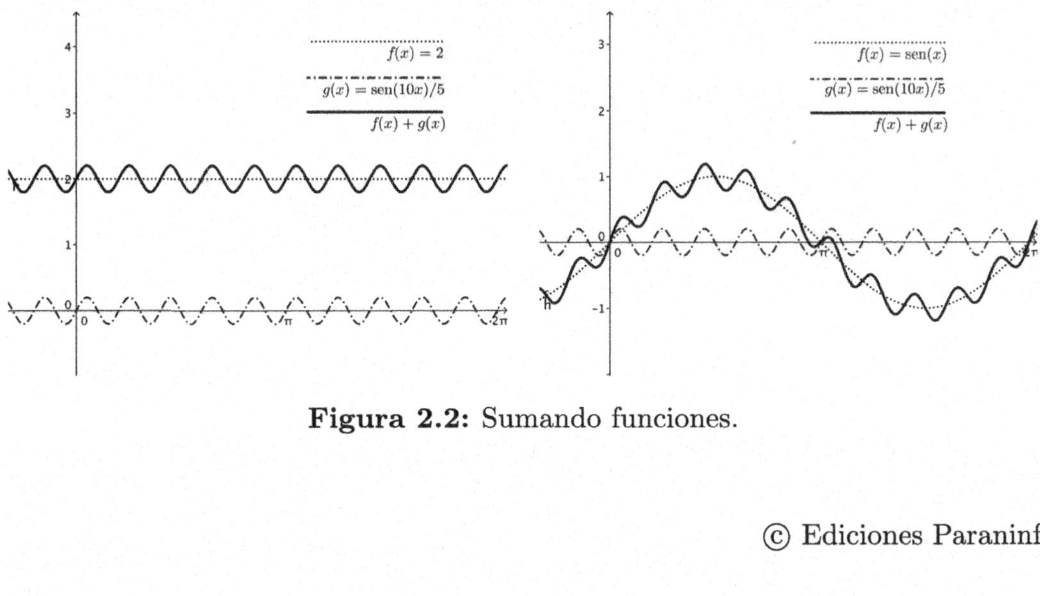


**Figura 2.2:** Sumando funciones.

**Ejercicio 2.1.1:**

Representa las funciones $x^2 + \text{sen}(10x)/5$ y $(1/2)^x + \text{sen}(10x)/5$.

**Ejercicio 2.1.2:**

Razonando como anteriormente, representa la función $x + 1/x$.

### 2.1.3. Producto de funciones

El producto de dos funciones resulta más complicado de visualizar geométricamente en la mayoría de los casos, pero en algunos casos, como cuando multiplicamos por una función constante, dicha visualización es posible.

Empecemos por estudiar qué sucede si multiplicamos una función $f$ por una constante $k$ *positiva*. Todos los valores $f(x)$ serán multiplicados por $k$, de manera que la gráfica de la función se estira o se encoge, según un factor $k$, en el eje $y$. Si $k = 2$, por ejemplo, entonces la gráfica se estira multiplicándose por dos. Si es $1/2$, entonces la gráfica se encoge. En la Figura 2.3 hemos representado las gráficas de los productos de la función $f(x) = 2^{-x^2}$ (en negro) por 2, $1'5$ y $0'5$.

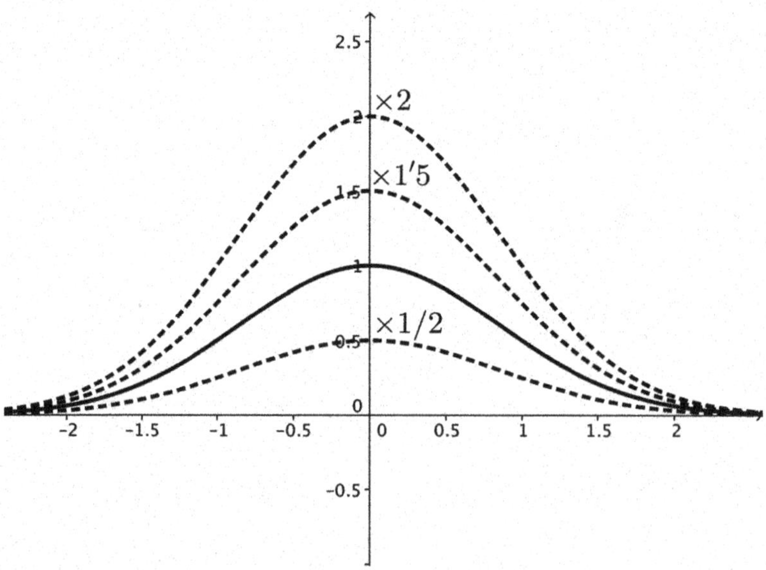


**Figura 2.3:** Multiplicando funciones por constantes positivas.

Multiplicar por una constante *negativa* tiene una interpretación igual de sencilla. En primer lugar, si multiplicamos una función $f$ por $-1$, obtenemos su función opuesta $-f$, cuya gráfica es simétrica de la de $f$ respecto al eje de abscisas (Figura 2.4). Si queremos multiplicar una función por $-k$, no hay más que combinar los dos procesos anteriores, dado que $(-k)f = k(-1)f$.

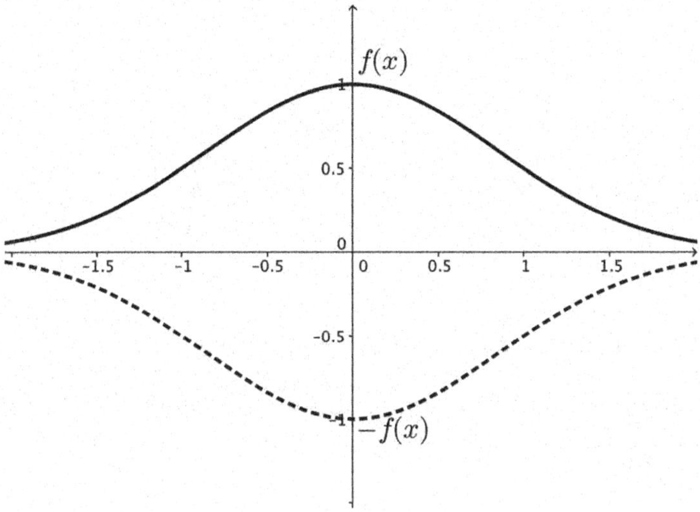


**Figura 2.4:** Opuesta de una función.

Veamos finalmente un ejemplo típico de multiplicación de dos funciones un poco más complicado.

**Ejemplo 2.1.2.** Consideremos la función $\cos(x)$. Sabemos que toma valores entre $-1$ y $1$, de manera que, en valor absoluto, tenemos:

$$|\cos(x)| \leq 1.$$

Si multiplicamos por la función $x$, tendremos entonces

$$|x\cos(x)| = |x||\cos(x)| \leq |x|.$$

Esto quiere decir que la función producto $x\cos(x)$ yace siempre entre la función $x$ y la función $-x$, cuyas gráficas son las bisectrices del primer-tercer cuadrante y de segundo-cuarto cuadrante. La función $\cos(x)$ oscila entre $-1$ y $1$ de manera que la función $x\cos(x)$ oscilará entre $-x$ y $x$. Utilizando esta información, obtendremos una gráfica como la de la Figura 2.5.

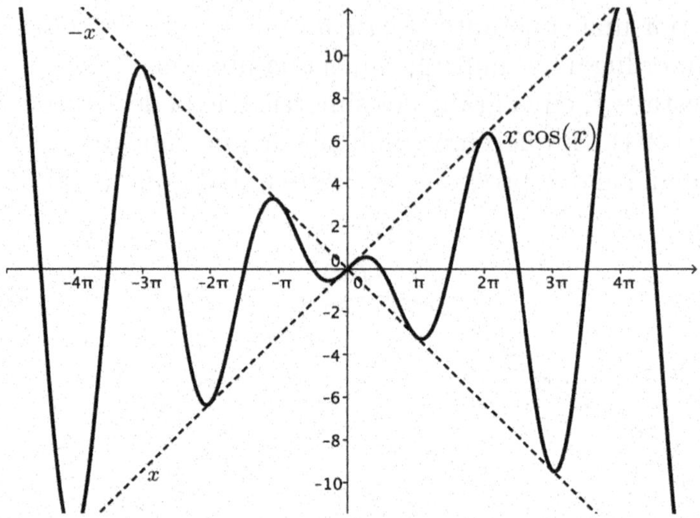


**Figura 2.5:** Multiplicando funciones.

De manera análoga, si representamos el producto $(9/10)^x \cos(x)$, por ejemplo, obtendremos una gráfica que oscila entre la exponencial de $9/10$ y su opuesta (Figura 2.6).

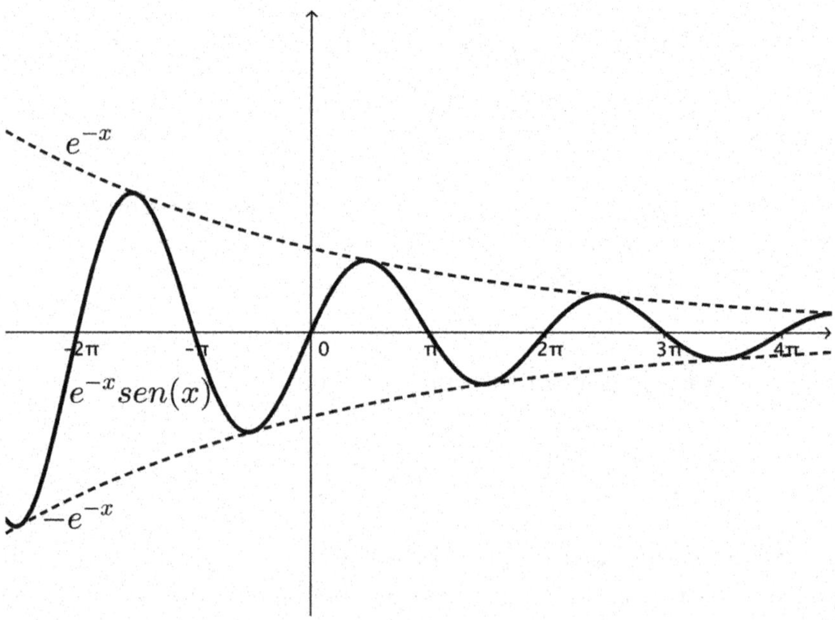


**Figura 2.6:** Multiplicando funciones (2).

### 2.1.4. Cociente de funciones

No hay una regla general que nos diga cómo representar una función $f/g$, conocida la representación de las funciones $f$ y $g$, de manera que en general, cuando queramos representar una de estas funciones, seguiremos las reglas de representación que aprendimos en un curso básico de Matemáticas de Bachillerato. Queremos señalar, sin embargo, un par de propiedades del cociente de funciones que creemos interesantes.

En primer lugar, el cociente $f/g$ puede considerarse como producto $f(1/g)$. Conviene observar aquí que La función $1/g$ es la inversa de $g$ respecto del producto y no debe ser confundida con la función inversa $g^{-1}$ con respecto a la composición, que veremos en la próxima sección; por ejemplo, $1/x^2$ no es lo mismo que $\sqrt{x}$. De hecho, la propiedad definitoria de $g^{-1}$ es completamente diferente:

$$y = g(x), \text{ si y sólo si } x = g^{-1}(y).$$

En segundo lugar, la función $1/g$ puede considerarse como composición de $g$ con la función $1/x$, de manera que se verifica:

- Donde $g$ es creciente (resp. decreciente), $g^{-1}$ es decreciente (resp. creciente).
- $g$ tiene mínimos relativos (resp. máximos relativos) donde $g^{-1}$ tiene máximos relativos.[1]
- $g$ y $g^{-1}$ tienen el mismo signo en cada punto.
- $\lim_{x\to x_0} g(x) = 0$ si y sólo si $\lim_{x\to x_0} g(x) = \pm\infty$ El signo puede ser distinto en los límites laterales.
- $\lim_{x\to x_0} g(x) = \pm\infty$ si y sólo si $\lim_{x\to x_0} g(x) = 0$.

**Ejemplo 2.1.3.** Veamos qué nos dicen las propiedades anteriores en el caso de la función $g(x) = x^3 - x$. En este caso, por los procedimientos habituales sabemos que la función $g$:

- Se anula en $-1$, $0$ y $1$; es positiva en $(-1, 0)$ y $(1, +\infty)$ y negativa en $(-\infty, -1)$ y en $(0, 1)$.

[1] ¿Entiendes por qué esta propiedad se deduce de la precedente?

- Es creciente en $(0, -\sqrt{3}/3)$ y en $(\sqrt{3}/3, +\infty)$, y decreciente en el intervalo $(-\sqrt{3}/3, \sqrt{3}/3)$. Tiene un máximo relativo en $-\sqrt{3}/3$ y un mínimo relativo en $\sqrt{3}/3$.

- Los límites de $g$ en $+\infty$ y $-\infty$ valen $+\infty$ y $-\infty$, respectivamente.

Se sigue entonces que $1/g$ (véase la Figura 2.7):

- Es positiva en $(-1, 0)$ y $(1, +\infty)$ y negativa en $(-\infty, -1)$ y en $(0, 1)$.

- No está definida en $-1$, $0$ y $1$. De hecho tendrá asíntotas verticales en estos puntos, esto es, el límite de $1/g$ en ellos será infinito. El signo que hemos calculado en el punto anterior indica que dicho límite es $+\infty$ en $-1^+$, $0^-$ y $1^+$ y $-\infty$ en $-1^-$, $0^+$ y $1^-$.

- Es decreciente en $(0, -\sqrt{3}/3)$ y en $(\sqrt{3}/3, +\infty)$ y creciente en el intervalo $(-\sqrt{3}/3, \sqrt{3}/3)$. Tiene un mínimo relativo en $-\sqrt{3}/3$ y un máximo relativo en $\sqrt{3}/3$.

- Los límites de $g$ en $+\infty$ y $-\infty$ valen ambos 0.

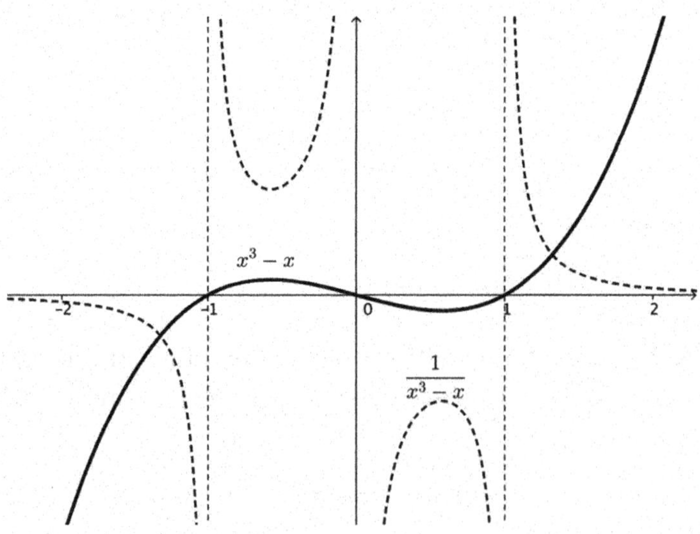


**Figura 2.7:** Una función y su inversa.

## 2.2. La composición

Una función $f$ asocia a cada elemento $x$ del dominio $D_1$ de $f$ un valor $f(x)$. Si este valor está en el dominio de otra función $g$ podemos considerar el valor $g(f(x))$, que se escribe también $(g \circ f)(x)$. Esta es la definición de la *composición* de las funciones $f$ y $g$:

$$(g \circ f)(x) := g(f(x)).$$

Si $D_1$ y $D_2$ son, respectivamente, los dominios de $f$ y $g$, el dominio de la función composición $g \circ f$ será, por lo tanto, el conjunto de puntos $x$ en $D_1$ tales que $f(x)$ pertenece a $D_2$.

La composición resulta muy útil para construir funciones. Por ejemplo, en la sección anterior vimos cómo la composición de una función $f$ con la función $1/x$ tiene como resultado la función $(1/f)(x)$.

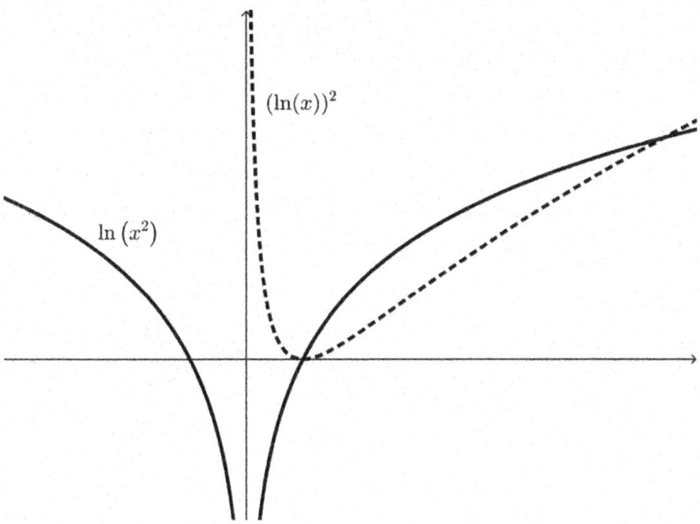


**Figura 2.8:** La composición no es conmutativa.

**Ejemplo 2.2.1.** La composición de la función $\ln(x)$ y la función $x^2$ es la función $(\ln(x))^2$. Primero actúa sobre $x$ la función "logaritmo", y después la función "elevar al cuadrado". Como la segunda está definida en todos los reales, el dominio de la función composición es el dominio de la función logaritmo, que es $(0, +\infty)$. Si componemos al revés, obtenemos la función $\ln(x^2)$, que está definida en todos los puntos donde $x^2$ sea mayor que cero, es decir, en $(-\infty, 0) \cup (0, +\infty)$. No sólo sus dominios son diferentes; estas dos funciones son distintas: $\ln(x^2) = 2\ln(x) \neq (\ln(x))^2$ (ver Figura 2.8). En general, excepto en unos pocos casos, la composición de dos funciones $g \circ f$ es diferente de $f \circ g$ (la composición no es conmutativa).

**Ejercicio 2.2.1:**

Representar las funciones $\text{sen}(1/x)$ y $\text{sen}(x^2)$.

## 2.3. La función inversa

La función que usualmente llamamos *inversa de* $f$, y que denotamos $f^{-1}$, es una función que verifica:

$$y = f(x), \text{ si y sólo si } x = f^{-1}(y),$$

siendo el ejemplo más típico el de la función exponencial y el logaritmo, que son inversas la una de la otra. Otra forma de definirla sería como una función $f^{-1}$ tal que $f^{-1} \circ f$ es la identidad.[2] Cuando representamos entonces una función $f$ y su inversa, sus gráficas son necesariamente simétricas una de la otra respecto al eje $y = x$ (bisectriz del primer-tercer cuadrante). La razón es que esa simetría es justo la que intercambia la $x$ y la $y$.

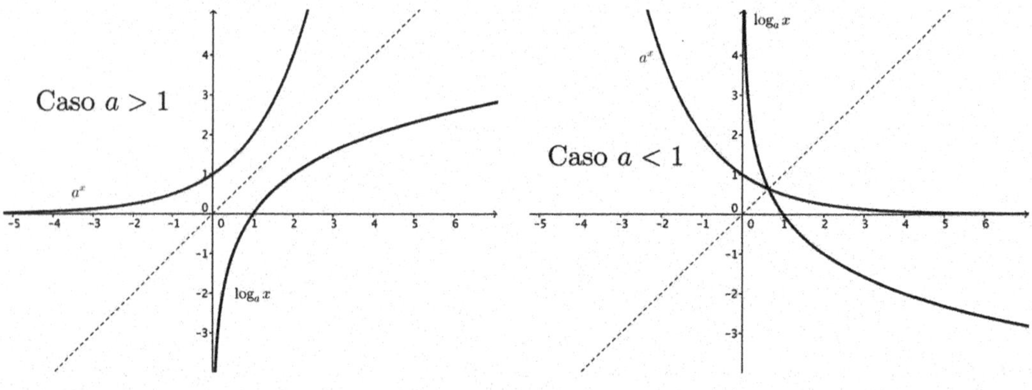


**Figura 2.9:** El logaritmo es la inversa de la función exponencial.

Fijémonos que para que $f$ tenga inversa es necesario que dos elementos $x_1$ y $x_2$ del dominio no tengan la misma imagen. Gráficamente, si esta

[2]La identidad es la función *id* que asocia a cada número su propio valor, esto es $id(x) = x$.

propiedad no se verifica, el resultado de hacer la simetría no es la gráfica de una función. Por ejemplo, si hacemos la simetría de la gráfica de la función $f(x) = x^2$ (una parábola), obtenemos una curva que no puede ser la gráfica de una función, puesto que para cada $x$ asocia dos valores $y$. La solución usual a este problema es dividir la nueva gráfica en ramas, en este caso dos, y considerar cada una de ellas como una inversa de la función. En el ejemplo que nos ocupa las dos ramas son las funciones $\sqrt{x}$ y $-\sqrt{x}$ (ver Figura 2.10). Otro ejemplo de esto es el caso de las funciones $\operatorname{arc\,sen}(x)$, $\arccos(x)$ y $\operatorname{arc\,tg}(x)$, que se definen como inversas de las correspondientes funciones trigonométricas; al definir estas funciones hacemos una elección de sus conjuntos imagen.

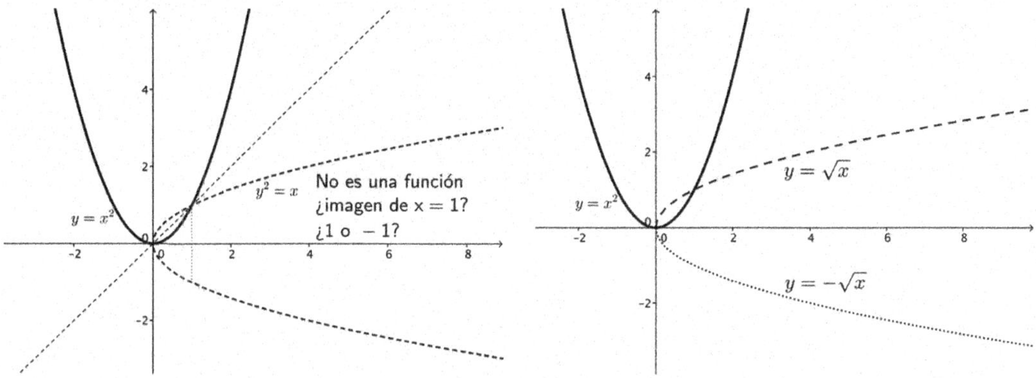


**Figura 2.10:** La función $f(x) = x^2$ y sus inversas.

## 2.4. Pegando funciones a trozos

Hasta el momento hemos visto funciones que están determinadas por una expresión concreta $f(x)$ en un dominio fijado. Pero recordemos que una función es un criterio que asigna a cada $x$ un valor $f(x)$; nada impide que ese criterio venga dado por dos o más expresiones del tipo $f_1(x)$, $f_2(x)\ldots$ y por un conjunto de regiones asociadas a ellas $R_1$, $R_2\ldots$:

$$f(x) = \begin{cases} f_1(x) & \text{si } x \text{ pertenece a } R_1 \\ f_2(x) & \text{si } x \text{ pertenece a } R_2 \\ \ldots & \end{cases}$$

Las regiones $R_1$, $R_2$... pueden ser intervalos, puntos, o conjuntos más complicados. Las únicas condiciones que hemos de imponer son que las regiones no se solapen (es decir, que sean disjuntas dos a dos) y que cada $f_i(x)$ esté bien definida en cada punto $x$ de la región $R_i$.

**Ejemplo 2.4.1.** Tomemos las expresiones $f_1(x) = -x - 1$, $f_2(x) = 1/x$, $f_3(x) = 3$, $f_4(x) = -x^2+x+2$, y las regiones $R_1 = (-\infty, -1]$, $R_2 = (-1, 0)$, $R_3 = \{0\}$, $R_4 = (0, 2]$. Vemos que cada expresión $f_i(x)$ está definida en el correspondiente $R_i$ y que estos no se solapan. La función resultante es:

$$f(x) = \begin{cases} -x-1 & \text{si } x \in (-\infty, -1] \\ 1/x & \text{si } x \in (-1, 0) \\ 3 & \text{si } x = 0 \\ -x^2+x+2 & \text{si } x \in (0, 2] \end{cases}$$

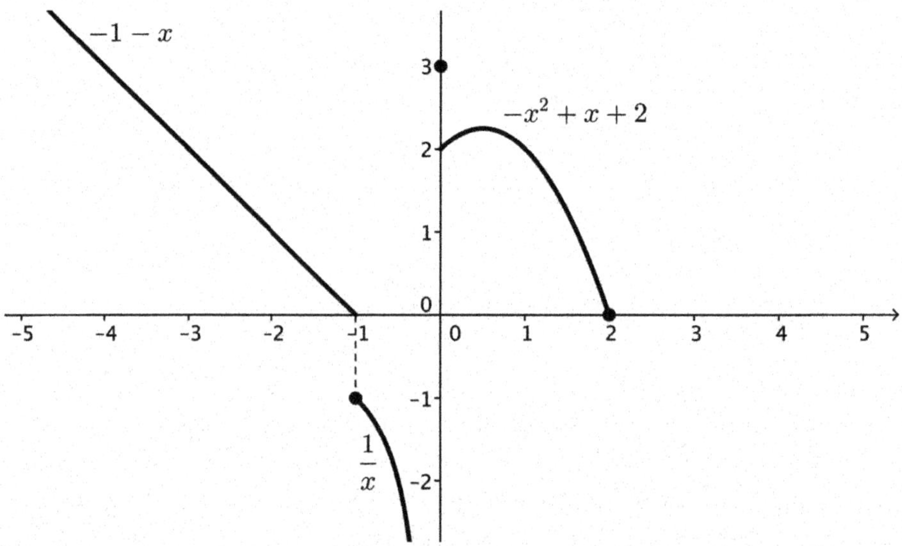


**Figura 2.11:** Una función definida a trozos.

Cuando una función $f$ está definida a trozos, cada uno de los trozos determina propiedades de la función en la región en la que está definida: en cada trozo podemos calcular extremos relativos, concavidad, convexidad, etc. Fijémonos que la función $f$ del ejemplo anterior tiene un máximo relativo en $x = 0$ que no podemos calcular de la manera usual (dado que la función no es ni siquiera continua o derivable en 0). Para el cálculo de límites de la función también hemos de tener especial cuidado en saber qué trozo debemos usar; por ejemplo, para la función del ejercicio anterior:

$$\lim_{x \to -\infty} f(x) = \lim_{x \to -\infty} (-x - 1) = +\infty,$$

$$\lim_{x \to 0^-} f(x) = \lim_{x \to 0^-} 1/x = -\infty, \text{ etc.}$$

Un tipo especial de función definida a trozos que usaremos a menudo es la función *valor absoluto*, que deja los números positivos como están y cambia los negativos de signo, es decir:

$$|x| = \begin{cases} x & \text{si } x \geq 0 \\ -x & \text{si } x < 0 \end{cases}$$

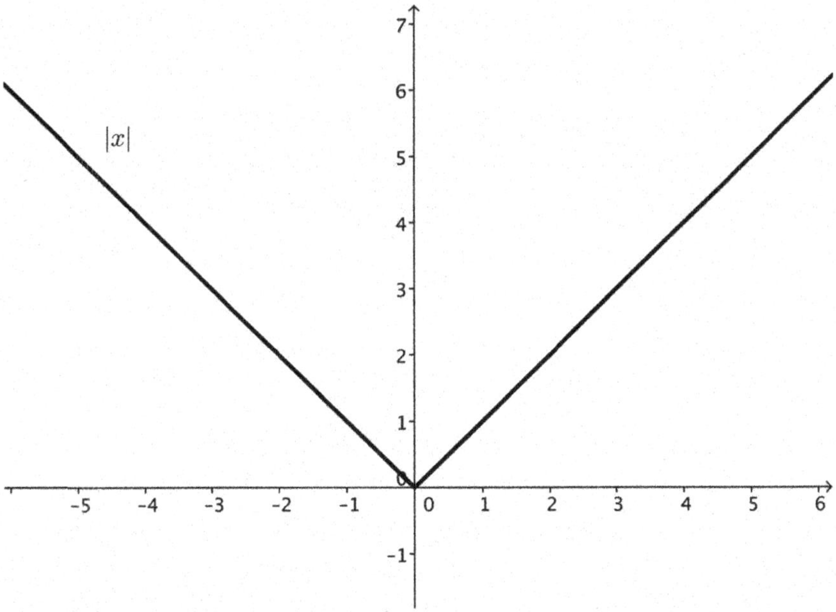


**Figura 2.12:** La función valor absoluto.

La composición de una función con la función valor absoluto, pasará a estar definida a trozos. En efecto, $|f(x)|$ vale $f(x)$ en las regiones en que $f(x)$ sea positivo, y $-f(x)$ en las que $f(x)$ sea negativo:

$$|f(x)| = \begin{cases} f(x) & \text{si } f(x) \geq 0 \\ -f(x) & \text{si } f(x) < 0 \end{cases}$$

El efecto que esto produce en la gráfica de la función tiene una descripción gráfica sencilla: tomamos la gráfica de $f$ y hacemos la simetría respecto al eje $x$ de todo lo que quede por debajo de éste. Por ejemplo, la función $|x^3 - x|$ vale $x^3 - x$ en $[-1, 0]$ y $[1, +\infty)$ y $-x^3 + x$ en $(-\infty, -1)$ y $(0, 1)$. Su gráfica ha sido representada en la Figura 2.13.

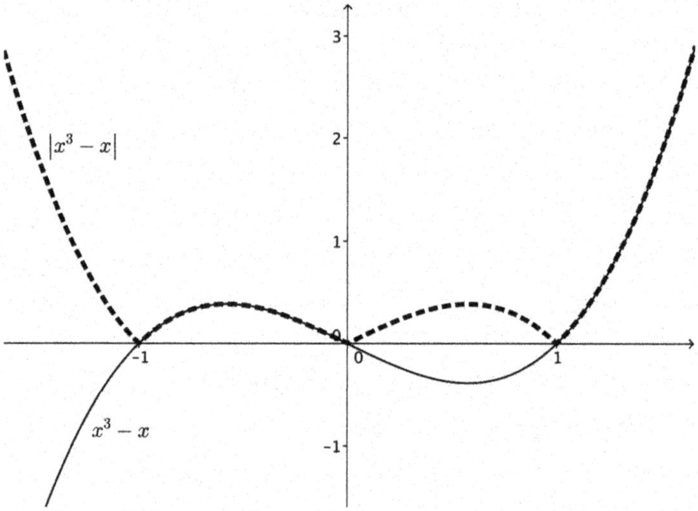


**Figura 2.13:** Componiendo con la función valor absoluto.

Como vemos en el ejemplo, la composición con la función valor absoluto puede producir *singularidades*, esto es, puntos en los que la función deja de ser derivable. Las singularidades podrán aparecer en los puntos donde la función $f$ original cambia de signo. La razón es que, habitualmente, en cada uno de esos puntos la recta tangente por la izquierda y por la derecha de $|f|$ no coincidirán, y gráficamente observaremos un "pico" en ese punto.

**Ejercicio 2.4.1:**

Dibuja las gráficas de las funciones $|\operatorname{sen}(x)|$ y $|\ln(x)|$, y compáralas con las de $\operatorname{sen}^2(x)$ y $(\ln(x))^2$.

# 2.5. Operaciones geométricas

## 2.5.1. Traslaciones

Hemos visto en 2.1.2 que la gráfica de la función $f(x)+k$ consiste en la traslación $k$ unidades en el eje de $y$ de la gráfica de $f(x)$. Si $k$ es positivo, la traslación es hacia arriba y si $k$ es negativo, hacia abajo. Para realizar una traslación en el eje $x$ de $k$ unidades, hemos de considerar la función $f(x-k)$. Tomando $k$ positivo, la traslación se efectua hacia la derecha, y tomando $k$ negativo, hacia la izquierda.[3]

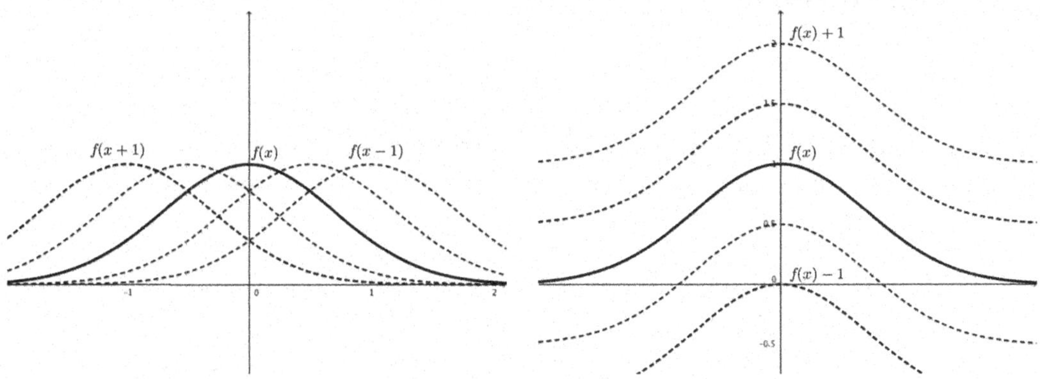


**Figura 2.14:** Traslaciones.

## 2.5.2. Dilataciones y contracciones

De nuevo, ya hemos visto en 2.1.3 cómo realizar una dilatación o una contracción en el eje de las $y$: multiplicando por una constante positiva $k$, es decir, considerando la función $kf(x)$. Si $k$ es mayor que uno, la gráfica se dilata, y si es menor se contrae. Para realizar contracciones o dilataciones en

[3]Construye una función ejemplo y, utilizando algunos puntos convéncete de que, en efecto, es así.

el eje $x$, consideramos las funciones $f(x/k)$; si $k < 1$ la función se contrae, y si $k > 1$, se dilata.

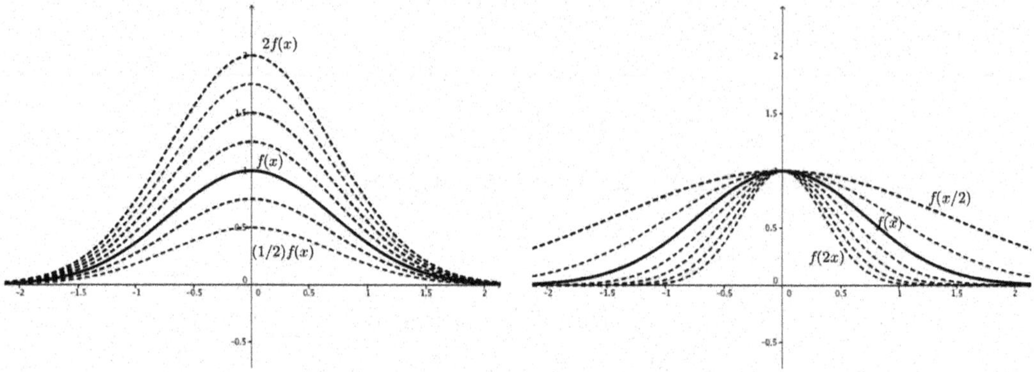


**Figura 2.15:** Contracciones y dilataciones.

### 2.5.3. Simetrías

Además de la simetría respecto del eje $y = x$, que se consigue considerando la inversa de la función en cuestión, podemos fácilmente realizar simetrías respecto de los ejes $x$ e $y$. Para la simetría de $f(x)$ respecto del eje $x$ (véase 2.1.3) consideramos la función $-f(x)$; para la simetría respecto al eje $y$, tomamos $f(-x)$.

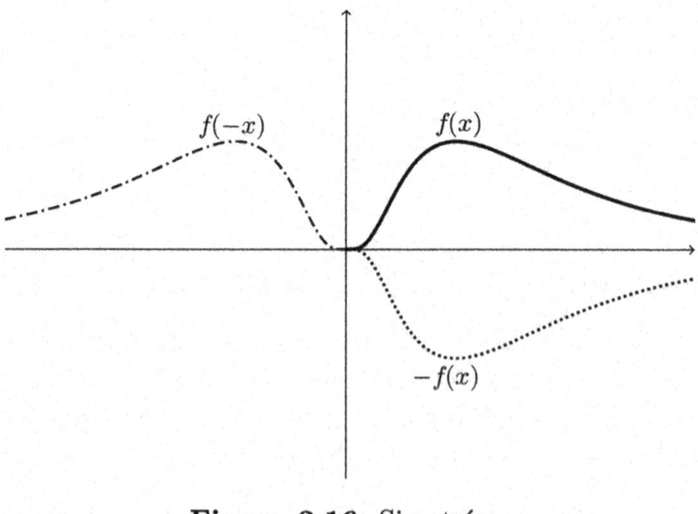


**Figura 2.16:** Simetrías.

## 2.6. Familias de funciones

En la sección anterior hemos visto cómo introducir una constante $k$ en la expresión de una función para modificarla mediante una traslación o una expansión o contracción. Así, si en lugar por ejemplo de $f(x)$ consideramos $f(x) + k$ estamos tratando a la vez con la función $f$ y todas las que se pueden construir trasladándola en vertical. En general, es frecuente trabajar con funciones cuya expresión depende no sólo de la variable original, sino también de algunos parámetros (como nuestra constante $k$). Es muy útil interpretar estas expresiones como familias de funciones, de manera que cada vez que demos valores numéricos a los parámetros, tendremos una función perfectamente determinada.

**Ejemplo 2.6.1.** La siguiente familia de funciones aparece en la modelización de un cierto tipo de predaciones (véase la Sección 6.2):

$$p(N) = \frac{BN^2}{A^2 + N^2}.$$

Se trata de una familia de funciones $p(N)$ en la variable $N$, que dependen de los parámetros $A$ y $B$. Cada vez que damos un valor numérico a $A$ y a $B$, tenemos una función determinada.

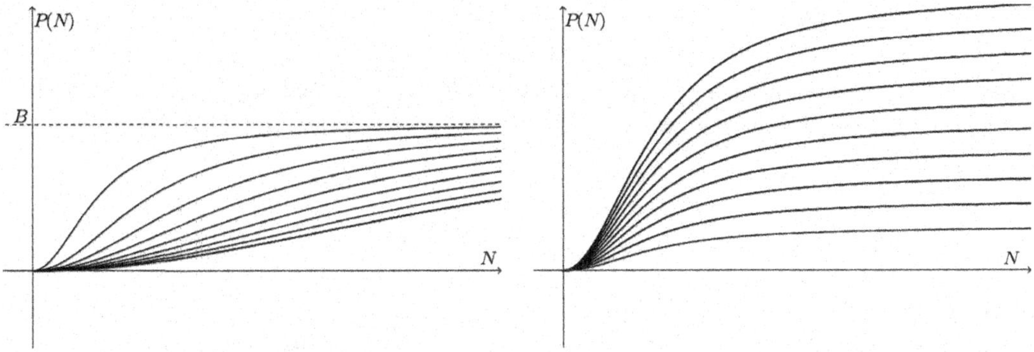


**Figura 2.17:** Una familia de funciones que depende de dos parámetros.

En la Figura 2.17 hemos representado las gráficas de la función $p(N)$ para distintos valores de $A$ (izquierda) y de $B$ (derecha). Podemos ver, de hecho, que al aumentar $A$ estamos dilatando la gráfica de la función $p$ en el eje $x$ [4], y que al aumentar $B$ estamos dilatando la gráfica en el eje $y$.

[4] ¿Podrías justificar este hecho usando lo estudiado sobre dilataciones en 2.5.2?

En general, a diferencia del ejemplo anterior, podemos construir familias de funciones que no tienen interpretaciones geométricas sencillas. Sin embargo estas familias de funciones pueden ser estudiadas mediante el Cálculo usual (es decir, a través del cálculo de sus límites, derivadas, etc.). Para ello es fundamental tener presente que *los parámetros son constantes en la variable de la función* y no confundir parámetros y variables. De esta manera es posible expresar algunas propiedades generales de las funciones de la familia $p(N)$ en términos de los valores de los parámetros.

**Ejemplo 2.6.2.** Consideremos la función $p(N)$ del ejercicio anterior. Puede calcularse, por ejemplo:

$$\lim_{N\to+\infty} p(N) = B.$$

En efecto, dividiendo por $N^2$ el numerador y el denominador obtenemos:

$$\lim_{N\to+\infty} \frac{BN^2}{A^2+N^2} = \lim_{N\to+\infty} \frac{B}{\frac{A^2}{N^2}+1}.$$

Como $A$ es una constante, se tiene

$$\lim_{N\to+\infty} \frac{A^2}{N^2} = 0,$$

de manera que el límite deseado es 0. Volveremos sobre el cálculo de límites en el próximo tema; lo único que queremos resaltar aquí es que hemos tratado a $A$ y $B$ exactamente igual que si fuesen constantes.

De la misma manera, podemos calcular las derivadas de $p(N)$, que serán otra vez una familia de funciones que depende del valor de los parámetros. Por ejemplo:

$$p'(N) = \frac{B2N(A^2+N^2) - BN^2(0+2N)}{(A^2+N^2)^2} = \frac{2BA^2N}{(A^2+N^2)^2}.$$

Nótese que al derivar $BN^2$ respecto de $N$, obtenemos $B2N$, dado que $B$ es una constante que está multiplicando a $N^2$, mientras que la derivada de $A^2+N^2$ respecto de $N$ es $2N$, puesto que $A^2$ es una constante que está sumando a $N^2$.

**Ejercicio 2.6.1:**

Comprueba que la función $p(N)$ anterior tiene una inflexión en el punto $N = A\sqrt{3}/3$.

# Capítulo 3

# Límites de funciones

## 3.1. El concepto de límite

De un modo general, podemos decir que el límite de una función $f$ en un punto $x_0$ nos describe el comportamiento de la función en puntos *cercanos* a $x_0$. Fijemos, para empezar, el escenario en el que podemos calcular dicho límite. Por lógica necesitaremos al menos que el dominio de la función contenga puntos de ese tipo.

Concretamente: cuando $f$ es una función definida en un dominio $D$ necesitamos que $x_0$ sea un punto tal que $D$ contenga un intervalo de la forma $(a, x_0)$ o $(x_0, b)$[1]. No es necesario que el propio $x_0$ esté en el dominio. Si el dominio de la función $f$ es, por ejemplo, $[0, 3)$, podemos calcular perfectamente el límite de $f$ en 3, aunque 3 no esté en el dominio.

La razón de que $x_0$ deba cumplir la condición antes descrita es que el límite de una función $f$ en $x_0$ estudia el *comportamiento de los valores* $f(x)$ *cuando* $x$ *se aproxima a* $x_0$*, sin tener en cuenta lo que suceda en* $x_0$. Para que esto pueda hacerse, necesitamos poder aproximarnos a $x_0$ por puntos $x$ del dominio $D$.

[1] El límite de una función en un punto puede todavía calcularse en situaciones más generales que, por simplicidad, no consideraremos aquí.

En esta situación, la definición de límite de $f$ en $x_0$[2] es:

$$\lim_{x\to x_0} f(x) = \ell : \quad [\forall\epsilon > 0\ \exists\delta > 0 \text{ t.q. } 0 < |x - x_0| \le \delta \Rightarrow |f(x) - \ell| \le \epsilon]$$

Los símbolos $\forall$, $\exists$ significan respectivamente "para todo" y "existe"; "t.q." es la abreviatura de "tal que".

Aunque no vamos a trabajar directamente sobre este tipo de definiciones, reflexionemos un momento sobre ella:

- El valor absoluto $|x - x_0|$ es la distancia de $x$ a $x_0$, y $|f(x) - \ell|$ es la distancia de $f(x)$ a $\ell$. Nótese que "$0 < |x - x_0|$" significa solamente que $x$ es distinto de $x_0$. Entonces, la última parte de la definición se expresa en castellano:

  > Si $x$ se acerca a $x_0$ a una distancia menor o igual que $\delta$, y siendo $x$ distinto de $x_0$, entonces $f(x)$ se acerca a $\ell$ a una distancia menor o igual que $\epsilon$.

- Traduciendo entonces la definición del lenguaje simbólico matemático a la lengua castellana, pero manteniendo todavía la precisión matemática, el significado entero de la definición es:

  > Dada una distancia cualquiera $\epsilon$ (tan pequeña como queramos) existe una distancia $\delta$ (que posiblemente depende de $\epsilon$), tal que todos los $x$ distintos de $x_0$ a distancia $\le \delta$ de $x_0$ verifican que sus imágenes $f(x)$ están a distancia $\le \epsilon$ de $\ell$.

- En un lenguaje no preciso, $\lim_{x\to x_0} f(x) = \ell$ significa que cuando $x$ se acerca a $x_0$, $f(x)$ se acerca a $\ell$. Nótese que para el límite, *el valor de $f$ en el propio punto es irrelevante*. Así por ejemplo, las funciones

  $$f_1(x) = x + 1, \quad f_2(x) = \begin{cases} x + 1, & \text{si } x \neq 1 \\ 3, & \text{si } x = 1 \end{cases}$$

  tienen límite en 1 igual a 2.

[2] Esta es la definición de límite finito en $x_0 \in \mathbb{R}$; las definiciones de límite infinito, o en el infinito, tienen expresiones ligeramente diferentes a ésta, que veremos a continuación.

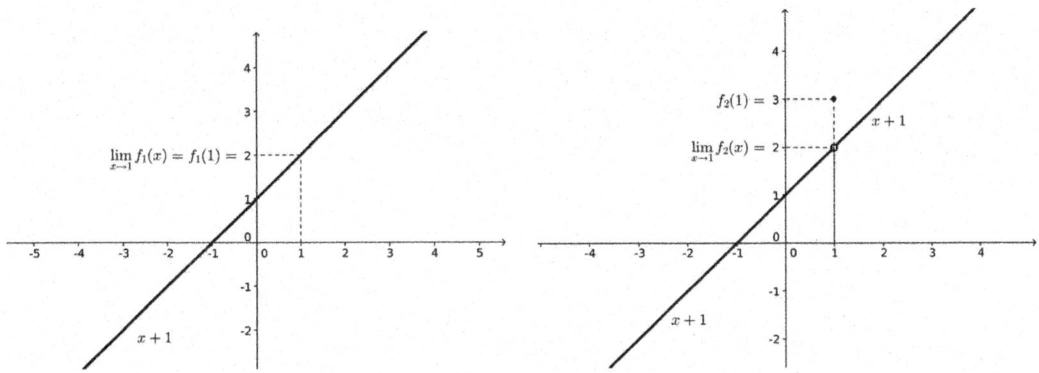


**Figura 3.1:** El límite no depende del valor en el punto.

El concepto que sí tiene en cuenta el valor de $f$ en el punto $x_0$ es la *continuidad de $f$ en $x_0$*. En este caso sí necesitamos que $x_0$ esté en el dominio de $f$. Decimos que $f$ *es continua en un punto $x_0$ de su dominio* cuando

$$\lim_{x \to x_0} f(x) = f(x_0),$$

es decir, cuando $f$ toma en $x_0$ precisamente el valor al que se aproxima $f(x)$ cuando $x$ se acerca a $x_0$. En el ejemplo anterior, la función $f_1(x)$ es continua en 1, mientras que la función $f_2(x)$ no lo es. En definitiva, la continuidad de una función en un punto significa que el límite de la función en dicho punto se calcula simplemente evaluando la función.

A partir de la definición anterior, y realizando las variaciones pertinentes, conseguiremos escribir todas las definiciones de límite que usaremos:

- **Límites laterales:** Los *límites laterales* de $f(x)$ en un punto $x_0$ *sólo tienen en cuenta lo que sucede a uno u otro lado del punto $x_0$*, es decir para $x > x_0$ o para $x < x_0$. De esta manera las definiciones matemáticas correspondientes serán:

$$\lim_{x \to x_0^+} f(x) = \ell :$$

$$[\forall \epsilon > 0 \; \exists \delta > 0 \text{ t.q. } \mathbf{0 < x - x_0} \leq \delta \Rightarrow |f(x) - \ell| \leq \epsilon]$$

$$\lim_{x \to x_0^-} f(x) = \ell :$$

$$[\forall \epsilon > 0 \; \exists \delta > 0 \text{ t.q. } \mathbf{0 < x_0 - x} \leq \delta \Rightarrow |f(x) - \ell| \leq \epsilon]$$

De esta manera, los límites laterales nos dicen a qué valor se aproxima la función cuando $x$ se aproxima a $x_0$ por la derecha o por la izquierda. Fijémonos que si los dos límites laterales no coinciden, entonces el límite en $x_0$ no existe.

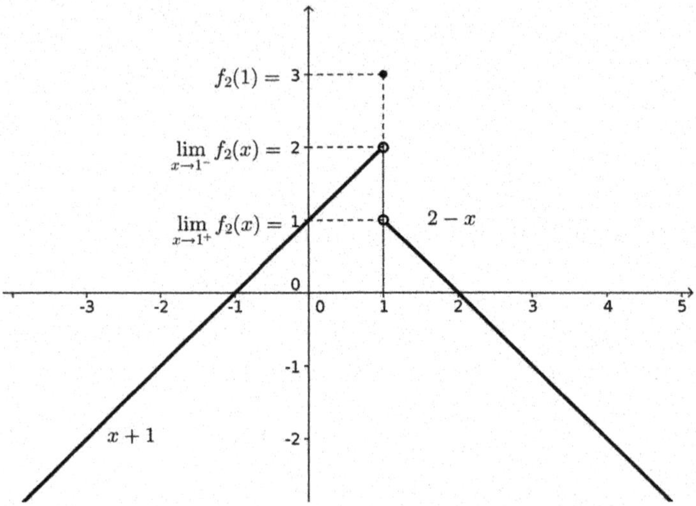


**Figura 3.2:** Los límites laterales no tienen que coincidir.

- **Límites con valor infinito:** Cuando decimos que el límite de $f(x)$ en $x_0$ tiene valor $+\infty$ (resp. $-\infty$), queremos decir que cuando $x$ se aproxima a $x_0$ entonces $x$ crece indefinidamente (resp. decrece indefinidamente), superando cualquier cota superior positiva (resp. cota inferior negativa) $M$ que queramos. En lenguaje matemático se escribirá así:

$$\lim_{x\to x_0} f(x) = +\infty :$$
$$[\forall \boldsymbol{M} > \boldsymbol{0}\ \exists\delta > 0 \text{ t.q. } 0 < |x - x_0| \leq \delta \Rightarrow \boldsymbol{f(x)} \geq \boldsymbol{M}]$$
$$\lim_{x\to x_0} f(x) = -\infty :$$
$$[\forall \boldsymbol{M} < \boldsymbol{0}\ \exists\delta > 0 \text{ t.q. } 0 < |x - x_0| \leq \delta \Rightarrow \boldsymbol{f(x)} \leq \boldsymbol{M}]$$

Obviamente podemos de nuevo adaptar estas definiciones para los límites laterales. El ejemplo típico son los límites laterales en 0 de la función $1/x$. Acerquémonos a 0 por la derecha, considerando la sucesión

$$(0'1, 0'01, 0'001, 0'0001, \dots),$$

que tiende a 0. Al aplicar a estos números la función $1/x$ obtenemos valores

$$(10, 100, 1000, 10000, \dots),$$

que superan cualquier valor $M$ positivo que queramos. Además, podíamos haber elegido cualquier otra sucesión que se acercase a 0 y el resultado hubiese sido el mismo[3]. Concluimos que $\lim_{x\to 0^+} \frac{1}{x} = +\infty$.

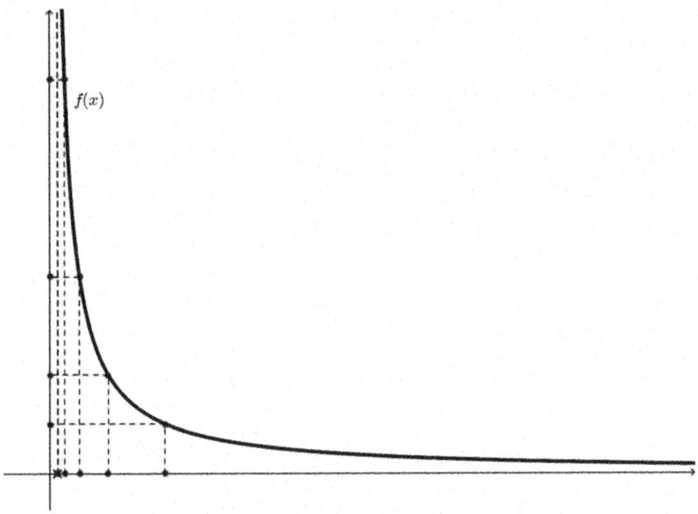


**Figura 3.3:** Un límite infinito en $x_0 = 0$.

- **Límites en el infinito:** Los límites en el infinito son de especial utilidad en las ciencias aplicadas. Pensemos por ejemplo en una variable biológica, física, química, etc, cuya variación en función del tiempo $t$ ha sido modelizada mediante una función $f(t)$. En ese caso, el límite cuando $t$ tiende a $+\infty$ de $f(t)$ puede describirse como la *tendencia* de dicha variable, el valor al que tiende a estabilizarse con el paso el tiempo.

[3]Este ejemplo no prueba, solamente ilustra, que $\lim_{x\to 0^+} 1/x = +\infty$, puesto que tendríamos que comprobar que lo mismo se verifica para cualquier otra sucesión.

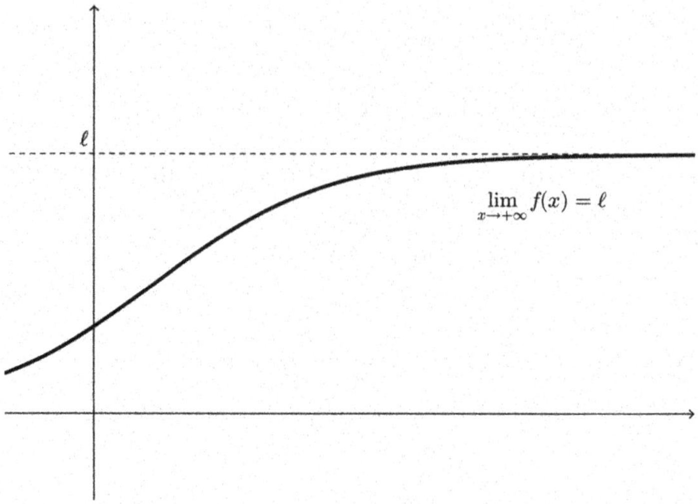


**Figura 3.4:** Límite en el infinito.

En general, el límite de $f(x)$ cuando $x$ tiende a $+\infty$ (resp. a $-\infty$) nos dice qué valores toma $f(x)$ cuando $x$ crece (resp. decrece) infinitamente. Las definiciones matemáticas correspondientes toman entonces la forma siguiente:

$$\lim_{x\to+\infty} f(x) = \ell : \ [\forall\epsilon > 0 \ \exists \boldsymbol{N} > \boldsymbol{0} \text{ t.q. } \boldsymbol{x} > \boldsymbol{N} \Rightarrow |f(x) - \ell| \leq \epsilon]$$

$$\lim_{x\to-\infty} f(x) = \ell : \ [\forall\epsilon > 0 \ \exists \boldsymbol{N} < \boldsymbol{0} \text{ t.q. } \boldsymbol{x} < \boldsymbol{N} \Rightarrow |f(x) - \ell| \leq \epsilon]$$

**Ejercicio 3.1.1:**

La definición matemática de que el límite cuando $x$ tiende a $(\pm)$ infinito de $f(x)$ es infinito es análoga: escríbela.

Nótese que para que el límite de una función $f$ en $+\infty$ tenga sentido, el dominio de definición de $f$ no puede ser acotado, es decir, estar contenido en un intervalo $[a, b]$. De hecho, si lo fuese no podríamos estudiar el comportamiento de $f$ más allá de $b$, con lo cual el límite en $+\infty$ carecería de sentido.

# 3.2. Cálculo de límites

En los capítulos 1 y 2, hemos visto cómo construir las funciones con las que trabajaremos: mediante diferentes operaciones (aritméticas, de composición, de definición a trozos) que realizamos sobre las funciones elementales. En esta sección repasaremos primero cuáles son los límites más destacados de las funciones elementales, luego veremos cómo se comportan los límites respecto de las operaciones descritas en el Capítulo 2, lo cual nos permitirá calcular límites de las funciones que podemos construir según estos métodos. Finalmente estudiaremos ciertos límites cuyo cálculo involucra utilizar ciertos argumentos especiales, y que son clásicamente conocidos como *indeterminaciones*.

## 3.2.1. Límites de las funciones elementales

En esta subsección exponemos los límites de las funciones elementales. Una de las propiedades más importantes es que dichas funciones *son continuas en sus dominios*, de manera que:

$$\lim_{x \to x_0} f(x) = f(x_0) \text{ para todo } x_0 \text{ en el dominio de } f.$$

En cada una de las fichas correspondientes a cada función explicitaremos su dominio y los límites más importantes.

**Funciones polinómicas**

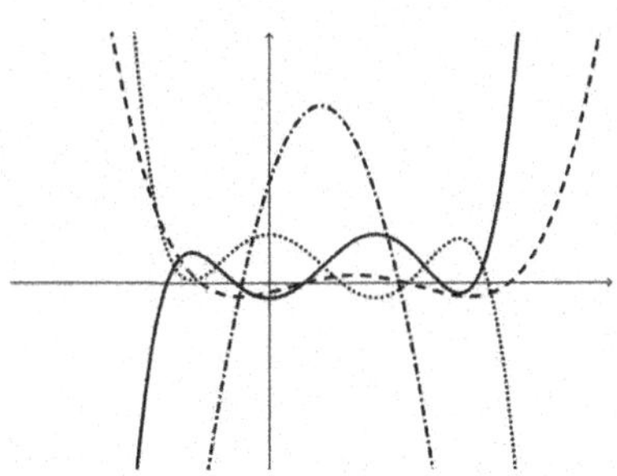

| |
|---|
| $p(x) = a_n x^n + \cdots + a_1 x + a_0$ |
| Dominio: $D = \mathbb{R}$ |
| $\lim_{x \to x_0} p(x) = p(x_0)\ \forall x_0 \in D$ |
| $\lim_{x \to -\infty} p(x) = \pm\infty$ |
| $\lim_{x \to +\infty} p(x) \pm \infty$ |

**Figura 3.5:** Funciones polinómicas: límites.

El valor de los límites en $\pm\infty$ de una función polinómica dependen del signo del coeficiente principal $a_n$ y de la paridad de $n$, según aparece en la tabla (3.1). En particular el único término que influye en los límites infinitos es el de grado más alto; los demás son irrelevantes. El término de mayor grado es el que domina y determina el comportamiento de un polinomio.

| $\lim\limits_{x \to +\infty} p(x)$, $\lim\limits_{x \to -\infty} p(x)$ | $n$ par | $n$ impar |
|---|---|---|
| $a_n > 0$ | $+\infty, +\infty$ | $+\infty, -\infty$ |
| $a_n < 0$ | $-\infty, -\infty$ | $-\infty, +\infty$ |

**Tabla 3.1:** Signo de los límites infinitos de una función polinómica.

**Funciones exponencial y logaritmo**

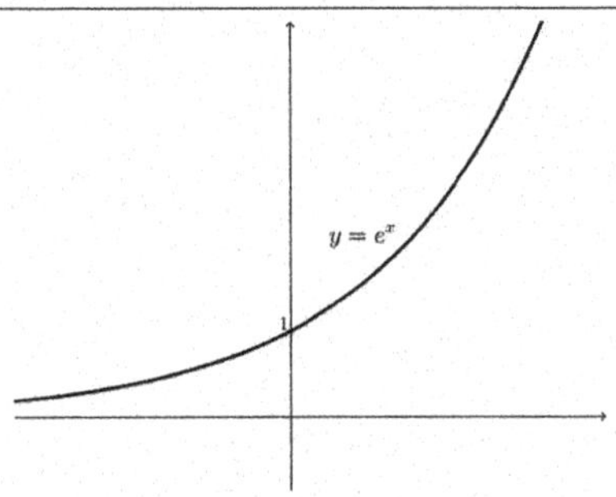


| |
|---|
| Dominio: $D = \mathbb{R}$ |
| $\lim\limits_{x \to x_0} e^x = e^{x_0} \quad \forall x_0 \in D$ |
| $\lim\limits_{x \to -\infty} e^x = 0$ |
| $\lim\limits_{x \to +\infty} e^x = +\infty$ |

**Figura 3.6:** La función exponencial: límites.

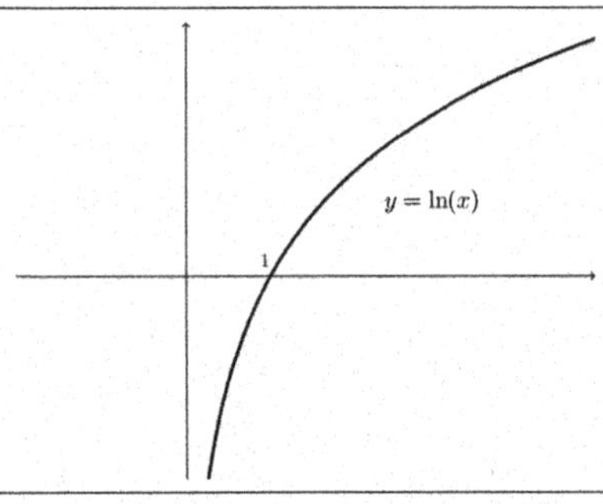


| |
|---|
| Dominio: $D = (0, +\infty)$ |
| $\lim\limits_{x \to x_0} \ln(x) = \ln(x_0), \ \forall x_0 \in D$ |
| $\lim\limits_{x \to 0} \ln(x) = -\infty$ |
| $\lim\limits_{x \to +\infty} \ln(x) = +\infty$ |

**Figura 3.7:** La función logaritmo: límites.

En estas fichas hemos descrito solo el comportamiento de la exponencial y el logaritmo de base $e$. Usando los resultados de la próxima sección se pueden calcular los límites del resto de exponenciales y logaritmos a partir de estos, usando los cambios de base que hemos descrito en el Capítulo 1.

## Funciones trigonométricas

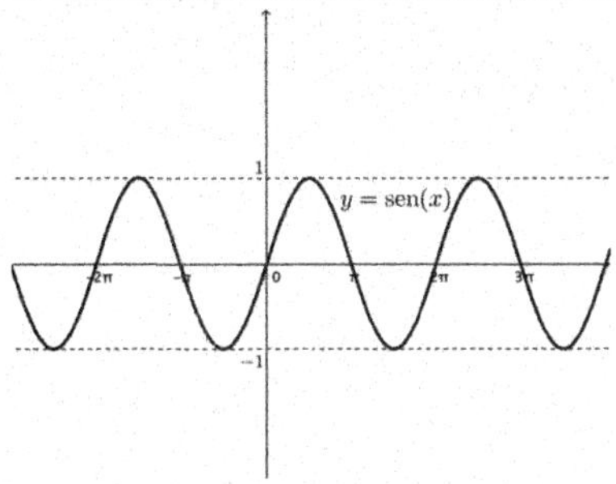


| |
|---|
| Dominio: $D = \mathbb{R}$ |
| $\lim\limits_{x \to x_0} \operatorname{sen}(x) = \operatorname{sen}(x_0)\ \forall x_0 \in D$ |
| $\lim\limits_{x \to -\infty} \operatorname{sen}(x)$ no existe |
| $\lim\limits_{x \to +\infty} \operatorname{sen}(x)$ no existe |

**Figura 3.8:** La función seno: límites.

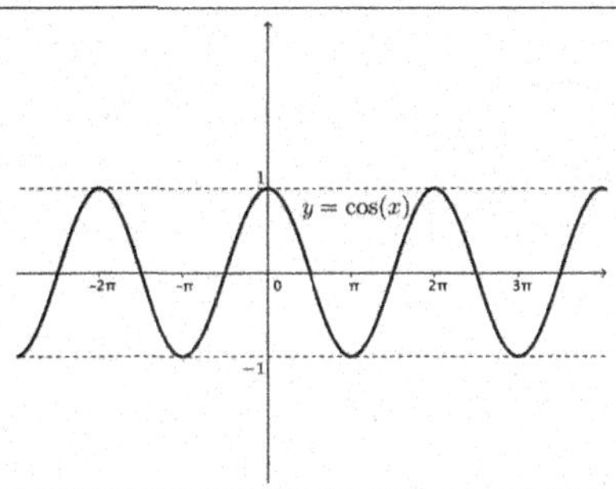


| |
|---|
| Dominio: $D = \mathbb{R}$ |
| $\lim\limits_{x \to x_0} \cos(x) = \cos(x_0)\ \forall x_0 \in D$ |
| $\lim\limits_{x \to -\infty} \cos(x)$ no existen |
| $\lim\limits_{x \to +\infty} \cos(x)$ no existe |

**Figura 3.9:** La función coseno: límites.

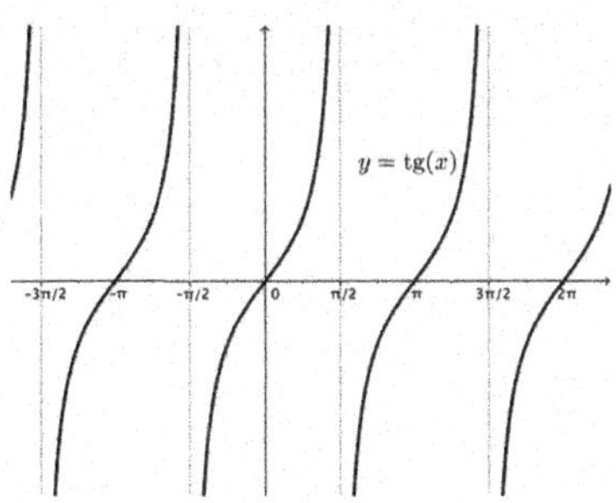


| |
|---|
| Dominio: $D = \mathbb{R} \setminus \{\pi/2 + k\pi\}_{k \in \mathbb{Z}}$ |
| $\lim\limits_{x \to x_0} \operatorname{tg}(x) = \operatorname{tg}(x_0)\ \forall x_0 \in D$ |
| $\lim\limits_{x \to \pi/2^-} \operatorname{tg}(x) = +\infty$ |
| $\lim\limits_{x \to \pi/2^+} \operatorname{tg}(x) = -\infty$ |
| $\lim\limits_{x \to \pm\infty} \operatorname{tg}(x)$ no existen |

**Figura 3.10:** La función tangente: límites.

Un aspecto de las funciones trigonométricas que nos parece importante resaltar es que sus límites infinitos no existen. Pensemos por ejemplo en

$$\lim_{x\to\infty} \operatorname{sen}(x).$$

La función seno es una función periódica, que oscila entre los valores $-1$ y $1$, luego vemos que no hay ningún valor al que se aproxime $\operatorname{sen}(x)$ cuando $x$ tiende a infinito, es decir, cuando $x$ crece la función $\operatorname{sen}(x)$ no tiende a estabilizarse en ningún valor concreto.

Si, por ejemplo, decidimos aproximarnos a $+\infty$ mediante la sucesión

$$(\pi/2,\ \pi/2+\pi,\ \pi/2+2\pi,\ \pi/2+3\pi,\ \cdots),$$

obtenemos la sucesión de valores (de la función seno en dichos puntos):

$$(1,\ -1,\ 1,\ -1,\ \cdots),$$

que no converge a ningún número, sino que oscila infinitamente. De la misma manera, cambiando la sucesión por la que nos aproximemos a $+\infty$, encontramos sucesiones de valores que pueden converger a valores diferentes (entre 1 y $-1$), oscilar entre varios valores diferentes, o tener comportamientos aún más complicados.

De una manera intuitiva, vemos entonces que es la periodicidad de la función $\operatorname{sen}(x)$ la que provoca, en este caso, que no haya límites en infinito; lo mismo sucede entonces para el resto de funciones trigonométricas.

### Funciones trigonométricas inversas

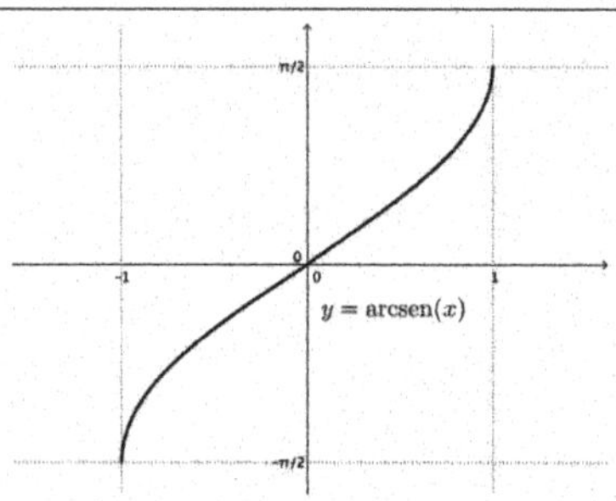


| |
|---|
| Dominio: $D=[-1,1]$ |
| $\lim_{x\to x_0} \operatorname{arc\,sen}(x) = \operatorname{arc\,sen}(x_0)\ \forall x_0$ |
| $\lim_{x\to -1} \operatorname{arc\,sen}(x) = -\pi/2$ |
| $\lim_{x\to 1} \operatorname{arc\,sen}(x) = \pi/2$ |

**Figura 3.11:** La función arcoseno: límites.

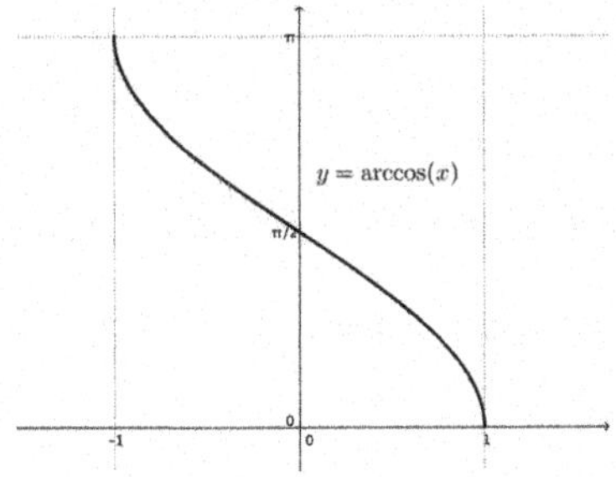


| Dominio: $D = \mathbb{R}$ |
|---|
| $\lim\limits_{x \to x_0} \operatorname{arc\,cos}(x) = \operatorname{arc\,cos}(x_0)\ \forall x_0$ |
| $\lim\limits_{x \to -1} \operatorname{arc\,cos}(x) = \pi$ |
| $\lim\limits_{x \to 1} \operatorname{arc\,cos}(x) = 0$ |

**Figura 3.12:** La función arcocoseno: límites.

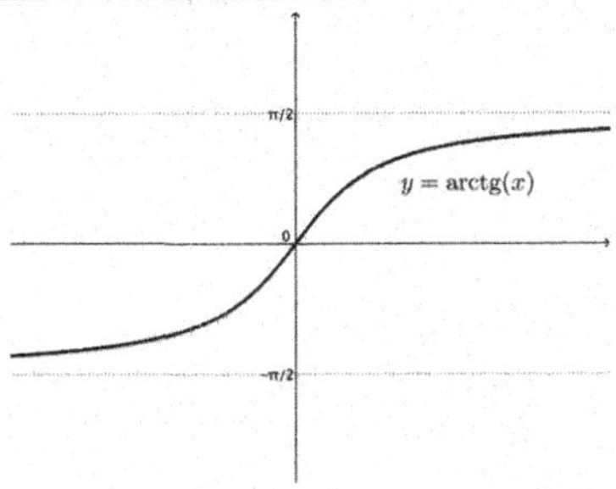


| Dominio: $D = \mathbb{R}$ |
|---|
| $\lim\limits_{x \to x_0} \operatorname{arc\,tg}(x) = \operatorname{arc\,tg}(x_0)\ \forall x_0$ |
| $\lim\limits_{x \to -\infty} \operatorname{arc\,tg}(x) = -\pi/2$ |
| $\lim\limits_{x \to +\infty} \operatorname{arc\,tg}(x) = \pi/2$ |

**Figura 3.13:** La función arcotangente: límites.

### 3.2.2. Comportamiento del límite respecto a las operaciones con funciones

Hemos señalado ya en el Capítulo 2 que las funciones que normalmente consideraremos se construyen a partir de las funciones elementales mediante ciertas operaciones: en esta sección estudiaremos cómo se comporta el límite respecto a esas operaciones. Como dijimos anteriormente, esto nos permitirá calcular, usando los límites de las funciones elementales, los límites de funciones más generales.

**Advertencia 3.2.1.** Para no tener que ir estudiando caso por caso, hasta el final de este tema, cuando escribamos $\lim\limits_{x \to x_0} f(x) = \ell$, permitiremos que $x_0$ y $\ell$ puedan tomar también los valores $+\infty$ y $-\infty$. Las propiedades que vamos a presentar a continuación nos van a permitir realizar operaciones aritméticas con límites, y debemos precisar que valores toman esas operaciones sobre esos dos valores. No debemos, sin embargo, pensar en $+\infty$ y $-\infty$ como en números en el sentido habitual, sino recordar que son límites de funciones, y como tales deben ser considerados.

**Suma de funciones.**

El límite se comporta bien respecto a la suma de funciones es decir:

$$\boxed{\lim_{x\to x_0} f(x) = a,\ \lim_{x\to x_0} g(x) = b \Rightarrow \lim_{x\to x_0}(f+g)(x) = a+b}$$

No vamos a explicitar la demostración formal de esta propiedad, pero señalamos que lo que nos dice es que, si cuando $x$ tiende a $x_0$, $f(x)$ se acerca al valor $a$ y $g(x)$ se acerca al valor $b$, entonces $f(x)+g(x)$ se aproxima al valor $a+b$. De la misma manera, para la diferencia de funciones tenemos:

$$\boxed{\lim_{x\to x_0} f(x) = a,\ \lim_{x\to x_0} g(x) = b \Rightarrow \lim_{x\to x_0}(f-g)(x) = a-b}$$

Precisemos qué significan "$a+b$" y "$a-b$" cuando al menos uno de los dos valores es infinito:

| | | |
|---|---|---|
| $a+\infty = +\infty$ | $a-\infty = -\infty$ | $a \in \mathbb{R}$ |
| $+\infty+\infty = +\infty$ | $-\infty-\infty = -\infty$ | $+\infty-\infty =$(no determinado) |

**Tabla 3.2:** Suma de límites infinitos.

Por ejemplo, si consideramos dos funciones $f$ y $g$ cuyos límites cuando $x$ tiende a $x_0$ valen $-2$ y $+\infty$, respectivamente, el límite en $x_0$ de la suma $f+g$ valdrá $+\infty$, dado que sumar un número próximo a $-2$ a otro que crece indefinidamente, no puede variar esa tendencia. Por brevedad, escribiremos entonces $-2+\infty = +\infty$, pero el significado de la misma no es el de la suma de dos números, sino el que acabamos de precisar.

En el caso de $+\infty-\infty$, el resultado dependerá de las funciones que consideremos, como podemos ver en el siguiente ejemplo:

**Ejemplo 3.2.2.** Considera las funciones $f_1(x) = x^2+1$, $f_2(x) = x^2$, $f_3(x) = x$, cuyos límites en $+\infty$ valen $+\infty$ en los tres casos. Calculemos el límite en infinito de las diferencias $f_1-f_2$, $f_1-f_3$ y $f_3-f_2$, que constituyen tres ejemplos legítimos de límite de tipo "$+\infty-\infty$":

$$\lim_{x\to+\infty}(f_1-f_2)(x) = \lim_{x\to+\infty} 1 = 1$$

$$\lim_{x\to+\infty}(f_1-f_3)(x) = \lim_{x\to+\infty} x^2-x+1 = +\infty$$

$$\lim_{x\to+\infty}(f_3-f_2)(x) = \lim_{x\to+\infty} -x^2+x = -\infty$$

Concluimos que el resultado de un límite de tipo $+\infty - \infty$ no está determinado por estos dos valores, sino que cada ejemplo debe ser estudiado de manera particular. Decimos entonces que $+\infty - \infty$ es una *indeterminación*. En la sección siguiente veremos más ejemplos de indeterminaciones y cómo resolverlas.

**Producto y cociente de funciones.**

Los límites también se comportan bien respecto al producto y cociente de funciones, de manera que tenemos:

$$\text{lím}_{x\to x_0} f(x) = a,\ \text{lím}_{x\to x_0} g(x) = b \Rightarrow \text{lím}_{x\to x_0}(f.g)(x) = a.b$$

$$\text{lím}_{x\to x_0} f(x) = a,\ \text{lím}_{x\to x_0} g(x) = b \Rightarrow \text{lím}_{x\to x_0}(f/g)(x) = a/b\ (b \neq 0)$$

La Tabla 3.3 nos dice qué sucede cuando uno de los valores $a$ y $b$ son infinitos, y cuando $b = 0$. En ella hemos obviado el signo de $\pm\infty$, dado que éste se obtendría por la regla usual de los signos:

| | |
|---|---|
| $+\cdot+ = \frac{+}{+} = +$ | $+\cdot- = \frac{+}{-} = -$ |
| $-\cdot+ = \frac{-}{+} = -$ | $-\cdot- = \frac{-}{-} = +$ |

| | | | | |
|---|---|---|---|---|
| $a \neq 0$ | $a \cdot \infty = \infty$ | $a/\infty = 0$ | $\infty/a = \infty$ | $a/0 =$indet. |
| $a = 0$ | $0 \cdot \infty =$indet. | $0/\infty = 0$ | $\infty/0 =$indet. | |
| $\infty$ | $\infty \cdot \infty = \infty$ | $\infty/\infty =$indet. | $0/0 =$indet. | |

**Tabla 3.3:** Producto de límites infinitos.

En la Sección 3.2.3 estudiaremos estas indeterminaciones en detalle. Terminamos este apartado presentando una propiedad importante de las funciones que tienen límite 0 en algún punto.

**Teorema 3.2.3.** *Sea $f$ una función tal que $\lim\limits_{x\to x_0} f(x) = 0$ y $g(x)$ una función acotada en un intervalo $(a, b)$ que contiene a $x_0$ (o $(a, +\infty)$ si $x_0 = +\infty$, o $(-\infty, b)$ si $x_0 = -\infty$). Entonces*

$$\lim_{x\to x_0} (fg)(x) = 0.$$

Vamos a reflexionar un momento sobre este resultado. Que $g(x)$ sea "una función acotada en un intervalo que contiene a $x_0$" quiere decir que en ese intervalo los valores de $g(x)$ no superan un cierto valor $M$ ni son inferiores a otro valor $N$; decimos que $M$ y $N$ son *cotas de g en ese intervalo*. En el intervalo en cuestión se verifica entonces:

$$N \leq g(x) \leq M.$$

Por simplicidad vamos a suponer que $f(x)$ es una función positiva cerca de $x_0$. Multiplicando por $f(x)$ se tiene:

$$Nf(x) \leq (fg)(x) \leq Mf(x)$$[4]

Las funciones $Nf(x)$ y $Mf(x)$ tiene límite en $x_0$ igual a 0, entonces la función $(fg)(x)$, que está entre las dos, tiene que tener límite 0 en $x_0$ también. Este argumento se conoce en Matemáticas como el Teorema del Sandwich:

**Teorema 3.2.4** (del Sandwich). *Son ciertas las siguientes dos afirmaciones:*

- [Los límites conservan el orden] *Sean $f$ y $g$ dos funciones definidas en un dominio $D$ tales que $f(x) \leq g(x)$ para todo $x$ en $D$. Entonces, si los límites de estas funciones en $x_0$ existen, se tiene:*

$$\lim_{x \to x_0} f(x) \leq \lim_{x \to x_0} g(x).$$

- [Sandwich] *Si $f$, $g$ y $h$ son tres funciones definidas en un dominio $D$ tales que $f(x) \leq g(x) \leq h(x)$ para todo $x$ en $D$. Entonces, si los límites de $f$ y $h$ en $x_0$ existen y son iguales a $\ell$, se tiene que también el de $g$ en $x_0$ es igual a $\ell$.*

$$\lim_{x \to x_0} f(x) = \lim_{x \to x_0} h(x) = \ell \Rightarrow \lim_{x \to x_0} g(x) = \ell.$$

[4] Si $f(x)$ fuese negativa cerca de $x_0$, estas desigualdades se invertirían, y el resultado sería el mismo. El argumento puede arreglarse, usando valores absolutos, para que funcione con funciones $g(x)$ cuyo signo oscila cerca de $x_0$. ¿Se te ocurre cómo?

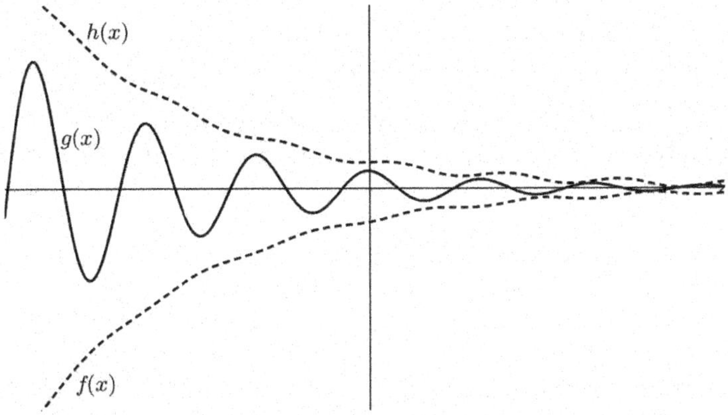


**Figura 3.14:** Teorema del Sandwich.

**Ejemplo 3.2.5.** Consideremos la función $f(x) = e^{-x}\,\text{sen}(x)$, y calculemos su límite en $+\infty$. Como $\text{sen}(x)$ es una función acotada entre $-1$ y $1$, y $\lim\limits_{x\to+\infty} e^{-x} = 0$ entonces, por el Teorema 3.2.3, se tiene:

$$\lim_{x\to+\infty} e^{-x}\,\text{sen}(x) = 0.$$

Según el teorema, esto sucede porque, dado que $-1 \leq \text{sen}(x) \leq 1$, se tiene:

$$-e^{-x} \leq e^{-x}\,\text{sen}(x) \leq e^{-x}.$$

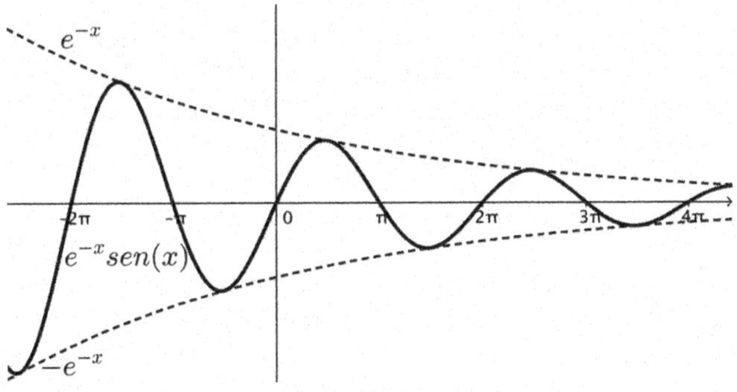


**Figura 3.15:** Producto de una función acotada y una con límite nulo.

Como las funciones a ambos lados convergen a 0 cuando $x$ tiende a infinito, la del medio también lo hará. Este comportamiento puede observarse en la Figura 3.15. Fijémonos además en que, a pesar de que la función $\text{sen}(x)$ no tiene límite en infinito, su producto con $e^{-x}$ sí lo tiene.

**Composición de funciones.**

Otro de los pilares del cálculo de límites es el comportamiento de los límites respecto de la composición de funciones. Recordemos que la composición $g \circ f$ consiste en la aplicación recursiva de $f$ y $g$, es decir:

$$x \xrightarrow{f} f(x) \xrightarrow{g} (g \circ f)(x) := g(f(x)) \qquad \left(x \xrightarrow{g\circ f} (g\circ f)(x)\right)$$

De la misma manera, el límite de $g \circ f$ en $x_0$ puede obtenerse por aplicación recursiva de dos límites, de la manera siguiente:

1. Calculamos $\lim\limits_{x \to x_0} f(x)$. Denotemos este valor por $x_1$.

2. Calcular $\lim\limits_{x \to x_1} g(x)$. El resultado es el límite de $g \circ f$ en $x_0$.

Nótese que permitimos a $x_0$ y $x_1$ tomar valores infinitos. Veamos un ejemplo:

**Ejemplo 3.2.6.** Calculemos los límites en $-\infty$, $0$ y $+\infty$ de la función $f(x) = e^{-1/x}$. Esta función es la composición de $-1/x$ y la función $e^x$:

$$x \longrightarrow -1/x \longrightarrow e^{-1/x} \qquad \left(x \xrightarrow{f} e^{-1/x}\right)$$

Razonando de la manera descrita, podemos calcular los límites de esta función en los puntos que queramos:

$(a)$ $\lim\limits_{x \to -\infty} (-1/x) = \mathbf{0}$, $\lim\limits_{x \to \mathbf{0}} e^x = 1$. Entonces $\boxed{\lim\limits_{x \to -\infty} e^{-1/x} = 1}$

$(b)$ $\lim\limits_{x \to +\infty} (-1/x) = \mathbf{0}$, $\lim\limits_{x \to \mathbf{0}} e^x = 1$. Entonces $\boxed{\lim\limits_{x \to +\infty} e^{-1/x} = 1}$

$(c)$ $\lim\limits_{x \to 0^-} (-1/x) = +\boldsymbol{\infty}$, $\lim\limits_{x \to +\boldsymbol{\infty}} e^x = +\infty$. Entonces $\boxed{\lim\limits_{x \to 0^-} e^{-1/x} = +\infty}$

$(d)$ $\lim\limits_{x \to 0^+} (-1/x) = -\boldsymbol{\infty}$, $\lim\limits_{x \to -\boldsymbol{\infty}} e^x = 0$. Entonces $\boxed{\lim\limits_{x \to 0^+} e^{-1/x} = 0}$

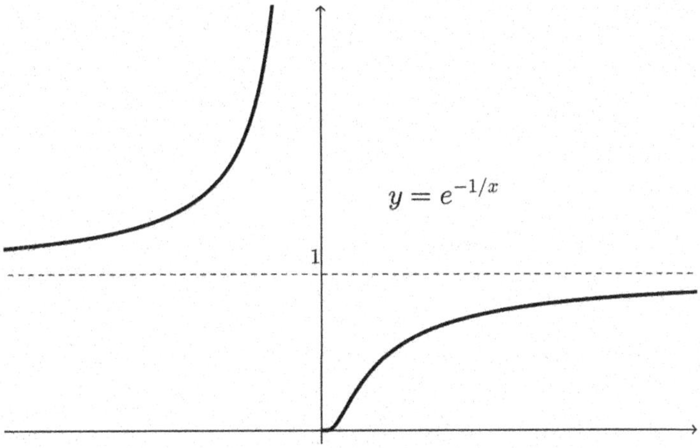


**Figura 3.16:** Gráfica de la función $f(x) = e^{-1/x}$.

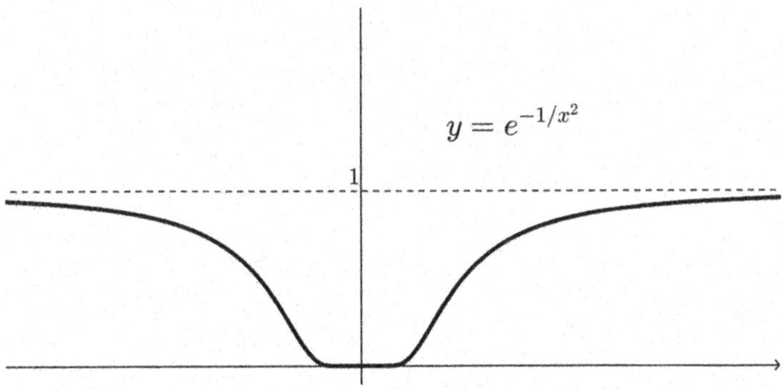


**Figura 3.17:** Gráfica de la función $f(x) = e^{-1/x^2}$.

**Ejercicio 3.2.1:**

Calcula los límites en $-\infty$, $0$ y $+\infty$ de la función $f(x) = e^{-1/x^2}$.

**Exponenciales con base y exponente variable.**

La regla de la composición se usa de una manera diferente en los límites del tipo:

$$\lim_{x \to x_0} (f(x))^{g(x)}.$$

Si los límites en $x_0$ de $f$ y $g$ son $a$ y $b$ respectivamente, entonces el límite anterior vale $a^b$, obteniéndose una *indeterminación* cuando:

| | | |
|---|---|---|
| $a = 1, b = \pm\infty$ | $a = +\infty, b = 0$ | $a = 0, b = 0$ |

Para resolver este tipo de límites, lo que haremos será reducirlos a otros (cuya resolución veremos en la Sección 3.2.3) que conozcamos cómo trata. El método de reducción es el siguiente:

1. Escribir: $(f(x))^{g(x)} = e^{\ln\left((f(x))^{g(x)}\right)} = e^{\boldsymbol{g(x)\ln(f(x))}}$.

2. Calcular el límite $\ell := \lim_{x\to x_0} g(x)\ln(f(x))$. Nótese que este límite es ahora un producto y no una potencia.

3. El límite deseado es, por la regla de la composición, $\lim_{y\to\ell} e^y$.

**Ejemplo 3.2.7.** Estudiamos el límite:

$$\lim_{x\to 0}(1+x)^{1/x}.$$

Para ello escribimos $(1+x)^{1/x} = e^{(1/x)\ln(1+x)}$. Calculamos:

$$\lim_{x\to 0}(1/x)\ln(1+x) = \lim_{x\to 0}\frac{\ln(1+x)}{x},$$

que es un límite de tipo $0/0$, cuyo resultado, usando la regla de L'Hôpital (que repasaremos en el Teorema 3.2.14) es uno[5]. Entonces el límite deseado es $e^1 = e$.

También podría suceder que una de las dos funciones no tuviese límite en $x_0$ pero que, a pesar de ello, la potencia sí lo tuviese. El método anterior podría, en este caso, ser usado para calcularlo, como sucede en el ejemplo siguiente:

**Ejemplo 3.2.8.** Para calcular el límite cuando $x$ tiende a $+\infty$ de $(\operatorname{sen}(x)+2)^{1/x}$ (fijémonos que el límite de $\operatorname{sen}(x)+2$ en $+\infty$ no existe) usamos el método anterior, es decir, calculamos primero:

$$\lim_{x\to+\infty}(1/x)\ln(\operatorname{sen}(x)+2).$$

Como $1/x$ tiende a 0 y la función $\ln(\operatorname{sen}(x)+2)$ está acotada (entre 0 y $\ln(3)$), entonces el límite anterior vale 0 por el Teorema 3.2.3, y el límite que queríamos calcular originalmente vale $e^0 = 1$.

[5]Compruébalo.

**Límites de funciones definidas a trozos.**

El aspecto más importante a la hora de calcular un límite de una función definida a trozos es la propia definición de límite. Más concretamente, tenemos que recordar que:

- El límite de una función en un punto $x_0$ está determinado por los valores de dicha función en puntos cercanos a $x_0$ (habitualmente diremos que es un *concepto local* en $x_0$), pero no en el punto en sí.
- Si queremos calcular un límite lateral en $x_0$, sólo tendremos en cuenta los puntos cercanos a $x_0$ por el lado correspondiente.
- Los límites en $+\infty$ y $-\infty$ están determinados por los valores en las regiones que se aproximen a $+\infty$ o $-\infty$.

Utilizando esto, lo que haremos será *determinar el trozo de la función que usaremos para calcular el límite en cuestión*, y dicho límite se calculará según los métodos habituales. Para fijar ideas, veamos un ejemplo.

**Ejemplo 3.2.9.** Estudiemos los límites en $-\infty$, 0, 1 y $+\infty$ de la función:

$$f(x) = \begin{cases} e^{1/x} & \text{si } x \in [-1, 0) \\ 1 & \text{si } x = 0 \\ e^{-1/x} & \text{si } x \in (0, 1] \\ 2/x^2 & \text{si } x \in (1, +\infty) \end{cases}$$

En primer lugar, la función $f$ no está definida para puntos infinitamente negativos, puesto que su dominio es $[-1, +\infty)$. Entonces

$$\lim_{x \to -\infty} f(x) \text{ no está definido.}$$

Para calcular el límite en 0, identificamos los trozos de la función que lo determinan. Vemos entonces que por la izquierda de 0 la función se comporta como $e^{1/x}$ y a la derecha de 0 como $e^{-1/x}$, y por lo tanto:

$$\lim_{x \to 0^-} f(x) = \lim_{x \to 0^-} e^{1/x} = \lim_{x \to -\infty} e^x = 0$$

$$\lim_{x \to 0^+} f(x) = \lim_{x \to 0^+} e^{-1/x} = \lim_{x \to -\infty} e^x = 0$$

Por tanto el límite de $f$ en 0 vale 0. Nótese que el valor de $f$ en 0, que es 1, no afecta al límite en 0, sino que muestra que la función no es continua en 0. Para el límite de $f$ en 1, argumentamos análogamente:

$$\lim_{x\to 1^-} f(x) = \lim_{x\to 1^-} e^{-1/x} = e^{-1} = 1/e$$

$$\lim_{x\to 1^+} f(x) = \lim_{x\to 1^+} 2/x^2 = 2$$

Como los dos límites laterales no coinciden, el límite de $f$ en 1 no existe. Finalmente, la función está definida como $2/x^2$ en $(1, +\infty)$, entonces:

$$\lim_{x\to +\infty} f(x) = \lim_{x\to +\infty} 2/x^2 = 0.$$

### 3.2.3. Indeterminaciones

Una indeterminación es un límite de una función $f$, obtenida mediante operaciones aritméticas sobre un conjunto de funciones, cuyo valor no se puede obtener directamente a partir de los límites de las respectivas funciones.

En la Sección 3.2.2 hemos visto varios tipos de indeterminaciones, que estudiaremos a continuación.

**Indeterminaciones de tipo $a/0$ $(a \neq 0)$.**

Esto quiere decir que estamos ante el cálculo de un límite de la forma

$$\lim_{x\to x_0} \frac{f(x)}{g(x)} \text{ donde } \lim_{x\to x_0} f(x) = a(\neq 0) \text{ y } \lim_{x\to x_0} g(x) = 0.$$

Si bien es cierto que el cociente de cualquier número $a \neq 0$ por otro infinitamente pequeño, es decir, que se acerca a 0, se hace infinitamente grande, debemos precisar que esto es cierto en valor absoluto. Pensemos, por ejemplo, en la función $1/x$, para la que según nos acerquemos a 0 por la izquierda o por la derecha, el límite es $-\infty$ o $+\infty$ (Figura 1.7).

En general, el cálculo de este tipo de límites consiste, por tanto en *determinar el signo de la función en los puntos cercanos a* $x_0$. Veamos algunos ejemplos.

**Ejemplo 3.2.10.** Estudiamos el límite en 0 de $(x+1)/x^2$. Cuando $x$ tiende a 0, el numerador tiende a 1 y el denominador a 0, luego nos hallamos ante una función del tipo que nos ocupa. Analicemos el signo de la función cerca de 0.

- Cuando $x$ está cerca de 0, $x+1$ está cerca de 1, luego su signo es positivo.
- $x^2$ es no negativo en todo punto.

Entonces el signo de la función cerca de 0 es positivo, luego concluimos que

$$\lim_{x\to 0}(x+1)/x^2 = +\infty.$$

**Ejemplo 3.2.11.** Estudiamos el límite en 0 de $(x-1)/(x^2+x)$. De nuevo, el problema reside en analizar el signo de la función cerca de 0.

- Cuando $x$ está cerca de 0, $x-1$ está cerca de $-1$, luego su signo es negativo.
- $x^2+x$ se descompone $x^2+x = x(x+1)$, luego su signo puede variar solamente en los puntos $x=0$ y $x=-1$. Evaluando, por ejemplo, en $-2$, $-1/2$ y 1, deducimos que $x^2+x$ es positivo en $(-\infty,-1)$, y en $(0,+\infty)$ y negativo en $(-1,0)$.

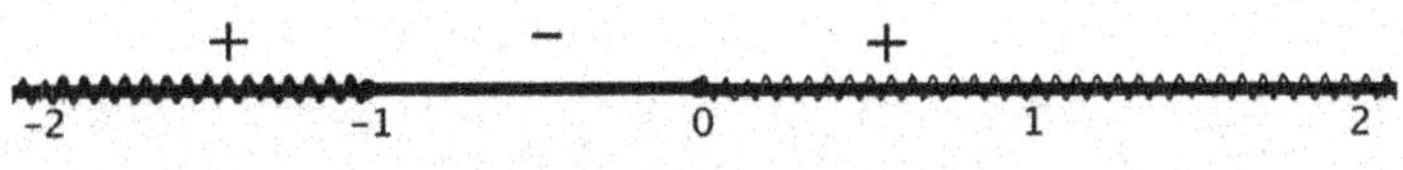


**Figura 3.18:** Signos de la función $x^2+x$.

Deducimos que $f(x)$ es positivo cuando $x$ se acerca a 0 por la izquierda y negativo cuando se acerca a 0 por la derecha y concluimos entonces:

$$\lim_{x\to 0^-}\frac{x-1}{x^2+x} = +\infty, \lim_{x\to 0^+}\frac{x-1}{x^2+x} = -\infty.$$

En el siguiente ejemplo veremos que es posible que el signo de la función sea indeterminado cuando nos acerquemos a $x_0$, de manera que no tendremos límite en ese punto.

**Ejemplo 3.2.12.** Estudiamos el límite cuando $x$ tiende a $+\infty$ de $f(x) = 1/(\operatorname{sen}(x)/x)$. Nótese que la función denominador tiende a 0 cuando $x$ tiende a $+\infty$, dado que puede escribirse como producto de una función acotada y una con límite cero en $+\infty$:

$$\operatorname{sen}(x)/x = \operatorname{sen}(x) \cdot \frac{1}{x}.$$

De esta manera tenemos un ejemplo de la indeterminación que nos ocupa. Estudiemos el signo de la función denominador cuando $x$ tiende a $+\infty$. Obviamente podemos considerar que $1/x$ es positivo, por lo tanto el signo de la función cuando $x$ tiende a $+\infty$ será el de $\operatorname{sen}(x)$. Pero $\operatorname{sen}(x)$ cambia de signo cada $\pi$ unidades, entonces nuestra función $f(x)$ crece en valor absoluto cuando $x$ tiende a $+\infty$, pero su signo va cambiando. Entonces el límite de esta función en $+\infty$ no existe.

**Indeterminaciones de tipo $\infty/0$.**

Este caso es análogo al del tipo $a/0$; estamos ante el cálculo de un límite de la forma

$$\lim_{x \to x_0} \frac{f(x)}{g(x)} \text{ donde } \lim_{x \to x_0} f(x) = \pm\infty \text{ y } \lim_{x \to x_0} g(x) = 0,$$

y de nuevo la determinación del límite pasa, en la mayoría de los casos, por el estudio del signo del numerador y del denominador de la función. En caso de existir, estos límites toman, de nuevo, valor $+\infty$ o $-\infty$.

**Ejercicio 3.2.2:**

Estudia los límites:

$$\lim_{x \to 0^-} \frac{e^{-1/x}}{x}, \quad \lim_{x \to \pi/2} \frac{\operatorname{tg}(x)}{x - \pi/2}, \quad \lim_{x \to +\infty} \frac{\operatorname{arc\,tg}(x)}{e^{-x}}.$$

**Indeterminaciones de tipo $0/0$, $\infty/\infty$ y $0 \cdot \infty$.**

Vamos a estudiar estas tres indeterminaciones al mismo tiempo, dado que ciertas operaciones sencillas nos permiten pasar de unos tipos a otros. Supongamos, por ejemplo, que el límite $\lim_{x \to x_0} f(x)/g(x)$ es de tipo $\infty/\infty$.

Entonces, podemos escribir:

$$\lim_{x\to x_0} \frac{f(x)}{g(x)} = \lim_{x\to x_0} \frac{1/g(x)}{1/f(x)},$$

y este segundo límite es de tipo 0/0. El argumento inverso es posible en muchos casos, pero debemos tener en cuenta, como antes, los signos de $f$ y $g$ cerca de $x_0$.

De manera prácticamente análoga, un límite de tipo $0 \cdot \infty$ puede reducirse a uno de tipo 0/0. No hay una forma que sea mejor que las otras en general, pero es conveniente tener en cuenta que, algunas veces, este tipo de transformaciones pueden ayudarnos a resolver un límite. A continuación veremos algunas herramientas que se usan en este tipo de límite:

- *SIMPLIFICACIÓN DE FACTORES LINEALES.* Estudiemos cómo calcular el límite en $x_0$ de un cociente $f(x)/g(x)$ donde $f(x)$ y $g(x)$ son *polinómicas* y verifican $f(x_0) = g(x_0) = 0$. Esto implica que los polinomios $f(x)$ y $g(x)$ admiten un factor $(x - x_0)$, de manera que podemos realizar la siguiente *simplificación de factores comunes*:

  $$\lim_{x\to x_0} \frac{f(x)}{g(x)} = \lim_{x\to x_0} \frac{(x-x_0)f_1(x)}{(x-x_0)g_1(x)} = \lim_{x\to x_0} \frac{f_1(x)}{g_1(x)}.$$

  Nótese que esta simplificación es legítima, puesto que, como estamos calculando un límite, consideramos puntos $x$ cercanos a $x_0$ pero distintos de $x_0$, luego $(x - x_0)$ es distinto de 0 en esos puntos, con lo cual estamos dividiendo por un término no nulo en el numerador y en el denominador.

  Si este nuevo límite es de tipo 0/0 realizamos una nueva simplificación, y así sucesivamente hasta que numerador o denominador no se anulen en $x_0$. Al final habremos eliminado la indeterminación.

  **Ejemplo 3.2.13.** Para calcular el límite en 1 de la función $(x^3 - 3x^2 + 3x - 1)/(x^3 - x^2 - x + 1)$ (de tipo 0/0) hacemos una descomposición en factores de los polinomios numerador y denominador, teniendo en cuenta que ambos tienen factores de tipo $(x - 1)$ (si no el límite no sería de tipo 0/0):

  $$\lim_{x\to 1} \frac{x^3 - 3x^2 + 3x - 1}{x^3 - x^2 - x + 1} = \lim_{x\to 1} \frac{(x-1)^3}{(x-1)^2(x+1)} = \lim_{x\to 1} \frac{x-1}{x+1} = 0.$$

**Ejercicio 3.2.3:**

Estudia el límite en $-1$ de $(2x^3+2x^2+2x+2)/(x^3+x^2-x-1)$.

Obviamente, el método que acabamos de ver sólo se aplica a límites de cocientes de polinomios, dado que no hay una forma de simplificar factores de la forma $(x-x_0)$ si las funciones numerador y denominador no son polinómicas.[6]

- *LA REGLA DE L'HÔPITAL.* En el caso de que estemos trabajando con cocientes de funciones no polinómicas, el equivalente al método de simplificación del epígrafe anterior es la Regla de L'Hôpital:

**Teorema 3.2.14** (Regla de L'Hôpital). *Sean $f$ y $g$ dos funciones derivables y sea $\lim_{x\to x_0} f(x)/g(x)$ un límite de tipo $0/0$ o $\infty/\infty$, donde $x_0$ es un número real, $+\infty$ o $-\infty$. Si $\lim_{x\to x_0} f'(x)/g'(x)$ existe, entonces:*

$$\lim_{x\to x_0}\frac{f(x)}{g(x)}=\lim_{x\to x_0}\frac{f'(x)}{g'(x)}.$$

Para cocientes de funciones que sean derivables más de una vez, esta regla puede ser aplicada recursivamente, siempre y cuando los cociente de las derivadas que vayamos obteniendo sigan dando indeterminaciones de tipo $0/0$ ó $\infty/\infty$, y siempre y cuando al final lleguemos a un límite determinado.

**Ejemplo 3.2.15.** Para calcular el límite en 0 de la función $(\operatorname{sen}(x)-x)/x^3$ (que es una indeterminación de tipo $0/0$) utilizando L'Hôpital hacemos:

$$\lim_{x\to 0}\frac{\operatorname{sen}(x)-x}{x^3}=\lim_{x\to 0}\frac{\cos(x)-1}{3x^2}.$$

que vuelve a ser una indeterminación de tipo $0/0$ con numerador y denominador derivables. Podemos escribir entonces:

$$\lim_{x\to 0}\frac{\cos(x)-1}{3x^2}=\lim_{x\to 0}\frac{-\operatorname{sen}(x)}{6x},$$

[6] Por otro lado, en algunos casos podemos sustituir $f$ y $g$ por funciones polinómicas que las aproximen de manera adecuada (véase la Sección 4.3.3).

obteniendo otra indeterminación de tipo 0/0; derivando una vez más:

$$\lim_{x\to 0} \frac{-\operatorname{sen}(x)}{6x} = \lim_{x\to 0} \frac{-\cos(x)}{6} = -1/6.$$

Entonces el límite que queríamos calcular vale $-1/6$.

**Advertencia 3.2.16.** Es un error común confundir la Regla de L'Hôpital con la igualdad de los límites de $f/g$ y $f'/g'$, que *no se verifica en general.* Debemos recordar que:

- La Regla de L'Hôpital *sólo* se aplica a indeterminaciones de tipo 0/0 o $\infty/\infty$.
- La Regla de L'Hôpital *no* dice que los dos límites son siempre iguales, sino que si el de $f'/g'$ existe, entonces el de $f/g$ también existe y ambos coinciden. Se concluye que si el límite de $f'/g'$ no existe, no podemos usar la Regla de L'Hôpital para calcular el límite de $f/g$.

**Ejemplo 3.2.17.** Estudiemos el límite $\lim\limits_{x\to+\infty} \operatorname{sen}(x)/x$. Como la función es el producto de una función acotada ($\operatorname{sen}(x)$), por otra que tiende a 0 cuando $x$ tiende a $+\infty$ ($1/x$), ese límite es 0 por el Teorema 3.2.3. Pero si hubiésemos aplicado la Regla de L'Hôpital concluiríamos incorrectamente:

$$\lim_{x\to+\infty} \frac{\operatorname{sen}(x)}{x} = \lim_{x\to+\infty} \frac{\cos(x)}{1} = \lim_{x\to+\infty} \cos(x),$$

y este límite no existe. La razón de esta aparente contradicción es que no se dan las condiciones para que podamos aplicar L'Hôpital para este límite, y la igualdad anterior no es cierta.

Veamos otro ejemplo en el que el uso de la Regla de l'Hôpital no nos proporciona ningún resultado.

**Ejemplo 3.2.18.** Estudiar el límite

$$\lim_{x\to 0^+} \frac{e^{-1/x}}{x} \quad \text{(indeterminación de tipo 0/0).}$$

Si utilizamos L'Hôpital directamente, derivamos numerador y denominador, obteniendo:

$$\lim_{x\to 0^+} \frac{e^{-1/x}(1/x^2)}{1} = \lim_{x\to 0^+} \frac{e^{-1/x}}{x^2}.$$

Si reiteramos este proceso, obtendremos los límites de

$$e^{-1/x}/(2x^3),\ e^{-1/x}/(6x^4),\ldots,$$

de manera que L'Hôpital no nos ayuda a reducir el grado del denominador, sino que lo aumenta. El problema está producido por el termino $-1/x$, cuya derivada, $1/x^2$, hace que el grado del denominador aumente.

Vamos a hacer algún tipo de modificación que nos ayude a simplificar el límite en cuestión. Para ello vamos a denotar $z = 1/x$, que tiende a $+\infty$ cuando $x$ tiende a $0^+$. Utilizando las propiedades del límite respecto de la composición se tiene:

$$\lim_{x\to 0^+} \frac{e^{-1/x}}{x} = \lim_{x\to 0^+} e^{-1/x}\frac{1}{x} = \lim_{z\to+\infty} e^{-z}z = \lim_{z\to+\infty} \frac{z}{e^z}.$$

Lo que ahora tenemos es un límite de tipo $\infty/\infty$, y por lo tanto podemos volver a intentar aplicar L'Hôpital. Fijémonos que el término que nos daba problemas ya no aparece, y la regla L'Hôpital ahora nos conduce a un límite de tipo $1/\infty$, es decir, a cero:

$$\lim_{z\to+\infty} \frac{z}{e^z} = \lim_{z\to+\infty} \frac{1}{e^z} = 0.$$

- *POR FACTORIZACIÓN DE TÉRMINO DOMINANTE.* Este método se aplica habitualmente a límites:

$$\lim_{x\to\infty} \frac{f(x)}{g(x)} \text{ del tipo } \infty/\infty,$$

teniendo en cuenta que puede adaptarse a otras situaciones a costa de realizar algunas operaciones sencillas como las que hemos visto anteriormente. El método consiste en dividir numerador y denominador por el "término dominante", Veamos un ejemplo sencillo con cocientes de funciones polinómicas:

**Ejemplo 3.2.19.** Para resolver el límite

$$\lim_{x\to+\infty} \frac{3x^4 - 2x^3 + 3x - 7}{4x^4 - 3x^2 + 1},$$

podíamos haber usado L'Hôpital, pero en este caso resulta más sencillo dividir numerador y denominador por la potencia mayor, que en este caso es $x^4$, obteniendo:

$$\lim_{x\to+\infty} \frac{3 - 2\frac{1}{x} + 3\frac{1}{x^3} - 7\frac{1}{x^4}}{4 - 3\frac{1}{x^2} + \frac{1}{x^4}}.$$

Cuando $x$ tiende a $+\infty$, los cocientes $1/x$, $1/x^2$, $1/x^3$ y $1/x^4$ tienden a 0, entonces el límite anterior vale $3/4$.

Si nuestra función contiene otro tipo de términos, como exponenciales y logaritmos, el método funciona exactamente igual, una vez hayamos identificado el *término dominante*, que es el de mayor crecimiento cuando $x$ tiende a $+\infty$. Por ejemplo:

1. Las exponenciales crecen más rapido que las funciones potenciales, y éstas que los logaritmos, más concretamente:

$$\lim_{x\to+\infty} \frac{x^k}{a^x} = 0 \ (a > 1, k > 0), \quad \lim_{x\to+\infty} \frac{\log_a(x)}{x^k} = 0 \ (a > 1, k > 0)$$

$$\lim_{x\to+\infty} \frac{\log_a(x)}{b^x} = 0 \ (a, b > 1).$$

2. Entre dos exponenciales es dominante la de mayor base:

$$\lim_{x\to+\infty} \frac{b^x}{a^x} = 0 \quad (a > b > 1).$$

3. Entre dos funciones potenciales es dominante la de mayor exponente:

$$\lim_{x\to+\infty} \frac{x^m}{x^n} = 0 \quad (n > m).$$

Veamos un ejemplo de cómo funciona este método.

**Ejemplo 3.2.20.** Calculemos el límite:

$$\lim_{x\to+\infty} \frac{e^x\cos(x) + x^2\operatorname{sen}(x) + 3\log_2(x)}{4^x + \operatorname{arc\,tg}(x)}.$$

Si dividimos numerador y denominador por $4^x$ (término dominante) obtenemos:

$$\lim_{x\to+\infty} \frac{\frac{e^x}{4^x}\cos(x) + \frac{x^2}{4^x}\operatorname{sen}(x) + 3\frac{\log_2(x)}{4^x}}{1 + \frac{\operatorname{arc\,tg}(x)}{4^x}}.$$

Como:

$$\lim_{x\to+\infty} \frac{e^x}{4^x} = \lim_{x\to+\infty} \frac{x^2}{4^x} = \lim_{x\to+\infty} \frac{\log_2(x)}{4^x} = \lim_{x\to+\infty} \frac{\operatorname{arc\,tg}(x)}{4^x} = 0$$

y la funciones $\operatorname{sen}(x)$ y $\cos(x)$ son acotadas, se tiene que el límite que queríamos calular vale $0/1 = 0$.

**Ejercicio 3.2.4:**

Calcula $\displaystyle\lim_{x\to-\infty} \frac{e^{-2x} + x^3\operatorname{sen}(x)}{x^6}$.

**Indeterminaciones de tipo $\infty - \infty$.**

Este tipo de indeterminaciones se resuelven mediante su transformación en otro tipo de límites cuya resolución conozcamos. Los métodos que se usan dependerán del tipo de funciones que estemos considerando. Veamos algunos ejemplos estándar:

**Ejemplo 3.2.21.** Para calcular $\lim_{x\to+\infty} e^x - 5x^3$, podemos *factorizar el término dominante*, que en este caso es $e^x$:

$$\lim_{x\to+\infty} e^x - 5x^3 = \lim_{x\to+\infty} e^x\left(1 - 5\frac{x^3}{e^x}\right) = \lim_{x\to+\infty} e^x(1-0) = +\infty.$$

**Ejemplo 3.2.22.** Al igual que en el ejemplo anterior, en general, un límite $\infty - \infty$ puede siempre escribirse de la forma siguiente:

$$\lim_{x\to x_0} (f(x) - g(x)) = \lim_{x\to x_0} f(x)\left(1 - \frac{f(x)}{g(x)}\right).$$

Esta operación nos dará la solución siempre, con excepción del caso en que el límite de $f(x)/g(x)$ sea 1, porque en ese caso tendremos una indeterminación de tipo $\infty \cdot 0$ (que ya conocemos). En este caso la indeterminación no estará resuelta todavía y deberemos seguir operando. Un ejemplo típico es:

$$\lim_{x \to +\infty} \left(\sqrt{x+1} - \sqrt{x}\right).$$

que se puede resolver *multiplicando y dividiendo por su conjugado*[7]:

$$\lim_{x \to +\infty} \left(\sqrt{x+1} - \sqrt{x}\right) = \lim_{x \to +\infty} \frac{x+1-x}{\sqrt{x+1}+\sqrt{x}} = 0.$$

También podíamos haber optado (aunque en este caso la complejidad de los cálculos es mayor que por el método anterior) por escribir:

$$\text{lím}_{x \to +\infty} \left(\sqrt{x+1} - \sqrt{x}\right) = \text{lím}_{x \to +\infty} \sqrt{x+1}\left(1 - \sqrt{\frac{x}{x+1}}\right) =$$

$$= \text{lím}_{x \to +\infty} \frac{\left(1 - \left(\frac{x}{x+1}\right)^{1/2}\right)}{(x+1)^{-1/2}}.$$

Este último límite es de tipo $0/0$, y puede comprobarse que la regla de L'Hôpital lo resuelve[8].

**Resumen: Resolución de indeterminaciones**

- **De tipo $a/0$ ($a \neq 0$):** Generalmente toman $\pm\infty$, dependiendo del signo de la función entorno al punto. Si el signo de la función no está bien determinado en un entorno del punto, entonces el límite no existe.

[7] Obviamente este método funciona sólo en situaciones muy particulares.

[8] Hazlo.

- **De tipo** $\infty/0$: Análogo al caso anterior.
- **De tipo** $0/0$, $\infty/\infty$ **o** $0\cdot\infty$: Se resuelven mediante alguno de los siguiente métodos
  - Simplificación de términos lineales,
  - Regla de L'Hôpital,
  - Factorización del término dominante.
- **De tipo** $\infty-\infty$: Se reducen a alguno de los casos anteriores mediante operaciones aritméticas.
- **De tipo** $\lim(f(x))^{g(x)} = 1^{\pm\infty}$, $+\infty^0$, **ó** $0^0$: Se reduce a una de las anteriores mediante el siguiente proceso:
  1. Escribir: $(f(x))^{g(x)} = e^{\ln\left((f(x))^{g(x)}\right)} = e^{\boldsymbol{g(x)\ln(f(x))}}$.
  2. Calcular el límite $\ell := \lim\limits_{x\to x_0} g(x)\ln(f(x))$ (será una indeterminación de tipo $\infty\cdot 0$) mediante alguno de los métodos anteriores. Nótese que este límite es ahora un producto y no una potencia.
  3. El límite deseado es, por la regla de la composición, $\lim\limits_{y\to\ell} e^y$.

## 3.3. Modelos poblacionales (II): el modelo logístico

Consideramos de nuevo una función $N = N(t)$ que modeliza una población de una determinada especie. En la Sección 1.6 vimos cómo del hecho de que la tasa de crecimiento de una población por individuo $r$ sea constante se sigue que dicha población crece exponencialmente:

$$\boxed{N' = rN \text{ (Ley de Malthus)} \quad\Rightarrow\quad N(t) = N_0 e^{rt}}$$

Obviamente una población no puede crecer indefinidamente dado que los recursos de los que dispone son limitados. Dicho de otra manera: mientras los recursos lo permitan, la población crecerá exponencialmente, hasta que la limitación de los recursos provoque que las tasas de crecimiento por individuo (debido a las las tasas de natalidad, mortandad o migración) disminuyan. Esto no quiere decir que el modelo malthusiano sea incorrecto; de hecho puede observarse crecimiento exponencial en muchas especies. Simplemente nos recuerda que cada modelo poblacional ha de ser aplicado en unas condiciones concretas, fuera de las cuales el modelo dejará de funcionar y deberá ser modificado.

El *modelo logístico* está diseñado para expresar matemáticamente esta presión de la limitación de los recursos:

$$\boxed{N' = r\left(1 - \frac{N}{K}\right) N \text{ (Ley Logística).}}$$

En esta ecuación, $K$ es una constante positiva que se llama *capacidad de carga del modelo*, y $r$ es otra constante que se llama *tasa de crecimiento intrínseco por individuo*, y que suponemos positiva.

**Nota 3.3.1.** La Ley Logística aparece por primera vez en la literatura en 1838, en un artículo de P. F. Verhulst. Inspirado por el "Ensayo sobre el principio de población" de T. Malthus, este autor expresó esta ley para describir el crecimiento auto-limitado de una población biológica. Alfred J. Lotka la reobtuvo en 1925, llamándola "ley del crecimiento poblacional".

Para comprender por qué tomamos una ley como ésta, comparémosla con la de Malthus. La diferencia es que hemos sustituido la tasa de crecimiento por individuo $r$, que era constante, por la función: $\rho(N) = r(1 - N/K)$. De esta manera la tasa de crecimiento por individuo es ahora $\rho(N)$: no es constante sino que depende del número de individuos:

- Si el número de individuos $N$ es cercano a 0, entonces $\rho(N)$ será aproximádamente $r$.
- Cuando el número de individuos $N$ crece, entonces $\rho(N) = r(1-N/K)$ decrece, y se hace 0 cuando $N = K$.
- Cuando $N$ es mayor que $K$, entonces $\rho(N)$ es negativo.

En otras palabras: cuando $N$ es muy pequeño, la población crece según su ritmo natural, con tasa $r$, aproximádamente. Según $N$ crece, la tasa de crecimiento por individuo $\rho(N)$ decrece hasta que se hace 0 cuando $N$ se iguala a la capacidad de carga $K$. De esta manera, el crecimiento de la población se va deteniendo, hasta que se para completamente cuando $N = K$. Si, $N$ fuese mayor que $K$, entonces la tasa de crecimiento por individuo sería negativa, de manera que la población empezaría a decrecer.

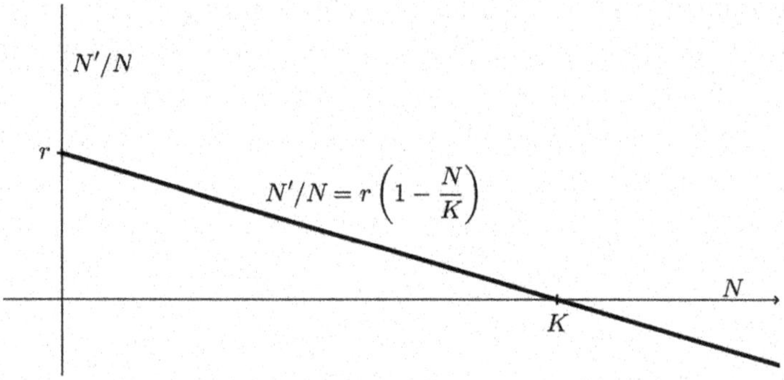


**Figura 3.19:** Tasa de crecimiento por individuo según la ley logística.

Intuitivamente, podemos decir que esta ley está diseñada para que el modelo tienda a estabilizarse en $N = K$. Para conseguirlo, la presión de la limitación de recursos se expresa haciendo que la tasa de crecimiento por individuo disminuya al acercarse $N$ a $K$, y sea negativa cuando se sobrepasa este valor. Comprobémos que efectivamente el modelo se estabiliza de ese modo, razonando como en el caso de la Ley de Malthus:

$$N' = r\left(1 - \frac{N}{K}\right)N = \frac{r}{K}(K-N)N \quad \Rightarrow$$

$$\frac{N'}{(K-N)N} = \frac{r}{K} \quad \Rightarrow$$

$$\int \frac{N'}{(K-N)N}dt = \frac{r}{K}t + C$$

Recordemos que $N = N(t)$ es una función de $t$. Sin embargo, para resolver la integral del lado izquierdo de la última ecuación trabajamos con $N$ como variable, de manera que cambiamos $N'dt$ por $dN$ e integramos respecto de $N$ (formalmente, lo que hacemos es resolver la integral por cambio de variable). La integral en cuestión es racional, y la hemos resuelto por el método habitual (Sección 5.4.3).

$$\int \frac{N'}{(K-N)N}dt = \int \frac{dN}{(K-N)N} = \int \left(\frac{1/K}{K-N} + \frac{1/K}{N}\right) dN =$$
$$= \frac{1}{K}\big( - \ln(|N-K|) + \ln(|N|)\big) = 1/K \ln\left(\left|\frac{N}{N-K}\right|\right).$$

Vamos a suponer que $N < K$ y podemos entonces eliminar el valor absoluto (el caso $N > K$ es análogo[9]). Tenemos entonces:

$$\frac{1}{K}\ln\left(\frac{N}{K-N}\right) = \frac{r}{K}t + C.$$

Dividiendo por $K$ (nótese que la constante de integración $C$ va a ser dividida por $K$ también, pero al resultado, que será una nueva constante, le seguimos llamando $C$) obtenemos:

$$\ln\left(\frac{N}{K-N}\right) = rt + C \quad \Rightarrow \quad \frac{N}{K-N} = e^{rt+C} = e^{rt}e^{C}.$$

De nuevo $e^C$ es una constante, que vovemos a denotar por $C$ y, como es habitual, $N_0$ denota el valor $N(0)$. Entonces se obtiene:

$$\frac{N}{K-N} = e^{rt}C, \quad \text{donde} \quad C = \frac{N_0}{K-N_0}.$$

Despejando $N$ obtenemos:

$$N = \frac{KCe^{rt}}{1+Ce^{rt}} = \frac{K\frac{N_0}{K-N_0}e^{rt}}{1+\frac{N_0}{K-N_0}e^{rt}} = K\frac{N_0e^{rt}}{K+N_0(e^{rt}-1)}.$$

Hemos obtenido entonces la expresión de $N$ como función de $t$, que se sigue de la Ley Logística:

$$\boxed{N' = r\left(1-\frac{N}{K}\right)N \quad \Rightarrow \quad N(t) = K\frac{N_0e^{rt}}{K+N_0(e^{rt}-1)}}$$

Analicemos a continuación alguna de sus propiedades.

[9]Compruébalo como ejercicio.

- Si el valor inicial de la población, $N_0$, es cero, entonces vemos que $N(t) = 0$ en todo momento posterior $t$. Si el valor inicial de la población es igual a la capacidad de carga $K$, entonces, sustituyendo obtenemos que $N(t)$ será constantemente igual a $K$. Se dice entonces que 0 y $K$ son *valores de equilibrio* para el modelo[10]

- Si el valor inicial $N_0$ no es 0, entonces la población tiende a aproximarse al valor $K$ con el paso del tiempo. Matemáticamente:

$$\lim_{t\to+\infty} N(t) = K.$$

Para comprobar esta propiedad, tenemos en cuenta que tanto el numerador como el denominador de $N(t)$ tienden a $+\infty$ y que el termino dominante es $e^{rt}$; dividiendo por él arriba y abajo, obtenemos:

$$\lim_{t\to+\infty} K\frac{N_0}{\frac{K}{e^{rt}} + N_0\left(1 - \frac{1}{e^{rt}}\right)} = K\frac{N_0}{0 + N_0(1-0)} = K.$$

Nótese que el límite en $+\infty$ de $1/e^{rt}$ es 0 porque $r$ es positivo.

- *Si la población inicial $N_0$ es no nula, entonces $N$ tenderá a estabilizarse en el valor $K$*, llamado capacidad de carga del modelo. Si $N_0 < K$, $N$ tenderá a crecer, y si $N_0 > K$, $N$ tenderá a decrecer. En la Figura 3.20 hemos representado $N(t)$ para diferentes valores de $N_0$.

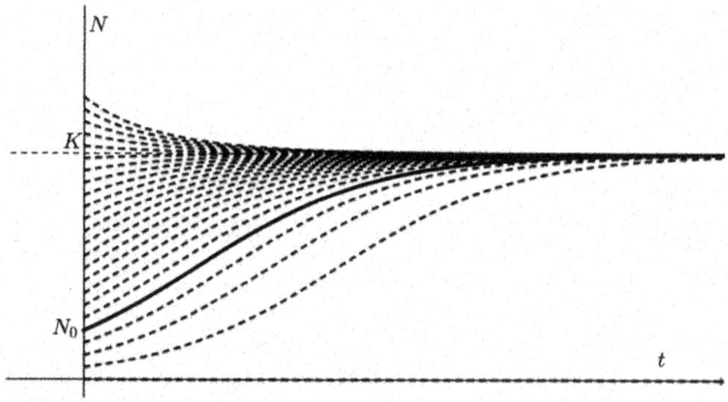


**Figura 3.20:** Funciones logísticas con diferentes valores iniciales.

[10]En la Sección 4.5 estudiaremos con detalle cómo calcular los puntos de equilibrio de un modelo a partir de la Ley que lo define.

Para terminar, veamos que algunas de las conclusiones anteriores pueden obtenerse directamente de la Ley Logística. Para ello, denotemos por $f(N)$ la función $rN(1 - N/K)$ y representemos $N' = f(N)$ (Figura 3.21). Vemos que la derivada $N'$ es creciente siempre que $N$ esté entre 0 y $K$, y es negativa si $N$ es mayor que $K$. En 0 y $K$ vale 0. Recordemos que una función derivable ($N$, en este caso) tiene derivada positiva cuando es creciente, y negativa cuando es decreciente. Por lo tanto, mientras $N$ esté por debajo de $K$, tenderá a crecer; y si está por encima de $K$ tenderá a decrecer. Y si vale 0 o $K$ la derivada no es ni positiva ni negativa, por lo que $N$ no será ni creciente ni decreciente, luego se mantendrá en el valor correspondiente.

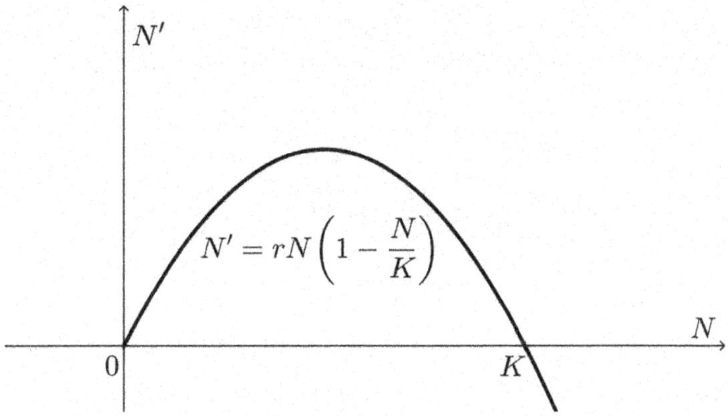


**Figura 3.21:** La ley logística.

Vemos entonces que un análisis de la Ley Logística nos describe ya el comportamiento cualitativo de la función $N(t)$[11], que podemos ver en la Figura 3.20. De hecho, podemos obtener otros datos interesantes de $N(t)$ a partir de la Ley Logística. Por ejemplo: en la Figura 3.20 vemos que la función $N(t)$ puede tener un punto de inflexión. Los puntos de inflexión son importantes porque nos indican un cambio en el crecimiento de la función; en este caso nos indica que el crecimiento de la función empieza a decaer.

Veamos cómo calcular estos puntos de inflexión. Dado que se obtienen al igualar la segunda derivada $N''$ a cero, derivando[12] la Ley Logística tenemos:

[11]La fórmula explícita de la función $N(t)$, que hemos calculado anteriormente, puede ser necesaria en multitud de ocasiones.

[12]Nótese que $K$ y $r$ son constantes.

$$N'' = \left( rN(1-\frac{N}{K}) \right)' = r\left( N'\left(1-\frac{N}{K}\right) + N\left(-\frac{N'}{K}\right)\right) = rN'(1-2N/K).$$

Entonces $N''$ se anula cuando $1 - 2N/K = 0$, es decir, cuando $N = K/2$. Concluimos que, según el modelo, *el crecimiento de la población empieza a frenarse a partir de que $N$ alcance la mitad de la capacidad de carga $K$.*

**Modelo logístico**

Una población para la que la limitación de los recursos provoca que la tasa de crecimiento se comporte según la Ley Logística

$$N' = r\left(1-\frac{N}{K}\right)N.$$

evolucionará en el tiempo según la función

$$N(t) = K\frac{N_0e^{rt}}{K+N_0(e^{rt}-1)},$$

donde $K > 0$ es la denominada *capacidad de carga del modelo* y $r > 0$ es la *tasa de crecimiento intrínseco.* La tasa de crecimiento por individuo de este modelo no es constante sino que depende de $N$, es

$$\rho(N) = r(1-\frac{N}{K}).$$

y así

- cuando $N$ es pequeño, $\rho(N)$ es aproximadamente $r$ de modo que el modelo es similar al malthusiano;
- a medida que $N$ crece, $\rho(N)$ decrece hasta hacerse 0 cuando $N = K$;
- cuando $N > K$ la población decrece;
- si $N_0 \neq 0$, la población tenderá a estabilizarse con el paso del tiempo en el valor de la capacidad de carga; y
- el crecimiento de la población comienza a frenarse cuando $N$ alcanza la mitad de la capacidad de carga.

# 3.4. Ejercicios

1. Calcula los siguientes límites. En caso necesario, calcula los límites laterales.

$$\lim_{x\to 0}\frac{\sqrt{x^2+4}-2}{x^2},\quad \lim_{x\to 1}\frac{x^2-1}{\sqrt{x-1}},\quad \lim_{x\to 0}\frac{\sqrt[3]{x+1}-1}{x},$$

$$\lim_{h\to 0}\frac{(1-\cos h)^2}{h},\quad \lim_{x\to 0}\frac{\operatorname{sen} x}{1-\cos x},\quad \lim_{x\to 0}\frac{\operatorname{sen} x}{x},$$

$$\lim_{x\to 0}\frac{\operatorname{tg}^2 x}{x},\quad \lim_{x\to \pi/4}\frac{1-\operatorname{tg} x}{\operatorname{sen} x-\cos x},\quad \lim_{x\to \infty} x\operatorname{tg}(\pi/x),$$

$$\lim_{x\to 0}\frac{1+2^{1/x}}{(1+3^{1/x})},\quad \lim_{x\to 0}\frac{e^x-1}{x},\quad \lim_{x\to 1}\frac{x-1}{\ln x}$$

$$\lim_{x\to 1}\frac{x-1}{\ln x},\quad \lim_{x\to 0}\operatorname{sen}\frac{1}{x},\quad \lim_{x\to 0} x\operatorname{sen}\frac{1}{x},\quad \lim_{x\to 0} x^2\operatorname{sen}\frac{1}{x}.$$

2. Estudia la continuidad de la función definida por $f(x) = e^{1/x}$. Calcula sus límites en 0 y $\infty$ y represéntala.

3. Calcula $\lim_{x\to 0}(1-2x)^{1/x}$ sabiendo que $\lim_{x\to 0}(1+x)^{1/x} = e$.

4. Calcula $\lim_{x\to +\infty}\left(\frac{2x+1}{2x-1}\right)^x$ sabiendo que $\lim_{x\to +\infty}\left(1+\frac{1}{x}\right)^x = e$.

5. Considera la función definida por:

$$f(x) = \begin{cases} 1 & \text{si } x \le 0 \\ 1/(ax+b) & \text{si } 0 < x < 1 \\ -5b & \text{si } x \ge 1 \end{cases}$$

donde no conocemos $a$ y $b$ a priori. Sabiendo que la función tiene que ser continua, calcula $a$ y $b$ y dibuja su gráfica.

6. Considera la función definida por

$$f(x) = \frac{|x-1|}{x}.$$

Calcula el dominio máximo en el que está definida y analiza su continuidad.

7. Estudia la continuidad de la siguientes función:

$$f(x) = \begin{cases} \dfrac{\sqrt[3]{x}-1}{x-1} & \text{si } x < 1 \\ \dfrac{1-x}{|x-1|} & \text{si } x > 1 \\ -1 & \text{si } x = 1 \end{cases}$$

8. Calcula el dominio máximo de las funciones:

$$f(x) = \ln\left(\frac{x^2+3x+2}{x^2+1}\right), \quad g(x) = \ln\left(\frac{x^2+3x-2}{x^2+1}\right),$$
$$h(x) = \ln\left(\frac{x^2+4x+4}{x^2+2}\right), \quad k(x) = \sqrt{\operatorname{sen}(x)}.$$

¿Son continuas en sus dominios respectivos?

9. Estudia la continuidad de las funciones:

$$f(x) = \begin{cases} \dfrac{x^2-11x+18}{x^3-2x^2+3x-6} & \text{si } x \neq 2 \\ -1 & \text{si } x = 2 \end{cases},$$

$$g(x) = \begin{cases} x^2 - x + \operatorname{arc\,tg} x & \text{si } x < 0 \\ \cos(3x^2-5x) + 2^x & \text{si } x \geq 0 \end{cases}$$

10. El número de individuos de una población de bacterias a tiempo $t$ está dado por la función:

$$N(t) = K\frac{e^{2t}}{e^{2t}-2}.$$

¿Cual es la tendencia de esa población? ¿Tiende a estabilizarse?

11. Considera una barra metálica de longitud $l$, que identificamos con el intervalo $[0, l]$. La temperatura en el punto $x$ a tiempo $t$ viene dada por la función:

$$T(x,t) = K_1 e^{-a_1 t} \operatorname{sen}(b_1 x) + K_2 e^{-a_2 t} \operatorname{sen}(b_2 x),$$

donde $a_1, a_2, b_1, b_2 > 0$, y $K_1$ y $K_2$ son dos constantes. ¿A qué valor tiende a estabilizarse la temperatura en el punto $x$?

12. Una población se modeliza por la siguiente función:

$$N(t) = 5\left(\operatorname{sen}\left(\frac{100}{x}\right) + 1\right)\frac{e^{2x}}{10 + e^{2x}}.$$

Calcula el valor al que tiende a estabilizarse la población, es decir

$$\lim_{t\to\infty} N(t).$$

13. Calcula el límite:

$$\lim_{t\to+\infty} \frac{3e^{2t}}{7e^{2t} + e^{t}}.$$

14. Un estudio ha probado que la población de una determinada especie puede modelizarse mediante la siguiente función:

$$N(t) = (K - N_0)e^{-1/t} + N_0, \text{ para } t > 0,$$

donde $K$ y $N_0$ son constantes positivas. Prueba que $\lim_{t\to 0} N(t) = N_0$ y calcula la tendencia de la población, es decir $\lim_{t\to+\infty} N(t)$.

15. Un estudio ha probado que la población de una determinada especie puede modelizarse mediante la siguiente función:

$$N(t) = K\frac{t^2 + 1}{t^2 + R}, \text{ para } t \geq 0,$$

donde $K$ y $R$ son constantes positivas. Calcula la tendencia de la población, es decir $\lim_{t\to+\infty} N(t)$. Si la tendencia de la población es igual a 1000 y el valor inicial (a tiempo 0) es $N = 10$, ¿cuánto vale $R$?

16. Una población se rige por el siguiente modelo:

$$N(t) = 4e^{-2/t} \quad (t > 0).$$

- Prueba que la población tiene un crecimiento positivo.
- Prueba que la población tiende a estabilizarse en un cierto valor, y calcúlalo.

17. Calcula el límite:

$$\lim_{t\to+\infty} \frac{e^t}{e^{2t}-1}\operatorname{sen}(t).$$

18. Calcula el límite:

$$\lim_{t\to 0} \frac{e^t \operatorname{sen}(2t)}{e^{2t}-1}.$$

19. Calcula el límite:

$$\lim_{t\to 0} \frac{e^t \operatorname{sen}(3t)}{e^{3t}-1}.$$

20. El número de individuos de una población de bacterias a tiempo $t > 0$ está dado por la función:

$$N(t) = 2 - \log\left(\frac{t+a}{t+2}\right),$$

donde $a$ es un parámetro desconocido, mayor que 0.

Calcula la tendencia de esa población. Supón además que sabemos que la población está menguando, ¿qué condición debe verificar $a$ en ese caso?

21. El número de individuos de una población de bacterias a tiempo $t$ está dado por la función:

$$N(t) = N_0 \frac{e^{2t}}{e^{2t} - 2}.$$

¿Cuál es la tendencia de esa población?

22. Una población se puede modelizar mediante la siguiente función, para $t \geq 0$:

$$N(t) = \frac{Cx^2 + 5}{x^2 + 1} + e^{-x}\operatorname{sen}(x), \quad \text{con } C \text{ cte. mayor que 1.}$$

Sabiendo que la población tiende a estabilizarse en el valor $N = 4$, calcula $C$.

23. Una población $N(t)$ verifica:

$$N(t) = \begin{cases} \frac{18}{5} e^{\frac{t}{3} - 1} & \text{si } t \leq 3 \\ \dfrac{6t(t-1)}{(t^2+1)} & \text{si } t > 3 \end{cases}$$

Estudia si el tamaño de la población tiende a estabilizarse.

24. Una población $N(t)$ se puede modelizar mediante la función:

$$N(t) = \begin{cases} e^{\operatorname{sen}(2\pi t^2)} + 9 & \text{si } t \leq 1 \\ \ln\left(\dfrac{t^2+t}{t^2+1}\right) + 10 & \text{si } t > 1 \end{cases}$$

Estudia si esta población tiende a estabilizarse con el tiempo.

25. Estudia si existe el siguiente límite:

$$\lim_{x \to 0} \frac{1 + 2^{1/x}}{1 + 3^{1/x}}.$$

26. Una población se puede modelizar mediante la siguiente función, para $t \geq 0$:

$$N(t) = \frac{Ct^2 + 5}{t^2 + 1} + e^{-t}\,\mathrm{sen}(t), \text{ donde } C \text{ es una cte. mayor que 1.}$$

Sabiendo que la población tiende a estabilizarse en el valor $N = 4$, calcula $C$.

# Capítulo 4

# Derivación de funciones

*La derivada de una función en un punto es el número que necesitamos calcular para determinar la recta tangente de dicha función en el punto. Hablar por tanto de derivadas es hacerlo de rectas tangentes, que son las aproximaciones lineales de las funciones. En este capítulo repasaremos cómo calcular derivadas, y reflexionaremos sobre el concepto de derivada y algunas de sus aplicaciones.*

## 4.1. El concepto de derivada

Consideremos la función $f(x)$ representada en la Figura 4.1, y dos de sus puntos $A = (x_1, f(x_1))$ y $B = (x_2, f(x_2))$.

Pasando por el punto $A$ hemos pintado una recta en ínea de puntos, que es la *recta tangente a la función $f$ en el punto $A$*. La recta tangente en $A$, que tiene una ecuación de la forma:

$$y = m_1(x - x_1) + f(x_1),$$

es la recta que se parece más a la gráfica $y = f(x)$ cerca del punto $A$, de manera que hacer la siguente aproximación tiene sentido:

$$f(x) \approx m_1(x - x_1) + f(x_1), \text{ para los } x \text{ cercanos a } x_1.$$

No importa lo complicada que pueda ser la función $f$; la vamos a poder aproximar por una función lineal. Nótese que la ecuación de la recta tangente a $f$ en $A = (x_1, f(x_1))$ queda perfectamente determinada por $A$ y $m_1$.

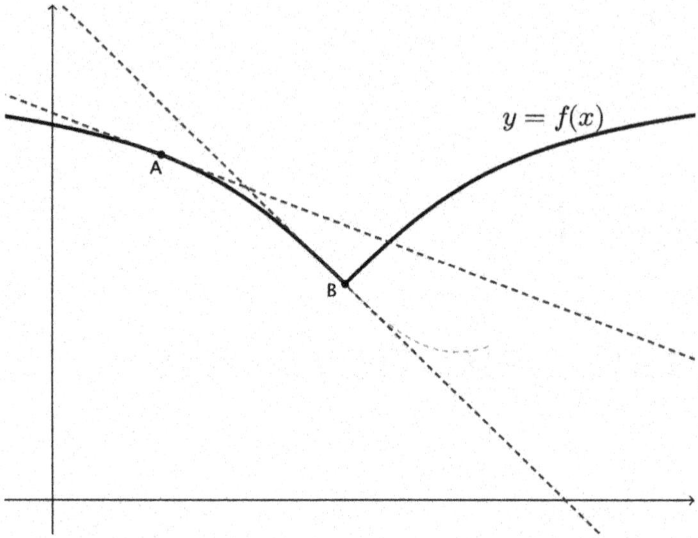


**Figura 4.1:** Un punto liso y un punto singular.

La pendiente $m_1$ es el número que llamamos *derivada de* $f$ *en* $x_1$, y que denotamos por $f'(x_1)$. Como en el punto $A = (x_1, f(x_1))$ la recta tangente está bien definida, decimos que $f$ *es derivable en* $x_1$, o que $f$ *es liso en* $x_1$.

Un punto que no es liso se llama *punto singular* de $f$; esto es lo que sucede para $f$ en $x_2$, es decir, en el punto $B = (x_2, f(x_2))$. En este caso vemos ya en la Figura 4.1 que $f$ tiene, en el punto $B$, una *cúspide*, un punto donde el comportamiento de la función cambia bruscamente. Observamos también que, debido a este cambio brusco, no podemos aproximar $f(x)$ por ninguna recta de manera coherente. Si tomamos, por ejemplo, la recta que está representada en línea de puntos, la función correspondiente aproximará coherentemente la función $f$ en puntos cercanos a $x_2$ anteriores a $x_2$, pero está aproximación es totalmente incorrecta para puntos posteriores a $x_2$.

Quedan dos cuestiones (relacionadas) por aclarar: cómo determinar si un punto $x_0$ es liso o singular para una función $f$ y cómo calcular la recta tangente. Recordemos que el único dato que nos falta para determinar la recta tangente a una función en un punto será su pendiente, es decir $f'(x_0)$, y por tanto podemos decir que $f$ es lisa en $x_0$ cuando podamos determinar $f'(x_0)$ y singular en caso contrario. Concentrémonos por tanto en encontrar un método para calcular $f'(x_0)$.

Para ello razonamos de la siguiente forma: sea $r_x$ una recta pasando por los puntos $(x_0, f(x_0))$ y $(x, f(x))$.

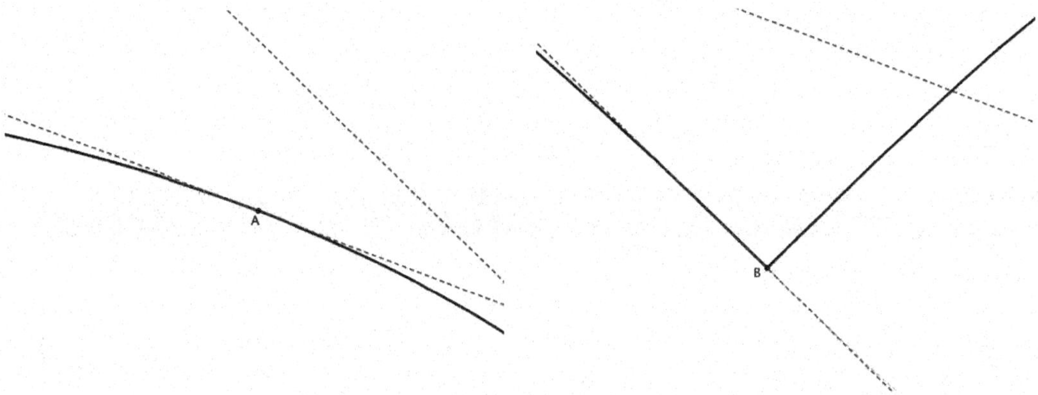


**Figura 4.2:** Aproximando un punto liso y un punto singular.

Si $x$ es un punto cercano a $x_0$, la recta $r_x$ no será la tangente en $x_0$, pero se le parecerá, y el parecido aumentará si acercamos $x$ a $x_0$:

*Cuando $x$ tiende a $x_0$, $r_x$ tiende a la recta tangente en $x_0$.*

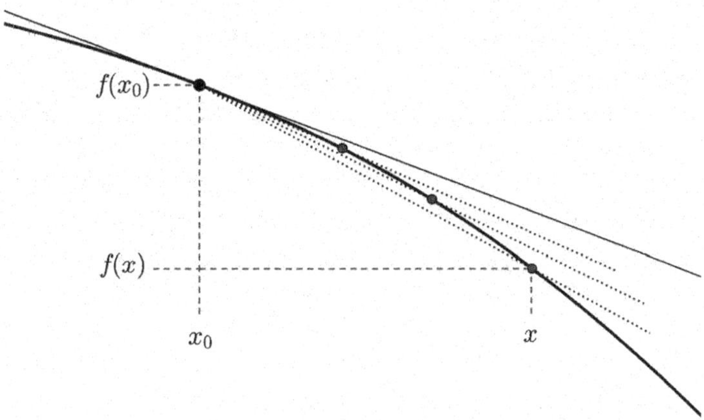


**Figura 4.3:** Aproximando la recta tangente.

Como lo único que necesitamos es la pendiente de la recta tangente lo que hacemos entonces es calcular las pendientes de las rectas $r_x$ y ver a qué tienden cuando $x$ tiende a $x_0$. De esta manera, obtenemos:

Cuando $x$ tiende a $x_0$, $\dfrac{f(x) - f(x_0)}{x - x_0}$ (pendiente de $r_x$) tiende a $f'(x_0)$.

En otras palabras:

$$f'(x_0) = \lim_{x \to x_0} \frac{f(x) - f(x_0)}{x - x_0}$$

**Derivadas y rectas tangentes**

Recapitulando, tenemos:

- La derivada de una función $f$ en un punto $x_0$ es el límite:

$$f'(x_0) = \lim_{x \to x_0} \frac{f(x) - f(x_0)}{x - x_0}.$$

- La recta tangente a $f$ en $x_0$ es

$$y = f'(x_0)(x - x_0) + f(x_0).$$

- En principio, la recta tangente a $f$ en $x_0$ (o equivalentemente la derivada $f'(x_0)$) no tiene por qué existir; cuando lo hace decimos que $f$ es liso en $x_0$ y podemos usar la recta tangente para aproximar la función $f$ en torno a $x_0$.

**Ejemplo 4.1.1.** La derivada de la función $f(x) = x^3 - 3x^2 + 5x + 1$ en $x_0 = 1$ es igual a 2:

$$f'(1) = \lim_{x \to 1} \frac{(x^3 - 3x^2 + 5x + 1) - 4}{x - 1} = \lim_{x \to 1} \frac{(x^2 - 2x + 3)(x - 1)}{x - 1} = 2.$$

Luego la recta tangente a $f$ en 1 es

$$y = 2(x - 1) + 4 = 2x + 2,$$

de manera que cerca de $x = 1$ la función $f$ se podría aproximar por la función $2x + 2$.

**Nota 4.1.2.** La derivada de $f$ en $x_0$ se denota a menudo de la forma siguiente:

$$\left.\frac{df}{dx}\right|_{x_0} := f'(x_0).$$

Las razones para usar esta notación son las siguientes:

- Denotando $\Delta f = f(x) - f(x_0)$ (variación de $f$ entre $x$ y $x_0$)y $\Delta x = x - x_o$ (variación entre $x$ y $x_0$), podemos escribir:

$$\left.\frac{df}{dx}\right|_{x_0} = \lim_{\Delta x \to 0} \frac{\Delta f}{\Delta x},$$

de manera que $df$ puede ser pensado como la *variación infinitesimal de* $f$ y $dx$ como la variación infinitesimal de $x$.

- Nos indica respecto a qué variable estamos derivando $f$ (en algunas ocasiones, una misma expresión podríamos derivarla respecto a más de una variable).

- Por coherencia con la notación de integración. Se usa la notación de cociente porque si tenemos una ecuación de tipo

$$\frac{df}{dx} = P(x).$$

Entonces $f$ tiene que ser igual a la integral de $P(x)$ respecto de $x$, que en la notación usual se escribe:

$$\int df = \int P(x)dx.$$

### 4.1.1. Aplicación al modelo logístico

Veamos un ejemplo de cómo usar el concepto de derivada y de aproximación por la recta tangente en la práctica. Para ello consideraremos el modelo logístico que hemos estudiado en 3.3, y que viene dado por la Ley Logística:

$$N' = rN\left(1 - \frac{N}{K}\right).$$

Recordemos que $N = N(t)$ es la función población, que depende del tiempo, y $r$ y $K$ son constantes (el crecimiento intrínseco y la capacidad de carga del modelo).

Vamos a denotar $f(N) := rN(1 - N/K)$ y vamos a aproximar esta función por su recta tangente en dos puntos $N = 0$ y $N = K$.

Nuestro objetivo final será describir qué sucede, según el modelo, para valores pequeños (cercanos a cero) de la población, y para valores cercanos a la capacidad de carga $K$ del sistema.

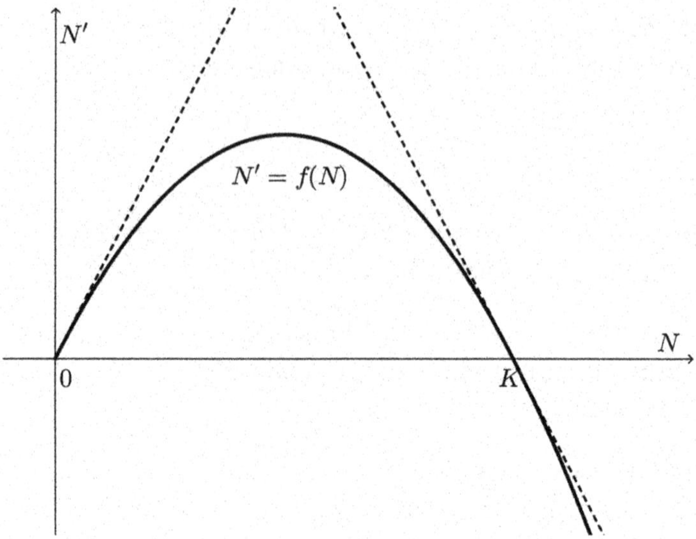


**Figura 4.4:** Rectas tangentes de la función logística en 0 y $K$.

Comencemos estudiando la función $f(N)$ cerca de 0 y cerca de $K$. Por un lado sabemos que $f(0) = f(K) = 0$. Calculemos las derivadas de $f$ en torno a esos puntos:

$$f'(0) = \lim_{N\to 0} \frac{rN(1 - N/K)}{N} = r,$$

$$f'(K) = \lim_{N\to K} \frac{rN(1 - N/K)}{N - K} = \lim_{N\to K} \frac{rN(K - N)/K}{N - K} = -r.$$

Entonces tendremos:

$$N' = f(N) \approx r(N - 0) \text{ cerca de } N = 0, \text{ y}$$

$$N' = f(N) \approx -r(N - K) \text{ cerca de } N = K.$$

Integrando (ver Secciones 1.6 y 3.3)[1] obtenemos:

$$N \approx N_0 e^{rt}, \text{ para } N \text{ cerca de } 0, \text{ y}$$

$$N \approx K + (N_0 - K)e^{-rt}, \text{ para } N \text{ cerca de } K.$$

[1]Hazlo.

La gráfica 4.5 muestra una función logística con valor inicial $N_0$, en dos situaciones: $N_0$ cercano a 0 y $N_0$ cercano a $K$. Hemos representado en línea de puntos las funciones $N_0 e^{rt}$ (para $N_0$ pequeño, gráfica de la izquierda) y $K + (N_0 - K)e^{-rt}$ (para $N_0$ cercano a $K$, gráfica de la derecha). Las gráficas muestran que la aproximación en cualquiera de los dos casos es correcta.

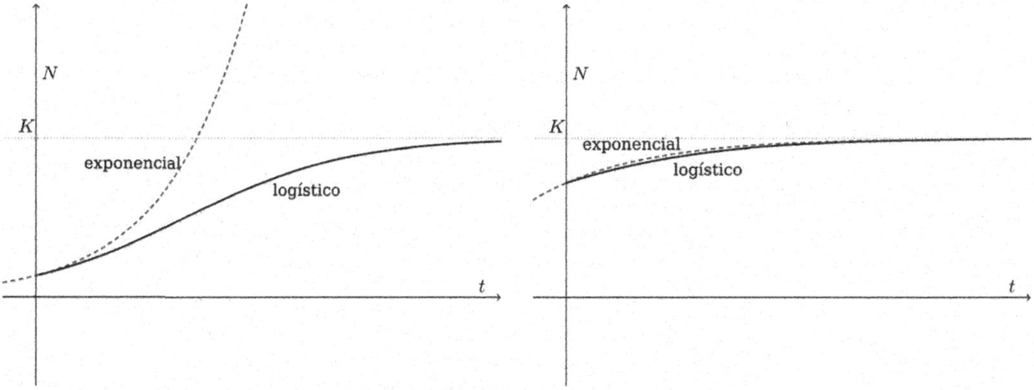


**Figura 4.5:** Aproximaciones de una función logística.

Concluimos entonces que:

**Modelo logístico**

Sea $N(t)$ una función población que se rige por un modelo logístico con capacidad de carga $K$ y crecimiento intrínseco $r$.

- Cuando $N$ sea pequeño en comparación con $K$, la función logística crece aproximadamente como una exponencial $e^{rt}$.
- Cuando $N$ es cercano a la capacidad de carga $K$, la función tiende a ella como una exponencial $e^{-rt}$.

## 4.2. Cálculo de derivadas

Al igual que en el caso de los límites, consideraremos sólo funciones obtenidas a partir de funciones elementales mediante operaciones básicas. Antes de comenzar, recordaremos que, dado un punto $x_0$ en el dominio de una función, hemos definido la derivada $f'(x_0)$ como un límite.

Podemos entonces considerar la función que asocia, a cada $x$ en donde la derivada de $f$ esté definida, el valor $f'(x)$. Esta función se llama *función derivada de* $f$ y se denota por $f'$:

$$f' : x \mapsto f'(x).$$

### 4.2.1. Derivadas de las funciones elementales

| Función | Dominio | Derivada | Dominio |
|---|---|---|---|
| $k$ (constante) | $\mathbb{R}$ | $0$ | $\mathbb{R}$ |
| $x^k$ $(k \in \mathbb{N})$ | $\mathbb{R}$ | $kx^{k-1}$ | $\mathbb{R}$ |
| $x^k$ $(k \in \mathbb{Z}_{<0})$ | $\mathbb{R} \setminus \{0\}$ | $kx^{k-1}$ | $\mathbb{R} \setminus \{0\}$ |
| $x^k$ $(k \in (0,1))$ | $[0,+\infty)$ | $kx^{k-1}$ | $(0,+\infty)$ |
| $x^k$ $(k \in (1,+\infty))$ | $[0,+\infty)$ | $kx^{k-1}$ | $[0,+\infty)$ |
| $x^k$ $(k \in (-\infty,0))$ | $(0,+\infty)$ | $kx^{k-1}$ | $[0,+\infty)$ |
| $e^x$ | $\mathbb{R}$ | $e^x$ | $\mathbb{R}$ |
| $a^x$ $(a > 0,\ a \neq 1)$ | $\mathbb{R}$ | $a^x \ln(a)$ | $\mathbb{R}$ |
| $\ln(x)$ | $(0,+\infty)$ | $1/x$ | $(0,+\infty)$ |
| $\log_a(x)$ $(a > 0, a \neq 1)$ | $(0,+\infty)$ | $1/(x\ln(a))$ | $(0,+\infty)$ |
| $\operatorname{sen}(x)$ | $\mathbb{R}$ | $\cos(x)$ | $\mathbb{R}$ |
| $\cos(x)$ | $\mathbb{R}$ | $-\operatorname{sen}(x)$ | $\mathbb{R}$ |
| $\operatorname{tg}(x)$ | $\mathbb{R} \setminus \{\frac{\pi}{2} + k\pi\}_{k\in\mathbb{Z}}$ | $1 + \operatorname{tg}^2(x)$ | $\mathbb{R} \setminus \{\frac{\pi}{2} + k\pi\}_{k\in\mathbb{Z}}$ |
| $\operatorname{arc\,sen}(x)$ | $[-1,1]$ | $\dfrac{1}{\sqrt{1-x^2}}$ | $(-1,1)$ |
| $\operatorname{arc\,cos}(x)$ | $[-1,1]$ | $-\dfrac{1}{\sqrt{1-x^2}}$ | $(-1,1)$ |
| $\operatorname{arc\,tg}(x)$ | $\mathbb{R}$ | $\dfrac{1}{1+x^2}$ | $\mathbb{R}$ |

**Tabla 4.1:** Derivadas de las funciones elementales.

Una de las propiedades de las funciones elementales es que sus funciones derivadas están perfectamente definidas: véase la Tabla 4.1, en la que además hemos incluido los dominios de las funciones elementales y de sus derivadas. De esta manera, para calcular una derivada de una función elemental $f$ en un punto $x_0$, sólo tenemos que susituir $x_0$ en la función derivada que nos proporciona la Tabla 4.1.

**Ejemplo 4.2.1.** Calculamos la recta tangente a la función $f(x) = \operatorname{arc\,sen}(x)$ en $x_0 = 1/2$. El valor de $f$ en $1/2$ es $f(1/2) = \pi/6$, y la derivada en el punto se obtiene sustituyendo $x$ por $1/2$ en $1/\sqrt{1-x^2}$, es decir $2\sqrt{3}/3$. Entonces la recta tangente solicitada es:

$$y = \frac{2\sqrt{3}}{3}\left(x - \frac{1}{2}\right) + \frac{\pi}{6}.$$

Fijémonos que el dominio de una función y de su derivada no son necesariamente iguales. Por ejemplo, la función derivada de $\sqrt{x} = x^{1/2}$ es $(1/2)x^{-1/2} = (1/2)/\sqrt{x}$ que no está definida en 0, mientras que $x^{1/2}$ sí lo está.

### 4.2.2. Derivadas y operaciones entre funciones

Comenzamos repasando las propiedades de la derivación con respecto a las operaciones aritméticas entre funciones y a la composición. Cuando queramos calcular una derivada en un punto $x_0$ de una función $f$ que se obtiene mediante sumas, productos, composiciones, etc., de funciones elementales, sólo tendremos que calcular la función derivada de $f$ utilizando estas simples reglas, y sustituir después en $x_0$.

- **Suma de funciones.** La derivada de una suma es la suma de las derivadas:

$$\boxed{(f+g)'(x) = f'(x) + g'(x).}$$

- **Producto por una constante.** La derivada conmuta con la multiplicación por constantes:

$$\boxed{(kf)'(x) = kf'(x) \ (k \text{ constante}).}$$

**Nota 4.2.2.** Uno de los problemas habituales en muchos alumnos es identificar como constante un término que se denota por una expresión no numérica. Si estamos derivando respecto de $x$, una expresión es constante cuando no depende de $x$. Por ejemplo, al igual que la derivada de $5\ln(x)$ es $5/x$, si consideramos la función $z\ln(x)$ y sabemos que $z$ no depende de $x$, tendremos que su derivada respecto de $x$ es $z/x$. En general, cuando queramos derivar una función cuya expresión contiene términos no numéricos, debemos siempre preguntarnos:

- ¿cuál es la variable respecto de la que estamos derivando?
- ¿qué términos son constantes respecto a la variable en la que estamos derivando?

Volveremos sobre este tema cuando hablemos de funciones de varias variables.

- **Producto de funciones.** La derivada de una producto verifica la *Regla de Leibniz*:

$$\boxed{(fg)'(x) = f'(x)g(x) + f(x)g'(x).}$$

- **Inversa respecto del producto de una función.** La siguiente regla se obtiene fácilmente de la Regla de Leibniz:

$$\boxed{\left(\frac{1}{f}\right)'(x) = \frac{-f'(x)}{(f(x))^2}.}$$

De hecho, como $f \cdot (1/f) = 1$, derivando se obtiene $(f \cdot (1/f))' = 0$. Utilizando la regla de Leibniz a la izquierda se obtiene $f' \cdot (1/f) + f \cdot (1/f)' = 0$. Despejando $(1/f)'$ obtenemos la fórmula requerida.

- **Cociente de funciones.** De la Regla de Leibniz y la fórmula de la derivada de $1/f$, obtenemos[2] la siguiente:

$$\boxed{\left(\frac{f}{g}\right)'(x) = \frac{f'(x)g(x) - f(x)g'(x)}{(g(x))^2}.}$$

[2] Hazlo.

- **Composición de funciones.** La derivada de una composición verifica la *Regla de la Cadena*, que nos dice fundamentalmente que la derivada de una composición es el producto de las derivadas:

$$\boxed{(g \circ f)'(x) = g'(f(x)) \cdot f'(x).}$$

Nótese que la derivada de $g$ está evaluada en $f(x)$ y no en $x$: esto se debe, por supuesto, a que la composición consiste en aplicar $g$ sobre $f(x)$ para cada $x$:

$$g \circ f: \ x \mapsto f(x) \mapsto g(f(x)).$$

- **Inversa de una función.** Esta vez nos referimos a la inversa respecto de la composición, que se denota por $f^{-1}$, es decir, la función que verifica que $f \circ f^{-1}$ y $f^{-1} \circ f$ son la identidad. En este caso, usando la Regla de la Cadena (de una manera similar a como hemos calculado la derivada de $1/f$), puede verificarse que:

$$\boxed{(f^{-1})'(x) = \frac{1}{(f' \circ f^{-1})(x)}.}$$

**Nota 4.2.3.** Al igual que en el caso de límites, la derivada de una función del tipo $(f(x))^{g(x)}$ requiere un tratamiento ligeramente especial. Una forma sencilla de convertir esta función en una de la que podemos calcular su derivada mediante las propiedades anteriores es la siguiente:

$$(f(x))^{g(x)} = e^{g(x)\ln(f(x))}.$$

De esta manera, su derivada será igual a[3]:

$$(f^g)'(x) = (f(x))^{g(x)} \left( g'(x)\ln(f(x)) + \frac{g(x)}{f(x)} \right).$$

**Ejemplo 4.2.4.** Calculemos la ecuación de la recta tangente a la función $f(x) = x^x$ en $x_0 = 1$. Para ello hacemos:

$$f(x) = x^x = e^{x\ln(x)},$$

[3]Compruébalo.

de manera que su función derivada será (por la Regla de la Cadena y la Regla de Leibniz):

$$f'(x) = e^{x\ln(x)}\left(\ln(x) + x\frac{1}{x}\right) = x^x(\ln(x)+1).$$

Entonces $f(1) = 1^1 = 1$ y $f'(1) = 1^1(\ln(1)+1) = 1$ de manera que la recta tangente es $y = 1(x-1)+1$, es decir $y = x$.

### 4.2.3. Derivadas de funciones definidas a trozos

Supongamos que tenemos una función definida a trozos $f(x)$. Si queremos calcular la derivada de $f$ en un punto $x_0$, debemos tener en cuenta que, por definición, esta derivada es un límite en $x_0$. Esto quiere decir, en particular, que $f'(x_0)$ depende de lo que sucede en puntos cercanos a $x_0$.

Si el punto $x_0$ está en el interior de uno de los trozos, en el cual la función esté dada por una expresión $f_1(x)$ obtenida mediante operaciones entre funciones elementales, entonces $f'(x_0)$ es igual a $f_1'(x_0)$, que se puede calcular mediante las reglas descritas en la sección anterior.

Si, por el contrario, $x_0$ se encuentra en la frontera de dos trozos, debemos calcular la derivada en $x_0$ usando directamente la definición. En particular podríamos obtener que la función no es derivable en $x_0$.

**Ejemplo 4.2.5.** Calculemos la derivada de la función:

$$f(x) = \begin{cases} e^{-1/x^2} & \text{si } x \neq 0 \\ 0 & \text{si } x = 0 \end{cases}$$

Si $x$ es distinto de 0, $f'(x)$ puede calcularse directamente mediante la derivada de la expresión $e^{-1/x^2}$, que es $e^{-1/x^2}(2/x^3)$. En el punto 0, la derivada debe calcularse como un límite:

$$f'(0) = \lim_{x\to 0}\frac{f(x)-f(0)}{x-0} = \lim_{x\to 0}\frac{e^{-1/x^2}-0}{x-0} = \lim_{x\to 0}\frac{e^{-1/x^2}}{x}.$$

dejamos como ejercicio al lector calcular que este límite vale 0, luego:

$$f'(x) = \begin{cases} e^{-1/x^2}(2/x^3) & \text{si } x \neq 0 \\ 0 & \text{si } x = 0 \end{cases}$$

Algunas funciones pueden venir dadas por una expresión única, pero esto no quiere decir que sean derivables en todos sus puntos. El ejemplo típico de esto son las funciones en las que aparece la función valor absoluto.

**Ejemplo 4.2.6.** Calculamos la función derivada de $f(x) = |x^3 - x|$. Como $f$ vale $x^3 - x$ en $[-1, 0]$ y $[1, +\infty)$ y $-x^3 + x$ en $(-\infty, -1)$ y $(0, 1)$, tenemos:

$$f'(x) = \begin{cases} 3x^2 - 1 & \text{si } x \in (-1, 0) \cup (1, +\infty) \\ -3x^2 + 1 & \text{si } x \in (-\infty, -1) \cup (0, 1) \end{cases}$$

Queda sólo calcular $f'(-1)$, $f'(0)$ y $f'(1)$. Estudiemos, por ejemplo, $f'(-1)$; como la función está definida de manera diferente a la izquierda y a la derecha de $-1$, debemos calcualr dos límites:

$$\lim_{x \to -1^-} \frac{f(x) - f(-1)}{x + 1} = \lim_{x \to -1^-} \frac{-x^3 + x - 0}{x + 1} = \lim_{x \to -1^-} (-x^2 + x) = -2,$$
$$\lim_{x \to -1^+} \frac{f(x) - f(-1)}{x + 1} = \lim_{x \to -1^+} \frac{x^3 - x - 0}{x + 1} = \lim_{x \to -1^-} (x^2 - x) = 2.$$

Como ambos límites no coinciden, deducimos que la función no es derivable en $-1$. De igual manera, puede comprobarse que no es derivable en 0 y 1.

## 4.3. Derivadas de orden superior: los polinomios de Taylor

### 4.3.1. Derivadas de orden superior

Si echamos un vistazo a las funciones elementales nos daremos cuenta de que sus derivadas son de nuevo funciones derivables en muchos de sus puntos[4]. De la misma manera la función derivada $f'(x)$ de una función $f(x)$ definida mediante sumas, productos, composiciones, etc., de funciones elementales, será derivable en muchos de sus puntos, y su derivada, que se llama *derivada segunda de* $f(x)$, se denota $f''(x)$. Sucesivamente construimos así las funciones *derivadas de órdenes* 1, 2, 3, 4, etc.

$$f'(x),\ f''(x),\ f'''(x),\ f^{4)}(x), \ldots$$

[4]Quizás tengamos que restringir el dominio. Pensemos por ejemplo en la función $x^{4/3}$, cuya derivada está definida en todo $\mathbb{R}$, pero es sólo derivable en $\mathbb{R} \setminus \{0\}$. Compruébalo.

**Ejemplo 4.3.1.** Si tomamos la función $f(x) = \operatorname{sen}(x)$, tendremos

$$f'(x) = \cos(x), \quad f''(x) = -\operatorname{sen}(x), \quad f'''(x) = -\cos(x), \quad f^{4)}(x) = \operatorname{sen}(x), \ldots$$

Recordemos que la derivada de una función $f(x)$ nos habla del crecimiento de la función. De esta manera, si $f'(x_0)$ es positivo, la función es creciente en un entorno de $x_0$, y si $f'(x_0)$ es negativo, decreciente. Más concretamente, $f'(x_0)$ es el índice de crecimiento de la función $f$ en $x_0$, luego, cuanto mayor sea $f'(x_0)$, mayor será la inclinación de la función en $x_0$.

Un punto $x_0$ en el que $f'(x_0)$ es igual a 0 se llama un *punto crítico de* $f$ *de primer orden.* Estos puntos son los candidatos naturales para que $f$ tenga un máximo o mínimo relativo en ellos, puesto que en ellos la función no es ni creciente ni decreciente. Nótese que $f$ puede tener un máximo o un mínimo relativo en un punto en el que $f$ no sea derivable y por tanto son necesarios otro tipo de razonamientos.

La derivada segunda en un punto $x_0$ tiene una interpretación similar: como $f''(x_0)$ controla el crecimiento de $f'(x)$ en $x_0$, si $f''(x_0)$ es positivo, el crecimiento de $f(x)$ se acelera, y si es negativo, se desacelera. Gráficamente, esto puede entenderse en términos de la *curvatura* de $f$ en $x_0$:

- Si $f''(x_0)$ es positivo, entonces $f(x)$ se dice *convexa* (ver Figura 4.6).

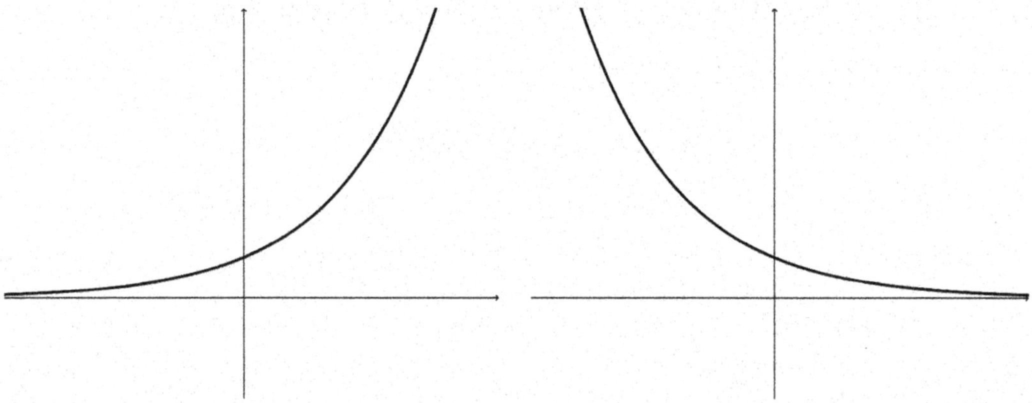

**Figura 4.6:** Funciones convexas (crecientes y decrecientes).

- Si $f''(x_0)$ es negativo, entonces $f(x)$ se dice *cóncava* (ver Figura 4.7).
- Si $f''(x_0) = 0$, entonces $x_0$ se dice *punto crítico de* $F$ *de segundo orden.*

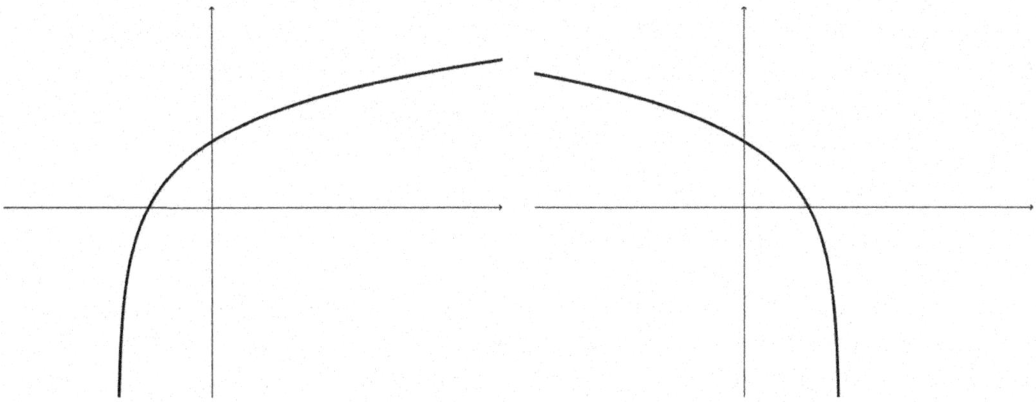

**Figura 4.7:** Funciones cóncavas (crecientes y decrecientes).

Además, cuanto mayor es $f''(x_0)$, mayor es la curvatura de la función. Por ejemplo, analicemos las parábolas de la Figura 4.8, cuya ecuación es:

$$y = \frac{k}{2}x^2, \quad (k \geq 0),$$

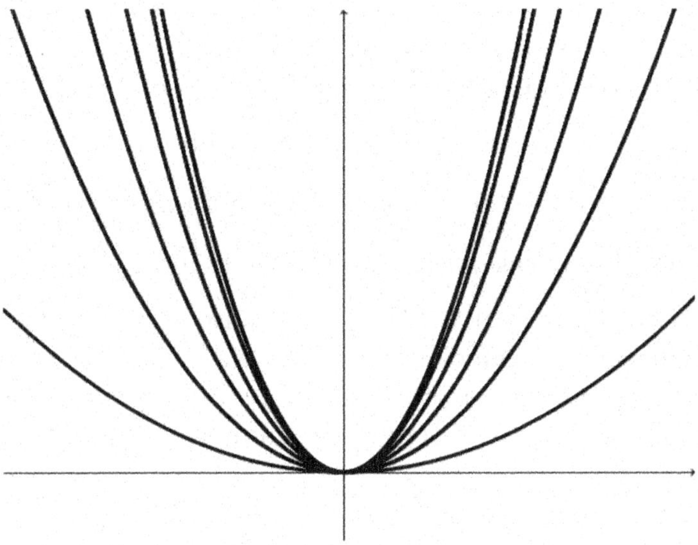

**Figura 4.8:** Curvatura de parábolas.

Para cada una de ellas, la segunda derivada en 0 (y en todo punto) es igual a $k$. Si $k$ aumenta, la gráfica de la parábola se cierra, lo que técnicamente equivale a decir que su curvatura es mayor (ver Figura 4.8).

De igual manera, las derivadas $f'''(x_0)$, $f^{iv)}(x_0)$, etc, pueden interpretarse como crecimientos de las funciones derivadas anteriores (aunque no existen conceptos gráficos asociados del tipo "curvatura").

### 4.3.2. Puntos críticos, máximos, mínimos relativos y puntos de inflexión

Uno de los usos más conocidos de aplicación de las derivadas de orden superior es la determinación de si un punto $x_0$ en el que $f$ es derivable es un máximo o un mínimo relativo de $f$. A continuación supondremos siempre que $f$ tiene derivadas de todos los órdenes que necesitemos en el punto $x_0$.

#### Puntos críticos de primer orden

Como hemos visto, los puntos críticos de primer orden de $f$ son los puntos donde $f'$ sea anula, es decir, donde la recta tangente es horizontal. Si $f$ tiene un máximo o mínimo relativo en un punto $x_0$ en el que $f$ sea derivable, entonces $x_0$ tiene que ser un punto crítico de primer orden de $f$.

Reciprocamente, si $x_0$ es un punto crítico de $f$, para decidir si $f$ tiene un máximo o mínimo en $x_0$, debemos mirar a la primera derivada de orden superior de $f$ en $x_0$ que no se anule, $f^{n)}(x_0) \neq 0$ y, entonces:

- Si $n$ es par y $f^{n)}(x_0) > 0$, entonces $f$ tiene un mínimo relativo en $x_0$.
- Si $n$ es par y $f^{n)}(x_0) < 0$, entonces $f$ tiene un máximo relativo en $x_0$.
- Si $n$ es impar, entonces $f$ tiene un punto de inflexión en $x_0$.

Por ejemplo, si $f'(x_0) = 0$ y $f''(x_0) > 0$, entonces la recta tangente a $f$ en $x_0$ es horizontal, y la función $f$ es convexa en $x_0$. Esto obliga a que la gráfica de la función esté, en un entorno de $x_0$, por encima de la recta tangente en $x_0$, y por lo tanto $f$ tendrá un mínimo relativo en $x_0$.

#### Puntos críticos de segundo orden

De la misma manera, un punto crítico de segundo orden, es decir, donde $f''$ se anula, es candidato a ser un punto de inflexión de $f$. Para determinar si en efecto lo es, debemos calcular las derivadas de orden superior en dicho punto. Supongamos que el punto es $x_0$ y sea $f^{n)}(x_0)$ de orden mayor que dos de $f$ que es distinta de cero. Entonces:

- Si $n$ es impar, $x_0$ es un punto de inflexión de $f$.
- Si $n$ es par, no lo es.

### 4.3.3. Aproximaciones no lineales de funciones

Hemos visto en la Sección 4.1 que la derivada de una función en un punto se usa para aproximar una función en dicho punto por su recta tangente. Por ejemplo, para la función $f(x) = e^x$ y el punto $x_0 = 0$ se tiene que $f(0) = f'(0) = 1$, de manera que:

$$f(x) = e^x \approx f'(x_0)(x - x_0) + f(x_0) = x + 1, \text{ para } x \text{ cercano a } 0.$$

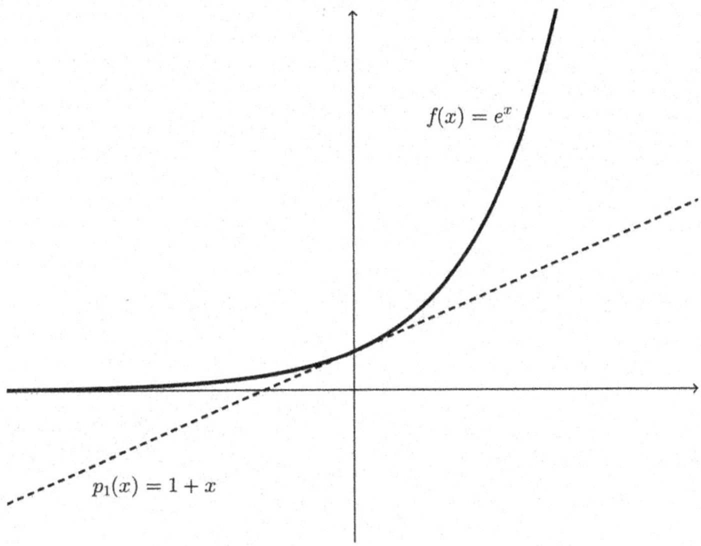


**Figura 4.9:** Aproximación lineal de $e^x$ en 0.

Denotemos $p_1(x) = x + 1$ y preguntémonos: ¿Por qué podemos utilizar $p_1(x)$ como aproximación de $f(x)$ en torno a $x_0$? Por dos razones:

- $p_1(x_0) = f(x_0)$: $p_1$ y $f$ tienen el mismo valor en $x_0$.
- $p_1'(x_0) = f'(x_0)$: $p_1$ y $f$ tienen la misma tasa de crecimiento en $x_0$.

Es importante entender que la aproximación sólo funciona para puntos cercanos a 0; según nos alejamos de 0, $f(x)$ se diferencia más y más de la función lineal $p_1(x)$. La razón es clara: $f(x)$ es curvilínea y $p_1(x)$ es lineal.

Parece natural pensar entonces que una función $p_2(x)$ se parecerá más a $f(x)$ que $p_1(x)$, dado que:

- $p_2(x_0) = f(x_0)$ (tiene el mismo valor en $x_0$),
- $p_2'(x_0) = f'(x_0)$ (tiene la misma tasa de crecimiento en $x_0$), y
- $p_2$ y $f$ tienen *misma curvatura en* $x_0$, es decir: $p_2''(x_0) = f(x_0)$.

Como una función lineal no tiene curvatura, esa función $p_2$ no puede ser lineal, pero podemos intentar construirla entre las siguientes funciones más sencillas, que son las polinómicas de grado dos. No es difícil entonces probar que una función así existe; basta tomar $p_2(x) = x^2/2+x+1$. Efectivamente,

$$p_2(0) = 1 = f(0), \quad p_2'(0) = 1 = f'(0), \quad p_2''(0) = 1 = f''(0).$$

En la Figura 4.10 podemos observar cómo efectivamente la aproximación

$$f(x) = e^x \approx p_2(x) = x^2/2 + x + 1.$$

es de hecho mejor que la aproximación lineal que hemos descrito anteriormente.

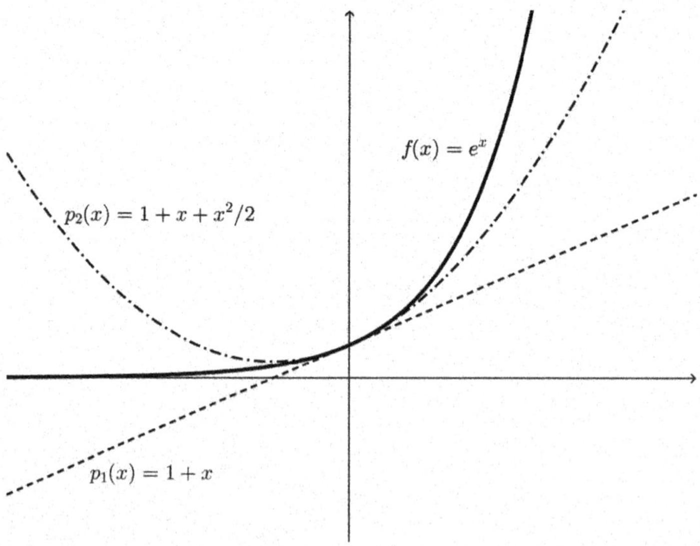


**Figura 4.10:** Aproximaciones lineal y cuadrática de $e^x$ en 0.

En general, para una función $f(x)$ cualquiera con primera y segunda derivada en $x_0$, tendremos dos aproximaciones, una lineal y una cuadrática, en $x_0$:

Lineal: $f(x) \approx p_1(x) = f'(x_0)(x - x_0) + f(x_0)$

Cuadr.: $f(x) \approx p_2(x) = \dfrac{f''(x_0)}{2}(x - x_0)^2 + f'(x_0)(x - x_0) + f(x_0)$

Nótese que el 2 que divide a $f''(x_0)$ tiene que aparecer porque al derivar dos veces $p_2(x)$, el coeficiente que acompaña a $(x - x_0)^2$ se multiplicará por el exponente 2 de esta potencia.[5]

El nombre que reciben las funciones $p_1(x)$ y $p_2(x)$ en Matemáticas es el de *Polinomios de Taylor de orden* 1 *y* 2 *de* $f$ *en* $x_0$. Podemos entonces mejorar las aproximaciones anteriores añadiendo más términos al polinomio, relacionados con las derivadas de $f(x)$ en $x_0$. De esta manera, para un natural cualquiera $n$, el *Polinomio de Taylor de orden* $n$ *de* $f(x)$ *en* $x_0$, que nos da la aproximación de grado $n$ de $f$ en $x_0$, será:

$$p_n(x) = \frac{f^{n)}(x_0)}{n!}(x - x_0)^n + \ldots + f'(x_0)(x - x_0) + f(x_0).$$

Es fácil comprobar[6] que $p_n(x)$ es una función polinómica de grado $n$ tal que su valor y el de sus derivadas en $x_0$ coinciden con los de $f(x)$ hasta el orden $n$. Recordamos aquí que $n! = n \cdot (n-1) \cdot \ldots \cdot 2 \cdot 1$; este número tiene que aparecer en el denominador porque aparece en el numerador en el término de grado $n$ de $p_n(x)$ cuando derivamos $n$ veces.

**Ejemplo 4.3.2.** Para $f(x) = e^x$, la aproximación de orden 6 de $f$ en $x_0 = 0$ será:

$$f(x) \approx p_6(x) = \frac{x^6}{6!}x^6 + \frac{x^5}{5!}x^5 + \frac{x^4}{4!}x^4 + \frac{x^3}{3!}x^3 + \frac{x^2}{2!}x^2 + x + 1$$

En la Figura 4.11 hemos representado las aproximaciones de $e^x$ de ordenes 1, 2 y 6 en 0. Se aprecia claramente cómo la aproximación se hace mucho más precisa (en un intervalo conteniendo al 0 de tamaño cada vez mayor) cuando el orden aumenta.

[5] Compruébalo.

[6] Hazlo.

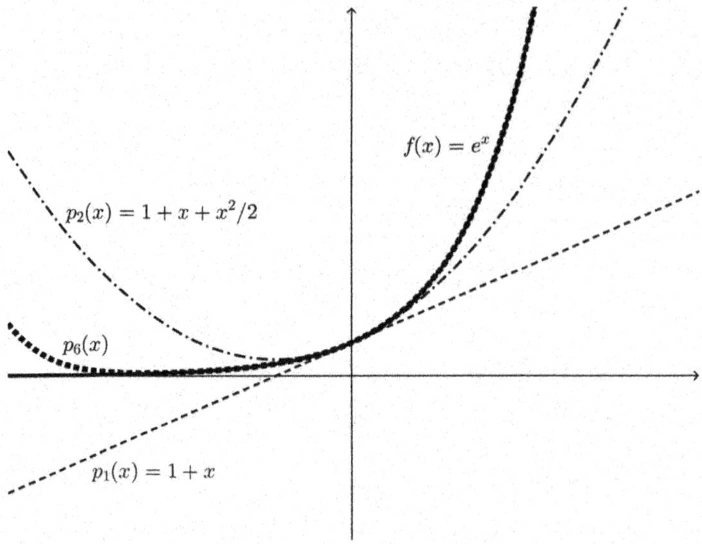


**Figura 4.11:** Aproximaciones de ordenes 1, 2 y 6 de $e^x$ en 0.

En el caso de la exponencial $e^x$ se verifica además que, si consideramos *todos* los términos que podamos escribir de este modo, la aproximación se convierte en una identidad, cualquiera que sea $x$:

$$\boxed{e^x = 1 + x + \frac{x^2}{2!} + \ldots + \frac{x^n}{n!} + \ldots}$$

La expresión a la derecha de la igualdad es una suma infinita[7], que se llama *Serie de Taylor*, en este caso la de $e^x$ en torno a 0. Otras series que se usan habitualmente son:

$$\boxed{\operatorname{sen}(x) = x - \frac{x^3}{3!} + \frac{x^5}{5!} - \frac{x^7}{7!} + \ldots}$$

$$\boxed{\cos(x) = 1 - \frac{x^2}{2!} + \frac{x^4}{4!} - \frac{x^6}{6!} + \ldots}$$

$$\boxed{\frac{1}{1-x} = 1 + x + x^2 + x^3 + x^4 + \ldots \ \text{(válida para } x \in (-1,1))}$$

$$\boxed{\ln(x) = (x-1) - \frac{1}{2}(x-1)^2 + \frac{1}{3}(x-1)^3 - \ldots \ \text{(para } x \in (0,+\infty))}$$

[7]¿Podrías mostrar, usando esta igualdad, porqué la derivada de $e^x$ es ella misma?

**Ejemplo 4.3.3.** La aritmética de las series es similar a la de los polinomios. Por ejemplo, podemos calcular la serie de Taylor de $1/(1-x)$ sin tener que calcular todas sus derivadas (este proceso sería mucho más largo). Para ello suponemos que la serie tenga la forma $a_0 + a_1x + a_2x^2 + \ldots$, e intentamos calcular $a_0, a_1, a_2, \ldots$ directamente, considerando la igualdad:

$$\frac{1}{1-x} = a_0 + a_1x + a_2x^2 + \ldots,$$

o, lo que es lo mismo:

$$1 = (1-x)(a_0 + a_1x + a_2x^2 + \ldots) = (a_0 + a_1x + \ldots) - x(a_0 + a_1x + \ldots).$$

Operando obtenemos:

$$1 = a_0 + (a_1 - a_0)x + (a_2 - a_1)x^2 + (a_3 - a_2)x^3 + \ldots,$$

que es una igualdad de series (podemos pensarlo como una igualdad de polinomios infinitos). Entonces, necesariamente:

$$1 = a_0 \text{ y } 0 = (a_1 - a_0) = (a_2 - a_1) = (a_3 - a_2) = \ldots$$

Se sigue que $1 = a_0 = a_1 = a_2 = a_3 = \ldots$, que es lo que queríamos demostrar.

Los polinomios de Taylor se usan muchas veces para resolver límites con indeterminación de tipo $0/0$. Para poder usar este método:

1. Tenemos que conocer los polinomios de Taylor de la función que vamos a sustituir *en el punto donde estemos calculando el límite.* No podemos hacerlo en un punto diferente.

2. Elegimos un polinomio de Taylor con los términos suficientes como para que, si añadiésemos más términos, el resultado del límite no varíe. Este punto quedará más claro en el ejemplo siguiente.

**Ejemplo 4.3.4.** Consideremos el límite

$$\lim_{x \to 0} \frac{\operatorname{sen}(x)}{x}.$$

Sabemos que podemos usar los polinomios de Taylor de $\operatorname{sen}(x)$ en torno a 0, porque estamos calculando el límite en 0. Utilicemos, por ejemplo, el de grado 1, es decir $\operatorname{sen}(x) \approx x$.

$$\lim_{x\to 0} \frac{\operatorname{sen}(x)}{x} = \lim_{x\to 0} \frac{x}{x} = 1.$$

Si hubiesemos usado una de las siguientes aproximaciones, el resultado habría sido el mismo, dado que esto sólo añade términos de grado mayor; como sólo vamos a dividir por $x$ a numerador y denominador, los términos añadidos seguirán tendiendo a cero:

$$\lim_{x\to 0} \frac{\operatorname{sen}(x)}{x} = \lim_{x\to 0} \frac{x - x^3/3! + x^5/5! - \ldots}{x} = \lim_{x\to 0}(1 - x^2/3! + x^4/5! - \ldots) = 1.$$

Sin embargo, si queremos calcular el límite

$$\lim_{x\to 0} \frac{\operatorname{sen}(x) - x}{x^3},$$

e intentamos usar la aproximación $\operatorname{sen}(x) \approx x$, tendríamos:

$$\lim_{x\to 0} \frac{\operatorname{sen}(x) - x}{x^3} = \lim_{x\to 0} \frac{x - x}{x^3} = \lim_{x\to 0} \frac{0}{x^3} = 0.$$

Este argumento es incorrecto, puesto que si añadimos el término siguiente tendremos:

$$\lim_{x\to 0} \frac{\operatorname{sen}(x) - x}{x^3} = \lim_{x\to 0} \frac{x - x^3/3! - x}{x^3} = \lim_{x\to 0} \frac{-x^3/3!}{x^3} = -1/3! = -1/6.$$

De nuevo, si ahora seguimos añadiendo términos, lo que queda sólo añade términos tales que, al dividirlos por el $x^3$ del denominador, siguen tendiendo a 0, con lo cual no añaden nada al límite.

**Ejercicio 4.3.1:**

Calcula, usando Polinomios de Taylor, el límite:

$$\lim_{x\to 1} \frac{\ln(x) - 2x + 2 + \operatorname{sen}(x-1)}{3(x-1)^2}.$$

## 4.4. Derivadas parciales de funciones de varias variables

En muchas ocasiones (veremos ejemplos de esto en secciones posteriores) nos encontraremos con que las funciones con las que vamos a trabajar no dependen de una, sino de varias variables, serán funciones como estas:

$$f(x,y) = xy + \cos(x+y), \quad g(x,z) = \begin{cases} x^2 + z & \text{si } x \leq 0 \\ \ln(x) + z^2 & \text{si } x > 0 \end{cases}$$

$$h(x,y,z) = x^2 - y^2 + zx, \quad \text{etc.}$$

Recordemos que el concepto de derivada de una función de una variable mide la variación de los valores que toma la función con *respecto a variaciones en la variable* de la que depende la función. Matemáticamente, si estamos considerando una función $f(x)$, y un punto $x_0$, se tiene:

$$\frac{df}{dx}(x_0) = f'(x_0) = \lim_{x \to x_0} \frac{f(x) - f(x_0)}{x - x_0}.$$

De esta manera, cuando consideremos una función de dos o más variables, podemos estudiar la variación de los valores de la función con respecto a variaciones en cada una de las variables. Por ejemplo, para una función de dos variables $f(x,y)$ y un punto $(x_0, y_0)$, podemos considerar:

$$\lim_{x \to x_0} \frac{f(x,y_0) - f(x_0,y_0)}{x - x_0}, \quad \text{y} \quad \lim_{y \to y_0} \frac{f(x_0,y) - f(x_0,y_0)}{y - y_0}.$$

Estos dos límites reciben el nombre de *derivadas parciales de $f$ en $(x_0, y_0)$ respecto de $x$ y de $y$*, y se denotan[8], respectivamente, por:

$$\frac{\partial f}{\partial x}(x_0, y_0), \quad \frac{\partial f}{\partial y}(x_0, y_0).$$

En los libros de texto de Matemáticas se pueden encontrar desarrollos teóricos sobre derivadas parciales y diferenciación de funciones de varias

[8]Nótese que usamos el simbolo $\partial$ en lugar de $d$, lo cual nos sirve para recordar que la función que estamos derivando es una función de más de una variable. Nótese también que la notación "$f'(x,y)$" no tiene sentido, dado que no explicita cuál es la variable respecto a la que estamos derivando.

variables. Nosotros no entraremos en esta teoría, simplemente estudiaremos cómo calcular las derivadas parciales de funciones de varias variables "suficientemente buenas"; más concretamente, de las que se pueden construir mediante operaciones (suma, producto, cociente, composición) de funciones elementales en las variables consideradas. En otras palabras: vamos a extender las reglas de derivación habituales a las funciones de varias variables.

Por fijar conceptos, consideraremos una función de dos variable $f(x, y)$, y dejaremos al lector el trabajo de comprender que para funciones de más de dos variables, nuestro desarrollo es totalmente análogo. Si nos fijamos en la definición de derivada parcial de $f$ respecto de $x$, por ejemplo:

$$\frac{\partial f}{\partial x}(x_0, y_0) = \lim_{x \to x_0} \frac{f(x, y_0) - f(x_0, y_0)}{x - x_0},$$

vemos que la derivada se calcula estudiando las variaciones de $f$ respecto de $x$ mientras *la otra variable se mantiene constante* igual a $y_0$. Esto implica que:

> *Para derivar $f(x, y)$ respecto de $x$, debemos considerar $y$ como una constante, y viceversa.*

Esta es la única regla que necesitamos considerar en nuestro contexto para el cálculo de derivadas parciales en los puntos donde estén definidas. Veamos algunos ejemplos:

**Ejemplo 4.4.1.** Consideremos la función

$$f(x, y) = x^2 + y^3$$

De igual manera que la derivada respecto de $x$ de cualquier función de la forma $x^2 + C$, con $C$ una constante, es igual a $2x$, se tiene:

$$\frac{\partial}{\partial x}(x^2 + y^3) = 2x.$$

Si ahora queremos calcular la derivada de $f$ respecto de $y$, debemos considerar $x$ como constante. Así, de igual manera que la derivada respecto de $y$ de cualquier función de la forma $C + y^3$, con $C$ una constante, es igual a $3y^2$, se tiene:

$$\frac{\partial}{\partial y}(x^2 + y^3) = 3y^2.$$

**Ejemplo 4.4.2.** Consideremos la función

$$f(x, y) = x^2y^3.$$

Si ahora queremos calcular la derivada de $f$ respecto de $x$, consideramos $y$ como una constante. Así, de igual manera que la derivada respecto de $x$ de cualquier función de la forma $x^2C$, con $C$ una constante, es igual a $2xC$, se tiene:

$$\frac{\partial}{\partial x}(x^2y^3) = 2xy^3.$$

Y para calcular la derivada de $f$ respecto de $y$, consideramos $x$ como constante. Así, al igual que la derivada respecto de $y$ de cualquier función de la forma $Cy^3$, con $C$ una constante, es igual a $C3y^2$, se tiene:

$$\frac{\partial}{\partial y}(x^2y^3) = x^2 3y^2 = 3x^2y^2.$$

**Ejercicio 4.4.1:**

Calcula las funciones derivadas parciales de las siguientes funciones en los puntos donde estén definidas:

$$f_1(x, y) = x + y, \quad f_2(x, y) = xy,$$

$$f_3(x, y) = y - x^2, \quad f_4(x, y) = x^2 + y^2,$$

$$f_5(x, y) = y - \operatorname{sen} x, \quad f_6(x, y) = x - \ln y,$$

## 4.5. Modelos poblacionales(III): modelos generales de una especie

En secciones anteriores hemos visto ya dos modelos poblacionales:

$$\boxed{N' = rN,\ r \text{ contante (Malthus)},}$$

$$\boxed{N' = rN\left(1 - \frac{N}{K}\right),\ r, K \text{ constantes (Logístico)}}$$

Los dos modelos son de la forma

$$\boxed{N' = f(N),}$$

donde $f(N)$ es una función derivable. Este tipo de ecuación recibe el nombre de *sistema autónomo de una variable*, y es un ejemplo de *ecuación diferencial ordinaria*, concepto que estudiaremos detenidamente en el Capítulo 10.

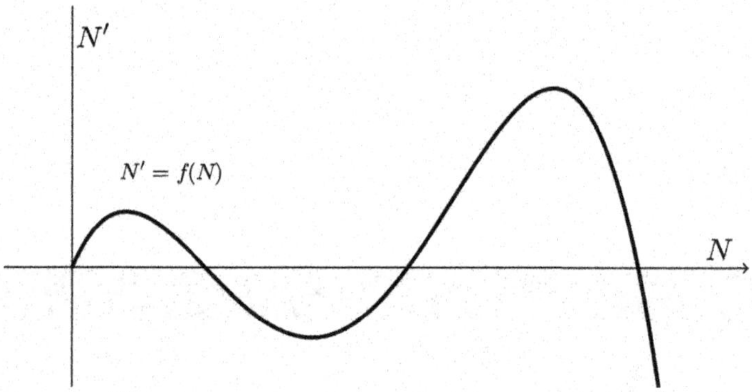


**Figura 4.12:** Un modelo poblacional $N' = f(N)$.

En esta sección estudiaremos este tipo de ecuaciones en general, sin considerar ninguna función $f(N)$ concreta, y extraeremos información general que podremos utilizar más tarde para todos los casos particulares. De momento sabemos que las soluciones de estos sistemas se pueden obtener, por analogía con lo que hemos visto en los casos anteriores, resolviendo de la siguiente manera:

$$\frac{dN}{dt} = f(N) \Rightarrow \frac{dN}{f(N)} = dt \Rightarrow \int \frac{dN}{f(N)} = t + C \ (C \text{ constante}).$$

El problema es doble: primero, saber calcular la integral; y segundo, incluso en el caso de saber calcular la integral, es posible que no podamos despejar $N = N(t)$ de la expresión anterior, ni representarla (este problema es difícil incluso usando un programa informático). Sin embargo, usando los métodos que describiremos a continuación (para los que sólo tenemos que resolver ecuaciones de una variable y derivar), vamos a saber describir (en bastantes ocasiones) el comportamiento del modelo a través de su representación gráfica.

## 4.5.1. Puntos de equilibrio de un modelo

Decimos que $N = E$ es un *valor de equilibrio del modelo* si se verifica que cuando el valor inicial de la población es igual a $E$, entonces $N(t)$ será igual a $E$ para todo $t$. Es decir: si $N(t_0) = E$, entonces $N(t) = E$ para tiempos $t \geq t_0$.

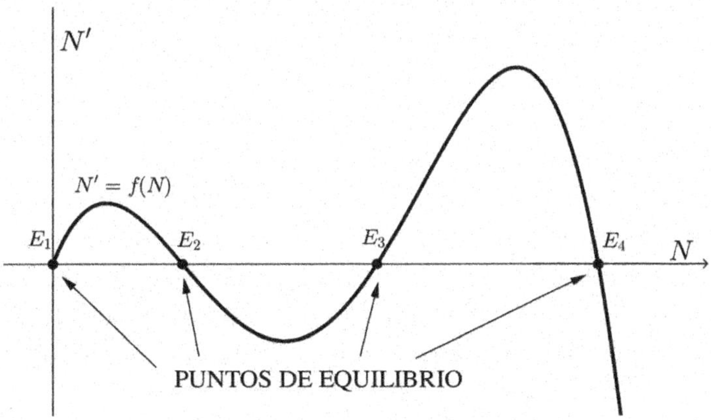


**Figura 4.13:** Puntos de equilibrio de un modelo poblacional $N' = f(N)$.

Si $E$ es un valor de equilibrio, entonces $f(E)$ es el valor de la tasa de crecimiento $N'$ cuando $N$ ha alcanzado el valor $E$: como $N$ no puede ni crecer ni decrecer cuando alcanza el valor $E$, entonces $f(E)$ debe ser cero. Recíprocamente, si $f(E) = 0$ puede probarse que $E$ es un valor de equilibrio del modelo, por lo que tenemos que:

> *Los valores de equilibrio de $N' = f(N)$ son las soluciones de $f(N) = 0$, es decir, los puntos donde la gráfica de $f(N)$ corta al eje de abscisas (ver Figura 4.13).*

**Ejemplo 4.5.1.** Si aplicamos esto al modelo Malthusiano, obtenemos, por supuesto, sólo el valor de equilibrio $N = 0$. Si se lo aplicamos al modelo logístico veremos que éste tiene valores de equilibrio en $N = 0$ y en $N = K$, que es lo que ya sabíamos. Analicemos los dos valores de equilibrio $N = 0$ y $N = K$ del modelo logístico. Si $N_0 = 0$, entonces $N$ seguirá siendo 0 para siempre. Sin embargo, si $N_0$ toma cualquier valor no nulo, tiende a acercarse a $N = K$, y a alejarse, por lo tanto, de $N = 0$. Sin embargo, si $N$ se aleja un poco de $K$, el modelo hace que vuelva a tender a $K$ con el tiempo. Esta diferencia de comportamiento entre los valores de equilibrio 0 y $K$ es lo que llamamos *estabilidad de los valores de equilibrio*, que es lo que estudiaremos a continuación.

### 4.5.2. Estabilidad de un punto de equilibrio

Consideremos un modelo $N' = f(N)$ y uno de sus puntos de equilibrio $E$. Decimos que $E$ es *estable* cuando se verifica que: Si el valor inicial de la población $N_0$ es cercano a $E$, entonces $N(t)$ tiende a $E$ cuando $t$ aumenta (es decir, cuando $t$ tiende a $+\infty$). Dicho de otro modo, $E$ es un equilibrio estable cuando una perturbación pequeña del tamaño de la población a partir de $E$ tiende a deshacerse. Se dice que $E$ es un equilibrio *inestable* cuando no es estable, es decir, si perturbaciones pequeñas de la población a partir del valor de equilibrio hacen que $N$ tienda a alejarse de ese valor.

Estudiemos la estabilidad con mayor detalle, usando argumentos matemáticos similares a los de la Sección 4.1.1. Consideremos un equilibrio $E$ del modelo $N' = f(N)$ y consideremos la aproximación lineal de $f(N)$ en torno a $E$:

$$N' = f(N) \approx f(E) + f'(E)(N-E) = f'(E)(N-E) \text{ si } N \text{ está cerca de } E.$$

Entonces se tiene:

$$\frac{N'}{N-E} \approx f'(E) \quad \Rightarrow \quad \frac{dN}{N-E} \approx f'(E)dt \quad \Rightarrow \quad \ln(N-E) \approx f'(E)t + C.$$

De lo cual, haciendo las cuentas habituales[9], obtendremos:

$$N(t) \approx E + (N_0 - E)e^{f'(E)t}, \text{ donde } N_0 \text{ es la población inicial.}$$

[9] Compruébalo.

Fijémonos que esta aproximación funciona sólo mientras $N$ tome valores cercanos a $E$. El comportamiento de esta función, que es básicamente una exponencial, depende del valor de $f'(E)$:

- Si $f'(E)$ es un número negativo, entonces

$$\lim_{t \to +\infty} N(t) = \lim_{t \to +\infty} (E + (N_0 - E)e^{f'(E)t}) = E,$$

  es decir, $E$ es un punto de equilibrio estable.

- Si $f'(E)$ es un número positivo, entonces

$$\lim_{t \to +\infty} (E + (N_0 - E)e^{f'(E)t}) = \pm\infty,$$

  Esto no quiere decir que la población crezca o decrezca infinitamente, dado que la aproximación que estamos utilizando $f(N) \approx f(E) + f'(E)(N-E)$ sólo nos dice qué pasa cerca de $E$. Lo único que podemos decir es que en este caso $N$ tiende a alejarse de $E$. Deducimos entonces que $E$ es un equilibrio inestable.

*Un valor de equilibrio $E$ de un modelo $N' = f(N)$ es estable cuando $f'(E) < 0$ y es inestable cuando $f'(E) > 0$.* [10]

La conclusión anterior puede explicarse de una forma más intuitiva. Pensemos, por ejemplo en el modelo que hemos representado en (4.14). Tiene cuatro valores de equilibrio $E_1, E_2, E_3$ y $E_4$, que son los valores de $N$ en los que $f(N) = 0$. Esto sucede porque justo en esos puntos la derivada de $N$ es cero, lo cual quiere decir que $N(t)$, cuando alcanza cualquiera de esos valores de equilibrio, se ha de mantener constante, porque su derivada es cero. Nótese que para un modelo con una posible interpretación biológica, el valor $N = 0$, por razones obvias, ha de ser un punto de equilibrio.

[10]Estamos haciendo aquí una simplificación importante, pues estamos suponiendo que $f'(E)$ no es cero. En este caso, la aproximación anterior debe hacerse usando el primer término no nulo de la serie de Taylor de $f$ en torno a $E$. En cualquier caso, en general se dice que $E$ es un punto de equilibrio estable si $f(N)$ es positiva para valores cercanos a $E$ por la izquierda y negativa para valores cercanos a $E$ por la derecha, y decimos que $E$ es inestable si sucede exactamente al revés. En algunas referencias bibliográficas se habla también de *estabilidad por la izquierda y por la derecha* y se pueden considerar entonces los casos mixtos. Para los objetivos de este curso, es suficiente considerar el caso en que $f'(E) \neq 0$.

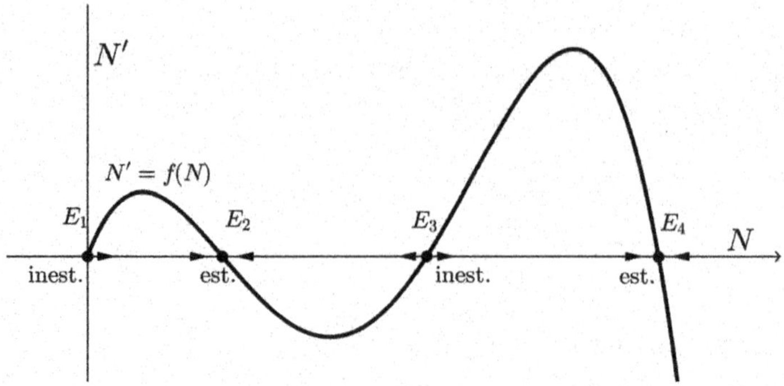


**Figura 4.14:** Estabilidad de los valores de equilibrio de $N' = f(N)$.

Consideremos, por ejemplo, el valor de equilibrio $E_2$. La función $f$ vale cero en $E_2$, y $f'(E_2)$ es negativo, dado que $f$ es decreciente en $E_2$, tal y como vemos en la figura. Entonces, necesariamente $f(N)$ es positiva en valores cercanos a $E_2$ por la izquierda, y negativa en valores cercanos a $E_2$ por la derecha. Pero $N' = f(N)$, entonces esto quiere decir que si $N$ toma un valor cercano a $E_2$, siendo menor que $E_2$, la función $N(t)$ tenderá a crecer, acercándose a $E_2$ otra vez. Si $N$ toma un valor mayor que $E_2$, cercano a $E_2$, entonces $N' = f(N)$ es negativo, con lo cual $N(t)$ tenderá a decrecer, acercándose a $E_2$ otra vez. En otras palabras, $E_2$ es un equilibrio estable. De igual manera podemos ver que $E_1$ y $E_3$ son valores de equilibrio inestables y $E_4$ es estable.

Normalmente indicaremos la tendencia a crecer o decrecer cerca de un valor de equilibrio con unas pequeñas flechas en el eje $N$ cerca de cada uno de los valores (Figura 4.14).

**Resumen: valores de equilibrio y estabilidad**

Consideramos un modelo de una especie

$$N' = f(N).$$

1. Sus valores de equilibrios son los valores de $N$ en los que $f(N) = 0$.

2. En los intervalos entre valores de equilibrio $N' = f(N)$ tiene signo constante, luego las trayectorias solución en esas regiones son siempre crecientes o siempre decrecientes.

3. En valores cercanos a un valor de equilibrio $E$, $N(t)$ se comporta como un modelo Malthusiano (estamos suponiendo $f'(E) \neq 0$), alejándose de $E$ como $E + Ce^{rt}$ con $r = f'(E)$ positivo, o acercándose a $E$ como $E + Ce^{rt}$ con $r = f'(E)$ negativo.

4. En el primero de los casos se dice que $E$ es un equilibrio inestable del modelo, y en el segundo se dice que es un equilibrio estable.

5. Equivalentemente, un valor de equilibrio $E$ es estable si $f(N)$ es positiva para valores cercanos a $E$ por la izquierda y negativa para valores cercanos a $E$ por la derecha, y es inestable si sucede exactamente al revés: para estudiar la estabilidad de un modelo es suficiente hacer un estudio de lo signos de la función $f(N)$.

### 4.5.3. Tiempos de recuperación

Hemos visto que la estabilidad o inestabilidad de un valor de equilibrio $E$ de un modelo $N' = f(N)$ tiene que ver con el crecimiento o decrecimiento de $f$ en torno a $E$. La estabilidad es, por tanto, una propiedad *cualitativa* del modelo en valores cercanos al punto de equilibrio.

Aunque el estudio de la parte estocástica de estos modelos no es uno de nuestros objetivos, debemos exponer aquí que cuando el tamaño de la población $N$ es igual a un equilibrio estable $E$, $N$ estará todavía sujeto a variaciones debidas a un gran número de variables aleatorias, como por ejemplo las condiciones climáticas. Como $E$ es un valor de equilibrio estable, estas variaciones tenderán a deshacerse y $N$ volverá a $E$.

Supongamos que una población toma un valor de equilibrio estable $E$ y que la población sufre una disminución[11] pequeña: el modelo obliga a $N$ a tender a $E$. ¿cuánto tiempo tardará en recuperarse la población? El concepto de *tiempo de recuperación* es una medida *cuantitativa* de la rapidez con la que el modelo tiende a volver hacia $E$.

Para ello consideramos que $N_0 = E - h$ ($h$ pequeño) y considerando la función $N(t)$ que tiene este valor inicial, la aproximaremos en $N_0$ por su

[11] Lo mismo se aplica a pequeños aumentos.

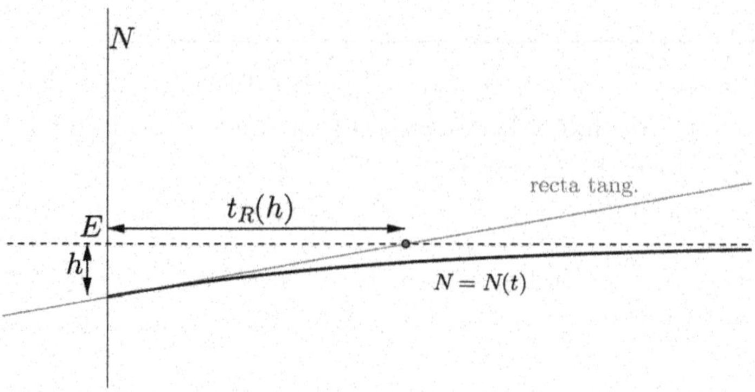


**Figura 4.15:** Tiempo de recuperación de un modelo.

recta tangente. Veremos donde corta a $N = E$ (es decir, donde la recta tangente vuelve a tomar valor $E$) y este valor se denotará $t_R(h)$ (ver Figura 4.15). Finalmente se define el tiempo de recuperación como:

$$\boxed{t_R := \lim_{h \to 0} t_R(h)}$$

(es decir, consideramos perturbaciones muy pequeñas del equilibrio $E$). Obviamente no podemos calcular cuánto tiempo tarda en recuperarse la población usando directamente el modelo $N(t)$[12], así que usamos la recta tangente como aproximación de esa función.

Veamos explícitamente cuánto vale el tiempo de recuperación. Sabemos que la recta tangente a $N(t)$ en $N_0 = E-h$ tiene pendiente $N'(0) = f(E-h)$: esto quiere decir que la recta, para subir $h$ unidades (es decir, para volver a tomar el valor $E$) necesita que pase un tiempo igual a $h/f(E-h)$. Tenemos entonces:

$$t_R(h) = \frac{h}{f(E-h)} = \left(\frac{f(E-h)}{h}\right)^{-1}.$$

El tiempo de recuperación será igual, entonces, a:

$$t_R = \lim_{h \to 0} t_R(h) = \lim_{h \to 0} \left(\frac{f(E-h)}{h}\right)^{-1} = (-f'(E))^{-1} = \frac{1}{|f'(E)|}.$$

La penúltima igualdad se sigue de la regla de L'Hôpital. Hemos probado entonces que:

[12] ¿Por que?

$$\boxed{t_R = \frac{1}{|f'(E)|}}$$

En otras palabras, cuanto mayor es $f'(E)$ en valor absoluto, (es decir, cuanto más inclinada esté la función $f$ en torno a $E$) menor será el tiempo de recuperación. Por ejemplo, en el modelo de la Figura 4.14, el punto de equilibrio estable $E_4$ tiene menor tiempo de recuperación que $E_2$.

## 4.6. Ejercicios

1. Calcula, si existe, la recta tangente de las siguientes funciones en el punto $x_0 = 0$.

$$f(x) = e^{x-1}\ln(x+1), \quad g(x) = \begin{cases} e^{1/x} & \text{si } x < 0 \\ 0 & \text{si } x = 0 \\ e^{-1/x} & \text{si } x > 0 \end{cases},$$

$$h(x) = \begin{cases} \dfrac{x}{1+e^{1/x}} & \text{si } x \neq 0 \\ 0 & \text{si } x = 0 \end{cases}, \quad k(x) = \begin{cases} -\cos x & \text{si } x \leq 0 \\ x^2 - 1 & \text{si } x > 0 \end{cases}$$

2. Calcula el ángulo que forman las siguientes funciones en el punto $x = 0$:

$$f(x) = \operatorname{sen}\left(\frac{\pi}{2}e^x\right), \quad g(x) = e^{\operatorname{sen} x}.$$

3. Calcula las tres primeras funciones derivadas de la siguiente función definida en $(0, +\infty)$:

$$f(x) = \frac{e^{\operatorname{sen} x}}{\ln x}.$$

4. Considera la siguiente función:

$$f : x \in [-3, 3] \mapsto f(x) = \begin{cases} 1 - (x+1)^2 & \text{si } x < 0 \\ (x-1)^2 - 1 & \text{si } x \geq 0 \end{cases}$$

¿Es $f$ continua? ¿Es $f$ derivable? ¿Es $f'$ continua? Calcula los extremos relativos y absolutos de $f$ y pinta la gráfica de la función.

5. Considera las funciones definidas de la siguiente manera:

$$f_0 : x \in \mathbb{R} \mapsto f_0(x) = \begin{cases} \operatorname{sen} \dfrac{1}{x} & \text{si } x \neq 0 \\ 0 & \text{si } x = 0 \end{cases}$$

$$f_1 : x \in \mathbb{R} \mapsto f_1(x) = \begin{cases} x \operatorname{sen} \dfrac{1}{x} & \text{si } x \neq 0 \\ 0 & \text{si } x = 0 \end{cases}$$

$$f_2 : x \in \mathbb{R} \mapsto f_2(x) = \begin{cases} x^2 \operatorname{sen} \dfrac{1}{x} & \text{si } x \neq 0 \\ 0 & \text{si } x = 0 \end{cases}$$

Estudia si son continuas y/o derivables.

6. Calcula, si existen, los valores de $a$ y $b$ para los que la siguiente función es continua y derivable:

$$f(x) = \begin{cases} ax + b & \text{si } x < \pi \\ \dfrac{\pi}{x} & \text{si } x \geq \pi \end{cases}$$

7. Calcula los extremos relativos de las siguientes funciones:

$$f : x \in \mathbb{R} \mapsto x^3 + x^2 - x, \quad g : x \in \mathbb{R} \mapsto |x^2 - 1|,$$

$$h : x \in \mathbb{R} \setminus \{0\} \mapsto x + \frac{1}{x}.$$

8. Calcula los extremos absolutos de las siguientes funciones:

$$f : x \in [-2, 1] \mapsto x^3 + x^2 - x, \; g : x \in [-2, 2] \mapsto |x^2 - 4x + 3|,$$

$$h : x \in [-2, 0) \cup (0, 2] \mapsto x + \frac{2}{x}.$$

9. Representa gráficamente las siguientes funciones:

$$f(x) = \frac{x^2 - 4x + 3}{x^2 - 4}, \quad g(x) = \frac{2x^2 - 2x - 12}{3x^2 - 9x + 6}$$

$$h(x) = |x^3 + x^2 - x|, \quad k(x) = \ln(x^2 + 4).$$

10. Calcula los siguientes límites. En caso necesario, calcula los límites laterales.

$$\lim_{x\to 0} \frac{(1-\cos(3x))^2}{x^5}, \ \lim_{x\to 0^+} \frac{\ln(\operatorname{sen}(4x))}{\ln(\operatorname{sen}(3x))}, \ \lim_{x\to 0} \frac{e^x - 1}{x}, \ \lim_{x\to 0} \frac{e^x - 1 - x}{x^2},$$

$$\lim_{x\to 1^+} \ln(x-1)\ln(x), \quad \lim_{x\to 0} \left(\frac{\operatorname{sen} x}{x}\right)^{\frac{\operatorname{sen} x - x}{\operatorname{sen} x}}, \quad \lim_{x\to \pi} \frac{1 - \operatorname{sen}(x/2)}{(x-\pi)^2},$$

$$\lim_{x\to 0} (\cos x)^{1/x^2}, \quad \lim_{x\to 0} \frac{x}{2^x - 3^x}, \quad \lim_{x\to 1} \frac{x-1}{\ln x}, \quad \lim_{x\to 0} \frac{e^{3\operatorname{sen} x} - e^{3x}}{3\operatorname{sen} x - 3x}.$$

11. Calcula 7 valores aproximados de $\pi$ utilizando que la serie de Taylor de $\operatorname{arc\,tg}(x)$ entorno a 0 tiene la forma siguiente:

$$\operatorname{arc\,tg}(x) = x - \frac{x^3}{3} + \frac{x^5}{5} - \frac{x^7}{7} + \frac{x^9}{9} - \dots$$

(`Ayuda: aproxima primero` $\pi/4$)

12. Un modelo poblacional de una especie se rige por la ley logística:

$$\frac{dN}{dt} = N(1-N).$$

Calcula los puntos de inflexión de dicho modelo y represéntalo.

13. Calcula las funciones derivadas parciales de las siguientes funciones en los puntos donde estén definidas:

$$f_1(x,y) = x - \ln(|y|), \quad f_2(x,y) = \frac{y}{x},$$

$$f_3(x,y) = \frac{y}{x^2}, \quad f_4(x,y) = \frac{y}{\operatorname{sen} x}.$$

14. Prueba que la función $f$ definida

$$f(x) = \begin{cases} e^{1/x} & \text{si } x < 0 \\ 0 & \text{si } x = 0 \\ e^{-1/x} & \text{si } x > 0 \end{cases}$$

es derivable en $x = 0$.

15. La función

$$p(N) = \frac{BN^2}{A^2 + N^2}$$

se usa como término que representa la predación en ciertos modelos poblacionales. $A$ y $B$ son constantes positivas. Representa la función $p(N)$ (en el intervalo $N \in [0, +\infty)$). Para ello deberás, al menos: calcular su límite cuando $N$ tiende a $+\infty$, estudiar si tiene máximos o mínimos relativos y probar que tiene un único punto de inflexión.

16. Calcula la recta tangente a la función del ejercicio anterior en el punto $N = A$.

17. Considera la siguiente función:

$$f(x) = \frac{x^2}{x^2 + 1}.$$

*a*) Halla su dominio.

*b*) Estudiar los posibles puntos de discontinuidad y asíntotas verticales.

*c*) Calcular los puntos de intersección con los ejes.

*d*) Calcular las asíntotas horizontales.

*e*) Estudiar los intervalos de monotonía y extremos relativos.

*f*) Estudiar la concavidad, convexidad y puntos de inflexión.

*g*) Dibujar la gráfica de la función.

18. Considera la siguiente función:

$$f(t) = \frac{e^t}{e^t + 1}.$$

Represéntala, calculando primero: a) su dominio, b)sus posibles puntos de discontinuidad y asíntotas verticales, c) los puntos de intersección con los ejes, d) las asíntotas horizontales, e) los intervalos de monotonía y extremos relativos, y f) la concavidad, convexidad y puntos de inflexión.

19. Un estudio ha probado que la población de una determinada especie puede modelizarse mediante la siguiente función:

$$N(t) = (K - N_0)e^{-1/t} + N_0, \text{ donde } t > 0,$$

donde $K$ y $N_0$ son constantes positivas.

i) Prueba que $\lim_{t \to 0} N(t) = N_0$ y calcula la tendencia de la población, es decir $\lim_{t \to +\infty} N(t)$.

ii) Calcula $N'$ y prueba que $N(t)$ es creciente para $K > N_0$ (ojo: $N(t)$ sólo está definida para $t$ positivo).

20. Un estudio ha probado que el crecimiento de una determinada especie puede modelizarse mediante la función

$$N(t) = \frac{N_0 e^t}{1 + N_0(e^t - 1)}.$$

Se pide calcular:

*a*) $\lim_{t \to 0} N(t)$ y la tendencia del crecimento de dicha especie, es decir, $\lim_{t \to \infty} N(t)$.

*b*) la derivada de $N(t)$, que denotamos por $N'$. Estudiar el crecimiento de $N(t)$ en función de los valores de $N_0$.

21. Un estudio ha probado que la población de una determinada especie puede modelizarse mediante la siguiente función:

$$N(t) = K\frac{t^2+1}{t^2+R}, \text{ donde } t \geq 0,$$

donde $K$ y $R$ son constantes positivas. Calcula $N'$ y prueba que $N(t)$ es una función creciente (ojo: la función sólo está definida para $t \geq 0$).

22. Representa la función:

$$f(x) = 3\frac{x^2+1}{x^2+3}.$$

Para ello deberás, al menos: calcular sus límites cuando $N$ tiende a $\pm\infty$, estudiar si tiene máximos o mínimos relativos y calcular sus puntos de inflexión.

23. Un estudio ha probado que una población de una determinada especie puede modelizarse mediante una ecuación logística $N' = rN(1 - N/K)$, cuya solución es:

$$N(t) = K\frac{N_0 \mathrm{e}^{rt}}{K + N_0(\mathrm{e}^{rt} - 1)},$$

donde $r = 2$, $K = 5$ y $N_0 = 1$.

i) Calcula la tendencia de la población, es decir $\lim_{t \to +\infty} N(t)$.
ii) Calcula $N'$ y prueba que $N(t)$ es creciente.
iii) Y si $N_0 = 6$, ¿seguiría siendo creciente $N(t)$?

24. Una población se rige por el siguiente modelo:

$$N(t) = 4e^{-2/t} \quad (t > 0).$$

- Prueba que la población tiene un crecimiento positivo.
- Prueba que la población tiende a estabilizarse en un cierto valor, y calcúlalo.

25. El número de individuos de una población de bacterias a tiempo $t$ está dado por la función:

$$N(t) = 2 - \log\left(\frac{t^2 - 2t + 3}{t^2 - 2t + 2}\right).$$

¿Cuál es el valor mínimo que tomará la población? ¿En qué momento? ¿Cual es la tendencia de esa población?

26. La cantidad de $SO_2$ producida por una central térmica de carbón depende de las necesidades de producción de energía eléctrica del momento, y por lo tanto es dependiente del momento del día. Supongamos que la cantidad $V$ de $SO_2$ emitida por unidad de tiempo (medida en $kg/h$) puede modelizarse mediante la función:

$$V(t) = 300 + 50\,\text{sen}\left(\frac{2\pi}{24}t\right), \quad t \in [0, 24].$$

Calcula el momento del día en que la emisión de $SO_2$ es mayor.

27. Una población $N(t)$ se puede modelizar mediante la siguiente función continua:

$$N(t) = \begin{cases} 5^{\frac{t}{3}} & \text{si } t \leq 3 \\ 5 + \dfrac{(t-3)}{(t-3)^2 + 1} & \text{si } t > 3 \end{cases}$$

Calcula en qué momento esta población tomará su valor máximo (idea: esboza la gráfica).

28. Una población $N(t)$ se puede modelizar mediante la siguiente función continua:

$$N(t) = \begin{cases} 10e^{2t} & \text{si } t \leq 4 \\ 10e^{-t+12} & \text{si } t > 4 \end{cases}$$

Estudia el tamaño máximo que puede tener esta población.

# Capítulo 5

# Integración de funciones

*Este capítulo contiene las bases de la integración de funciones de una variable. Estudiaremos el concepto de integral de una función en un intervalo y su relación con el cálculo de primitivas, o antiderivación. Finalmente estudiaremos algunas aplicaciones de la integración.*

## 5.1. Introducción

En Matemáticas, se conoce como Cálculo Integral a un conjunto de técnicas que nos permiten calcular áreas de regiones determinadas por funciones. Si la región tiene una forma simple (rectangular o triangular, por ejemplo), existen fórmulas bien conocidas que nos permiten calcular su área. Esto nos permite calcular áreas de regiones determinadas por polígonos, sin más que dividir dichas regiones en trozos simples.

Para regiones con bordes curvos, el problema se ha abordado desde la antigüedad mediante métodos aproximativos, que consisten en dividir la región en *infinitos* trozos simples, de manera que al ir sumando las áreas correspondientes vamos obteniendo sucesivas aproximaciones del área que queríamos calcular. La primera sistematización conocida de este método, llamado de *Exhausción*, data ya del siglo IV a. de C. y puede considerarse como el primer ancestro conocido del Cálculo Integral.

El segundo ingrediente del Cálculo Integral moderno fue descubierto por Newton y Leibniz a finales del siglo XVII, y es la relación del cálculo de áreas con la derivación de funciones, más concretamente, con la derivación y con el proceso inverso a la derivación: el Cálculo de Primitivas.

Este hecho, conocido en Matemáticas como el Teorema Fundamental del Cálculo, nos permite obtener fórmulas que calculan áreas de regiones con bordes curvos con precisión.

La importancia del Cálculo Integral en otros ámbitos de la Ciencia radica en que muchos problemas de cálculo en Física, Química, Biología, Ingeniería, etc, pueden transformarse en un cálculo de áreas. Consideremos por ejemplo el siguiente problema trivial:

**Problema 1.** Un grifo proporciona agua a un depósito a una velocidad de 20 litros/min. ¿Cuántos litros de agua contendrá el depósito tras $t$ minutos?

La solución es, obviamente, $20t + C$ litros: $20t$ litros que se obtienen mediante una simple regla de tres, más $C$ litros que podría contener el depósito en el tiempo inicial (cuyo valor no nos da el enunciado del problema).

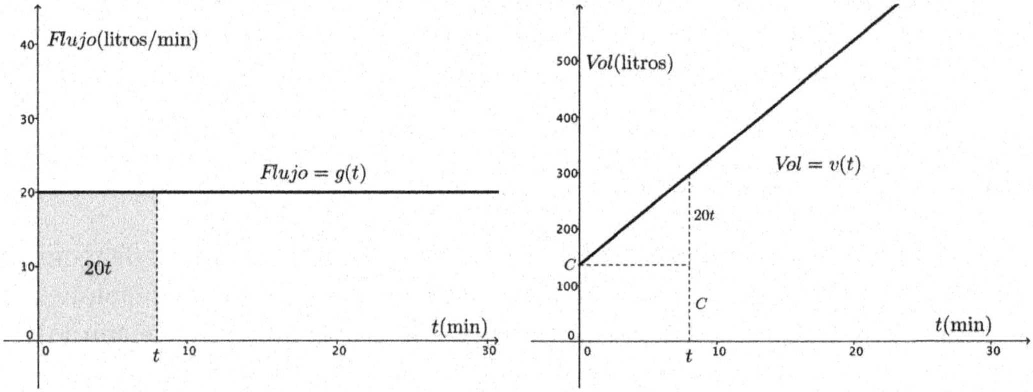


**Figura 5.1:** Una función constante y su integral.

Meditemos un poco sobre lo que estamos haciendo, a la luz de la teoría de funciones. Denotando por $t$ la variable tiempo, dos funciones aparecen en este problema: por un lado tenemos la función flujo proporcionado por el grifo, $g(t)$, cuyo valor es constantemente igual a 20, y por otro lado la función volumen contenido en el tanque, cuyo valor es $v(t) = 20t + C$.

Hay una relación que ya conocemos entre estas dos funciones: la derivada en cada punto de la función $v(t)$ es $g(t)$, dado que la gráfica de $v(t)$ es una recta, cuya pendiente es igual a 20. Por lo tanto, la pendiente de la recta tangente a $v(t)$ es, en cada punto, igual a 20. Tenemos entonces que:

$$g(t) = v'(t).$$

La segunda relación requiere que conozcamos el siguiente hecho geométrico básico: *el área de un rectángulo es igual al producto de la longitud de su base por su altura.* De esta manera, el área bajo la gráfica de $g(t)$ entre 0 y $t$ es exactamente igual a $2t$, y podemos identificar este área con el volumen de agua que ha soltado el grifo en el intervalo de tiempo $[0, t]$. Tras un momento de reflexión, nos daremos cuenta de que esta coincidencia se debe a que la operación mediante la que calculamos el volumen acumulado de líquido es la misma que usamos para calcular un área de un rectángulo: la multiplicación.

Modifiquemos ligeramente el problema anterior:

**Problema 2.** Dos grifos proporcionan agua a un depósito, el primero a una velocidad de 10 litros por minuto, y el segundo a una velocidad de 20 litros por minuto. Durante 10 minutos hemos estado llenando el depósito con el primer grifo, luego hemos tenido los dos grifos abiertos durante otros 10 minutos, y finalmente hemos cerrado el primero y dejado abierto el segundo. ¿Cuántos litros de agua contendrá el depósito después de $t$ minutos?

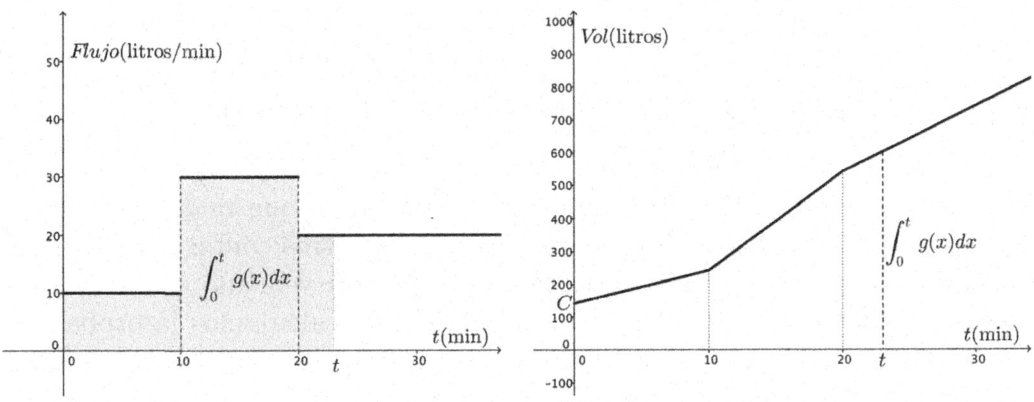


**Figura 5.2:** Una función constante a trozos y su integral.

Analogamente al caso constante, podemos decir que:

1. El problema del cálculo de volumen a tiempo $t$ es equivalente a calcular el *área bajo la curva* $g(t)$ *entre el tiempo* 0 *y el tiempo* $t$. Como la función es constante a trozos, la solución viene dada por una *suma finita de multiplicaciones.* En este caso, si $t$ está entre 0 y 10, el volumen es $v(t) = 10t$. Si $t$ está entre 10 y 20, el volumen será $30t+100$, y finalmente, si $t$ es mayor que 20, el volumen será $20t+100+300 = 20t+400$.

2. En cada punto $t$ (exceptuando[1] los puntos $t = 10$ y $t = 20$), la derivada de la función $v(t)$ es la función velocidad de llenado $g(t)$.

De esta manera, los gráficos de la función velocidad de llenado del depósito y de la función volumen son los que observamos en la Figura 5.2.

La misma mecánica nos permite calcular áreas y funciones área de cualquier función constante a trozos, cualquiera que sea el número de trozos: vuelve a consistir en hacer sumas finitas de multiplicaciones de tipo "base por altura".

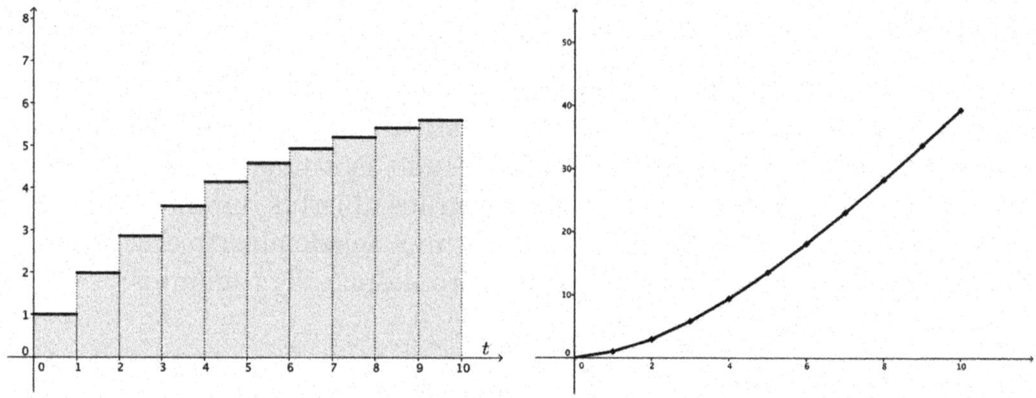


**Figura 5.3:** Aumentando la finura de la partición.

Tras una pequeña reflexión nos daremos cuenta de que el tipo de argumento que hemos utilizado en este problema, en el que realizamos una suma finita de multiplicaciones, aparece en muchos otros contextos diferentes: cuando calculamos la distancia recorrida por un vehículo conocida su velocidad en distintos intervalos de tiempo, cuando calculamos la probabilidad de un suceso, cuando calculamos una media, etc; en la Sección 5.5 describiremos algunas de estas aplicaciones. Obviamente, el tipo de ejemplo que hemos considerado ahora puede complicarse más, por ejemplo:

**Problema 3.** Un depósito se llena mediante un sistema de llenado que proporciona agua a una velocidad que varía con el tiempo, entre el minuto $t = 0$ y el minuto $t = 10$, de la manera siguiente:

$$g(t) = 4\arctan(t/4) + 1.$$

¿Cuántos litros de agua contendrá el depósito después de $t$ minutos?

[1] ¿Por qué debemos excluir estos puntos?

Sin interesarnos ahora mismo por el resultado final de este problema, las conclusiones que podemos obtener son las mismas que en los casos anteriores, es decir:

- La función volumen de agua en el depósito a tiempo $t$, $v(t)$, nos da en cada momento $t$ el *área bajo la curva* $g(t)$ *entre el tiempo* 0 *y el tiempo* $t$, lo que en lenguaje matemático se llama *integral de* $g$ *entre* 0 *y* $t$.
- Si derivamos la función $v(t)$ obtenemos la función velocidad de llenado, es decir, $g(t)$.

La razón de que esto suceda así es, básicamente, que para calcular el área bajo una curva toda función puede aproximarse por una función constante a trozos. La sección siguiente se ocupa de explicar este hecho con mayor detalle. Veamos un ejemplo de este tipo de aproximación aplicándoselo a la función $g(t)$ del problema anterior. En la Figura 5.4 hemos representado, a la izquierda, la función $g(t)$ del problema anterior (en línea de puntos) y su aproximación por una función $g_{\text{aprox}}(t)$ definida a trozos, que se ha obtenido trás dividir el intervalo de definición de $g$ en 10 trozos, y a la derecha la función volumen de agua $v(t)$ (en línea de puntos) y la función volumen aproximado $v_{\text{aprox}}(t)$ que se obtiene de la función definida a trozos. Si aumentamos la finura de la partición la aproximación que hagamos de la función área será cada vez mejor.

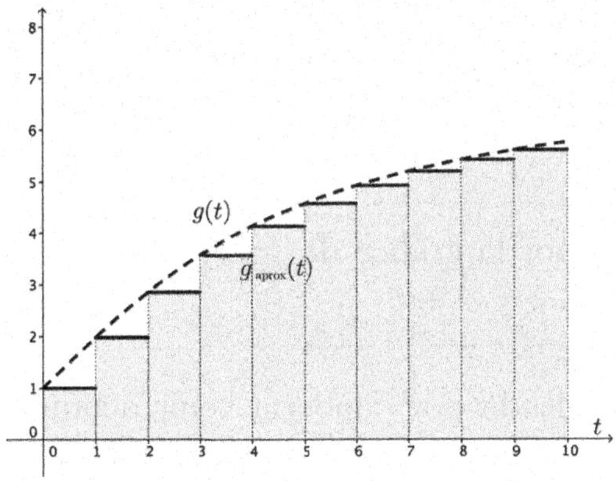


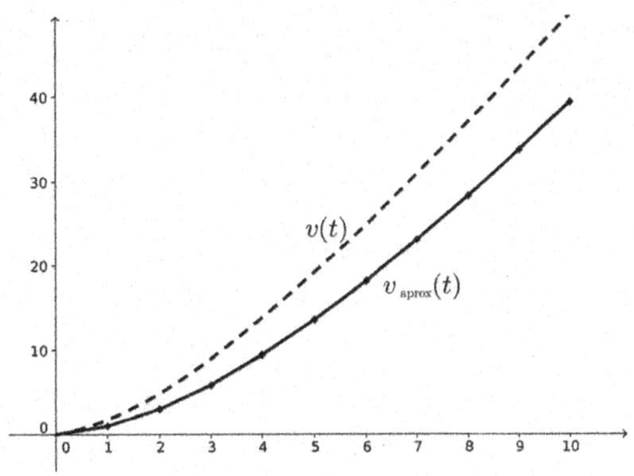


**Figura 5.4:** Aproximando una función por una definida a trozos.

**Conclusiones 5.1.1.** Resumiendo, de la discusión anterior se deduce que:

- El área bajo la gráfica de una función puede aproximarse por las áreas de funciones constantes a trozos (véase Sección 5.2).
- Cuando permitimos que uno de los extremos en los que calculamos el área bajo la gráfica de una función $f$ sea variable, obtenemos un función cuya derivada es $f$ (véase la Sección 5.3). Esta propiedad nos permitirá calcular áreas mediante el uso de técnicas de antiderivación (o cálculo de primitivas, véase la Sección 5.4).
- El cálculo de áreas, también conocido como *cálculo integral*, aparece como representación matemática de muchos problemas en distintos ámbitos de la ciencia (véase la Sección 5.5).

# 5.2. La integral de Riemann

## 5.2.1. Definición de integral

No es el objetivo de este tema establecer la teoría general de la Integración de Riemann. De esta manera, las funciones con las que trabajaremos serán, de nuevo, aquellas que están definidas a trozos, a partir de las funciones elementales y las operaciones básicas.

Consideremos una función *no negativa* $f(x)$ y el intervalo en el que la integraremos, $[a, b]$. Por simplicidad supondremos que $f$ es continua en el intervalo $[a, b]$. Entonces la *integral* $f$ *entre* $a$ *y* $b$ se define de la siguiente manera:

| | |
|---|---|
| $\int_a^b f(x)dx =$ | área delimitada por la gráfica de $f$ y el eje $x$ entre $x = a$ y $x = b$ |

Obviamente el concepto de "área delimitada por" debería venir acompañado por un método que produzca un número a partir de los datos del problema. Según el método que usemos para aproximar el área, la integral recibe un nombre u otro; en este tema describiremos brevemente la *Integral de Riemann*, que aproxima el área a partir de funciones constantes a trozos, respecto a ciertas particiones del intervalo $[a, b]$.

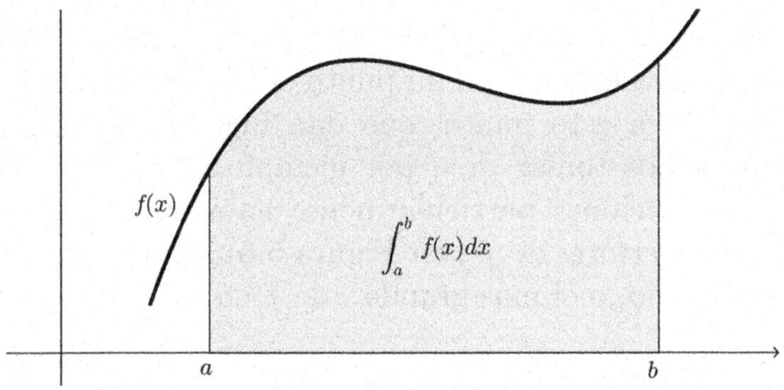


**Figura 5.5:** Integral de una función no negativa.

Si la función $f(x)$ es constante entre $a$ y $b$, entonces la región delimitada por la gráfica de $f$ y el eje $x$ entre $x = a$ y $x = b$ es un rectángulo, que se calcula de la manera usual, es decir haciendo el producto de la longitud de la base, $b - a$, por la altura, que es igual a $f(a) = f(b)$. De igual manera, si la función está definida a trozos, por ejemplo,

$$f(x) = \begin{cases} m_1 & \text{si } x \in [a = a_0, a_1) \\ m_2 & \text{si } x \in [a_1, a_2) \\ \dots & \\ m_k & \text{si } x \in [a_{k-1}, a_k = b] \end{cases}$$

tendremos:

$$\int_a^b f(x)dx = m_1(a_1 - a_0) + m_2(a_2 - a_1) + \cdots + m_k(a_k - a_{k-1}).$$

Si nuestra función $f$ no es de esta manera, lo que haremos será definir la integral de $f$ entre $a$ y $b$ mediante un proceso de aproximación, utilizando funciones definidas a trozos, para las que sí tenemos definida un área. Para ello consideramos *particiones del intervalo* $[a, b]$ en subintervalos:

| |
|---|
| Partición de $[a, b]$ en $k$ subintervalos : $a = a_0 < a_1 < \cdots < a_k = b$ |

Por fijar ideas, podemos tomar, por ejemplo, particiones en subintervalos de la misma longitud, pero esta elección no será determinante para el resultado final de nuestro cálculo. Lo importante será que debemos ir tomando, sucesivamente, particiones cada vez más finas del intervalo.

Para cada subintervalo $[a_{i-1}, a_i]$ de la partición tomamos un valor $m_i$ que se obtiene tomando el valor de $f$ en un punto del subintervalo. Hay muchas elecciones posibles para este punto, que dan lugar a diferentes métodos aproximativos: podemos tomar $m_i$ , por ejemplo, como el valor de $f$ en $a_{i-1}$, o en $a_i$. Dos elecciones particularmente habituales, llamadas *sumas inferiores* y *sumas superiores* de $f$ (ver Figura 5.6) son las que toman como $m_i$ el valor más pequeño, o el más grande[2], de $f$ en $[a_{i-1}, a_i]$. Denotémoslas por $s_k(f)$ y $S_k(f)$.

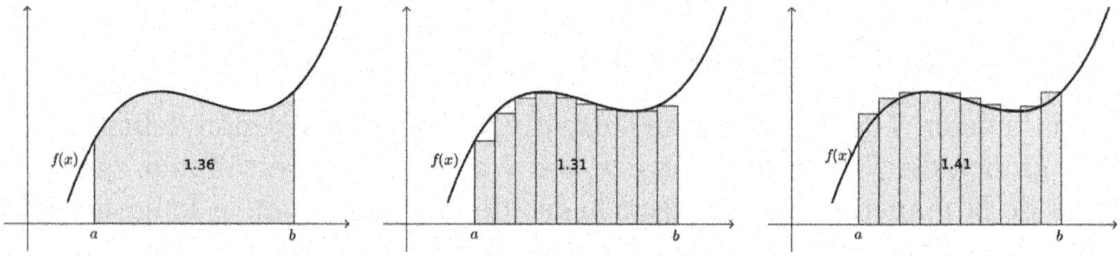


**Figura 5.6:** Aproximando una integral por sumas inferiores y superiores.

Cualquiera que sea la elección que hayamos hecho de los $m_i$, obtenemos una función definida a trozos que aproxima nuestra función $f$, de la cual podemos calcular su integral entre $a$ y $b$, y que podemos considerar como una aproximación de la integral de $f$:

$$\int_a^b f(x)dx \approx m_1(a_1 - a_0) + m_2(a_2 - a_1) + \cdots + m_k(a_k - a_{k-1}).$$

Cuando la finura de la partición aumenta, los valores de $s_k(f)$ y $S_k(f)$ se acercan al del área bajo la curva (ver Figura 5.7), es decir:

$$\lim_{k \to +\infty} s_k(f) = \lim_{k \to +\infty} S_k(f) = \int_a^b f(x)dx.$$

De esta manera, podemos usar este método aproximativo para definir la integral de $f$ entre $a$ y $b$. Más aún, puede probarse que el resultado del método *no depende de las elecciones que hemos hecho*: la homogeneidad de la partición o el valor $m_i$ elegido. Cualesquiera que sean estas elecciones, los valores sucesivos que obtendremos se aproximarán a uno único, que es el que llamamos *integral de $f$ entre $a$ y $b$*.

[2]Gracias a la continuidad de $f$, estos valores existen.

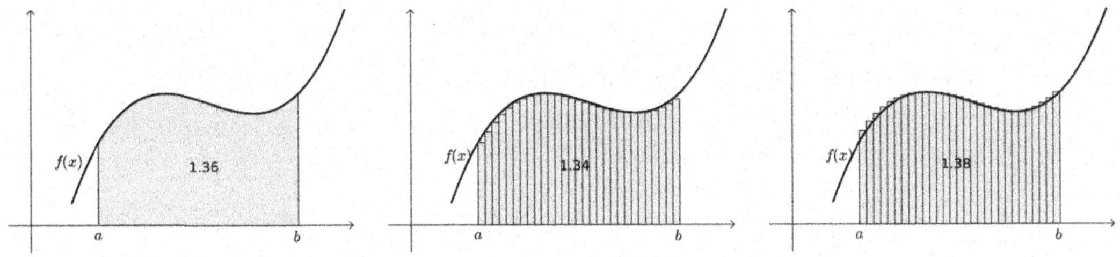


**Figura 5.7:** La finura de la partición mejora la aproximación de la integral.

### 5.2.2. Propiedades de la integral de Riemann

En la sección anterior hemos definido la integral de una función continua no negativa, en el intervalo $[a, b]$, pero la integral de Riemann se define también para otro tipo de funciones:

- **Funciones no negativas, acotadas y continuas a trozos.** Puede probarse que basta con que $f \geq 0$ sea continua a trozos y acotada (obviamente, si no lo es, el área bajo la curva podría ser infinita[3]) para que el método anterior aproxime su área.

- **Funciones acotadas y continuas a trozos, no necesariamente no negativas.** A primera vista puede resultar extraño que la integral de una función que tenga valores positivos y negativos no sea igual al área definida por la función y el eje $x$. Por ejemplo: la integral de la función $\text{sen}(x)$ entre $-\pi$ y $\pi$ no es igual al área que esta función y el eje de abscisas determinan, que es igual a 4, sino a 0 (Figura 5.8).

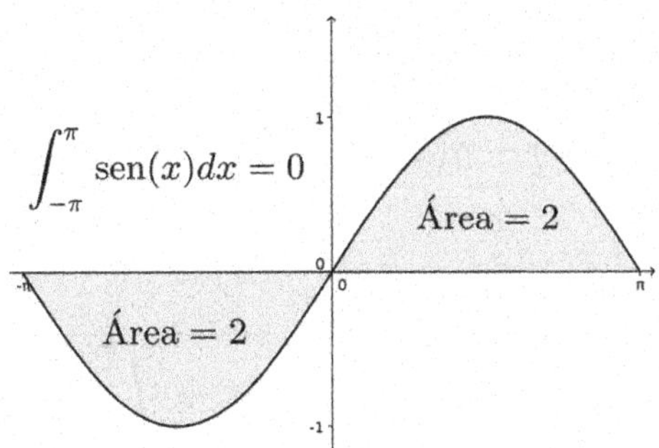


**Figura 5.8:** Integral y área pueden ser distintos.

[3]Más adelante veremos también que aunque una función sea no acotada, puede tener una integral finita.

Lo que sucede es que *el aŕea de las funciones negativas se considera negativa,* de manera que si denotamos por $f_+$ la parte positiva de $f$ y por $f_-$ su parte negativa, tomamos

$$\int_a^b f(x)dx = \int_a^b f_+(x)dx + \int_a^b f_-(x)dx,$$

donde el segundo sumando del lado derecho de la igualdad es negativo.

Hay varias razones para que lo hagamos así; por ejemplo, de otro modo una integral no sería nunca negativa, luego tendríamos que:

$$0 = \int_a^b (f(x) + (-f(x)))dx \text{ sería distinto de } \int_a^b f(x)dx + \int_a^b (-f(x))dx.$$

Sin embargo, la integral que nosotros hemos definido sí conserva la suma de funciones, una propiedad que resultará fundamental a la hora de calcular integrales. Por otro lado, que definamos la integral así no nos impide calcular áreas determinadas por funciones con valores valores positivos y negativos: sólo tendremos que considerar separadamente las regiones donde $f$ tiene signo positivo y negativo, y sumar después los valores absolutos de todas las integrales calculadas.

Una vez definida la integral de una función entre $a$ y $b$, podemos enumerar las propiedades que verifica, que se siguen de la definición.

| | |
|---|---|
| Linealidad (1) | $\int_a^b (f(x) + g(x))dx = \int_a^b f(x)dx + \int_a^b g(x)dx$ |
| Linealidad (2) | $\int_a^b kf(x)dx = k\int_a^b f(x)dx$ ($k$ cte.) |
| Aditividad | $\int_a^b f(x)dx = \int_a^c f(x)dx + \int_c^b f(x)dx$ $(a < c < b)$ |
| Monotonía | Si $f(x) \leq g(x)$ entonces $\int_a^b f(x)dx \leq \int_a^b g(x)dx$ |

**Tabla 5.1:** Propiedades de la integral.

## 5.3. El Teorema Fundamental del Cálculo

Dada una función $f(x)$, podemos calcular su integral en diferentes intervalos, obteniendo diferentes valores. Si fijamos un extremo del intervalo, por ejemplo $a$, dado cualquier valor $x$ mayor que $a$ tendremos un valor de la integral de $f$ entre $a$ y $x$:

$$x \mapsto \int_a^x f(t)dt.$$

En la expresión anterior hemos cambiado el nombre a la variable respecto a la que integramos, de $x$ a $t$ para que no se confunda con la $x$ que aparece en el extremo del intervalo de integración. Para cada $x$ la expresión anterior proporciona un valor real, de manera que *la asignación anterior es una función de la variable* $x$. El Teorema Fundamental, cuya formulación se debe a Newton y Leibniz, nos dice que la derivada de esta función es la función $f$. Más concretamente:

**Teorema 5.3.1.** *Sea $f$ una función continua*[4] *en $[a, b]$. Entonces:*

$$\boxed{\frac{d}{dx}\left(\int_a^x f(t)dt\right) = f(x)}$$

La razón de que esta igualdad sea cierta se debe a que de manera obvia lo es para funciones constantes a trozos (ver Seción 5.1), y que cualquier función se puede aproximar por funciones constantes a trozos. Veamos un esbozo de la demostración:

*Demostración.* Tomemos un punto $x_0 \in (a, b)$. Entonces:

$$\left.\frac{d}{dx}\right|_{x_0}\left(\int_a^x f(t)dt\right) = \lim_{x\to x_0} \frac{\displaystyle\int_a^x f(t)dt - \int_a^{x_0} f(t)dt}{x - x_0}.$$

Calculemos este límite por la derecha (por la izquierda es análogo):

$$\lim_{x\to x_0^+} \frac{\displaystyle\int_a^x f(t)dt - \int_a^{x_0} f(t)dt}{x - x_0} = \lim_{x\to x_0^+} \frac{\displaystyle\int_{x_0}^x f(t)dt}{x - x_0}.$$

[4]El teorema fundamental puede establecerse también para funciones continuas a trozos, pero entonces la fórmula sólo es correcta en los puntos donde $f$ sea continua.

La última igualdad se debe a la linealidad de la integral. Por ser $f$ continua, alcanza un máximo y un mínimo en el intervalo $[x_0, x]$, en puntos $x_m$ y $x_M$. Nótese que cuando $x$ tiende a $x_0$, $x_m$ y $x_M$ tienden ambos a $x_0$ (dado que ambos pertenecen al intervalo $[x_0, x]$). Se tiene entonces que

$$f(x_m) \leq f(x) \leq f(x_M),$$

de manera que, por la monotonía de la integral y del límite:

$$\lim_{x \to x_0^+} \frac{\displaystyle\int_{x_0}^{x} f(x_m)dt}{x - x_0} \leq \lim_{x \to x_0^+} \frac{\displaystyle\int_{x_0}^{x} f(t)dt}{x - x_0} \leq \lim_{x \to x_0^+} \frac{\displaystyle\int_{x_0}^{x} f(x_M)dt}{x - x_0}.$$

Las funciones que estamos integrando a izquierda y derecha son constantes, luego su valor es, respectivamente $f(x_m)(x-x_0)$ y $f(x_M)(x-x_0)$, de manera que tenemos:

$$\lim_{x \to x_0^+} f(x_m) \leq \lim_{x \to x_0^+} \frac{\displaystyle\int_{x_0}^{x} f(t)dt}{x - x_0} \leq \lim_{x \to x_0^+} f(x_M).$$

Como $x_m$ y $x_M$ tienden a $x_0$, y $f$ es continua, se tiene que ambos lados tienden a $f(x)$, con lo cual el límite del centro también debe valer $f(x)$, por el Teorema del Sandwich (3.2.4). Este paso termina la demostración. ■

El Teorema Fundamental del Cálculo nos presenta una relación importante entre la derivación y el cálculo de integrales. Para que podamos aplicarlo de forma efectiva debemos utilizar (detallaremos cómo en el recuadro siguiente) el siguiente hecho:

**Hecho 5.3.2.** [5] *Sean $F(x)$ y $G(x)$ dos funciones derivables en un intervalo $(a, b)$, con la misma función derivada, es decir $F'(x) = G'(x)$. Entonces $F$ y $G$ se diferencian en una constante $C$, es decir $F(x) = G(x) + C$. Aplicado a la antiderivación, esto nos dice que conocida una primitiva $F(x)$ de una función $f(x)$, el resto son de la forma $F(x) + C$.*

[5] La razón de este hecho es que $F - G$ es una función derivable en $(a, b)$ con derivada nula. Si fuese no constante el Teorema del Valor Medio del Calculo Diferencial (cuyo enunciado puede encontrarse en cualquier libro de Bachillerato) nos diría que en algún punto su derivada tiene que ser distinta de cero.

**Cálculo de integrales**

La integral $\int_a^b f(x)dx$ de una función continua puede calcularse mediante los siguientes pasos:

1. Calcular una función $F(x)$ cuya derivada sea $f(x)$. Esta función se llama *antiderivada* o *primitiva* de $f$.

2. Por el Teorema Fundamental y el Hecho 5.3.2, se tiene que

$$\int_a^x f(t)dt = F(x) + C, \text{ donde } C \text{ es una constante.}$$

3. Sustituyendo $x$ por $a$ y por $b$ en la igualdad anterior se tiene:

$$0 = \int_a^a f(t)dt = F(a) + C, \text{ es decir:}$$

$$C = -F(a), \text{ y } \int_a^b f(t)dt = F(b) + C,$$

Entonces obtenemos la famosa *Regla de Barrow*, que es el segundo ingrediente que deberemos aplicar para calcular la integral deseada:

$$\boxed{\int_a^b f(t)dt = F(b) - F(a)}$$

De esta manera, la integración de funciones se reduce al Cálculo de Primitivas, que estudiaremos en la sección siguiente. Habitualmente, la primitiva o antiderivada de una función $f$ se llama también *integral indefinida de* $f$ (por contraposición a la integral entre dos valores $a$ y $b$, que se llama *integral definida*), o simplemente integral de $f$, y se denota por

$$\int f(x)dx.$$

Terminamos esta sección enunciando un corolario del Teorema Fundamental del Cálculo que usa la regla de la cadena para permitir que los límites de integración no sean constantes sino que dependan de $x$.

**Corolario 5.3.3.** *Sea $f$ una función continua en un intervalo $[a, b]$ y $g$ y $h$ derivables de modo que su imagen está contenida en el intervalo $[a, b]$ Entonces:*

$$\boxed{\frac{d}{dx}\left(\int_{g(x)}^{h(x)} f(t)dt\right) = f(h(x))h'(x) - f(g(x))g'(x)}$$

## 5.4. Cálculo de primitivas

En la sección anterior hemos visto cómo el cálculo de integrales se reducía al cálculo de primitivas. Antes de comenzar a recordar distintos métodos para calcular primitivas, debemos tener en cuenta algunos puntos importantes

**Advertencia 5.4.1.** Para funciones obtenidas mediante operaciones básicas sobre funciones elementales, el cálculo de derivadas es un proceso completamente mecánico; el cálculo de primitivas es mucho más intrincado. De hecho, existen un montón de funciones para las que no existe una expresión explícita de su primitiva, como por ejemplo $e^x/x$ o $e^{-x^2}$.

Esta última es la base de la famosa "Campana de Gauss" que se usa en Estadística para estudiar probabilidades para variables con distribución normal, cuya expresión es $e^{-x^2/2}/\sqrt{2\pi}$ (ver Figura 5.9). Para integrar esta función tradicionalmente se usan tablas que contienen aproximaciones de la integral de esta función en diferentes intervalos.

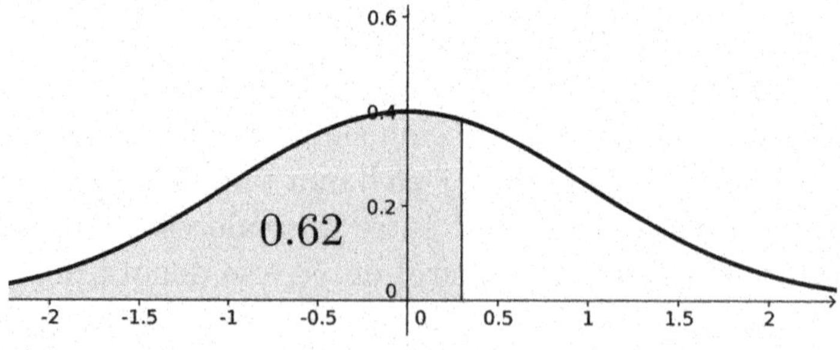


**Figura 5.9:** La campana de Gauss y una de sus integrales.

En general, para calcular muchas de estas integrales, se usan métodos aproximativos como los descritos en la Sección 5.2. El valor adicional del cálculo de primitivas es que proporciona fórmulas de las integrales de algunas funciones en cualquier intervalo, sin necesidad de hacer aproximaciones.

A continuación comentaremos algunos métodos de cálculo de primitivas, sin entrar a describir estos métodos en profundidad. El lector interesado puede encontrar un desarrollo completo de estos métodos en la literatura (véase por ejemplo [2]).

## 5.4.1. Integrales inmediatas

Por definición de primitiva, se tiene que $\int f'(x)dx = f(x)+C$. Llamamos integrales inmediatas a las primitivas de las funciones que, a primera vista, son las derivadas de las funciones elementales, o de alguna variación de éstas. Por ejemplo:

$$\int \cos(x)dx = \operatorname{sen}(x) + C.$$

En general, si leemos la Tabla de derivadas 4.1 de derecha a izquierda, tendremos una tabla de integrales inmediatas.

Por otro lado, recordemos que según la *Regla de la Cadena*,

$$(f \circ u)'(x) = f'(u(x))u'(x).$$

Si integramos a ambos lados de esta igualdad obtenemos:

$$\boxed{\int f'(u(x))u'(x)dx = \int (f \circ u)'(x)dx.}$$

Esta ecuación[6] se puede aplicar de manera muy sencilla si $f$ es una función elemental. Por ejemplo:

$$\int 2x\cos(x^2)dx = \int \cos(x^2)2xdx = \operatorname{sen}(x^2) + C.$$

De igual manera

$$\int \cos(u)u'dx = \operatorname{sen}(u) + C,$$

cualquiera que sea la función $u$. Lo mismo sucede si en lugar de coseno, tenemos el resto de funciones elementales. La Tabla 5.2 contiene las integrales inmediatas más habituales.

[6] Volveremos a ver esta igualdad en la sección dedicada a cambios de variable.

| $f(x)$ | $\int f(x)dx$ | $f(x)$ | $\int f(x)dx$ |
|---|---|---|---|
| $0$ | $C$ | | |
| $x^k \ (k \neq -1)$ | $\frac{x^{k+1}}{k+1} + C$ | $u^k u' \ (k \neq -1)$ | $\frac{u^{k+1}}{k+1} + C$ |
| $e^x$ | $e^x + C$ | $e^u u'$ | $e^u + C$ |
| $a^x \ (a > 0, a \neq 1)$ | $\frac{a^x}{\ln(a)} + C$ | $a^u u' \ (a > 0, a \neq 1)$ | $\frac{a^u}{\ln(a)} + C$ |
| $\frac{1}{x}$ | $\ln(\|x\|) + C$ | $\frac{u'}{u}$ | $\ln(\|u\|) + C$ |
| $\operatorname{sen}(x)$ | $-\cos(x) + C$ | $\operatorname{sen}(u)u'$ | $-\cos(u) + C$ |
| $\cos(x)$ | $-\operatorname{sen}(x) + C$ | $\cos(u)u'$ | $-\operatorname{sen}(u) + C$ |
| $\operatorname{tg}^2(x)$ | $\operatorname{tg}(x) - x + C$ | $\operatorname{tg}^2(u)u'$ | $\operatorname{tg}(u) - u + C$ |
| $\frac{1}{\sqrt{1-x^2}}$ | $\operatorname{arc\,sen}(x) + C$ | $\frac{u'}{\sqrt{1-u^2}}$ | $\operatorname{arc\,sen}(u) + C$ |
| $\frac{1}{1+x^2}$ | $\operatorname{arc\,tg}(x) + C$ | $\frac{u'}{1+u^2}$ | $\operatorname{arc\,tg}(u) + C$ |

**Tabla 5.2:** Tabla de integrales inmediatas.

Recordemos además que la integración conserva sumas y productos por escalares (propiedades de linealidad, véase la Tabla 5.1), de manera que el método anterior extiende a las combinaciones lineales de integrales inmediatas. Por ejemplo:

$$\int 3\left(\frac{1/x}{1+(\ln(x))^2} + 4\operatorname{sen}(x)\cos(x)\right)dx = 3\operatorname{arc\,tg}(\ln(x)) + 6\operatorname{sen}^2(x) + C.$$

**Ejemplo 5.4.2.** En ciertos casos tendremos que ajustar algunas constantes para poder resolver una integral inmediata. Supongamos, por ejemplo, que queremos calcular:

$$\int \frac{1+x}{3+2x+x^2}dx.$$

Podemos escribir:

$$\int \frac{1}{3+2x+x^2}(1+x)dx = \int \frac{1}{3+2x+x^2}(2+2x)\frac{1}{2}dx.$$

Como $2+2x$ es la derivada de $3+2x+x^2$, y $1/x$ es la derivada de $\ln(|x|)$, se tiene finalmente que:

$$\int \frac{1+x}{3+2x+x^2}dx = \frac{1}{2}\ln(|3+2x+x^2|)+C.$$

### 5.4.2. Integración por partes

Sabemos que la integral de una suma de funciones es la suma de sus integrales:

$$\int (f(x)+g(x))dx = \int f(x)dx + \int g(x)dx.$$

Esta fórmula (que se sigue de la linealidad de la integral) no es extrapolable al producto de funciones: *la integral de un producto NO es el producto de las integrales.* La causa de esto radica en el comportamiento de la derivación respecto al producto, puesto que, la derivada de un producto no es el producto de las derivadas, sino que verifica la Regla de Leibniz:

$$(fg)'(x) = f'(x)g(x) + f(x)g'(x).$$

Integrando a ambos lados de la igualdad, obtenemos:

$$\int (fg)'(x)dx = \int f'(x)g(x)dx + \int f(x)g'(x)dx,$$

Por el Teorema Fundamental, tenemos:

$$(fg)(x) = \int f'(x)g(x)dx + \int f(x)g'(x)dx.$$

Esta versión de la Regla de Leibniz es lo que conocemos como la *Fórmula de Integración por Partes*, que usualmente se escribe:

$$\boxed{\int f'(x)g(x)dx = (fg)(x) - \int f(x)g'(x)dx,}$$

dado que así es como se suele usar esta fórmula, leída de izquierda a derecha. Reflexionemos un poco sobre cómo usarla.

- Partiremos de una integral del producto de dos funciones $f'$ y $g$. Si tenemos una integral de un producto y queremos hacer integración por partes, no está claro, a priori, cuál de ellas deberemos considerar como $f'$ y cuál de ellas como $g$. Debemos tener en cuenta que de la que llamemos $f'$ debemos conocer su antiderivada $f$. Por ejemplo, si tenemos la integral:

$$\int x \ln(x) dx,$$

deberemos tomar $f'(x) = x$ puesto que la primitiva del otro factor, $\ln(x)$, no es inmediata.

- La fórmula de integración por partes no resuelve la integral de $f'g$, sino que la reduce a calcular la de $fg'$. Uno de los factores se integra y el otro se deriva. Aplicar bien el método consiste en conseguir que la nueva integral sea más sencilla que la anterior.

**Ejemplo 5.4.3.** Si queremos integrar $x^2 \operatorname{sen}(x)$ por partes, tenemos dos opciones:

$$\int x^2 \operatorname{sen}(x) dx = \frac{x^3}{3} \operatorname{sen}(x) - \frac{1}{3} \int x^3 \cos(x) dx,$$

o bien

$$\int x^2 \operatorname{sen}(x) dx = x^2(-\cos(x)) - 2 \int x(-\cos(x)) dx =$$

$$= -x^2 \cos(x) + 2 \int x \cos(x) dx.$$

En los dos caso hemos cambiado seno por coseno, pero en el primer caso el grado de la potencia de $x$ ha aumentado, mientras que en el segundo se ha reducido. Deducimos entonces que la segunda es la estrategia adecuada. De hecho, si volvemos a aplicar el método de integración por partes, obtenemos:

$$\int x^2 \operatorname{sen}(x) dx = -x^2 \cos(x) + 2 \int x \cos(x) dx =$$

$$= -x^2 \cos(x) + 2x \operatorname{sen}(x) - 2 \int \operatorname{sen}(x) dx,$$

con lo que el resultado final será:

$$\int x^2 \operatorname{sen}(x)dx = -x^2\cos(x) + 2x\operatorname{sen}(x) + 2\cos(x) + C.$$

- Como hemos visto en el ejemplo, la fórmula de integración por partes puede aplicarse recursivamente. Para ello tenemos que tener en cuenta que *no debemos nunca cambiar la asignación de partes*. La razón es evidente: si cambiamos la asignación de partes, derivaremos el factor que hayamos integrado e integraremos el factor que hayamos derivado. De esta manera lo único que haremos será deshacer el cambio anterior y volver a la integral de partida.

- Algunas veces la aplicación del método de integración por partes no es obvia. Por ejemplo, en la integral de $\operatorname{arc\,tg}(x)$, aparentemente no tenemos dos factores, pero podemos elegir $f'(x) = 1$ y $g(x) = \operatorname{arc\,tg}(x)$, de manera que:

$$\int \operatorname{arc\,tg}(x)dx = x\operatorname{arc\,tg}(x) - \int \frac{xdx}{1+x^2} = x\operatorname{arc\,tg}(x) - \frac{1}{2}\ln(1+x^2) + C.$$

- A veces la aplicación sucesiva de la fórmula de integración por partes produce la misma integral, de manera que podemos usar un *argumento circular* para calcularla. Ilustremos esto con el siguiente ejemplo:

**Ejemplo 5.4.4.** Integremos $e^x \operatorname{sen}(x)$:

$$\int e^x \operatorname{sen}(x)dx = e^x\operatorname{sen}(x) - \int e^x\cos(x)dx =$$

$$= e^x\operatorname{sen}(x) - e^x\cos(x) + \int e^x(-\operatorname{sen}(x))dx.$$

Entonces, podemos pasar a la izquierda el sumando $\int e^x \operatorname{sen}(x)dx$, obteniendo:

$$2\int e^x\operatorname{sen}(x)dx = e^x\operatorname{sen}(x) - e^x\cos(x),$$

y se sigue que:

$$\int e^x\operatorname{sen}(x)dx = \frac{1}{2}\left(e^x\operatorname{sen}(x) - e^x\cos(x)\right) + C.$$

Debemos tener cuidado con este tipo de argumentos, puesto que a veces no conducen a ningún resultado. Este es el caso del siguiente ejemplo:

**Ejemplo 5.4.5.** Si intentamos resolver la integral de $\cos^2(x)$ por partes obtendremos:

$$\int \cos^2(x)dx = \operatorname{sen}(x)\cos(x) - \int \operatorname{sen}(x)(-\operatorname{sen}(x))dx =$$

$$= \operatorname{sen}(x)\cos(x) - \cos(x)\operatorname{sen}(x) + \int \cos^2(x)dx = 0 + \int \cos^2(x)dx.$$

La manera usual de resolverla es usando[7] que $\cos^2(x) = (\cos(2x) + 1)/2$:

$$\int \cos^2(x)dx = \frac{1}{2}\int (\cos(2x)+1)dx = \frac{1}{4}\operatorname{sen}(2x) + \frac{x}{2} + C.$$

### 5.4.3. Integración de funciones racionales

Una función racional es aquella que es un cociente de la forma $p(x)/q(x)$, donde $p(x)$ y $q(x)$ son polinomios. Siempre que podamos factorizar $q(x)$ en factores simples, se podrá calcular su integral. La idea principal es que se pueden reducir todas a combinaciones de las siguientes:

I. Funciones logarítmicas:

$$\int \frac{dx}{ax+b} = \frac{1}{a}\ln(|ax+b|) + C.$$

II. Funciones potenciales negativas:

$$\int \frac{dx}{(ax+b)^k} = \int (ax+b)^{-k}dx = \frac{1}{a}\frac{(ax+b)^{-k+1}}{-k+1} \quad (k \neq 1).$$

III. Arcotangente y/o logaritmo:

$$\int \frac{Mx+N}{ax^2+bx+c}dx \text{ (denominador sin raíces reales).}$$

[7] Esta fórmula se sigue de la del coseno del ángulo doble, que hemos mostrado en el Capítulo 1. Dedúcela, y busca otra similar para $\operatorname{sen}^2(x)$.

Para la resolución de esta última deberemos, primero, escribirla de manera que en el numerador aparezca un múltiplo de la derivada del denominador, más una constante, de manera que tendremos:

$$\int \frac{Mx+N}{ax^2+bx+c}dx = \int \left( \frac{\frac{M}{2a}(2ax+b)+N-\frac{M}{2a}b}{ax^2+bx+c} \right) dx =$$

$$= \frac{M}{2a}\int \left( \frac{2ax+b}{ax^2+bx+c} \right) dx + (N-\frac{M}{2a}b) \int \left( \frac{1}{ax^2+bx+c} \right) dx =$$

$$= \frac{M}{2a}\ln(ax^2+bx+c) + \left( N-\frac{M}{2a}b \right) \int \frac{1}{ax^2+bx+c}dx$$

La última integral se resolverá transformándola en la derivada de una función arcotangente, de la forma siguiente:

$$\frac{1}{ax^2+bx+c} = \frac{1}{a\left(x^2+\frac{b}{a}x+\frac{c}{a}\right)} = \frac{1}{a\left(\left(x+\frac{b}{2a}\right)^2+\frac{4ac-b^2}{4a^2}\right)} =$$

$$= \frac{\frac{1}{a}\frac{4a^2}{4ac-b^2}}{\frac{4a^2}{4ac-b^2}\left(x+\frac{b}{2a}\right)^2+1} = \frac{\frac{4a}{4ac-b^2}}{\left(\frac{2a}{\sqrt{4ac-b^2}}\left(x+\frac{b}{2a}\right)\right)^2+1} =$$

$$= \frac{\frac{4a}{4ac-b^2}}{\left(\frac{2a}{\sqrt{4ac-b^2}}x+\frac{b}{\sqrt{4ac-b^2}}\right)^2+1} = \frac{2}{\sqrt{4ac-b^2}} \frac{\frac{2a}{\sqrt{4ac-b^2}}}{\left(\frac{2a}{\sqrt{4ac-b^2}}x+\frac{b}{\sqrt{4ac-b^2}}\right)^2+1}$$

De esta manera:

$$\boxed{\int \frac{dx}{ax^2+bx+c} = \frac{2}{\sqrt{4ac-b^2}} \operatorname{arc\,tg}\left( \frac{2ax+b}{\sqrt{4ac-b^2}} \right) + C}$$

**Ejemplo 5.4.6.** Veamos estos pasos, de nuevo, en un ejemplo particular:

$$\frac{1}{x^2+x+1} = \frac{1}{\left(x+\frac{1}{2}\right)^2+1-\left(\frac{1}{2}\right)^2} = \frac{1}{\left(x+\frac{1}{2}\right)^2+\frac{3}{4}} =$$

$$= \frac{\frac{3}{4}}{\frac{3}{4}\left(x+\frac{1}{2}\right)^2+1} = \frac{\frac{3}{4}}{\left(\frac{2}{\sqrt{3}}x+\frac{1}{\sqrt{3}}\right)^2+1} = \frac{2}{\sqrt{3}} \frac{\frac{2}{\sqrt{3}}}{\left(\frac{2}{\sqrt{3}}x+\frac{1}{\sqrt{3}}\right)^2+1}.$$

Entonces:

$$\int \frac{1}{x^2+x+1}dx = \frac{2}{\sqrt{3}} \operatorname{arc\,tg}\left(\frac{2}{\sqrt{3}}x + \frac{1}{\sqrt{3}}\right) + C.$$

A continuación veremos los pasos que deberemos seguir para resolver este tipo de integrales, en general.

1. Al *dividir* $p(x)$ *entre* $q(x)$ obtenemos[8]: $p(x) = q(x)c(x) + r(x)$, de manera que

$$\frac{p(x)}{q(x)} = c(x) + \frac{r(x)}{q(x)},$$

y así podemos suponer que el grado del numerador es menor que el del denominador.

**Ejemplo 5.4.7.**

$$\int \frac{x^4+3x+1}{x^2+x+1} = \int \frac{(x^2+x+1)(x^2-x+2)+(2x-1)}{x^2+x+1} =$$
$$= \int (x^2-x+2)dx + \int \frac{2x-1}{x^2+x+1}dx =$$
$$= \frac{x^3}{3} - \frac{x^2}{2} + 2x + \int \frac{2x-1}{x^2+x+1}dx.$$

2. Suponemos entonces que tenemos una integral de una función de la forma $p(x)/q(x)$ donde el denominador tiene grado mayor que el numerador. El siguiente paso consiste en *descomponer* $q(x)$ *en factores irreducibles*:

$$q(x) = a(x-a_1)^{m_1}\dots(x-a_k)^{m_k}(r_1(x))^{n_1}\dots(r_l(x))^{n_l},$$

donde los $a_i$ son reales y los $r_j(x)$ son polinomios de grado dos sin raíces reales (como $x^2+1$ ó $x^2+x+1$). Los $m_i$ y los $n_j$ son las multiplicidades correspondientes. Obviamente, la constante $1/a$ podemos sacarla fuera de la integral, así que no la consideraremos.

[8]Nos referimos aquí a la división euclídea de polinomios, en la que se obtiene que dividendo ($p(x)$) es igual a divisor ($q(x)$) por cociente $c(x)$ más resto ($r(x)$), donde el resto tiene grado menor que el divisor.

3. *Reducir la integral de $p(x)/q(x)$ a una suma de integrales de los tres tipos básicos* descritos anteriormente. En este punto hay varios métodos posibles. Uno de los más conocidos es el de las *fracciones simples*, que puede ser encontrado en cualquier libro de Matemáticas de Bachillerato. Aquí estudiaremos un método un poco más general, llamado *Método de Hermite*, que consiste en descomponer la integral de $p(x)/q(x)$ de la manera siguiente:

$$\boxed{\int \frac{p(x)}{q(x)}dx = \frac{p_1(x)}{q_1(x)} + \int \left(\frac{A_1}{x-a_1} + \cdots + \frac{M_1x+N_1}{r_1(x)} + \ldots\right) dx,}$$

donde:

- los $A_1, A_2, \ldots, M_1, M_2, N_1, N_2, \ldots$ son constantes que deberemos determinar,
- $q_1(x)$ es un polinomio cuyos factores son los de $q(x)$ pero cada uno con multiplicidad una unidad menor.
- $p_1(x)$ es un polinomio de grado una unidad menor que $q_1(x)$, cuyos coeficientes deberemos determinar.

Una vez que hayamos determinado todos los coeficientes, sólo nos quedará integrar cada una de las fracciones simples, que serán de tipo I o III. Para determinar los coeficientes podemos proceder de la manera siguiente:

*a*) *Derivar* la igualdad, obteniendo:

$$\frac{p(x)}{q(x)} = \frac{p_1'(x)q_1(x) - p_1(x)q_1'(x)}{(q_1(x))^2} + \frac{A_1}{x-a_1} + \cdots + \frac{M_1x+N_1}{r_1(x)} + \ldots$$

*b*) *Sacar denominador común en la igualdad*, obteniendo una igualdad de polinomios que se puede resolver, por ejemplo, sustituyendo $x$ por valores reales.

Veamos algunos ejemplo concretos:

**Ejemplo 5.4.8.** Para resolver

$$\int \frac{x-1}{(x+1)^2(x+2)}dx,$$

escribimos:

$$\int \frac{x-1}{(x+1)^2(x+2)}dx = \frac{A}{x+1} + \int \left(\frac{B}{x+1} + \frac{C}{x+2}\right) dx.$$

Tenemos que calcular las constantes $A, B$, y $C$. Derivando se obtiene:

$$\frac{x-1}{(x+1)^2(x+2)} = \frac{-A}{(x+1)^2} + \frac{B}{x+1} + \frac{C}{x+2}.$$

Eliminando denominadores obtenemos:

$$(x-1) = -A(x+2) + B(x+1)(x+2) + C(x+1)^2.$$

Sustituyendo en $x = -1$, $-2$ y $0$ (por ejemplo), se obtiene[9] $A = 2$, $B = 3$ y $C = -3$, de manera que, volviendo a la fórmula inicial:

$$\int \frac{x-1}{(x+1)^2(x+2)}dx = \frac{2}{x+1} + 3\int \frac{1}{x+1}dx - 3\int \frac{1}{x+2}dx =$$
$$= \frac{2}{x+1} + 3\ln(|x+1|) - 3\ln(|x+2|) + C.$$

**Ejemplo 5.4.9.** Resolvamos

$$\int \frac{dx}{(x^2+x+1)^2}.$$

Para ello escribimos

$$\int \frac{dx}{(x^2+x+1)^2} = \frac{Ax+B}{x^2+x+1} + \int \frac{Cx+D}{x^2+x+1}dx,$$

y derivamos, obteniendo

$$\frac{1}{(x^2+x+1)^2} = \frac{A(x^2+x+1) - (Ax+B)(2x+1)}{(x^2+x+1)^2} + \frac{Cx+D}{x^2+x+1}.$$

Sacando denominador común podremos escribir:

$$1 = A(x^2+x+1) - (Ax+B)(2x+1) + (Cx+D)(x^2+x+1) =$$

$$= Cx^3 + (-A+C+D)x^2 + (-2B+C+D)x + (A-B+D).$$

[9] Compruébalo.

Entonces $C = 0$, $-A + D = 0$, $-2B + D = 0$ y $A - B + D = 1$, es decir, $C = 0$, $A = D = 2B$ y $B = 1/3$, y volviendo a la igualdad original:

$$\int \frac{dx}{(x^2+x+1)^2} = \frac{\frac{2}{3}x + \frac{1}{3}}{x^2+x+1} + \int \frac{\frac{2}{3}}{x^2+x+1}dx.$$

La integral que falta por resolver ya la hemos calculado en un ejercicio anterior, así que finalmente obtenemos:

$$\int \frac{1}{(x^2+x+1)^2}dx = \frac{2x+1}{3(x^2+x+1)} + \frac{4\sqrt{3}}{9}\operatorname{arc\,tg}\left(\frac{2}{\sqrt{3}}x + \frac{1}{\sqrt{3}}\right) + C.$$

### 5.4.4. Cambio de variable

Supongamos que queremos calcular la integral $\int f(x)dx$, es decir, queremos encontrar una función $F(x)$ tal que $F'(x) = f(x)$. Si hacemos el cambio de variable $x = g(t)$ tendremos, por la regla de la cadena:

$$(F \circ g)'(t) = F'(g(t))g'(t) = f(g(t))g'(t).$$

Entonces, integrando respecto de $t$ a ambos lados se obtiene

$$\int f(g(t))g'(t)dt = (F \circ g)(t) = F(g(t)) = F(x) = \int f(x)dx.$$

Es decir:

| |
|---|
| Si $x = g(t)$ entonces $\int f(x)dx = \int f(g(t))g'(t)dt$ |

En la práctica, la notación nos permite entonces decir que:

| |
|---|
| Si sustituimos $x = g(t)$, hemos de sustituir también $dx = g'(t)dt$. |

Hemos de recordar además que, al resolver una integral por cambio de variable obtendremos una función en la variable nueva, que hemos de acordarnos de deshacer, para obtener una función en la variable original.

La elección del cambio de variable que resuelve una integral es, muchas veces, difícil. Es posible encontrar en algunos libros de texto de matemáticas listas de cambios de variable y los tipos de integrales que resuelven. A continuación veremos algunos ejemplos de cambios de variable.

**Ejemplo 5.4.10.** Calculemos la integral

$$\int \frac{x}{1-\sqrt{x}}dx.$$

La función que queremos integrar no es racional, puesto que tenemos una raíz en el denominador. Pero si hacemos el cambio:

$$\sqrt{x} = t, \quad \text{es decir } x = t^2 \quad \text{y por tanto } dx = 2tdt,$$

tendremos:

$$\int \frac{x}{1-\sqrt{x}}dx = \int \frac{t^2}{1-t}2tdt = 2\int \frac{t^3}{1-t}dt,$$

que ya es una función racional, que podemos resolver por el método habitual:

$$2\int \frac{t^3}{1-t}dt = 2\int \left(-t^2 - t - 1 + \frac{1}{1-t}\right) dt = -\frac{2t^3}{3} - t^2 - 2t - \ln(|t-1|) + C.$$

Deshaciendo el cambio, la solución es:

$$\int \frac{x}{1-\sqrt{x}}dx = -\frac{2x^{3/2}}{3} - x - 2x^{1/2} - \ln(|x^{1/2} - 1|) + C.$$

**Ejemplo 5.4.11.** Como en el ejercicio anterior, en la resolución de la integral

$$\int \frac{dx}{\sqrt{x} + \sqrt[3]{x}}$$

desearíamos eliminar las raíces. Para ello debemos usar un cambio de la forma $x = t^k$ tal que la potencia $k$ cancele la raíz cúbica y la raíz cuadrada. Podemos hacer entonces el cambio

$$x = t^6, \quad dx = 6t^5dt,$$

obteniendo:

$$\int \frac{dx}{\sqrt{x} + \sqrt[3]{x}}dx = \int \frac{6t^5dt}{t^3 + t^2}.$$

Esta es, de nuevo, una integral racional que dejamos como ejercicio al lector.

**Ejemplo 5.4.12.** Para la integral

$$\int \frac{1+e^x}{1-e^x}dx.$$

hacemos el cambio:

$$e^x = t, \quad x = \ln(t), \quad dx = dt/t,$$

y la integral se transforma en:

$$\int \frac{1+t}{1-t}\frac{dt}{t} = \int \frac{1+t}{t(1-t)}dt.$$

Que es racional, y se resuelve:

$$\int \frac{1+t}{t(1-t)}dt = \int \left(\frac{1}{t} + \frac{2}{1-t}\right) dt =$$

$$= \ln(|t|) - 2\ln(|t-1|) + C = x - \ln((e^x-1)^2) + C.$$

Fijémonos que esta integral podría haberse resuelto sin utilizar cambios de variable, de la siguiente manera:

$$\int \tfrac{1+e^x}{1-e^x}dx = \int \tfrac{1-e^x+2e^x}{1-e^x}dx = \int \left(1 - 2\frac{e^x}{e^x-1}\right) dx =$$

$$= x - 2\ln(|e^x-1|) + C.$$

**Ejemplo 5.4.13.** Resolvamos la integral

$$\int \sqrt{1-x^2}dx.$$

Probando, podemos ver que los cambios del tipo $1-x^2 = t$ ó $\sqrt{1-x^2} = t$ no simplifican la integral. Por otro lado, la expresión $\sqrt{1-x^2}$ nos debería recordar que $\sqrt{1-(\mathrm{sen}(t))^2} = \cos(t)$. Hagamos entonces el cambio:

$$x = \mathrm{sen}(t), \quad dx = \cos(t)dt.$$

Obtendremos:

$$\int \cos(t)\cos(t)dt = \int \cos^2(t)dt,$$

integral que ya hemos resuelto en la sección sobre la integración por partes:

$$\int \cos^2(t)dt = \frac{1}{2}\int (\cos(2t)+1)dx = \frac{1}{4}\operatorname{sen}(2t) + \frac{t}{2} + C.$$

Deshaciendo el cambio obtenemos:

$$\int \sqrt{1-x^2}dx = \frac{\operatorname{sen}(2 \operatorname{arc\,sen}(x))}{4} + \frac{\operatorname{arc\,sen}(x)}{2} + C =$$

$$= \frac{1}{2}\left(x\sqrt{1-x^2} + \operatorname{arc\,sen}(x)\right) + C.$$

**Ejercicio 5.4.1:**

Geométricamente, la integral anterior es el área representada en la Figura 5.10. Deduce la fórmula obtenida en el ejercicio anterior mediante argumentos geométricos.

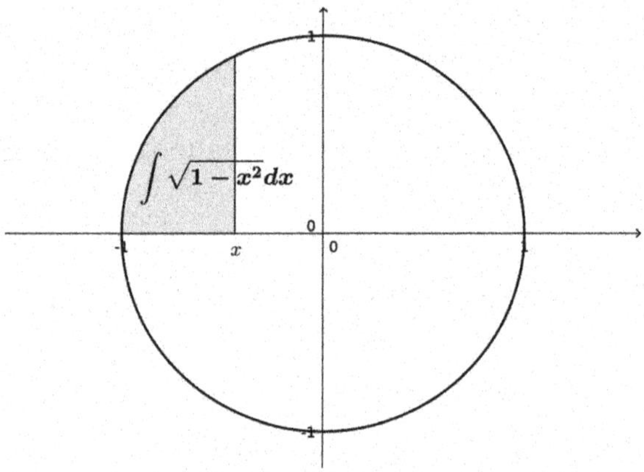


**Figura 5.10:** Un trozo de un círculo.

# 5.5. Aplicaciones

Las aplicaciones del Cálculo Integral en una variable a la Biología y a las Ciencias en general son muchas. Básicamente podemos decir que cualquier ciencia que use modelizaciones basadas en funciones necesitará el uso de los métodos de integración, bien exactos (como los que vemos en este curso) o aproximativos. A continuación veremos algunos ejemplos de estas aplicaciones.

### 5.5.1. Modelos poblacionales

En realidad ya hemos visto en capítulos anteriores cómo aparecen las integrales en los modelos poblacionales. Las funciones modelo se calculan a partir de la integración las leyes que la determinan:

$$\frac{dN}{dt} = f(N) \quad \Rightarrow \int \frac{dN}{f(N)} = \int dt = t + C.$$

Si del resultado de integrar somos capaces de despejar $N$ obtendremos una expresión de $N$ en función de $t$, que es nuestra función modelo. Ya hemos visto dos ejemplos de esto: en el primero (Sección 1.6.1) calculamos como de la Ley de Malthus se deducía el crecimiento exponencial de $N$; en el segundo (Sección 3.3) obtuvimos una expresión para el modelo logístico. A continuación veremos un modelo con autolimitación que es una generalización del modelo logístico.

**Ejemplo 5.5.1.** Considera dos constantes $K$ y $r$ positivas (capacidad de carga y crecimiento intrínseco del modelo). Sea $p \in (0, +\infty)$ un número positivo, y considera el siguiente modelo, que llamamos *logístico de peso p*:

$$\frac{dN}{dt} = rN\left(1 - \left(\frac{N}{K}\right)^p\right).$$

Si $p$ es igual a 1, tenemos el modelo logístico clásico. Para ver las diferencias entre el modelo de peso $p$ y el modelo clásico, veamos primero las gráficas de $N'/N$ y de $N$ en función de $N$, según los valores de $p$ (Figura 5.11).

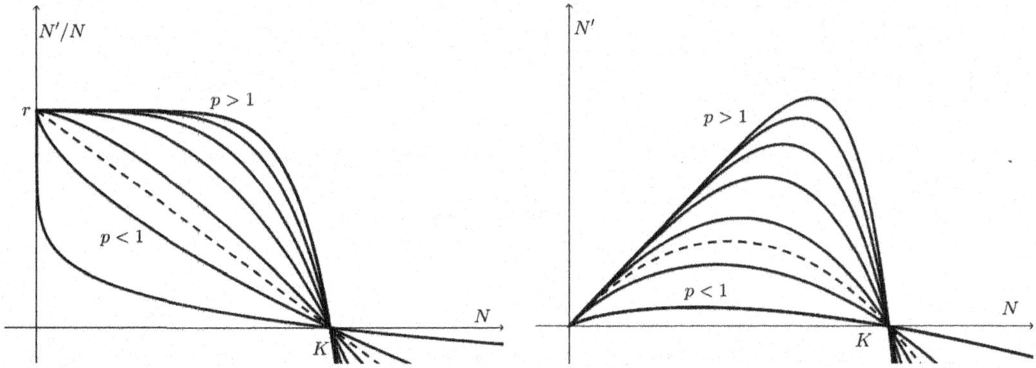


**Figura 5.11:** Variaciones del modelo logístico.

Cuando $p$ es pequeño, $(< 1)$ entonces la tasa de crecimiento por individuo $N'/N$ decrece más rapidamente que en el caso logístico puro. Si $p$ es grande $(> 1)$, entonces la tasa de crecimiento por individuo decrece más lentamente que en el caso logístico puro.

Además, vemos que para $p < 1$, el crecimiento máximo se alcanza antes de que $N$ alcance $K/2$, mientras que para $p > 1$, el crecimiento máximo se alcanza después. Además, en este último caso, el crecimiento máximo es mayor según aumenta $p$. Para ser más exactos, el crecimiento máximo se alcanza en el punto $N = K/(p+1)^{1/p}$. Por ejemplo, si $p = 1/2$, el máximo crecimiento se alcanza en $4K/9$, si $p = 1$ en $K/2$, y si $p = 2$ en $K/\sqrt{3}$.

La intepretación de este hecho es que cuando $p$ es más grande, se acentúa el comportamiento exponencial de la función $N(t)$, de manera que la población tarda más en mostrar el ajuste logístico que le hace estabilizarse en $N = K$. Para ver esto con exactitud, encontremos primero el valor de la función $N(t)$ usando un método de integración y representemos su gráfica.

$$\int \frac{dN}{N\big(1-(N/K)^p\big)} = \int r dt = rt + C.$$

Resolvemos la integral a la izquierda. Esta es una integral que sólo es racional cuando $p$ es entero, pero de todas maneras, podemos resolverla usando un método parecido al de las potencias simples, sin más que descomponer:

$$\frac{1}{N\big(1-(N/K)^p\big)} = \frac{K^p}{N\big(K^p - N^p\big)} = \frac{1}{N} + \frac{N^{p-1}}{K^p - N^p}.$$

Entonces:

$$\int \frac{dN}{N\big(1-(N/K)^p\big)} = \ln(N) - \frac{1}{p}\ln(N^p - K^p) + C = \ln\left(\frac{N}{(N^p - K^p)^{1/p}}\right) + C.$$

Razonando como en el caso del modelo logístico, obtenemos la siguiente fórmula[10]:

$$N(t) = \frac{KN_0e^{rt}}{\big(K^p + (e^{rpt} - 1)N_0^p\big)^{1/p}}.$$

[10]Podemos llegar más rapidamente a esta fórmula si nos damos cuenta de que si $N$ sigue un modelo logístico de peso $p$, capacidad de carga $K$ y crecimiento intrínseco $r$, entonces la función $N^p$ sigue un modelo logístico clásico de constantes $K^p$ y $rp$.

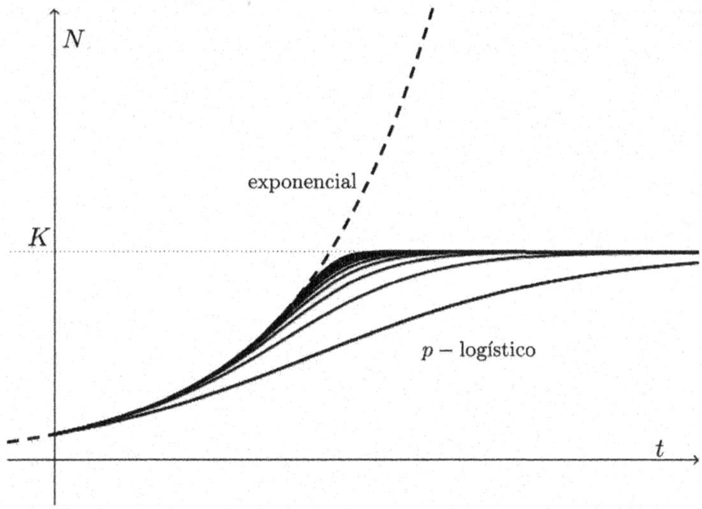


**Figura 5.12:** El modelo logístico de peso $p$.

Si tomamos valores fijos de $K$, $r$ y $N_0$, y representamos juntas las gráficas de las funciones $N(t)$ obtenidas para diferentes valores de $t$, podemos observar que cuando $p$ aumenta, la función $N(t)$ se aproxima cada vez más a la función exponencial Malthusiana (en línea de puntos), $N_0e^{rt}$, de manera que, el llamado "comportamiento logístico", que consiste en que el crecimiento de la población se frena y que $N$ tiende a estabilizarse en el valor $K$, tarda más en aparecer, de manera que la población crece exponencialmente hasta que alcanza valores de $N$ más cercanos a $K$. En otras palabras: para el valor $p = 1$ la función $N(t)$ es la función logística; para valores muy altos de $p$, $N(t)$ se comporta practicamente como una función exponencial hasta alcanzar el valor $N = K$, y después se estabiliza en este valor.

# 5.6. Ejercicios

1. Estudia la derivabilidad de la función $F(x) = \displaystyle\int_0^x f(t)dt$, donde

$$f(x) = \begin{cases} x^2 - 1 & \text{si } x < 0 \\ e^x & \text{si } x \geq 0 \end{cases}$$

2. Calcula la función derivada de las siguientes funciones:

   *a*) $f(x) = \int_0^x \ln(t^3+1)dt$,

   *b*) $g(x) = \int_{x^2}^3 \frac{e^t}{t}dt$,

   *c*) $h(x) = \int_{\ln(x)}^{e^x} \operatorname{sen}(t^2)dt$.

3. Una función $f$ verifica la siguiente relación:

$$e^x = \int_e^{f(x)} \frac{t}{\ln t}dt.$$

   Expresa $f'(x)$ en función de $f(x)$.

4. Calcula las siguientes integrales inmediatas:

$$\int (x^3-1)(2x^2-3)dx \qquad \int \sqrt{x^3}dx \qquad \int \frac{x}{\sqrt[3]{x}}dx$$

$$\int \operatorname{tg}(x)dx \qquad \int \frac{\ln(x)}{x}dx \qquad \int \frac{\operatorname{arc\,tg}(x)}{1+x^2}dx$$

$$\int \frac{e^{\arccos(x)}}{\sqrt{1-x^2}}dx \qquad \int \frac{1}{3x-2}dx \qquad \int \frac{3x}{(x^2-2)^5}dx$$

5. Calcula las siguientes integrales inmediatas:

$$\int x \operatorname{sen}(x^2-1)dx \qquad \int x\sqrt{1-x^2}dx \qquad \int 4x\sqrt[4]{x^2-3}dx$$

$$\int \frac{\operatorname{sen}(\operatorname{arc\,tg}(x))}{1+x^2}dx \qquad \int \operatorname{sen}(x)\cos(x)dx \qquad \int \operatorname{sen}^2(x)dx$$

$$\int \frac{\cos(x)}{1+\operatorname{sen}^2(x)}dx \qquad \int \frac{e^x}{1+e^{2x}}dx \qquad \int \frac{x^2}{1+x^6}dx$$

6. Calcula las siguientes integrales por partes:

$$\int xe^x dx \qquad \int x^2 \operatorname{sen}(x)dx \qquad \int e^x \operatorname{sen}(x)dx$$

$$\int xe^x \operatorname{sen}(x)dx \qquad \int \frac{x}{\cos^2(x)}dx \qquad \int \cos(x)\ln(\operatorname{sen}(x))dx$$

$$\int \ln(x)dx \qquad \int \frac{\ln(x)}{x^2}dx \qquad \int \arccos(x)dx$$

7. Calcula las siguientes integrales racionales:

$$\int \frac{1}{2+x^2}dx \qquad \int \frac{1}{x^2-x+1}dx \qquad \int \frac{2x}{x^2-x+1}dx$$

$$\int \frac{x+2}{x^2+3x+2}dx \qquad \int \frac{2x^3}{1-x^4}dx \qquad \int \frac{2x^2+x+3}{x^2+2x+1}dx$$

$$\int \frac{x^3-x}{1+x^4}dx \qquad \int \frac{1}{(x^2+1)^2(x-1)^2}dx \qquad \int \frac{1}{x(1-x^p)}dx$$

8. Calcula las siguientes integrales por cambio de variable:

$$\int \frac{1}{x\sqrt{x^2-1}}dx \qquad \int \frac{1+x}{1+\sqrt{x}}dx \qquad \int \frac{1+e^x}{1-e^x}dx$$

$$\int \frac{e^x+1}{e^x+e^{-x}}dx \qquad \int \frac{e^x}{\sqrt{e^x+2}}dx \qquad \int \frac{1}{x\sqrt{1-\ln^2 x}}dx$$

$$\int \cos^2(x)\operatorname{sen}^3(x)dx \qquad \int \frac{\cos^3(x)}{\operatorname{sen}^3(x)}dx \qquad \int \frac{\cos^2(x)}{\operatorname{sen}^4(x)}dx$$

9. Calcula las siguientes integrales:

$$\int \frac{dx}{\cos^2(3x)} \qquad \int (x^2+2x-1)e^{2x}dx \qquad \int \frac{dx}{4x^2+1}$$

$$\int \frac{dx}{(x+1)\sqrt{x}} \qquad \int x\ln^2 x dx \qquad \int \frac{dx}{\sqrt{2x+5}}$$

$$\int \frac{x^2}{e^x}dx \qquad \int \frac{-e^{2x}dx}{\sqrt{1-e^{2x}}} \qquad \int \frac{e^{3x}}{e^{2x}-4e^x+3}dx$$

$$\int \frac{-e^x dx}{\sqrt{1-e^{2x}}} \qquad \int \frac{1}{1+\cos^2(x)}dx \qquad \int \sqrt[3]{x}\ln x dx$$

$$\int \frac{dx}{x\sqrt{x-1}} \qquad \int \frac{\cos(x)-\operatorname{sen}(x)}{\cos(x)+\operatorname{sen}(x)}dx \qquad \int \frac{e^{3x}}{e^{2x}-4e^x+3}dx$$

$$\int \frac{dx}{\sqrt{e^x-1}} \qquad \int (2x^2+1)\sqrt[3]{2x-3}dx \qquad \int \big(\arccos(x)\big)^2 dx$$

$$\int \frac{e^x}{e^{2x}-4}dx \qquad \int (4x-1)\sqrt{3x+2}dx \qquad \int \frac{dx}{\cos(x)}$$

$$\int \frac{dx}{\sqrt{x^2-4}} \qquad \int \cos^3(x)\operatorname{sen}^2(x)dx$$

10. Calcular la primitiva $\displaystyle\int \frac{dx}{\cos^4(x)}$ utilizando el cambio $t = \operatorname{tg}(x)$.

11. Calcula el área determinada por el eje $x$ y la gráfica de la función $f(x) = x^3 - x$ entre $-2$ y $2$.

12. Calcula el área encerrada entre las gráficas de las siguientes funciones definidas entre $-1$ y $1$:

$$f(x) = \sqrt{1-x^2}, \quad g(x) = 1 - \sqrt{1-x^2}.$$

13. Calcula las siguientes integrales:

$$\int_{-\infty}^{+\infty} \frac{e^x}{1+e^{2x}}dx, \quad \int_0^2 \frac{dx}{x^4}.$$

14. Calcula la integral:
$$\int_0^k \frac{e^x}{1+e^x}dx.$$

15. Calcula el área determinada por la gráfica de la función
$$g(x) = \frac{x}{(x-1)(x+1)}$$
y el eje $x$ entre los valores $x = \sqrt{2}$ y $x = 2$.

16. Siendo $f(x) = 3\dfrac{x^2+1}{x^2+3}$, calcula la integral indefinida:
$$\int \frac{3}{f(x)}dx.$$

17. Calcula las integrales:
$$\int xe^{-x}dx \quad , \quad \int \frac{y}{y^2-3y+2}dy.$$

18. Calcula las integrales:
$$\int \frac{x}{x^2-5x+6}dx \quad , \quad \int \frac{y^2-5y+6}{y}dy.$$

19. Calcula una primitiva de la función:
$$f(x) = \cos(x)\sqrt{1-\cos^2(x)}.$$

20. Calcula una primitiva de la función
$$f(x) = \frac{2+x}{4+x^2}.$$

21. La cantidad de $SO_2$ producida por una central térmica de carbón depende de las necesidades de producción de energía eléctrica del momento, y por lo tanto es dependiente del momento del día. Supongamos que la cantidad $V$ de $SO_2$ emitida por unidad de tiempo (medida en $kg/h$) puede modelizarse mediante la función:

$$V(t) = 300 + 50 \operatorname{sen}\left(\frac{2\pi}{24}t\right), \quad t \in [0, 24].$$

Calcula las emisiones de $SO_2$ (medidas en $kg$) en los intervalos $[6, 12]$ y $[18, 24]$. ¿Cuál es mayor?

22. La fijación de $CO_2$ por parte de una planta de maíz depende de la cantidad de luz recibida por la planta, de manera que la cantidad $v$ de $CO_2$ fijada por unidad de tiempo (medida en gramos/día), se puede modelizar mediante la siguiente función periódica:

$$v = 3 - 2\cos\left(\frac{2\pi}{365}t\right),$$

donde $t$ es el tiempo, medido en días. Calcula la cantidad total $m$, medida en gramos, de $CO_2$ fijada por una planta a lo largo de un año.

23. La producción de $O_2$ por parte de una cierta población de algas marinas, por unidad de tiempo puede modelizarse mediante la función:

$$V(t) = 100t \operatorname{sen}(2\pi t) + C,$$

donde el tiempo se mide en años y $V(t)$ en kg/año. Calcula la diferencia entre las cantidades totales de $O_2$ producidas en la segunda y la primera mitad del año.

# Capítulo 6

# Variaciones del modelo logístico

*Este Capítulo está dedicado a la modelización de los efectos de la predación y de la recolección sobre un modelo logístico. En la Sección 6.2 revisaremos una parte del trabajo clásico de Ludwig de 1978 sobre los efectos de la predación sobre las poblaciones de polillas en el Este de Canadá, sin entrar en la relación de este modelo con el de Depredador-Presa, o modelo de Lotka-Volterra. En la Sección 6.3 analizaremos los efectos de algunos métodos de recolección sobre especies de interés económico humano.*

## 6.1. Notas sobre modelos de una especie

En los Capítulos anteriores hemos explorado la superficie del mundo de los modelos poblacionales de una especie, estudiando algunas propiedades y ejemplos de aquellos que pueden expresarse mediante una ley del tipo

$$\frac{dN}{dt} = f(N).$$

Fijémonos que este modelo sólo se puede aplicar a poblaciones en las que *el crecimiento sólo depende de su tamaño en ese momento*. Esta característica hace que debamos plantearnos las siguientes cuestiones:

- Si los efectos de la densidad de población sobre el crecimiento no son inmediatos (por ejemplo, cuando el tiempo que se tarda en alcanzar la madurez reproductiva es suficientemente elevado), deberemos considerar *modelos con retardo*, que son de la forma:

$$\frac{dN}{dt} = f(N(t), N(t-\tau)),$$

donde $\tau$ es el retardo del modelo. Esto quiere decir que ahora el crecimiento de la población a tiempo $t$ depende, no sólo del tamaño de la población a tiempo $t$, sino también del tamaño de la población a tiempo $t-\tau$.

La resolución es este tipo de modelos es mucho más compleja que la de los modelos sin retardo, dado que las soluciones que obtengamos dependerán, no sólo del valor inicial $N_0$ de la población, sino del valor de la función población en un cierto intervalo. Su resolución se lleva a cabo mediante métodos aproximativos, cuya descripción está fuera de los objetivos de este curso.

Otra opción a la hora de estudiar este tipo de poblaciones es mediante *modelos demográficos*, que consideran estratificaciones por edades de la población. Estudiaremos una versión discreta de este tipo de modelos cuando veamos el Cálculo Matricial en los Capítulos 7 y 8.

- Un modelo de la forma $N' = f(N)$ considera que las condiciones externas (el efecto del entorno) son constantes. Sin embargo, un cambio en el tamaño de la población bajo estudio produce habitualmente cambios en otras poblaciones que cohabitan con ella. Si queremos estudiar conjuntamente varias poblaciones, tendremos que tener en cuenta que la tasa de crecimiento de una población dependerá, no sólo de su tamaño, sino de los tamaños de las otras poblaciones con las que cohabitan. Por ejemplo, si consideramos un sistema de dos poblaciones $N$ y $P$ interactuando, tendremos un sistema de ecuaciones:

$$\begin{cases} \dfrac{dN}{dt} = f(N,P) \\ \dfrac{dP}{dt} = g(N,P) \end{cases}$$

Podremos, además introducir ciertas variaciones a este tipo de modelos: retardo, estructura demográfica, etc. Volveremos sobre estas cuestiones en el último Capítulo de este libro.

## 6.2. Predación sobre un modelo logístico

Como hemos señalado anteriormente, las relaciones tróficas con otras especies hacen que normalmente debamos considerar modelos multiespecie. Por ejemplo, es bien conocido que, el crecimiento de una especie repercute, a posteriori, en el crecimiento de las poblaciones de sus depredadores. En algunos caso, como en el tratado por Ludwig et al., en su artículo de 1978 ([19]), es posible modelizar los efectos de la predación utilizando modelos de una especie solamente.

Ludwig, Jones y Holling consideraron el caso de una especie de polilla que es endémica de los bosques de abetos del este de Canadá. Apoyándose en los numerosos datos que pueden encontrarse en la literatura sobre esta especie[1], fundamentalmente en los trabajos de R.F. Morris ([23]), los autores hacen un estudio teórico de estas poblaciones y de su relación con las poblaciones de abetos. Ambas se influyen de un modo obvio: un buen estado del bosque crea una situación idonea para que una población de polillas se desarrolle rápidamente (llegándose a un estado de plaga), lo que a su vez desencadena una merma en el estado del bosque, que a su vez provoca que la población de polillas disminuya, haciendo que el estado del bosque mejore, etc. El resultado es un *comportamiento cíclico* típico de los modelos de dos especies.

El hecho de que el crecimiento de la población de abetos sea mucho más lento que el de la de polillas nos permitirá considerar la población de polillas aisladamente. Es decir, el estado del bosque, que se expresa en las constantes del modelo que veremos a continuación, podemos suponerlo fijo. Tras estudiar el modelo, analizaremos qué sucede cuando el estado de la población de abetos varía.

Se considera que la población de polillas se comporta de acuerdo a un *modelo logístico estándar*, con constantes $r$ y $K$, pero además *se añade un término que corresponde a la predación de las polillas por parte de pájaros.* Podemos considerar que la población de pájaros es constante, debido a que la territorialidad de las especies que se alimentan de larvas de polilla, evita que proliferen más allá de un límite fijado. Por otro lado el tamaño de la población de polillas determina la predación, que se escribirá como una función $P(N)$ (definida como el número de polillas eliminadas por pájaros por unidad de tiempo):

[1]Principalmente motivados por el interés económico de los bosques en los que viven.

- En primer lugar, como la población de pájaros se considera constante y cada pájaro comerá sólo un número finito de polillas por unidad de tiempo, entonces:

$$\lim_{N \to +\infty} P(N) = B \text{ donde } B \text{ es una constante.}$$

Se dice que la predación por parte de pájaros se *satura* en el valor $B$.

- La predación no crece proporcionalmente a $N$; para valores pequeños de la población $N$ de polillas, la predación por parte de pájaros se produce raramente, debido a que estos dedican sus esfuerzos a buscar alimento en especies más abundantes. Por esto, la gráfica de $P(N)$ para valores pequeños de $N$ es prácticamente horizontal (ver Figura (6.1)). Según $N$ aumenta, la predación va creciendo cada vez más rápido, hasta que, al alcanzar un valor (donde $P(N)$ tiene un punto de inflexión) y acercarse a $B$, empieza a saturarse.

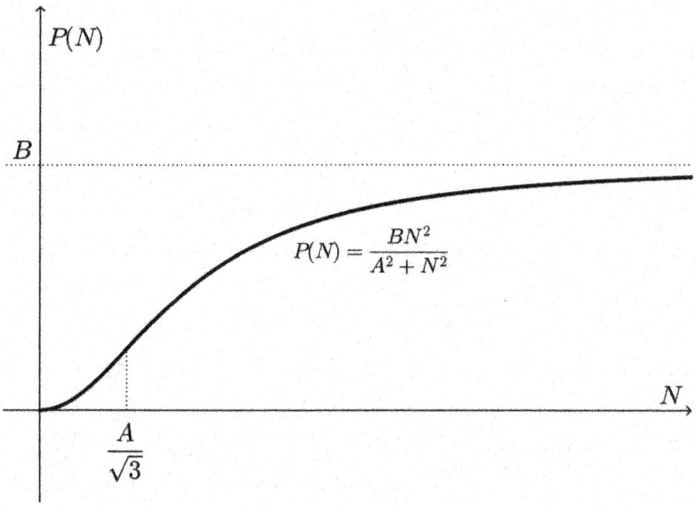


**Figura 6.1:** La función predación del modelo de Ludwig.

De esta manera, la gráfica de la *función predación* toma una forma de letra "S". La función que Ludwig y sus colaboradores eligieron para modelizar $P(N)$ es la siguiente:

$$P(N) := \frac{BN^2}{A^2 + N^2},$$

donde $A$ y $B$ son constantes positivas que nos permiten ajustar el valor de saturación y el punto de inflexión de la gráfica (que se alcanza en $A/\sqrt{3}$):

El modelo toma entonces la siguiente forma:

$$\boxed{\frac{dN}{dt} = rN\left(1 - \frac{N}{K}\right) - \frac{BN^2}{A^2 + N^2}}$$

donde $r, K, A, B$ son las constantes positivas definidas anteriormente.

### 6.2.1. Adimensionalización del modelo de Ludwig

Cuando tratamos con ecuaciones de una cierta complejidad suele ser conveniente realizar ciertas simplificaciones. Una de las más comunes consiste en normalizar de manera adecuada las variables y las constantes que aparecen en la ecuación.

La idea es que, en lugar de, por ejemplo, trabajar con el tamaño $N$ de la población, trabajemos con el tamaño relativo de la población respecto a alguna otra variable o constante, medida también en número de individuos. Podríamos trabajar entonces, por ejemplo, con una nueva variable $y = N/K$, que estaría midiendo el tamaño relativo de $N$ respecto a la capacidad de carga. Así, si $N$ toma el valor 97 y $K = 322$, tendríamos que $y$ tomará el valor $0'301$, que se interpreta como que la población está al $30'1$ por ciento de la capacidad de carga $K$. Fijémonos en que, mientras $N$ se mide en número de individuos, la nueva variable $y$ es *adimensional.*

Una transformación de este tipo de un modelo, en la que las nuevas variables y constantes sean todas adimensionales se llama una *adimensionalización del modelo.* Una adimensionalización adecuada conduce a una reducción en el número de constantes, con la consiguiente simplificación del modelo. En el caso que nos ocupa, un análisis dimensional del modelo nos dice que las unidades de las variables y constantes de la ecuación que nos ocupa son las siguientes:

| | $N$ | $t$ | $r$ | $K$ | $A$ | $B$ |
|---|---|---|---|---|---|---|
| ud. | ind | sem | sem$^{-1}$ | ind | ind | ind/sem |

donde "sem" significa "semanas" y "ind" significa "individuos"[2].

Dado un modelo, no tiene que haber una única adimensionalización posible; en el caso que nos ocupa, Ludwig eligió la siguiente[3]:

$$y := \frac{N}{A}, \quad x = \frac{B}{A}t, \quad p := r\frac{A}{B}, \quad q := \frac{K}{A}.$$

En particular, se tiene

$$N = Ay, \quad dN = Ady, \quad t = \frac{A}{B}x, \quad dt = \frac{A}{B}dx.$$

Sustituyendo en el modelo $dN$, $dt$, $N$, $K$ y $r$ por sus valores respectivos:

$$\frac{Ady}{\frac{A}{B}dx} = \frac{B}{A}pAy\left(1 - \frac{Ay}{Aq}\right) - \frac{BA^2y^2}{A^2 + A^2y^2},$$

que simplificando nos proporciona la adimensionalización:

$$\boxed{\frac{dy}{dx} = py\left(1 - \frac{y}{q}\right) - \frac{y^2}{1 + y^2}.}$$

### 6.2.2. Valores de equilibrio del modelo de Ludwig

Calculemos los valores de equilibrio del modelo (adimensionalizado) de Ludwig, y estudiemos su estabilidad. En primer lugar, denotamos:

$$f(y) := py\left(1 - \frac{y}{q}\right) - \frac{y^2}{1 + y^2}.$$

Los valores de equilibrio se calculan entonces mediante la resolución de la ecuación $f(y) = 0$. Obviamente, tenemos un equilibrio en el valor $y = 0$. En lugar de calcular una expresión analítica de los restantes (que vendrán dados en función de las constantes $p$ y $q$), vamos a representarlos gráficamente. Para ello démonos cuenta de que aparecen al resolver la ecuación:

$$g_{pq}(y) = h(y), \quad \text{con} \quad g_{pq}(y) := p\left(1 - \frac{y}{q}\right), \quad h(y) := \frac{y}{1 + y^2}.$$

[2] A efectos de nuestros objetivos, teniendo en cuenta que realizaremos un adimensionalización, la elección de estas unidades en lugar de otras es irrelevante.

[3] Comprueba que, en efecto, las nuevas variables y constantes son adimensionales.

La gráfica de la función auxiliar $h(y)$ es una curva positiva, que pasa por el punto $(0,0)$, tiene un único máximo (lo alcanza en $y = 1$) y tiende a 0 cuando $y$ tiende a infinito. La gráfica de $g_{pq}(y)$ es la de la recta que pasa por el punto $(q,0)$ y por el punto $(0,p)$. Nótese que $q$ y $p$ son dos constantes positivas que dependen de la situación del sistema general, más concretamente de su efecto sobre $r$, $K$, $A$ y $B$. Entonces las dos gráficas se cortan en un máximo de tres puntos, dando cada uno de ellos un valor de equilibrio $y = E_1, E_2$ ó $E_3$. Véase la Figura 6.2.

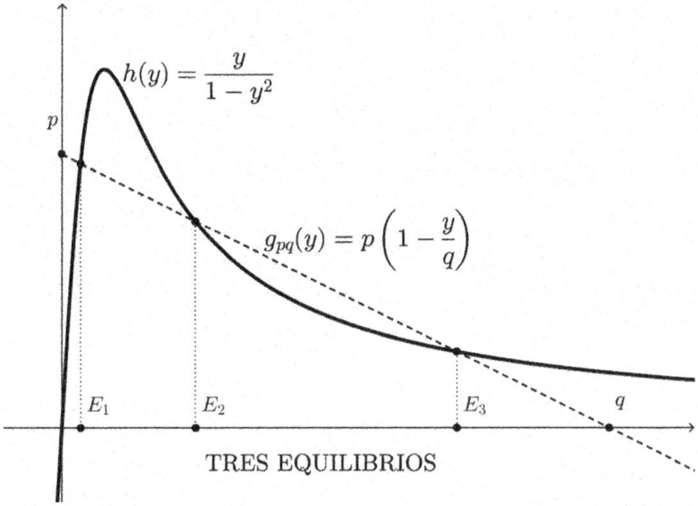


**Figura 6.2:** Valores de equilibrio del modelo de Ludwig.

En las regiones donde la recta $g_{pq}(y)$ supere a la función $h(y)$, la función $f(y)$ será positiva, y en las regiones donde $h(y)$ supere a $g_{pq}(y)$, $f(y)$ será negativa. Entonces, dados los equilibrios que la Figura 6.2 muestra, podemos ver que $f$ es decreciente en $E_1$, creciente en $E_2$ y decreciente en $E_3$: esto sucede porque, por ejemplo en $E_1$, la función $f$ pasa de positiva a negativa, con lo cual es decreciente. Concluimos entonces que $E_1$ y $E_3$ son estables y $E_2$ es inestable.

A $E_1$ suele llamársele *estado latente* de la población, y a $E_3$ *estado de plaga*. Recordemos que cuando el tamaño de la población $N$ es igual a un equilibrio estable, $E_1$, por ejemplo, $N$ está todavía sujeto a variaciones debidas a cambios aleatorios en las condiciones del sistema. Como $E_1$ es un valor de equilibrio estable, una variación de este tipo tenderá a deshacerse, de manera que $N$ tenderá a volver a $E_1$ (véase la Sección 4.5.3).

La pregunta que se presenta entonces es ¿qué tamaño de variación de $N$ es capaz de absorber uno de estos estados de equilibrio estables? La respuesta es que el estado de equilibrio $E_2$ es un *punto de no retorno.* Mientras la población se mantenga bajo el valor $E_2$, tenderá a regresar al estado latente $E_1$, pero si supera el valor $E_2$, entonces se verá atraído hacia el estado de plaga $E_3$. Obviamente, las probabilidades de que esto suceda dependerán de la distancia entre $E_1$ y $E_2$, y esto va a depender de los valores de $p$ y $q$.

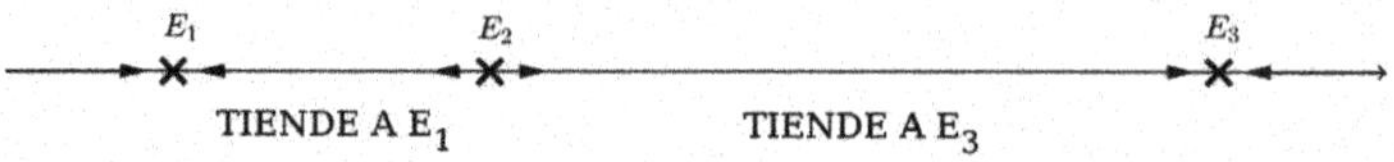


**Figura 6.3:** Un punto de equilibrio no estable marca un punto de no retorno.

Observemos además que, dependiendo de también de los valores de $p$ y $q$, el modelo puede tener también uno o tres valores de equilibrio (Fig. 6.4).

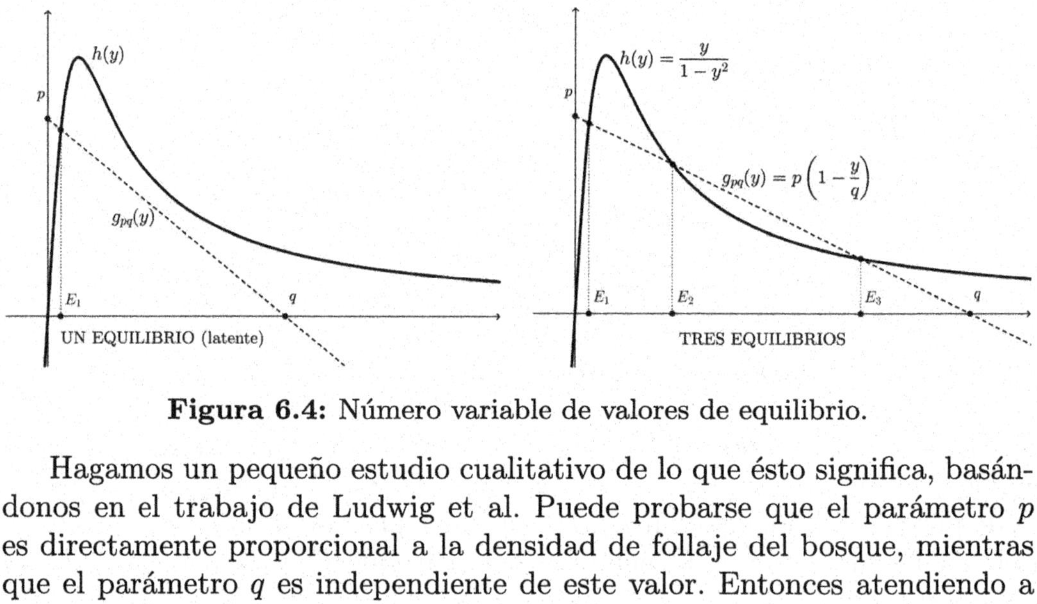


**Figura 6.4:** Número variable de valores de equilibrio.

Hagamos un pequeño estudio cualitativo de lo que ésto significa, basándonos en el trabajo de Ludwig et al. Puede probarse que el parámetro $p$ es directamente proporcional a la densidad de follaje del bosque, mientras que el parámetro $q$ es independiente de este valor. Entonces atendiendo a la evolución del parámetro $p$, distinguimos las siguientes fases:

- (Fase I) Mientras la densidad del follaje del bosque sea pequeña, $p$ será pequeño, y el modelo solo tendrá un equilibrio $E_1$. La interpretación de esto es que los recursos no permiten un desarrollo elevado de la población de polillas, de manera que la predación por pájaros mantiene la población cerca del valor $E_1$.

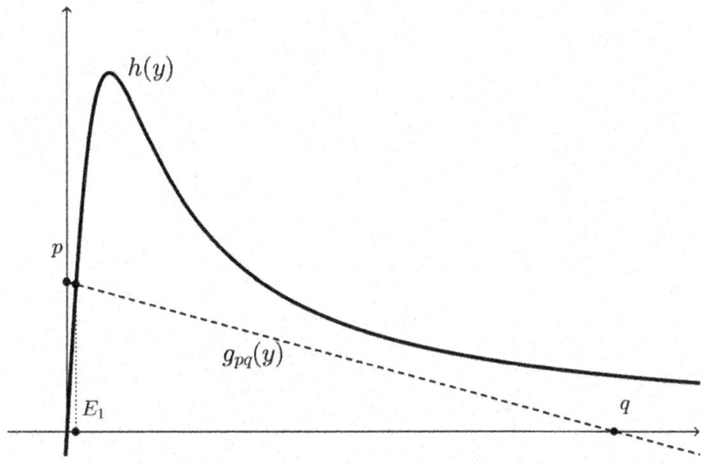


**Figura 6.5:** Modelo con predación (Fase I).

- (Fase II) Una población de polillas de tamaño controlado permite el aumento de la densidad de follaje del bosque. A partir de cierto valor aparecen en el modelo un valor de equilibrio estable $E_3$ y un punto de no retorno $E_2$. Al principio estos dos valores están alejados de $E_1$, luego la probabilidad de pasar a un estado de plaga son pequeñas.

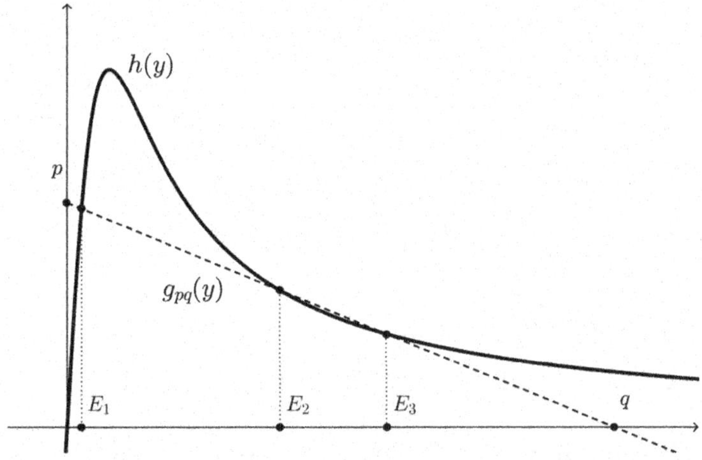


**Figura 6.6:** Modelo con predación (Fase II).

- (Fase III) Con el crecimiento de $p$, $E_2$ se acerca a $E_1$ y las posibilidades de que una plaga se desate se hacen mayores. La población de polillas crece y la predación por pájaros se va haciendo cada vez más insuficiente para mantener en $E_1$ el tamaño de la población de polillas.

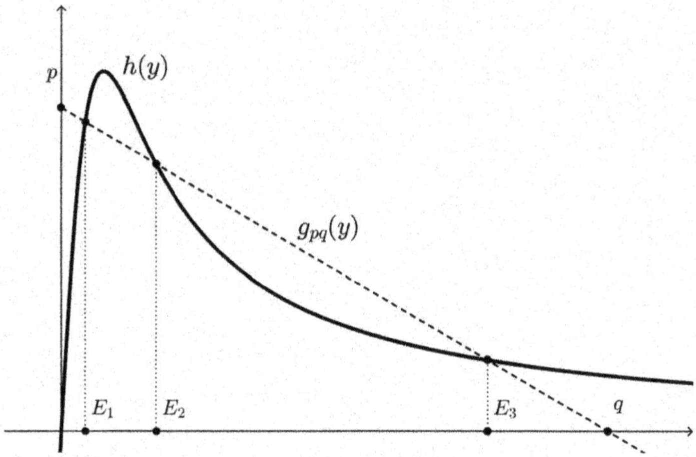


**Figura 6.7:** Modelo con predación (Fase III).

- (Fase IV) En un momento dado, $p$ es lo suficientemente grande como para que el modelo tenga sólo un equilibrio $E_3$. El bosque se halla ahora en un *estado de plaga* ya que los depredadores han sido incapaces de mantener la población de polillas en el estado latente.

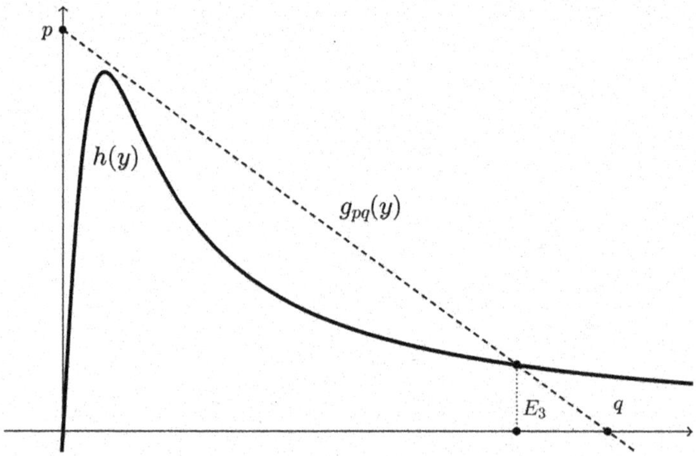


**Figura 6.8:** Modelo con predación (Fase IV).

- (Fase V–Retorno a la Fase I) La Fase IV conduce a un decrecimiento rápido de la densidad de follaje del bosque ($p$ disminuye), lo cuál provoca que la población de polillas decrezca, y regrese al estado latente.

## 6.3. Recolección sobre poblaciones logísticas

En esta sección vamos a estudiar dos ejemplos de modelos en los que la acción depredadora del hombre se realiza de forma controlada y siguiendo un plan premeditado. Un modelo de este tipo se llama un *modelo con recolección.* El ejemplo típico lo podemos encontrar en la actividad pesquera: los gobiernos o instituciones que tienen potestad sobre una determinada región en la que se realizará la pesca, toman decisiones a priori sobre la mejor manera de gestionar los recursos de los que disponen, y para ello tienen en cuenta, en mayor o menor medida, consideraciones económicas, políticas y de conservación.

En el ejemplo que nos ocupa, vamos a suponer que la especie a recolectar sigue un modelo logístico con constantes $r$ y $K$ (ver Sección 3.3), es decir:

$$\frac{dN}{dt} = rN\left(1 - \frac{N}{K}\right).$$

Vamos a suponer también que la población se haya, antes de que la recolección comience, en el estado de equilibrio estable $N = K$.

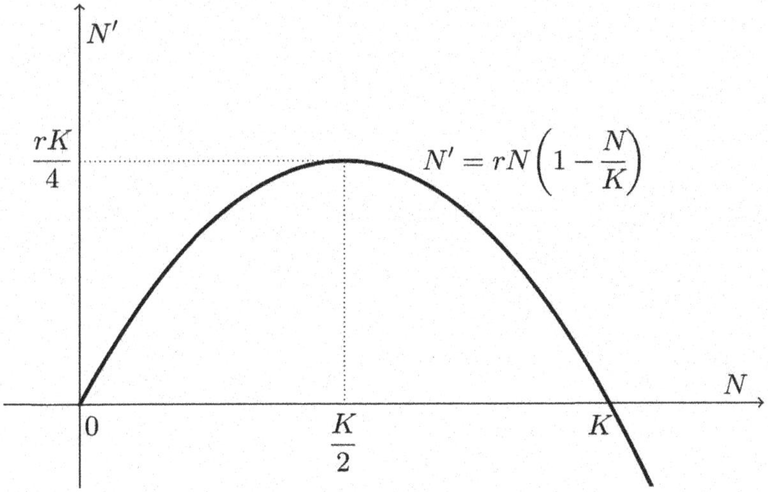


**Figura 6.9:** Modelo logístico.

Aunque los modelos usados en casos reales son, obviamente, mucho más complejos, vamos a considerar dos tipos teóricos simplificados diferentes de plan de acción recolectora:

- En el *modelo de cuotas* se fija una cantidad $C$, llamada *cuota*, que será la cantidad máxima a recolectar por unidad de tiempo (por ejemplo, los gobiernos fijan cuotas anuales de pesca de las especies marinas que son de interés económico). Tiene, por tanto, una ecuación de la forma:

$$\boxed{\frac{dN}{dt} = rN\left(1 - \frac{N}{K}\right) - C}$$

- En el *modelo de esfuerzo constante* la cantidad máxima que se permite recolectar proporcional al tamaño de la población $N$, es decir:

$$\boxed{\frac{dN}{dt} = rN\left(1 - \frac{N}{K}\right) - EN}$$

donde la constante de proporcionalidad $E$ se llama *esfuerzo recolector*.

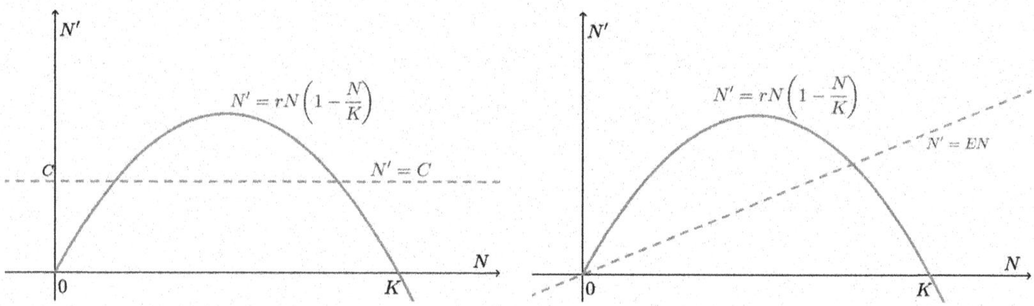


**Figura 6.10:** Dos modelos logísticos con recolección.

A continuación vamos a comparar varios aspectos de estos dos modelos.

### 6.3.1. Valores de equilibrio

Para calcular los valores de equilibrio de ambos modelos debemos resolver las ecuaciones:

$$rN\left(1 - \frac{N}{K}\right) - C = 0 \quad \text{y} \quad rN\left(1 - \frac{N}{K}\right) - EN = 0.$$

Gráficamente lo que tenemos son dos parábolas, para las que tenemos que calcular sus intersecciones con el eje de abscisas.

Para el modelo de cuotas obtenemos dos soluciones $E_1$ y $E_2$, simétricas[4] respecto a $K/2$:

$$E_1 = \frac{K}{2}\left(1 - \sqrt{1 - \frac{4}{rK}C}\right), \quad E_2 = \frac{K}{2}\left(1 + \sqrt{1 - \frac{4}{rK}C}\right).$$

Obviamente, $E_1$ es inestable y $E_2$ es estable. De esta manera, una vez que comienza la recolección de la especie, la población descenderá del valor $N = K$ al nuevo valor de equilibrio estable $N = E_2$.

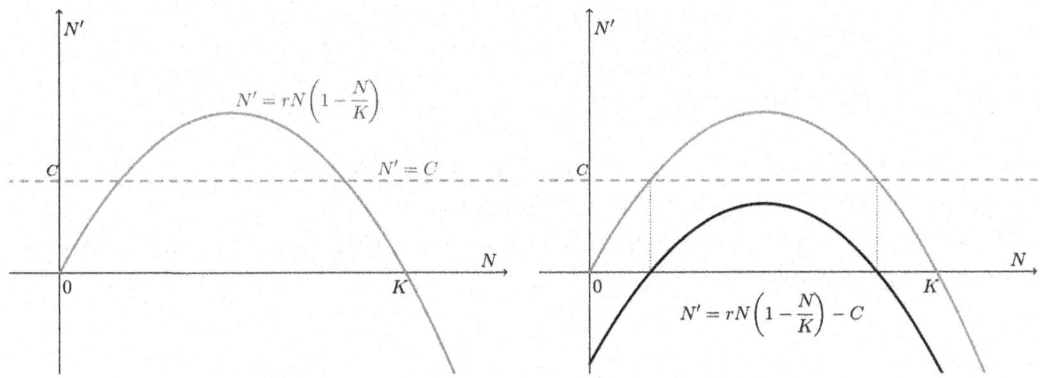


**Figura 6.11:** Equilibrios del modelo de cuotas.

Nótese que si $C$ es mayor que el valor máximo de $rN(1 - N/K)$, es decir, que $rK/4$, entonces los valores de $E_1$ y $E_2$ son imaginarios, dado que $rN(1 - N/K) - C$ sería siempre negativo. Esto quiere decir que nuestra población se extinguiría en un tiempo finito.

De manera análoga[5], para el modelo de esfuerzo constante obtenemos dos valores de equilibrio, uno inestable en 0 y otro estable en

$$K(E) := K\left(1 - \frac{E}{r}\right).$$

Tras un cierto período de tiempo la población desciende del antiguo valor de equilibrio $K$ al nuevo valor de equilibrio $K(E)$. Podemos ver además que el valor máximo de $E$ es $r$, pues en otro caso la población tendería a la extinción.

[4]Compruébalo.
[5]Compruébalo.

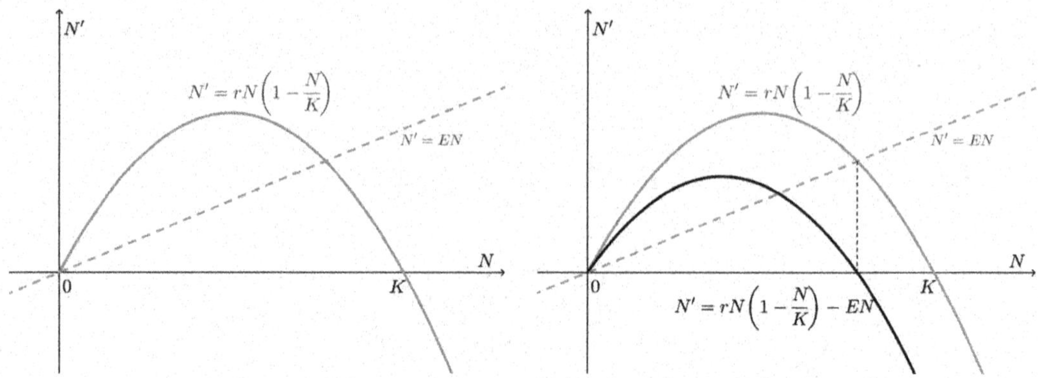


**Figura 6.12:** Equilibrios del modelo de esfuerzo constante.

### 6.3.2. Cosecha obtenida

Veamos qué cosecha máxima (por unidad de tiempo) $C_{\text{máx}}$ podríamos obtener mediante cada uno de los dos métodos.

En el primer caso la cosecha obtenida será, por hipótesis, igual a $C$. Como el valor máximo de $C$ es $rK/4$, entonces:

$$C_{\text{máx}} = \frac{rK}{4}.$$

Como hemos dicho anteriormente, *si la cuota supera ese valor de $C_{\text{máx}}$ entonces la especie estará abocada a la extinción en tiempo finito*[6].

En el caso del modelo de esfuerzo constante, la cosecha recogida por unidad de tiempo será igual a $EN$. Como la especie ha descendido desde el valor $N = K$ hasta estabilizarse en el valor $N = K(E)$, la cosecha por unidad de tiempo va a tender a ser igual a

$$C = EK(E) = KE(1 - E/r).$$

La cosecha $C$ será función del esfuerzo $E$, que tiene un valor máximo[7] en $E = r/2$, igual a:

$$C_{\text{máx}} = C(r/2) = rK/4.$$

[6]Calcular un valor aproximado (usando la recta tangente a $N(t)$ en $K$) del tiempo que la especie tardará en extinguirse, es un ejercicio relativamente sencillo que proponemos al lector.

[7]Esta función es exactamente igual a la parábola de la ley logística, pero con diferentes variables y constantes.

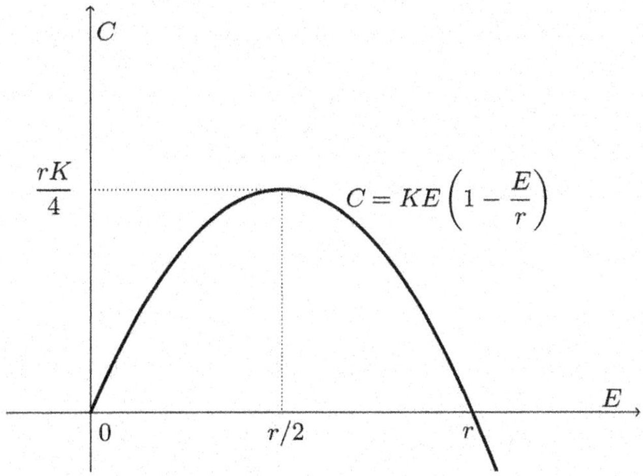


**Figura 6.13:** Función cosecha para el modelo de esfuerzo constante.

Concluimos, en primer lugar, que *la cosecha máxima obtenida es la misma por ambos métodos.* Fijémonos además en que *un esfuerzo mayor a $r/2$, produce una cosecha por unidad de tiempo menor que la máxima posible.* más concretamente, como la función cosecha es una parábola, la derivada $dC/dE$ es decreciente. Este hecho podemos interpretarlo como que *la rentabilidad del esfuerzo recolector empleado disminuye cuando el esfuerzo aumenta.*

Finalmente, podemos ver además que sólo *si nuestro esfuerzo recolector supera el valor $r$, nuestra población se extinguirá en tiempo finito.* De esta manera, en particular, obtener la cosecha máxima posible mediante el *sistema de esfuerzo constante resulta menos peligroso que mediante el sistema de cuotas* dado que cualquier aumento de $C$, por pequeño que sea, puede abocar la especie a la extinción.

### 6.3.3. Tiempos de recuperación

Para terminar, vamos a calcular los tiempos de recuperación de cada uno de los dos modelos, para sus respectivos valores de equilibrio estables. Recordemos (ver Sección 4.5.3) que el tiempo de recuperación $t_R$ de un modelo $N' = f(N)$ en uno de sus equilibrios estable $E_i$, es una aproximación del tiempo que la población invierte en regresar al valor $E_i$ tras una variación infinitamente pequeña en el valor $N = E_i$, y que hemos visto que

$$t_R = \frac{1}{|f'(E_i)|}.$$

En el caso del modelo de cuotas, se tiene que

$$f'(N) = r\left(1 - 2\frac{N}{K}\right),$$

de manera que, haciendo cuentas[8] obtendremos

$$t_R = \frac{1}{|f'(E_2)|} = \frac{1}{r\sqrt{1 - \frac{4}{rK}C}}.$$

De la misma manera, para el modelo de esfuerzo constante se tiene:

$$f'(N) = r\left(1 - 2\frac{N}{K}\right) - E,$$

luego[9]

$$t_R = \frac{1}{|f'(K(E))|} = \frac{1}{|E - r|} = \frac{1}{r - E}.$$

En particular si queremos obtener la cosecha máxima mediante el modelo de esfuerzo constante, tendremos que hacer un esfuerzo de $E = r/2$, para el que se tendrá un tiempo de recuperación de $t_R = 2/r$, mientras que para $E = 0$ (es decir, sin recolección), el tiempo de recuperación era igual a $1/r$; *el tiempo de recuperación se ha duplicado.*

Si, queremos obtener la cosecha máxima mediante cuotas, se tendrá $C = C_{\text{máx}} = rK/4$, de manera que $t_R$ no está definido. Es más, es un ejercicio sencillo de límites probar que

$$\lim_{C \to \frac{rK}{4}^-} t_R = \lim_{C \to \frac{rK}{4}^-} \frac{1}{r\sqrt{1 - \frac{4}{rK}C}} = +\infty.$$

En otras palabras, *al acercarnos a $C = C_{\text{máx}}$, el tiempo de recuperación crece indefinidamente.*

Ese es, junto a las otras propiedades que ya hemos visto, uno de los argumentos que nos permiten decir que el sistema de cuotas es, desde el punto de vista de la sostenibilidad, más peligroso y menos rentable que el modelo de esfuerzo constante. En cualquier caso, hemos de explicar aquí que otro tipo de consideraciones (políticas, sociales, económicas, etc.) pueden hacer que el sistema de cuotas sea el elegido finalmente.

[8] Compruébalo.

[9] Compruébalo.

## 6.4. Ejercicios

1. Calcula los puntos de equilibrio, y estudia su estabilidad, de los siguientes modelos:

$$
\begin{aligned}
N' &= N\left(1-\tfrac{N}{3}\right) - \frac{N^2}{2+N^2},\\
N' &= N(N-1)(N-2),\\
N' &= 3N(1-\frac{N}{4}),\\
N' &= N^3-5N^2+6N,\\
N' &= 2N(1-\frac{N}{5}),\\
N' &= N(2-N)e^N,\\
N' &= N(N-10),\\
N' &= N(N-6)(N-15),\\
N' &= N(2-N)e^N.
\end{aligned}
$$

2. La función
$$P(N) = \frac{BN^2}{A^2+N^2}$$
representa la predación en ciertos modelos poblacionales ($A, B$ ctes. positivas). Calcula los valores de $A$ y $B$ tales que:

   (i) $\lim\limits_{N\to\infty} P(N) = 5$,

   (ii) $P(N)$ tenga un punto de inflexión en $N=\sqrt{3}$.

3. Considera la función predación del ejercicio anterior.

   - Calcula la recta tangente a $P(N)$ en el punto $N = A$.

- Calcula el límite de $P(N)$ cuando $N$ tiende a $+\infty$.

4. Un modelo poblacional se rige por un modelo logístico con $r = 2$, capacidad de carga $K$, y $N_0 = 3K/4$, de manera que, operando, tiene la siguiente expresión:

$$N(t) = 3K\frac{e^{2t}}{1+3e^{2t}}.$$

   - Calcula la función derivada $N'(t)$.
   - Calcula la recta tangente de $N(t)$ en $t = 0$.
   - ¿En qué momento esa recta tangente alcanzará el valor $N = K$?

5. Un modelo poblacional se rige por un modelo logístico con $r = 3$, capacidad de carga $K$, y $N_0 = 2K/3$, de manera que, operando, tiene la siguiente expresión:

$$N(t) = 2K\frac{e^{3t}}{1+2e^{3t}}.$$

   - Calcula la función derivada $N'(t)$.
   - Calcula la recta tangente de $N(t)$ en $t = 0$.
   - ¿En qué momento esa recta tangente alcanzará el valor $N = K$?

6. La predación de un modelo poblacional toma la forma

$$P(N) = \frac{BN^2}{2^2+N^2},$$

   donde $B$ es una constante positiva.

   - Calcula la función derivada $P'(N)$.
   - Aproxima la función anterior por su recta tangente en $N = 4$.

- Calcula el valor de $N$ para el que la función recta tangente en alcanzar el valor $B$.

7. Considera el modelo:

$$N' = f(N) = \frac{N(1-N)}{N+1}$$

   *a*) Calcula los valores de equilibrio del modelo y estudia su estabilidad. Prueba que tiene exactamente dos valores de equilibrio, uno estable y uno inestable.

   *b*) Calcula el tiempo de recuperación $t_R$ en el punto de equilibrio estable.

   *c*) Calcula el límite:

$$\lim_{h \to 0} \frac{h}{f(1-h)}$$

   y prueba que es igual al $t_R$ del ejercicio anterior.

   *d*) Resuelve el modelo, integrando, y prueba que se verifica:

$$\frac{N}{(N-1)^2} = Ce^t \qquad (C \text{ es una constante}).$$

   *e*) Tras despejar $N$ en la ecuación anterior se obtiene:

$$N(t) = \frac{2Ce^t + 1 + \sqrt{4Ce^t + 1}}{2Ce^t} \qquad (C \text{ constante positiva}).$$

   Calcula la tendencia de la población, es decir, el valor del límite

$$\lim_{t \to \infty} N(t).$$

8. Calcula los puntos de equilibrio del modelo:

$$\frac{dN}{dt} = e^N(N^2 - 5N + 6)$$

   y estudia si son estables o inestables. Calcula además los valores de $N$ para los que el crecimiento de la población es, respectivamente, máximo, y mínimo. En otras palabras: calcula los valores máximo y mínimo de la función $g(N) = e^N(N^2 - 5N + 6)$.

9. Calcula los puntos de equilibrio del modelo:

$$\frac{dN}{dt} = (N-1)\log(N^2 - 5N + 7)$$

y estudia si son estables o inestables.

10. Considera una población que se rige por un modelo logístico, al que se ejerce una acción recolectora de esfuerzo constante:

$$\frac{dN}{dt} = rN\left(1 - \frac{N}{K}\right) - EN.$$

En nuestro caso, $K = 1000$ y $r = 2$. La constante $E$ se llama esfuerzo recolector. La cosecha anual $C$ que se obtiene con este método es igual a $C = KE(1 - E/r)$. Calcula el valor de $E$ que hace que se obtenga la cosecha máxima.

11. Calcula los puntos de equilibrio del modelo:

$$\frac{dN}{dt} = \log(N)(N^2 - 5N + 6)$$

y estudia si son estables o inestables.

12. Calcula los puntos de equilibrio del modelo:

$$\frac{dN}{dt} = (N-4)\log(N^2 - 5N + 7)$$

y estudia si son estables o inestables.

13. Una población se rige por un modelo de la forma:

$$\frac{dN}{dt} = N^3 - 6N^2 + 9N - 3.$$

Calcula los valores de $N$ en los que la función población puede tener un punto de inflexión.

14. Una población se rige por un modelo de la forma:

$$\frac{dN}{dt} = N^4 - 3N^3 + 9N.$$

Sabemos que tiene un punto de equilibrio inestable en $N = 0$ y que, por lo tanto $N(t)$ se comporta, para valores cercanos a 0, como una exponencial

$$N(t) \simeq N_0 e^{rt} \text{ (cerca de 0).}$$

Calcula $r$ (idea: utiliza una recta tangente).

15. Una población $N(t)$ se comporta de acuerdo a un modelo de la forma:

$$\frac{dN}{dt} = N^4 + 3N^2 - 5N.$$

Sabemos que tiene un punto de equilibrio estable en $N = 0$ y que, por lo tanto $N(t)$ se comporta, para valores cercanos a 0, como una exponencial

$$N(t) \equiv N_0 e^{rt} \text{ (cerca de 0).}$$

Calcula $r$ (idea: utiliza una recta tangente).

16. Consideramos una población de termitas, cuyo tamaño adimensionalizado convenientemente se denota por $x$. La probabilidad de que un individuo de la población sea depredado por un ave en una unidad de tiempo depende del tamaño de la población, y se puede modelizar mediante la siguiente función:

$$p(x) = \frac{x}{1 + x^2}.$$

Calcula el tamaño de población $x$ para el que $p(x)$ es máximo, y prueba que a partir de ese máximo esa probabilidad decrece acercándose a 0 para valores grandes de $x$.

17. Una población $N(t)$ se comporta de acuerdo a un modelo de la forma:

$$\frac{dN}{dt} = \frac{1-N}{N^2+a}, \quad \text{donde } a \text{ es un número positivo.}$$

Sabiendo que tiene un punto de equilibrio estable en $N = 1$ y que el tiempo de recuperación de la población en ese punto es $\tau = 2$, calcula $a$. (recuerda que el tiempo de recuperación $\tau$, de un modelo $N' = f(N)$ en un punto de equilibrio estable $N = E$, es $1/|f'(E)|$).

18. Una población se rige por un modelo de la forma:

$$N' = f(N) = \frac{2N}{100}(100 - N).$$

Calcula el valor de $N$ para el que el crecimiento de la población es el máximo posible.

19. Una población $N(t)$ se comporta de acuerdo a un modelo de la forma:

$$\frac{dN}{dt} = \ln(N^3 - aN^2 + 1).$$

Sabiendo que $N = 2$ es un punto de equilibrio de este modelo, ¿cuánto vale la constante $a$? ¿Es $N = 2$ estable o inestable?

# Parte II

# Álgebra Matricial

# Capítulo 7

# Matrices, vectores y sistemas lineales

*El Álgebra Lineal es una de las herramientas matemáticas más conocidas y utilizadas, tanto en Matemáticas como en sus aplicaciones a otras ciencias. Su introducción en el ámbito de la Dinámica de Poblaciones se debe a los trabajos de Patrick H. Leslie en la década de 1940. En este capítulo estudiaremos los rudimentos del Álgebra Lineal más básica: la aritmética matricial y la resolución de sistemas lineales y ecuaciones matriciales. Finalizaremos el capítulo con una pequeña introducción a los modelos de Leslie.*

## 7.1. Vectores y matrices

Aunque podemos encontrar ejemplos en Biología Matemática del uso de conceptos algebraicos más elaborados, en este capítulo y en el siguiente trabajaremos sólo con vectores de $\mathbb{R}^n$ y matrices con coeficientes reales. Comencemos describiendo, brevemente, qué son estos objetos.

### 7.1.1. Vectores y matrices: definición

Dado un número natural $n$, un *vector* $v$ *de* $\mathbb{R}^n$ es una secuencia ordenada de $n$ números reales

$$v = (v_1, v_2, \ldots, v_n).$$

Una *matriz real* $m \times n$ es un cuadro de $m \times n$ números reales ordenados en $m$ filas y $n$ columnas:

$$\text{Matriz } m \times n: \quad A = \begin{pmatrix} a_{11} & a_{12} & \cdots & a_{1n} \\ a_{21} & a_{22} & \cdots & a_{2n} \\ \vdots & \vdots & & \vdots \\ a_{m1} & a_{m2} & \cdots & a_{mn} \end{pmatrix}$$

Como podemos observar, cada una de las entradas de la matriz $A$ se ha denotado con dos subíndices, que indican su posición:

$$a_{ij} = \text{coeficiente de } A \text{ en la fila } i \text{ y columna } j.$$

Aunque, por comodidad, en un párrafo de texto los vectores se escribirán de forma horizontal, con sus coeficientes separados por comas, la opción estándar en Matemáticas es la de identificar vectores con matrices columna:

$$\text{Vector de } \mathbb{R}^n = \text{matriz columna } n \times 1: \quad v = \begin{pmatrix} v_1 \\ v_2 \\ \vdots \\ v_n \end{pmatrix}$$

De la misma manera, una matriz fila recibe el nombre de *covector*:

$$\text{Covector en } \mathbb{R}^n = \text{matriz fila } 1 \times n: \quad a = \begin{pmatrix} a_1 & a_2 & \cdots & a_n \end{pmatrix}.$$

Una matriz con el mismo número de filas que de columnas recibe el nombre de *matriz cuadrada*. Por ejemplo, la *matriz identidad* es una matriz cuadrada de la siguiente forma:

$$I = \begin{pmatrix} 1 & 0 & \cdots & 0 \\ 0 & 1 & \cdots & 0 \\ \vdots & \vdots & \ddots & \vdots \\ 0 & 0 & \cdots & 1 \end{pmatrix}.$$

En una matriz cuadrada $A$, el conjunto de elementos que se hayan en las posiciones $11, 22, \ldots, nn$ se llama la *diagonal de A*. Por ejemplo, la diagonal de la matriz identidad es $(1, 1, \ldots, 1)$. Una matriz cuadrada cuyos coeficientes fuera de la diagonal son todos cero se llama *matriz diagonal*; si todos sus elementos bajo la diagonal son cero, entonces se dice que es una *matriz triangular superior*, y si son los elementos sobre la diagonal los que son cero, *triangular inferior*:

$$\underbrace{\begin{pmatrix} a_{11} & 0 & \cdots & 0 \\ 0 & a_{22} & \cdots & 0 \\ \vdots & \vdots & \ddots & \vdots \\ 0 & 0 & \cdots & a_{nn} \end{pmatrix}}_{\text{M. diagonal}},$$

$$\underbrace{\begin{pmatrix} a_{11} & a_{12} & \cdots & a_{1n} \\ 0 & a_{22} & \cdots & a_{2n} \\ \vdots & \vdots & \ddots & \vdots \\ 0 & 0 & \cdots & a_{nn} \end{pmatrix}}_{\text{M. triang. superior}}, \underbrace{\begin{pmatrix} a_{11} & 0 & \cdots & 0 \\ a_{21} & a_{22} & \cdots & 0 \\ \vdots & \vdots & \ddots & \vdots \\ a_{n1} & a_{n2} & \cdots & a_{nn} \end{pmatrix}}_{\text{M. triang. inferior}}.$$

Finalmente, dada una matriz $m \times n$ $A$, su *traspuesta* es una matriz $n \times m$, $A^T$, cuyas filas son las columnas de $A$, es decir, $(A^T)_{ij} = A_{ji}$:

$$A = \begin{pmatrix} a_{11} & a_{12} & \cdots & a_{1n} \\ a_{21} & a_{22} & \cdots & a_{2n} \\ a_{31} & a_{32} & \cdots & a_{3n} \\ \vdots & \vdots & & \vdots \\ a_{m1} & a_{m2} & \cdots & a_{mn} \end{pmatrix}, \quad A^T = \begin{pmatrix} a_{11} & a_{21} & a_{31} & \cdots & a_{m1} \\ a_{12} & a_{22} & a_{32} & \cdots & a_{m2} \\ \vdots & \vdots & \vdots & & \vdots \\ a_{1n} & a_{2n} & a_{3n} & \cdots & a_{nm} \end{pmatrix}.$$

De esta manera vemos que, por ejemplo $(A^T)^T = A$.

### 7.1.2. Operaciones con matrices

Ahora que ya sabemos lo que son las matrices,definamos las operaciones usuales entre ellas. Hay muchas formas de definir operaciones entre matrices, pero las que son relevantes para nuestros objetivos son las siguientes.

- **Suma de matrices.** Dos matrices sólo se pueden sumar si tienen las *mismas dimensiones*, y en ese caso, *se suman componente a componente*, de manera análoga a como se suman vectores:

$$\begin{pmatrix} a_{11} & a_{12} & \cdots & a_{1n} \\ a_{21} & a_{22} & \cdots & a_{2n} \\ \vdots & \vdots & & \vdots \\ a_{m1} & a_{m2} & \cdots & a_{mn} \end{pmatrix} + \begin{pmatrix} b_{11} & b_{12} & \cdots & b_{1n} \\ b_{21} & b_{22} & \cdots & b_{2n} \\ \vdots & \vdots & & \vdots \\ b_{m1} & b_{m2} & \cdots & b_{mn} \end{pmatrix} :=$$

$$\begin{pmatrix} a_{11}+b_{11} & a_{12}+b_{12} & \cdots & a_{1n}+b_{1n} \\ a_{21}+b_{21} & a_{22}+b_{22} & \cdots & a_{2n}+b_{2n} \\ \vdots & \vdots & & \vdots \\ a_{m1}+b_{m1} & a_{m2}+b_{m2} & \cdots & a_{mn}+b_{mn} \end{pmatrix}$$

- **Producto por escalares.** Con la palabra "escalares" nos referimos a números reales. Cuando multiplicamos a una matriz por un número, *multiplicamos por ese número a cada componente* de la matriz:

$$k \begin{pmatrix} a_{11} & a_{12} & \cdots & a_{1n} \\ a_{21} & a_{22} & \cdots & a_{2n} \\ \vdots & \vdots & & \vdots \\ a_{m1} & a_{m2} & \cdots & a_{mn} \end{pmatrix} := \begin{pmatrix} ka_{11} & ka_{12} & \cdots & ka_{1n} \\ ka_{21} & ka_{22} & \cdots & ka_{2n} \\ \vdots & \vdots & & \vdots \\ ka_{m1} & ka_{m2} & \cdots & ka_{mn} \end{pmatrix}$$

- **Producto de matrices.** Así como podemos decir que la suma de matrices y el producto por escalares están definidas de la manera "natural", el producto de matrices toma una forma que puede resultar exótica a primera vista: en efecto, no se define como la multiplicación componente a componente. Más adelante veremos ejemplos que motivarán que el producto esté definido así; concentrémonos ahora en definir la operación.

$$A \cdot B = ?$$

  El aspecto más importante de este producto es que se realiza multiplicando *filas de $A$ por columnas de $B$* y que estas *deben tener la misma dimensión*: el resultado de multiplicar *una fila por una columna será un número real.*

1. Al multiplicar un covector en $\mathbb{R}^n$ (matriz fila $1 \times n$) por un vector de $\mathbb{R}^n$ (matriz columna $n \times 1$) obtenemos un número real (una matriz $1 \times 1$), de la forma siguiente:

$$\left(\boxed{a_1 \quad a_2 \quad \cdots \quad a_n}\right)\left(\boxed{\begin{matrix} b_1 \\ b_2 \\ \vdots \\ b_n \end{matrix}}\right) = a_1 b_1 + a_2 b_2 + \cdots + a_n b_n$$

2. Cuando multiplicamos dos matrices $A$ y $B$ en general, *multiplicamos las filas de $A$ por las columnas de $B$*, de manera que, en primer lugar, *el tamaño de las filas de $A$ debe ser igual al tamaño de las columnas de $B$*, es decir:

   Si $A$ es $m \times \boxed{n}$, entonces $B$ debe ser $\boxed{n} \times k$, y $AB$ es igual a:

$$\begin{pmatrix} \boxed{a_{11} \quad a_{12} \quad \cdots \quad a_{1n}} \\ \boxed{a_{21} \quad a_{22} \quad \cdots \quad a_{2n}} \\ \vdots \quad\quad \vdots \quad\quad\quad \vdots \\ \boxed{a_{m1} \quad a_{m2} \quad \cdots \quad a_{mn}} \end{pmatrix} \begin{pmatrix} \boxed{\begin{matrix} b_{11} \\ b_{21} \\ \vdots \\ b_{n1} \end{matrix}} \boxed{\begin{matrix} b_{12} \\ b_{22} \\ \vdots \\ b_{n2} \end{matrix}} \begin{matrix} \cdots \\ \cdots \\ \\ \cdots \end{matrix} \boxed{\begin{matrix} b_{1k} \\ b_{2k} \\ \vdots \\ b_{nk} \end{matrix}} \end{pmatrix}$$

   Una vez que las dimensiones de $A$ y $B$ coinciden el elemento $ij$ de la matriz producto $AB$ se calcula multiplicando la fila $i$ de $A$ y la columna $j$ de $B$:

$$(AB)_{ij} := \boxed{a_{i1} \quad a_{i2} \quad \cdots \quad a_{in}} \cdot \boxed{\begin{matrix} b_{1j} \\ b_{2j} \\ \vdots \\ b_{nj} \end{matrix}} = a_{i1} b_{1j} + \cdots + a_{in} b_{nj}$$

   De esta manera *el producto de una matriz $\boxed{m} \times n$ y una matrix $n \times \boxed{k}$ será una matriz $m \times k$*, con los coeficientes definidos de la manera anterior.

**Ejemplo 7.1.1.** Considera las matrices

$$A = \begin{pmatrix} 3 & -2 & 1 \\ 0 & 2 & 3 \end{pmatrix}, \quad B = \begin{pmatrix} 2 & 4 \\ -1 & 0 \\ 3 & -2 \end{pmatrix}.$$

El resultado de multiplicar $AB$ es la matriz $2 \times 2$

$$AB = \begin{pmatrix} 11 & 10 \\ 7 & -6 \end{pmatrix}.$$

### 7.1.3. Propiedades de las operaciones con matrices

La suma de matrices y el producto por escalares verifican las propiedades habituales de la suma y el producto, que nos permiten trabajar con los símbolos que representen a las matrices de la forma usual, reordenando sumas, sacando factor común, etcétera:

1. *Asociativa de la suma:* $(A+B)+C = A+(B+C)$.
2. *Conmutativa de la suma:* $A+B = B+A$ (nos permite, junto a la asociativa, reordenar cualquier conjunto de sumas consecutivas).
3. *Elemento neutro:* $0+A = A+0$, donde 0 representa la matriz de las mismas dimensiones de $A$ cuyos coeficientes son todos iguales a cero.
4. *Opuesto:* El opuesto de una matriz es $-A = (-1)A$, es decir la matriz cuyos coeficientes son los de $A$ pero cambiados de signo. Entonces $A+(-A) = 0$.
5. *Distributivas:* $(k_1+k_2)A = k_1A + k_2A$, $k(A+B) = kA + kB$.
6. *Pseudo-asociativa:* $k_1(k_2A) = (k_1k_2)A$.

El producto de matrices satisface las siguientes propiedades:

1. *Asociativa del producto:* $(AB)C = A(BC)$.
2. *Distributiva respecto a la suma:* $A(B+C) = AB + AC$.
3. $A(kB) = (kA)B = k(AB)$ $(k \in \mathbb{R})$.

4. *Matrices identidad:* la matriz cuadrada $n \times n$ definida:

$$I = \begin{pmatrix} 1 & 0 & \cdots & 0 \\ 0 & 1 & \cdots & 0 \\ \vdots & \vdots & \ddots & \vdots \\ 0 & 0 & \cdots & 1 \end{pmatrix}$$

verifica que $AI = A$ para toda matriz $A$ $m \times n$ y $IB = B$ para toda matriz $B$ $n \times k$. En otras palabras: se comporta como el 1 de los números reales, con la diferencia de que tenemos que tener en cuenta las dimensiones de las matrices.

Esas propiedades nos permiten trabajar aritméticamente con matrices de manera similar a la manera en que operamos con números reales. Nos permiten, por ejemplo, realizar las siguientes transformaciones:

$$(A + rB)kC = k(A + rB)C = k(AC + (rB)C) =$$
$$= k(AC) + k(rB)C = k(AC) + kr(BC).$$

La diferencia entre la aritmética real y la aritmética matricial, además del problema de la compatibilidad de las dimensiones de las matrices con las que operemos, radica en **dos propiedades que el producto no verifica**:

1. *El producto de matrices no es conmutativo.* En primer lugar, si dos matrices se pueden multiplicar en el orden $AB$, no tienen ni siquiera que poder multiplicarse de la forma $BA$. Pero, aunque la forma permita la multiplicación de las dos maneras (por ejemplo, si se trata de matrices cuadradas de la misma dimensión), el resultado no tiene por qué ser el mismo.

**Ejemplo 7.1.2.** Considera las matrices

$$A = \begin{pmatrix} 1 & 2 & 3 \\ -1 & 0 & 1 \end{pmatrix}, \quad B = \begin{pmatrix} -1 & 2 \\ 0 & 1 \\ 3 & -1 \end{pmatrix},$$

$$C = \begin{pmatrix} 2 & 3 \\ 1 & -1 \end{pmatrix}, \quad D = \begin{pmatrix} 0 & 1 \\ 1 & 0 \end{pmatrix}$$

- $AB$ es una matrix $2 \times 2$ y $BA$ es una matriz $3 \times 3$, luego no pueden ser iguales de ninguna manera.
- $BC$ es una matrix $3 \times 2$, mientras que el producto $CB$ no se puede realizar.
- Los productos $CD$ y $DC$ existen pero no son iguales:

$$CD = \begin{pmatrix} 1 & -1 \\ 2 & 3 \end{pmatrix}, \quad \text{y} \quad \begin{pmatrix} 3 & 2 \\ -1 & 1 \end{pmatrix}.$$

- Hay productos que sí dan lo mismo por los dos lados. Los ejemplo más sencillo son el del producto de una matriz por ella misma (obviamente $AA = AA$) y el de multiplicación de una matriz cuadrada por la identidad ($AI = IA = A$).

Así, por ejemplo, dadas dos matrices cuadradas $A$ y $B$, la siguiente fórmula es en general incorrecta:

$$(A+B)^2 = A^2 + B^2 + 2AB.$$

De hecho, si expandimos el lado izquierdo de la igualdad, obtenemos:

$$(A+B)^2 = (A+B)(A+B) = A^2 + AB + BA + B^2 =$$
$$= A^2 + B^2 + \boldsymbol{AB} + \boldsymbol{BA} \neq A^2 + B^2 + \boldsymbol{2AB}.$$

**Ejercicio 7.1.1:**

Prueba que las siguiente fórmulas sí son ciertas para una matriz cuadrada $n \times n$, siendo $I$ la correspondiente matriz identidad.

$$(A+I)^2 = A^2 + 2A + I, \quad (A+I)(A-I) = A^2 - I,$$
$$(A+I)^3 = A^3 + 3A^2 + 3A + I.$$

2. El segundo problema importante de la aritmética matricial es la *existencia de inversa*, que utilizamos habitualmente en aritmética real

para despejar. Por ejemplo, para resolver la ecuación $3x = 8$, "despejamos" la incógnita $x$, lo cual significa, técnicamente, que multiplicamos a ambos lados de la igualdad por el inverso de 3, que es $3^{-1} = 1/3$:

$$3x = 8 \quad \Rightarrow \quad (1/3)3x = (1/3)8 \quad \Rightarrow \quad x = 8/3.$$

Para matrices, el problema de despejar es más complejo. Supongamos que tenemos una ecuación matricial de la forma:

$$AX = B, \text{ donde } A \text{ es } m \times n, \text{ y } B \text{ es } m \times k.$$

La matriz incógnita $X$ será por tanto de la forma $n \times k$. Nos gustaría poder despejar la $X$, "dividiendo" por la matriz $A$. Esto implica multiplicar a ambos lados de la igualdad por una matriz $A'$ $n \times m$ (llamada *inversa por la izquierda* de $A$) tal que $A'A = I$, de manera que podamos hacer:

$$AX = B, \quad \Rightarrow \quad A'(AX) = A'B, \quad \Rightarrow \quad X = A'B.$$

Fijémonos que estamos multiplicando a ambos lados de la igualdad por $A'$ por la izquierda: como el producto de matrices no es conmutativo, la igualdad sólo se mantendrá, en general, si multiplicamos de esta manera. Esta forma de razonar tiene los siguientes problemas:

- La matriz $A'$ no existe necesariamente, pero el hecho de que no exista no quiere decir que no podamos resolver algunas ecuaciones $AX = B$.

**Ejercicio 7.1.2:**

Prueba que no existe ninguna matriz $2 \times 2$ $A'$ tal que $A'A = I$, donde:

$$A = \begin{pmatrix} 1 & 1 \\ -1 & -1 \end{pmatrix}.$$

Prueba que, sin embargo, la ecuación matricial:

$$AX = \begin{pmatrix} 2 \\ -2 \end{pmatrix}$$

sí tiene solución.

- El problema de calcular la matriz $A'$ tiene tanta complejidad como el de resolver la ecuación $AX = B$. De hecho, $A'$ es una solución $Y$ de la ecuación $YA = I$. En la próxima sección veremos cómo resolver ecuaciones matriciales con toda generalidad.

Una situación análoga aparece cuando tenemos una ecuación del tipo $XA = B$, en cuyo caso despejar $X$ equivale a encontrar una *inversa de A por la derecha*, y encontraremos problemas análogos a los del caso anterior.

El caso más importante (y el más sencillo) de este tipo de problemas el caso en que la matriz $A$ es cuadrada. En esta situación puede probarse que si $A$ tiene inversa por la izquierda, también la tiene por la derecha y viceversa, y además son iguales. Hablamos entonces simplemente de la *matriz inversa de A*, y la denotamos por $A^{-1}$:

$$A^{-1}A = AA^{-1} = I.$$

En las secciones 7.3.3 y 7.3.4 veremos cuándo una matriz cuadrada tiene inversa y cómo calcularla.

**Comportamiento de las operaciones matriciales respecto a la trasposición.**

Para terminar la sección veamos cómo se comporta la trasposición con respecto a las operaciones con matrices. La comprobación de estas propiedades es inmediata:

- *Suma.* $(A + B)^T = A^T + B^T$.
- *Producto por escalares.* $(kA)^T = k(A^T)$.
- *Producto.* $(AB)^T = B^T A^T$ (la trasposición invierte el orden del producto, básicamente porque intercambia filas por columnas, mientras que el producto siempre se realiza multiplicando filas por columnas).
- *Inversa* (de una matriz cuadrada).[1] $(A^T)^{-1} = \left(A^{-1}\right)^T$.

[1]Comprueba esta propiedad usando la anterior.

# 7.2. Matrices, aplicaciones y sistemas

Consideremos una matriz $A$ $m \times n$. Cada vez que multipliquemos por $A$ a un vector $v$ de $\mathbb{R}^n$ obtendremos un vector $Av$ de $\mathbb{R}^m$:

$$v \xrightarrow{A\cdot} Av$$

Una de las claves de la utilidad de las matrices, resulta de identificar cada matriz $A$ con la *acción de multiplicar a vectores por* $A$. Matemáticamente, esta *acción* se llama *aplicación lineal asociada a* $A$.

**Ejemplo 7.2.1.** Identificamos entonces la matriz:

$$A = \begin{pmatrix} 3 & 4 & 2 \\ 2 & 1 & 0 \\ 0 & 3 & -2 \end{pmatrix}$$

con la aplicación lineal "multiplicar por $A$", que funciona así:

$$v = \begin{pmatrix} x \\ y \\ z \end{pmatrix} \in \mathbb{R}^3 \xrightarrow{A\cdot} Av = \begin{pmatrix} 3x + 4y + 2z \\ 2x + y \\ 3y - 2z \end{pmatrix} \in \mathbb{R}^3$$

**Ejemplo 7.2.2.** Fijémonos que si la matriz es cuadrada, podemos volver a aplicar $A$ sobre $Av$, y así sucesivamente:

$$v \xrightarrow{A\cdot} Av \xrightarrow{A\cdot} A^2v \xrightarrow{A\cdot} A^3v \ldots$$

Técnicamente, el proceso anterior se llama *sistema dinámico lineal.* Uno de los ejemplos más clásicos de este tipo de procesos es el que aparece en el Modelo poblacional de Leslie, que discutiremos en la Sección 7.4.

Volvamos a considerar ahora una matriz $A$ de tamaño $m \times n$. Hemos visto que si tenemos un vector $v$ de $\mathbb{R}^n$, la matriz $A$ (para ser más precisos, la aplicación lineal asociada a $A$) le asigna un vector $w = Av$ de $\mathbb{R}^m$. Pensemos ahora en el siguiente problema: dado un vector $w$ de $\mathbb{R}^m$, ¿podemos calcular un vector $v$ de $\mathbb{R}^n$ tal que $Av = w$? Decimos en ese caso que $w$ es la *imagen de* $v$, o que $v$ es una *anti-imagen de* $w$. En cualquier caso, se tiene que:

- $w$ se obtiene multiplicando $A$ por $v$.

- $v$ se obtiene de $w$ como una de las soluciones de la ecuación matricial $AX = w$, que, como veremos a continuación, es equivalente a un sistema de ecuaciones lineales.

En este sentido, podemos considerar la multiplicación por una matriz y la resolución de sistemas de ecuaciones lineales como problemas inversos[2].

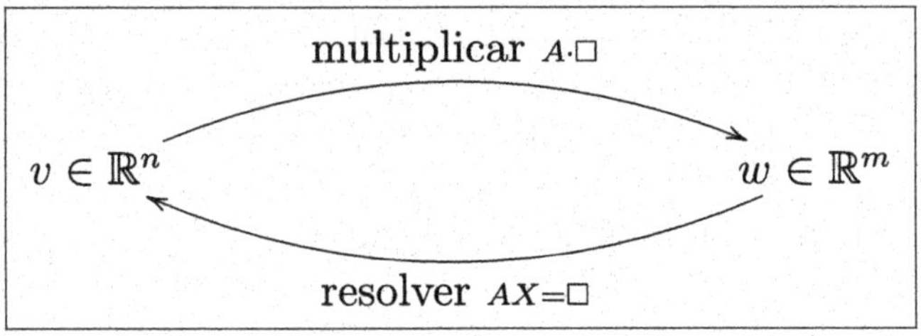


## 7.3. Sistemas y ecuaciones matriciales

Un *sistema lineal de m ecuaciones con n incógnitas* $(x_1, x_2, \ldots, x_m)$ es un conjunto de ecuaciones de la forma:

$$\left.\begin{array}{l} a_{11}x_1 + a_{12}x_2 + \cdots + a_{1n}x_n = b_1 \\ a_{21}x_1 + a_{22}x_2 + \cdots + a_{2n}x_n = b_2 \\ \quad\cdots\cdots \\ a_{m1}x_1 + a_{m2} + x_2 \cdots + a_{mn}x_n = b_m \end{array}\right\}$$

donde los $a_{ij}$ y los $b_j$ son números reales, llamados *coeficientes del sistema.*

La primera y más importante observación que debemos hacer es que el sistema de ecuaciones anterior es equivalente a la ecuación matricial:

$$AX = B,$$

donde

$$A = \begin{pmatrix} a_{11} & a_{12} & \cdots & a_{1n} \\ a_{21} & a_{22} & \cdots & a_{2n} \\ \vdots & \vdots & & \vdots \\ a_{m1} & a_{m2} & \cdots & a_{mn} \end{pmatrix}, \quad X = \begin{pmatrix} x_1 \\ x_2 \\ \vdots \\ x_m \end{pmatrix}, \quad B = \begin{pmatrix} b_1 \\ b_2 \\ \vdots \\ b_m \end{pmatrix}$$

[2]Con la salvedad de que la solución de un sistema puede no existir o no ser única, como veremos en la siguiente sección.

se llaman, respectivamente, *matriz del sistema*, *vector incógnita* y *término independiente del sistema*. A la matriz que resulta de unir las matrices $A$ y $B$ se le llama *matriz ampliada del sistema*, y la denotaremos así

$$(A|B) := \left(\begin{array}{cccc|c} a_{11} & a_{12} & \cdots & a_{1n} & b_1 \\ a_{21} & a_{22} & \cdots & a_{2n} & b_2 \\ \vdots & \vdots & & \vdots & \vdots \\ a_{m1} & a_{m2} & \cdots & a_{mn} & b_m \end{array}\right)$$

El hecho de que consideremos un sistema lineal como un caso particular de una ecuación matricial nos va a permitir más adelante, considerar de manera unificada la resolución de sistemas lineales, el cálculo de inversas y otros problemas relacionados.

### 7.3.1. Resolución de sistemas mediante reducción de Gauss

A lo largo de nuestra educación matemática aprendemos a resolver sistemas lineales mediante diferentes métodos. El primero de todos, en sus diferentes versiones, aprendimos a aplicarlo sobre sistemas de dos ecuaciones con dos incógnitas, y se suele denominar *Reducción o Eliminación Gaussiana*. Consiste en eliminar, mediante ciertas operaciones permitidas, una de las incógnitas de una de las ecuaciones. En esa ecuación podemos ya calcular el valor de la variable que hemos aislado. Luego, sustituyendo este valor en la primera ecuación, obtenemos el valor de la otra variable.

**Ejemplo 7.3.1.** Para resolver el sistema:

$$\left.\begin{array}{r} x + 2y = 4 \\ 2x + y = -1 \end{array}\right\}$$

podemos restarle a la segunda ecuación la primera multiplicada por dos, obteniendo

$$\left.\begin{array}{r} x + 2y = 4 \\ -3y = -9 \end{array}\right\}$$

De la segunda ecuación obtenemos $y = 3$, de manera que, sustituyendo este valor en la primera ecuación, tenemos $x = -2$.

La Reducción Gaussiana funciona, en general, para un sistema cualquiera con $m$ ecuaciones y $n$ incógnitas, si hacemos las adaptaciones necesarias. Lo primero que debemos precisar es cuáles son las transformaciones que podemos realizar. comprobando que cada una de esas transformaciones no cambia el conjunto de soluciones del sistema. Esto es lo que sucede, por ejemplo, cuando multiplicamos una ecuación por un número real cualquiera, o cuando sumamos a una ecuación un múltiplo de otra. En particular nuestras transformaciones serán *reversibles*, de manera que no perderemos información sobre las soluciones en el proceso.

Es inmediato comprobar que las transformaciones descritas en la Tabla 7.1 a continuación verifican dicha propiedad. Denotando la ecuación $i$-ésima por $F_i$, las transformaciones que utilizaremos son las siguientes:

| Transformación | Descripción |
|---|---|
| $kF_i$ | Multiplicar la ecuación $i$ por $k \neq 0$ |
| $F_i \leftrightarrow F_j$ | Cambiar de orden la ecuación $i$ y la $j$ |
| $F_j + kF_i$ | Sumarle a la ecuación $j$, $k$-veces la ecuación $i$ |

**Tabla 7.1:** Transformaciones elementales de un sistema lineal.

Como además las transformaciones que estamos realizando no intercambian el orden de los coeficientes en las ecuaciones, podemos simplificar la manera en que las escribimos considerando *transformaciones sobre las filas de la matriz ampliada del sistema*. Así la operación:

$$\left.\begin{aligned} x + 2y &= 4 \\ 2x + y &= -1 \end{aligned}\right\} \xrightarrow{F_2 - 2F_1} \left.\begin{aligned} x + 2y &= 4 \\ -3y &= -9 \end{aligned}\right\}$$

se escribirá en lenguaje de matrices así:

$$\left(\begin{array}{cc|c} 1 & 2 & 4 \\ 2 & 1 & -1 \end{array}\right) \xrightarrow{F_2 - 2F_1} \left(\begin{array}{cc|c} 1 & 2 & 4 \\ 0 & -3 & -9 \end{array}\right)$$

Sólo tenemos que recordar que cada columna se corresponde con una incógnita, cada fila con una ecuación, y realizar las transformaciones elementales necesarias sobre las filas de la matriz ampliada.

Veamos ya los pasos del Método de Reducción de Gauss[3]. Consta de dos fases: la de *Eliminación* (E) y la de *Remonte* (R). Comencemos explicando en que consiste la fase de eliminación.

**Eliminación Gaussiana.**

Consideremos la matriz ampliada de un sistema cualquiera con $m$ ecuaciones con $n$ incógnitas.

$$(A|B) = \left(\begin{array}{cccc|c} a_{11} & a_{12} & \cdots & a_{1n} & b_1 \\ a_{21} & a_{22} & \cdots & a_{2n} & b_2 \\ \vdots & \vdots & & \vdots & \vdots \\ a_{m1} & a_{m2} & \cdots & a_{mn} & b_m \end{array}\right)$$

$\boxed{\text{E0}}$ En cualquier paso del proceso, nos está permitido multiplicar o dividir una fila por un número no nulo. Esto puede ayudarnos a simplificar las cuentas de la reducción Gaussiana.

$\boxed{\text{E1}}$ Entre los elementos de la primera columna, seleccionamos un elemento no nulo, $a_{i1} \neq 0$, que llamamos *pivote* y denotamos por $p := a_{i1}$ (si en la primera columna todos los coeficientes son cero, trabajaremos sobre la primera columna que tenga un coeficiente no nulo). Cambiamos la primera fila con la fila del pivote ($i$ en nuestra notación), para situar el pivote en la primera fila.

$$\left(\begin{array}{cccc|c} a_{11} & a_{12} & \cdots & a_{1n} & b_1 \\ a_{21} & a_{22} & \cdots & a_{2n} & b_2 \\ \vdots & \vdots & & \vdots & \vdots \\ \boxed{p} & a_{i2} & \cdots & a_{in} & b_i \\ \vdots & \vdots & & \vdots & \vdots \\ a_{m1} & a_{m2} & \cdots & a_{mn} & b_m \end{array}\right) \xrightarrow{F_i \leftrightarrow F_1} \left(\begin{array}{cccc|c} \boxed{p} & a_{i2} & \cdots & a_{in} & b_i \\ a_{21} & a_{22} & \cdots & a_{2n} & b_2 \\ \vdots & \vdots & & \vdots & \vdots \\ a_{11} & a_{12} & \cdots & a_{1n} & b_1 \\ \vdots & \vdots & & \vdots & \vdots \\ a_{m1} & a_{m2} & \cdots & a_{mn} & b_m \end{array}\right)$$

Nótese que la elección del pivote $p$ no es única en general, de manera que podemos obtener diferentes reducciones del mismo sistema (que conducen a las mismas soluciones, obviamente).

[3]Nótese que, tal y como está descrito, el método de Gauss es un algoritmo, un proceso totalmente mecánico que, por lo tanto, puede ser implementado en un código o en un programa informático.

**E2** Recordemos que el pivote $p$ elegido es no nulo. El objetivo de este paso es eliminar la variable correspondiente a la columna en la que se halla el pivote de las ecuaciones siguientes a aquella en la que se haya el pivote. Para ello, si el primer coeficiente de una de esas ecuaciones (la $i$-ésima, por ejemplo) es $a$, le sumamos a esa ecuación la primera fila multiplicada por $-a/p$, es decir:

$$\left(\begin{array}{cccc|c} \boxed{p} & a_{12} & \cdots & a_{1n} & b_1 \\ a_{21} & a_{22} & \cdots & a_{2n} & b_2 \\ \vdots & \vdots & & \vdots & \vdots \\ \boldsymbol{a} & a_{i2} & \cdots & a_{in} & b_i \\ \vdots & \vdots & & \vdots & \vdots \\ a_{m1} & a_{m2} & \cdots & a_{mn} & b_m \end{array}\right) \xrightarrow{F_i - \frac{a}{p}F_1} \left(\begin{array}{cccc|c} \boxed{p} & a_{12} & \cdots & a_{1n} & b_1 \\ a_{21} & a_{22} & \cdots & a_{2n} & b_2 \\ \vdots & \vdots & & \vdots & \vdots \\ \mathbf{0} & a'_{i2} & \cdots & a'_{in} & b'_i \\ \vdots & \vdots & & \vdots & \vdots \\ a_{m1} & a_{m2} & \cdots & a_{mn} & b_m \end{array}\right)$$

donde $a'_{ij} = a_{ij} - (a/p)a_{1j}$, $b'_i = b_i - (a/p)b_1$. Repetimos este paso para todas las filas posteriores a la primera.

**E3** Tras el paso **E2**, obtenemos una matriz ampliada que tiene esta forma:

$$\left(\begin{array}{cccc|c} \boxed{p} & a_{12} & \cdots & a_{1n} & b_1 \\ 0 & a_{22} & \cdots & a_{2n} & b_2 \\ \vdots & \vdots & & \vdots & \vdots \\ 0 & a_{i2} & \cdots & a_{in} & b_i \\ \vdots & \vdots & & \vdots & \vdots \\ 0 & a_{m2} & \cdots & a_{mn} & b_m \end{array}\right)$$

El paso **E3** consiste simplemente en considerar el sistema que resulta de eliminar la primera fila y la primera columna del sistema original, y volver con él al paso **E1**.

El resultado final será un sistema que llamamos de tipo *reducido* o *escalonado*. Esto quiere decir que debajo del primer elemento no nulo de cada fila todos los coeficientes son nulos. Como hemos dicho anteriormente, el primer elemento no nulo de cada fila se llama *pivote*. Fijémonos en que podría suceder que, después de un paso **E2**, la primera columna del subsistema obtenido tenga todos sus coeficientes nulos, con lo cual el pivote que tomemos en ese subsistema estará en una columna posterior. Vemos entonces que *no necesariamente tendremos, al terminar la reducción de Gauss, un pivote en cada una de las columnas.*

Veamos algunos ejemplos que ilustren el método descrito.

**Ejemplo 7.3.2.** Hagamos la reducción del sistema

$$\begin{cases} 2x - 2y + 3z = 4 \\ -2x + 3y - 2z = -4 \\ x - y + z = 1 \end{cases}$$

Para ello operamos sobre la matriz ampliada de la forma siguiente:

$$\left(\begin{array}{ccc|c} 2 & -2 & 3 & 4 \\ -2 & 3 & -2 & -4 \\ \boxed{1} & -1 & 1 & 1 \end{array}\right) \xrightarrow{F_1 \leftrightarrow F_3} \left(\begin{array}{ccc|c} \boxed{1} & -1 & 1 & 1 \\ -2 & 3 & -2 & -4 \\ 2 & -2 & 3 & 4 \end{array}\right) \xrightarrow[F_3 - 2F_1]{F_2 + 2F_1}$$

$$\left(\begin{array}{ccc|c} \boxed{1} & -1 & 1 & 1 \\ 0 & \boxed{1} & 0 & -2 \\ 0 & 0 & \boxed{1} & 2 \end{array}\right) = \text{Sist. Reducido.}$$

Vemos que hemos obtenido un sistema reducido en el que tenemos un pivote por cada una de las incógnitas del sistema. Más adelante veremos que este hecho hace que el sistema de ecuaciones tenga una solución única.

**Ejemplo 7.3.3.** Reduzcamos el sistema:

$$\begin{cases} 2x_1 - 2x_2 + 6x_3 = 4 \\ x_1 - 2x_2 + 4x_3 = 0 \\ -2x_1 + x_2 - 5x_3 = 0 \\ x_2 - x_3 = 2 \end{cases}$$

Las transformaciones que hemos elegido para reducirlo son las siguientes:

$$\left(\begin{array}{ccc|c} 2 & -2 & 6 & 4 \\ 1 & -2 & 4 & 0 \\ 0 & 1 & -1 & 2 \\ -2 & 1 & -5 & 0 \end{array}\right) \xrightarrow{\frac{1}{2}F_1} \left(\begin{array}{ccc|c} \boxed{1} & -1 & 3 & 2 \\ 1 & -2 & 4 & 0 \\ 0 & 1 & -1 & 2 \\ -2 & 1 & -5 & 0 \end{array}\right) \xrightarrow[F_4 + 2F_1]{F_2 - F_1}$$

$$\left(\begin{array}{ccc|c} \boxed{1} & -1 & 3 & 2 \\ 0 & \boxed{-1} & 1 & -2 \\ 0 & 1 & -1 & 2 \\ 0 & -1 & 1 & 4 \end{array}\right) \xrightarrow[F_4-F_2]{F_3+F_2} \left(\begin{array}{ccc|c} \boxed{1} & -1 & 3 & 2 \\ 0 & \boxed{-1} & 1 & -2 \\ 0 & 0 & 0 & 0 \\ 0 & 0 & 0 & \boxed{6} \end{array}\right) \xrightarrow{F_3 \leftrightarrow F_4}$$

$$\left(\begin{array}{ccc|c} \boxed{1} & -1 & 3 & 2 \\ 0 & \boxed{-1} & 1 & -2 \\ 0 & 0 & 0 & \boxed{6} \\ 0 & 0 & 0 & 0 \end{array}\right) = \text{Sist. Reducido.}$$

La observación más importante que debemos hacer aquí es que *el último pivote aparece en la columna del término independiente*. Si escribimos la ecuación correspondiente, vemos que es $0x_1 + 0x_2 + 0x_3 = 6$, es decir $0 = 6$, lo cual es una contradicción. Debemos concluir entonces que el sistema es *incompatible*, es decir, que no tiene solución[4].

Fijémonos también que si hubiésemos considerado sólo las tres primeras ecuaciones del sistema, sí tiene solución (por ejemplo, $x_1 = 4, x_2 = 2, x_3 = 0$ es solución de las tres primeras, pero no verifica la cuarta). Para darnos cuenta de que el sistema es incompatible debemos considerar *todas* las ecuaciones del sistema, y la mejor manera es seguir un orden claro, como el anteriormente descrito.

**Resolución por remonte de un sistema reducido.**

Veamos ahora como obtener las soluciones de un sistema reducido. El proceso que usaremos se conoce como *remonte*, y consiste en despejar, una por una y de abajo a arriba, las incógnitas asociadas a los pivotes de las ecuaciones correspondientes.

La observación más importante es que, dado un sistema reducido, *una vez que hayamos resuelto el subsistema que consiste en eliminar la primera fila y la primera columna, sustituyendo cada solución en la primera ecuación obtenemos el valor de la variable correspondiente a la columna del pivote.* En efecto, siendo el pivote $p$ de la primera ecuación distinto de cero, podemos escribir $x_1$ en función de los restantes valores $x_2, \ldots, x_n$:

$$x_1 = \frac{1}{p}(b_1 - a_{12}x_2 - \ldots a_{1n}x_n).$$

[4]Más adelante veremos que la forma reducida de todo sistema incompatible tiene una ecuación de la forma $0 = k$.

A la hora de hacer el remonte de un sistema reducido tenemos que tener en cuenta las siguiente situaciones:

R0 Si las últimas ecuaciones del sistema reducido son de la forma $0 = 0$, podemos obviarlas, ya que no proporcionan ninguna información adicional al resto de las ecuaciones.

R1 Si el último pivote aparece en el término independiente (como en el ejemplo 7.3.3), la última ecuación será de la forma $0 = p$. Siendo $p$ distinto de cero, esto nos dice que el sistema es *incompatible*, es decir, que no tiene solución.

R2 Recíprocamente, si todos los pivotes aparecen en la matriz del sistema, entonces el sistema será compatible, e iremos resolviendo las ecuaciones una por una, desde la última hasta la primera. Recordemos que cada una de las ecuaciones nos sirve para despejar la incógnita asociada al pivote de la ecuación. Supongamos, por simplicidad, que estamos calculando el valor solución de la incógnita $x_1$, usando la primera ecuación. Tendremos dos situaciones diferentes:

R2a Si la matriz ampliada del sistema reducido tiene la forma

$$\left(\begin{array}{cccc|c} \boxed{p} & a_{12} & \cdots & a_{1n} & b_1 \\ 0 & \boxed{a_{22}} & \cdots & a_{2n} & b_2 \\ \vdots & \vdots & & \vdots & \vdots \\ 0 & 0 & \cdots & a_{mn} & b_m \end{array}\right)$$

entonces, habiendo obtenido los valores solución de $x_2, \ldots, x_n$ del subsistema que resulta de eliminar la primera fila y la primera columna. Siendo $p$ distinto de cero, podemos despejar $x_1$ de la primera ecuación, obteniendo el valor solución de $x_1$:

$$x_1 = \frac{1}{p}\left(b_1 - a_{12}x_2 - \ldots a_{1n}x_n\right).$$

$\boxed{\text{R2b}}$ Si la matriz ampliada del sistema reducido tiene la forma

$$\left(\begin{array}{ccc ccc|c} \boxed{p} & \cdots & a_{1j} & a_{1j+1} & \cdots & a_{1n} & b_1 \\ 0 & \cdots & 0 & \boxed{a_{2j+1}} & \cdots & a_{2n} & b_2 \\ \vdots & & \vdots & \vdots & & \vdots & \vdots \\ 0 & \cdots & 0 & 0 & \cdots & a_{mn} & b_m \end{array}\right)$$

entonces, habiendo obtenido los valores solución de $x_{j+1}, \ldots, x_n$ del subsistema que resulta de eliminar la primera fila y las $j$ primeras columnas, entonces, siendo $p$ distinto de cero, podemos despejar $x_1$ de la primera ecuación, obteniendo valores solución de $x_1$ en función de los valores solución de $x_{j+1}, \ldots, x_n$ y de *cualquier valor que demos a* $x_2, \ldots, x_j$. Fijémonos que el sistema no impone ninguna restricción a $x_2, \ldots, x_j$, de manera que lo que haremos normalmente será darles *valores paramétricos* $x_2 = \alpha_2, \ldots, x_j = \alpha_j$, de manera que el valor solución de $x_1$ quedará expresado en función de estos valores paramétricos. En otras palabras, cualesquiera que sean los valores que demos a los parámetros $\alpha_2, \ldots, \alpha_j$ obtendremos una solución.

**Ejemplo 7.3.4.** Resolvamos ahora el sistema del ejemplo 7.3.2. Tras la reducción Gaussiana, su matriz ampliada tiene la forma:

$$\left(\begin{array}{ccc|c} \boxed{1} & -1 & 1 & 1 \\ 0 & \boxed{1} & 0 & -2 \\ 0 & 0 & \boxed{1} & 2 \end{array}\right),$$

de manera que:

- la última ecuación nos dice $z = 2$,
- la segunda ecuación nos dice $y = -2$, y
- despejando $x$ en la primera obtenemos:

$$x = 1 + y - z = 1 - 2 - 2 = -3.$$

La solución entonces es única:

$$(x, y, z) = (-3, -2, 2).$$

**Ejemplo 7.3.5.** Resolvamos el sistema:

$$\left.\begin{array}{l} 2x - y + 3z + t = 1 \\ z - 2t = -1 \end{array}\right\}.$$

La matriz ampliada del sistema es:

$$\left(\begin{array}{cccc|c} \boxed{2} & -1 & 3 & 1 & 1 \\ 0 & 0 & \boxed{1} & -2 & -1 \end{array}\right),$$

que ya está en forma reducida. Para realizar el remonte vamos ecuación por ecuación, despejando la incógnita correspondiente al pivote:

- Para resolver la última ecuación, damos valor paramétrico $t = \alpha$ y despejamos la incógnita del pivote, obteniendo $z = -1 + 2\alpha$.
- Para resolver la primera ecuación, damos un valor paramétrico $y = \beta$, y despejamos la $x$, obteniendo $x = (1+y-3z-t)/2 = (1+\beta-3(-1+2\alpha)-\alpha)/2 = (4 - 7\alpha + \beta)/2 = 2 - 7\alpha/2 + \beta/2$.

De esta manera la solución no es única, sino que depende de dos parámetros:

$$(x, y, z, t) = (2 - 7\alpha/2 + \beta/2, \beta, -1 + 2\alpha, \alpha), \text{ con } \alpha, \beta \in \mathbb{R}.$$

## 7.3.2. Compatibilidad de un sistema lineal

Hemos visto que un sistema lineal puede ser compatible o incompatible, y que, en caso de ser compatible, puede tener solución única (y se dice que es *compatible determinado*) o infinitas soluciones, dependientes de uno o varios parámetros (y decimos que es *compatible indeterminado*). Si hemos seguido con atención la sección anterior deberíamos darnos cuenta de que *es la forma del sistema reducido la que determina cuántas soluciones tiene un sistema lineal*; esta es la filosofía del llamado *Teorema de Rouché*[5].

Llamaremos *rango de una matriz $A$* (y lo denotaremos $\mathrm{rg}(A)$) al número de pivotes que tiene su reducción Gaussiana. Según lo que hemos visto en la sección anterior, podemos concluir el siguiente teorema.

[5]El teorema fue enunciado originalmente por E. Rouché. Una de las pruebas más famosas de este resultado se debe al matemático alemán F. G. Frobenius, por lo que el resultado se conoce habitualmente como Teorema de Rouché-Frobenius.

**Teorema 7.3.6** (de Rouché). *El sistema lineal asociado a una ecuación matricial*[6] $AX = B$ *verifica que:*

1. *es compatible si y solamente si* $\mathrm{rg}(A) = \mathrm{rg}(A|B)$, *y si lo es, además,*
2. *es determinado si* $\mathrm{rg}(A)$ *es igual al número de columnas de* $A$ *y*
3. *es indeterminado si* $\mathrm{rg}(A)$ *es menor que el número de columnas de* $A$. *En este caso, el número de parámetros de que dependerán las soluciones del sistema es igual a (número de columnas de* $A$*)* $- \mathrm{rg}(A)$.

En efecto, sabemos que un sistema es incompatible precisamente si al hacer la reducción Gaussiana de la matriz ampliada, el último pivote está en el término independiente, y esto es lo mismo que decir que la reducción de $A$ tiene un pivote menos que $(A|B)$. Esto explica el primer apartado del teorema.

La segunda y la tercera parte se refieren al hecho de que si el sistema es compatible, la solución dependerá de uno o más parámetros, precisamente si alguna de las columnas de $A$ no contiene un pivote, de manera que a la incógnita correspondiente se le ha de asignar un valor paramétrico. En otras palabras, un sistema compatible será indeterminado precisamente si hay menos columnas en $A$ (o incógnitas) que pivotes, y el número de columnas que no contienen un pivote será igual al número de parámetos de la solución.

### 7.3.3. Sistemas lineales con la misma matriz asociada

Uno de los aspecto más interesantes del método de Gauss es que permite resolver simultáneamente varios sistemas lineales con la misma matriz:

$$AX_1 = B_1, \quad AX_2 = B_2, \quad \cdots$$

Según el método descrito, para resolver estos sistemas, consideramos las matrices ampliadas:

$$(A|B_1), \quad (A|B_2), \quad \cdots$$

y realizaremos una reducción Gaussiana de esas matrices. Si meditamos un momento sobre el método que usamos para hacer dicha reducción, nos daremos cuenta que *podemos usar los mismo pasos en cada uno de esos sistemas.*

---

[6]De hecho el Teorema de Rouché funciona para cualquier ecuación matricial, no sólo para aquellas en las que $B$ es una matriz columna.

Por esta razón, podríamos entonces agrupar todas estas matrices y realizar una reducción Gaussiana sobre la matriz que consiste en la ampliación de $A$ con las columnas $B_1, B_2, \ldots$:

$$(A|B_1|B_2|\cdots) \xrightarrow{\text{reducción}} \text{Matriz ampliada reducida}$$

Terminaremos realizando un remonte para cada uno de los sistemas requeridos, obteniendo así las soluciones $X_1, X_2, \ldots$

La analogía es todavía más completa si consideramos que la resolución de los sistemas anteriores es equivalente a la de resolver la ecuación matricial

$$AX = B \text{ donde } X = (X_1|X_2|\cdots) \text{ y } B = (B_1|B_2|\cdots).$$

De esta manera, *resolver cualquier ecuación matricial de grado uno es equivalente a resolver un conjunto de sistemas lineales simultáneos* de la forma anterior.

Un ejemplo particular de este tipo de problemas es el del *Cálculo de Inversas.* Dada una matriz cuadrada $n \times n$ $A$, su inversa es la solución de la ecuación matricial $AX = I$. Cuando apliquemos el método de reducción Gaussiana sobre la matriz ampliada $(A|I)$ vemos que, como la matriz $I$ tiene rango $n$, en ningún momento podremos obtener una fila de ceros en el término independiente. En particular la ecuación $AX = I$ no puede ser compatible indeterminada, y sólo será compatible cuando $A$ tenga rango $n$. En otras palabras:

| *Una matriz cuadrada es invertible si y sólo si su rango es máximo.* |
|---|

Si queremos resolver una ecuación matricial $AX = B$ y sabemos que $A$ tiene inversa, sabremos ya que la solución es de la forma

$$X = A^{-1}B.$$

Pero entonces tenemos que calcular antes la matriz inversa de $A$, que resulta de resolver otra ecuación matricial. En conclusión: la conveniencia de resolver $AX = B$ directamente o calcular la matriz inversa de $A$ a priori, vendrá determinada por cada problema particular.

**Ejemplo 7.3.7.** Considera la matriz

$$A = \begin{pmatrix} 1 & 2 \\ 0 & -1 \end{pmatrix}.$$

Si queremos resolver las ecuaciones $AX_i = B_i$ donde

$$B_1 = \begin{pmatrix} 3 \\ 1 \end{pmatrix}, \quad B_2 = \begin{pmatrix} 0 \\ 2 \end{pmatrix}, \quad B_3 = \begin{pmatrix} 0 \\ 0 \end{pmatrix}, \quad B_4 = \begin{pmatrix} 1 \\ -1 \end{pmatrix},$$

debemos resolver el sistema cuya matriz ampliada es $(A|B_1|B_2|B_3|B_4)$. Pero también podemos calcular primero la matriz inversa $A^{-1}$ que en este caso existe y es igual a[7]:

$$A^{-1} = \begin{pmatrix} 1 & -2 \\ 0 & -1 \end{pmatrix}.$$

Entonces la simple multiplicación de matrices nos dice que:

$$X_1 = \begin{pmatrix} 1 \\ -1 \end{pmatrix}, \quad X_2 = \begin{pmatrix} -4 \\ -2 \end{pmatrix}, \quad X_3 = \begin{pmatrix} 0 \\ 0 \end{pmatrix}, \quad X_4 = \begin{pmatrix} 3 \\ 1 \end{pmatrix}.$$

### 7.3.4. El método de Gauss-Jordan

Supongamos que queremos resolver una ecuación matricial $AX = B$. El método de Gauss-Jordan es una variación del método de reducción Gaussiana, en el que realizamos algunas operaciones más durante la reducción, de manera que el proceso de remonte resulte más simple. Es especialmente apropiado cuando $A$ es de rango máximo, y se usa a menudo para el cálculo de matrices inversas.

En el método de Gauss clásico, una vez elegido un pivote y colocado en la posición adecuada (paso E1), hacemos ceros *debajo del pivote* (paso E2). La variación de Gauss-Jordan consiste en hacer ceros también *encima del pivote*; como los coeficientes a la izquierda del pivote, en su fila y en las sucesivas, son todos ceros, la matriz seguirá estando escalonada, pero el único coeficiente que será no nulo en la columna del pivote es el pivote mismo; esta acción simplifica sustancialmente el remonte poterior.

La forma habitual de realizar este proceso es efectuar primero una reducción Gaussiana normal, y después hacer la eliminación de los coeficientes por encima de los pivotes empezando desde el último de ellos y acabando con el primero. Veamos cómo funciona en el siguiente ejemplo:

[7]Compruébalo.

**Ejemplo 7.3.8.** Resolvamos el siguiente sistema por Gauss-Jordan:

$$\begin{cases} 2x - y - 2z = -3 \\ 6x + y - z = 0 \\ 8x - 2y - 3z = -5 \end{cases}$$

Para ello realizamos primero una reducción Gaussiana sobre la matriz ampliada:

$$\left(\begin{array}{ccc|c} \boxed{2} & -1 & -2 & -3 \\ 6 & 1 & -1 & 0 \\ 8 & -2 & -3 & -5 \end{array}\right) \xrightarrow[F_3-4F_1]{F_2-3F_1} \left(\begin{array}{ccc|c} \boxed{2} & -1 & -2 & -3 \\ 0 & 4 & 5 & 9 \\ 0 & \boxed{2} & 5 & 7 \end{array}\right) \xrightarrow{F_2 \leftrightarrow F_3}$$

$$\left(\begin{array}{ccc|c} \boxed{2} & -1 & -2 & -3 \\ 0 & \boxed{2} & 5 & 7 \\ 0 & 4 & 5 & 9 \end{array}\right) \xrightarrow{F_3-2F_2} \left(\begin{array}{ccc|c} \boxed{2} & -1 & -2 & -3 \\ 0 & \boxed{2} & 5 & 7 \\ 0 & 0 & \boxed{-5} & -5 \end{array}\right)$$

Ahora comenzamos a eliminar los coeficientes por encima de las pivotes, empezando con el pivote de la tercera fila. En este caso, resulta conveniente, antes de comenzar, dividir la tercera fila por $-5$.

$$\xrightarrow{-\frac{1}{5}F_3} \left(\begin{array}{ccc|c} \boxed{2} & -1 & -2 & -3 \\ 0 & \boxed{2} & 5 & 7 \\ 0 & 0 & \boxed{1} & 1 \end{array}\right) \xrightarrow[F_1+2F_3]{F_2-5F_3} \left(\begin{array}{ccc|c} \boxed{2} & -1 & 0 & -1 \\ 0 & \boxed{2} & 0 & 2 \\ 0 & 0 & \boxed{1} & 1 \end{array}\right)$$

Fijémonos en que el hecho de que la tercera fila tenga ceros hasta el pivote hace que sólo modifiquemos los coeficientes anteriores a la tercera columna en ninguna de las filas en las que realizamos modificaciones; en otras palabras, no perdemos los ceros que habíamos obtenido debajo de los pivotes.

Para terminar, repetimos el proceso haciendo ceros sobre el segundo pivote:

$$\xrightarrow{\frac{1}{2}F_2} \left(\begin{array}{ccc|c} \boxed{2} & -1 & 0 & -1 \\ 0 & \boxed{1} & 0 & 1 \\ 0 & 0 & \boxed{1} & 1 \end{array}\right) \xrightarrow{F_1+F_2} \left(\begin{array}{ccc|c} \boxed{2} & 0 & 0 & 0 \\ 0 & \boxed{1} & 0 & 1 \\ 0 & 0 & \boxed{1} & 1 \end{array}\right)$$

Dividiendo ahora la primera fila por 2, obtenemos la reducción de Gauss-Jordan de la matriz ampliada del sistema:

$$\xrightarrow{\frac{1}{2}F_1} \left(\begin{array}{ccc|c} \boxed{1} & 0 & 0 & 0 \\ 0 & \boxed{1} & 0 & 1 \\ 0 & 0 & \boxed{1} & 1 \end{array}\right)$$

Vemos entonces que la simple lectura de las nuevas ecuaciones dice que la solución del sistema es $x = 0, y = 1, z = 1$, sin necesidad de hacer ningún remonte: la solución es exactamente el término independiente del sistema una vez hecha la reducción.

Puede comprobarse además que el número de operaciones del método de Gauss-Jordan es del mismo orden que el del método de reducción de Gauss con remonte.

El método de Gauss-Jordan se usa profusamente para el cálculo de matrices inversas. Recordemos que la matriz inversa de una matriz cuadrada $A$ es la solución del sistema $AX = I$, de manera que podemos aplicar el método de Gauss-Jordan a la matriz ampliada $(A|I)$ para calcularla.

**Ejemplo 7.3.9.** Calculemos, por ejemplo, la matriz inversa de la matriz del sistema del ejercicio anterior:

$$\left(\begin{array}{ccc|ccc} \boxed{2} & -1 & -2 & 1 & 0 & 0 \\ 6 & 1 & -1 & 0 & 1 & 0 \\ 8 & -2 & -3 & 0 & 0 & 1 \end{array}\right) \xrightarrow[F_3-4F_1]{F_2-3F_1} \left(\begin{array}{ccc|ccc} \boxed{2} & -1 & -2 & 1 & 0 & 0 \\ 0 & 4 & 5 & -3 & 1 & 0 \\ 0 & \boxed{2} & 5 & -4 & 0 & 1 \end{array}\right) \xrightarrow{F_2\leftrightarrow F_3}$$

$$\left(\begin{array}{ccc|ccc} \boxed{2} & -1 & -2 & 1 & 0 & 0 \\ 0 & \boxed{2} & 5 & -4 & 0 & 1 \\ 0 & 4 & 5 & -3 & 1 & 0 \end{array}\right) \xrightarrow{F_3-2F_2} \left(\begin{array}{ccc|ccc} \boxed{2} & -1 & -2 & 1 & 0 & 0 \\ 0 & \boxed{2} & 5 & -4 & 0 & 1 \\ 0 & 0 & -5 & 5 & 1 & -2 \end{array}\right) \xrightarrow{\frac{-1}{5}F_3}$$

$$\left(\begin{array}{ccc|ccc} \boxed{2} & -1 & -2 & 1 & 0 & 0 \\ 0 & \boxed{2} & 5 & -4 & 0 & 1 \\ 0 & 0 & \boxed{1} & -1 & \frac{-1}{5} & \frac{2}{5} \end{array}\right) \xrightarrow[F_1+2F_3]{F_2-5F_3} \left(\begin{array}{ccc|ccc} \boxed{2} & -1 & 0 & -1 & \frac{-2}{5} & \frac{4}{5} \\ 0 & \boxed{2} & 0 & 1 & 1 & -1 \\ 0 & 0 & \boxed{1} & -1 & \frac{-1}{5} & \frac{2}{5} \end{array}\right) \xrightarrow{\frac{1}{2}F_2}$$

$$\left(\begin{array}{ccc|ccc} \boxed{2} & -1 & 0 & -1 & \frac{-2}{5} & \frac{4}{5} \\ 0 & \boxed{1} & 0 & \frac{1}{2} & \frac{1}{2} & -\frac{1}{2} \\ 0 & 0 & \boxed{1} & -1 & -\frac{1}{5} & \frac{2}{5} \end{array}\right) \xrightarrow{F_1+F_2} \left(\begin{array}{ccc|ccc} \boxed{2} & 0 & 0 & \frac{-1}{2} & \frac{1}{10} & \frac{3}{10} \\ 0 & \boxed{1} & 0 & \frac{1}{2} & \frac{1}{2} & \frac{-1}{2} \\ 0 & 0 & \boxed{1} & -1 & \frac{-1}{5} & \frac{2}{5} \end{array}\right) \xrightarrow{\frac{1}{2}F_1}$$

$$\left(\begin{array}{ccc|ccc} \boxed{1} & 0 & 0 & \frac{-1}{4} & \frac{1}{20} & \frac{3}{20} \\ 0 & \boxed{1} & 0 & \frac{1}{2} & \frac{1}{2} & \frac{-1}{2} \\ 0 & 0 & \boxed{1} & -1 & \frac{-1}{5} & \frac{2}{5} \end{array}\right)$$

La matriz inversa será entonces:

$$A^{-1} = \begin{pmatrix} -1/4 & 1/20 & 3/20 \\ 1/2 & 1/2 & -1/2 \\ -1 & -1/5 & 2/5 \end{pmatrix}.$$

## 7.4. El modelo de Leslie

Cuando nos enfrentamos al problema de la modelización de una población resulta conveniente, en muchas ocasiones, estratificar dicha población en grupos de individuos de características similares (típicamente, por edades, pero también por etapas, tamaños,...). El estado de una población en un momento dado $t$ vendrá representado por un vector de estado, llamado en este caso *vector de población*:

$$N(t) = \begin{pmatrix} N_0(t) \\ N_1(t) \\ \vdots \\ N_k(t) \end{pmatrix}$$

El modelo que estudiaremos es el que supone que la transición en el vector población del instante $t$ al $t+1$ se realiza multiplicando por una matriz $L$:

$$\boxed{N(t) \xrightarrow{L} N(t+1) = LN(t)}$$

cuyas entradas son constantes y tienen interpretaciones biológicas claras: son las tasas vitales de las distintas clases (de edades, estadios o tamaños) de la población.

La principal razón por la que estructuramos una población por edades (o por otras características) es porque cada clase tiene unas *tasas vitales* diferentes. Con esto nos referimos a dos datos estadísticos: la tasa de supervivencia ($s$) y la tasa de fecundidad ($f$). Más tarde describiremos estos dos datos de manera más clara; baste ahora explicar que los individuos de diferentes características están expuestos de manera diferente a enfermedades, depredadores, etc., lo cual provoca diferencias en su tasa de supervivencia. Claramente la tasa de fecundidad depende de la edad y otras características.

Si estas características fuesen uniformes a lo largo de toda la vida de cada individuo, y si además suponemos que podemos despreciar los efectos de la migración, la modelización de la población es sencilla: crece aproximadamente[8] como la función $(f - 1 + s)^t$, es decir, de manera exponencial, mientras los recursos sean suficientes para soportar ese crecimiento.

Si las tasas vitales dependen de la edad, u otras características, se nos plantea el problema de *modelizar el crecimiento de la población a partir de las tasas vitales de los distintos grupos.* Un poco de reflexión nos conduce inmediatamente a la siguiente conclusión: una media aritmética de las tasas vitales no conduce a la solución[9]. Ya en 1872 Charles Darwin (cf. [10]) se planteaba el problema de calcular el número de elefantes que se podrían producir a partir de una pareja en un cierto intervalo de tiempo:

> *The elephant is reckoned to be the slowest breeder of all known animals, and I have taken some pains to estimate its probable minimum rate of natural increase: it will be safest to assume that it begins breeding when 30 years old, and goes on breeding till 90 years old, bringing forth six young in the interval, and surviving till one hundred years old; if this be so then, after a period of from 740 to 750 years there would be nearly nineteen million elephants alive descended from the the first pair.*
>
> Charles Darwin, 1872

La forma en la que Darwin combina las tasas vitales (mediante el cálculo de una media ponderada de las de los diferentes grupos de población) de varias clases le conduce a una cifra de 19 millones de individuos en 750 años. Hoy sabemos que una estimación más realista, que combinase de manera

[8]Este es exactamente el modelo Malthusiano, pero considerando la variable tiempo de manera discreta, no continua.

[9]¿Puedes proponer un ejemplo sencillo en el que se observe este hecho?

adecuada las tasas vitales de las diferentes clases por edades, predeciría alrededor de un millón de individuos en el mismo intervalo de tiempo. Como veremos, el punto clave, descubierto por Patrick H. Leslie en la decada de 1940 (cf. [17]) reside en considerar las tasas vitales como los coeficientes de una determinada matriz.

### 7.4.1. Convenciones

Antes de hacer aparecer nuestra teoría algebraica en escena, necesitamos establecer unas cuantas convenciones. En la práctica real, la modelización de cada población requiere de un tratamientos específico, adecuado al caso. Las convenciones que fijamos aquí tienen como único objetivo permitirnos fijar ideas. Consideramos que:

- Estamos estudiando una única población, suficientemente aislada (no estamos modelizando las migraciones).
- Los recursos son suficientes para sostener el crecimiento natural de la población (es decir, suponemos que el crecimiento de la población es independiente de la densidad de ésta).
- Sólo contamos individuos hembra (en el caso de especies con reproducción sexual); el estudio se completaría con otro que nos permitiera estimar la población total a partir del número de hembras.
- Una vez al año, en una fecha determinada hacemos un recuento o estimación de la población a modelizar.
- Los individuos son clasificados por edades de la manera siguiente: aquellos individuos que hayan nacido entre el recuento actual, $t$, y el anterior, $t-1$, son clasificados como individuos de 0 años. De la misma manera, los nacidos entre el recuento $t-i$ y el $t-i-1$, se consideran como individuos de $i$ años.
- Se considera que la *edad máxima* de un individuo es $k$. El número de individuos de la población que tienen $i$ años en el recuento $t$ se denota por $N_i(t)$, de manera que podemos definir el *vector población* a tiempo $t$ como:
$$N(t) = (N_0(t), N_1(t), \ldots, N_k(t)).$$

Definimos ahora las *tasas vitales*:

[$s_i$] La *tasa de supervivencia* del grupo de edad $i$ se define como la probabilidad $s_i$ de que un individuo con $i$ años en el recuento $t$ sobreviva hasta el recuento $t+1$. Nótese que, por ejemplo, $s_k$ es igual a cero.

[$f_i$] La *tasa de fertilidad* del grupo $i$ es el número medio de descendientes de un individuo con $i$ años en el recuento $t$, que sobreviven hasta el recuento $t+1$.

Como dijimos anteriormente, supondremos que las $s_i$ y las $f_i$ son constantes en el tiempo. La razón de que las definamos así radica en la forma en que nos permiten estimar, a partir de los datos a tiempo $t$, el tamaño que tendrá cada grupo en el instante $t+1$. Más concretamente, esperamos:

$$\begin{cases} N_{i+1}(t+1) = s_i N_i(t), \quad i \geq 0 \\ N_0(t+1) = f_0 N_0(t) + \ldots + f_k N_k(t) \end{cases} \tag{7.1}$$

## 7.4.2. Diagramas y matrices de Leslie

Resulta conveniente representar este modelo mediante un diagrama en el que cada grupo de edad se representa por un círculo y las flechas indican la manera en que se modifica la población del instante $t$ al $t+1$. Si la edad máxima fuese $k=4$ obtendríamos un diagrama como el de la Figura 7.1:

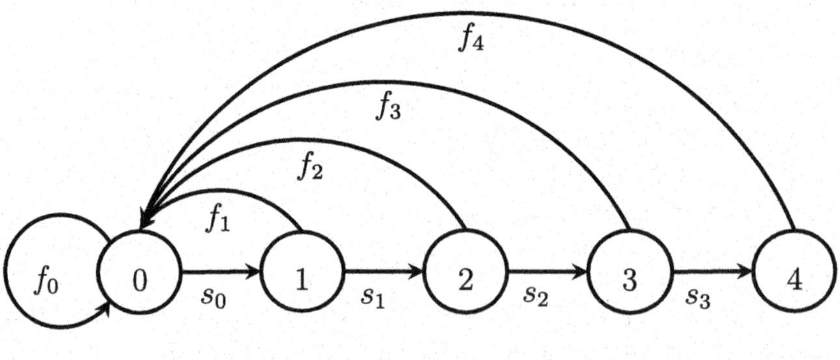


**Figura 7.1:** Diagrama de Leslie de una población con edad máxima 4.

Dado un ejemplo concreto sustituiríamos los $s_i$ y los $f_i$ por sus valores, obtenidos de manera experimental. Otra manera de representar el modelo es mediante la *matriz de Leslie*:

$$L = \begin{pmatrix} \boxed{f_0} & \boxed{f_1} & \cdots & \boxed{f_k} \\ \boxed{s_0} & 0 & \cdots & 0 \\ \vdots & \ddots & \ddots & \vdots \\ 0 & \dots & \boxed{s_{k-1}} & 0 \end{pmatrix}$$

La razón por la que escribimos las tasas vitales de la población en esas posiciones de la matriz es porque de esta manera nos permite escribir las ecuaciones (7.1) de forma matricial[10]:

$$\boxed{N(t+1) = LN(t).}$$

Esta matriz recibe el nombre de su descubridor en la decada de 1940, el biólogo P.H. Leslie.

El hecho de considerar que las tasas vitales se mantienen constantes en el tiempo nos permite suponer que la evolución del vector población se puede estimar mediante la multiplicación sucesiva por la matriz $L$, de manera que si conocemos su valor a tiempo $t_1$, su valor esperado en un tiempo posterior $t_2$ se obtiene multiplicando por $v(t_1)$ por $L$ sucesivamente, $t_2 - t_1$ veces:

$$N(t_2) = L^{t_2 - t_1} N(t_1).$$

Aunque este uso no es tan habitual, podríamos usar la matriz de Leslie para calcular, conocido el vector población en un año $t$, el vector población en el año anterior, $N(t-1)$. Recordemos que el vector $N(t-1)$ será el vector que verifica que $LN(t-1) = N(t)$. Ahora $N(t-1)$ es la incógnita que queremos calcular, y conocemos $N(t)$. Según lo que hemos aprendido en este tema, $N(t-1)$ se obtiene entonces resolviendo el sistema lineal $LX = N(t+1)$. Dada la especial forma de la matriz $L$, podemos ver que no es necesario hacer eliminación Gaussiana, sino que basta hacer un remonte en el que: con la última ecuación calculamos $N_{k-2}(t-1)$, con la penúltima $N_{k-3}(t-1)$, y así sucesivamente hasta que, sustituyendo todos los valores calculados, la primera ecuación nos proporciona $N_{k-1}(t-1)$.

[10]Usa tus conocimientos de aritmética de matrices para comprobar que es cierto.

**Ejemplo 7.4.1.** Supongamos que

$$L = \begin{pmatrix} 1 & 2 & 4 \\ 0'5 & 0 & 0 \\ 0 & 0,75 & 0 \end{pmatrix}$$

y que el vector población en la medición 25 es $N(25) = (160, 40, 20)$. Calculemos los vectores población $N(26)$, $N(27)$ y $N(24)$. Para calcular los dos primeros, no tenemos más que multiplicar por $L$:

$$N(26) = LN(25) = \begin{pmatrix} 320 \\ 80 \\ 30 \end{pmatrix}, \quad N(27) = LN(26) = \begin{pmatrix} 600 \\ 160 \\ 60 \end{pmatrix}.$$

Para calcular la población en el año 24, resolvemos el sistema:

$$LX = N(25), \text{ es decir } \begin{cases} x + 2y + 4z = 160 \\ 0'5x = 40 \\ 0'75y = 20 \end{cases}$$

que da como resultado $N(24) = X = (80, 26'67, 6'67)$.

### 7.4.3. Simulaciones con matrices de Leslie

De la manera anterior, por aplicación sucesiva de la matriz de Leslie $L$ sobre el vector inicial de población $N(0)$, podemos simular el comportamiento futuro de nuestra población, obteniendo una sucesión de vectores,

$$\{N(0), N(1), N(2), \ldots, N(t), \ldots\},$$

que se suele representar en una tabla como la representada en la Figura 7.2. En ella se muestran además algunos datos más, calculables fácilmente a partir de los vectores de población $N(t)$:

- La *población total* a tiempo $t$, $N_T(t)$, que es el número total de individuos de la población a tiempo $t$, es decir:

$$N_T(t) := N_0(t) + N_1(t) + \cdots + N_k(t).$$

- El *vector de proporciones* a tiempo $t$, $p(t)$, que es el vector que nos muestra la proporción de individuos de cada estrato a tiempo $t$, es decir:

$$p(t) := \begin{pmatrix} N_0(t)/N_T(t) \\ N_1(t)/N_T(t) \\ \vdots \\ N_k(t)/N_T(t) \end{pmatrix} = N(t)/N_T(t).$$

  En la práctica, los vectores de proporciones se representan gráficamente mediante *piramides poblacionales*, diagramas de barras, etc.

- El *crecimiento* a tiempo $t$, $\lambda(t)$, que es el tamaño relativo de la población total a tiempo $t$ respecto a la del año anterior, es decir:

$$\lambda(t) := N_T(t)/N_T(t-1).$$

  Así, que $\lambda(t)$ sea igual a $1'125$, por ejemplo, significa que la población total ha aumentado desde el año anterior un $12'5\,\%$.

| | | t | 0 | 1 | 2 | 3 | 4 | 5 | 6 | 7 |
|---|---|---|---|---|---|---|---|---|---|---|
| POBLACIÓN | v(t) | 0 | 65 | 190,432 | 165,673 | 172,994 | 207,567 | 197,89 | 207,247 | 260,229 |
| | | 1 | 70 | 54,925 | 160,915 | 139,994 | 146,18 | 175,394 | 167,217 | 175,124 |
| | | 2 | 45 | 68,25 | 53,5519 | 156,892 | 136,494 | 142,525 | 171,009 | 163,037 |
| | | 3 | 54 | 13,5 | 20,475 | 16,0656 | 47,0676 | 40,9483 | 42,7575 | 51,3027 |
| | | 4 | 15 | 51,3 | 12,825 | 19,4513 | 15,2623 | 44,7143 | 38,9009 | 40,6196 |
| | | 5 | 32 | 13,89 | 47,5038 | 11,876 | 18,0119 | 14,1329 | 41,4054 | 36,0222 |
| | | 6 | 21 | 28,64 | 12,4316 | 42,5159 | 10,629 | 16,1206 | 12,6489 | 37,0578 |
| | | 7 | 4 | 17,85 | 24,344 | 10,5668 | 36,1385 | 9,03463 | 13,7025 | 10,7516 |
| | | 8 | 56 | 3,144 | 14,0301 | 19,1344 | 8,30552 | 28,4049 | 7,10122 | 10,7702 |
| | | 9 | 23 | 38,696 | 2,1725 | 9,6948 | 13,2219 | 5,73911 | 19,6278 | 4,90694 |
| | | 10 | 43 | 12,903 | 21,7085 | 1,21877 | 5,43878 | 7,41746 | 3,21964 | 11,0112 |
| | | 11 | 2 | 15,91 | 4,77411 | 8,03213 | 0,45095 | 2,01235 | 2,74446 | 1,19127 |
| TOTAL | N | | 430 | 509,44 | 540,405 | 608,435 | 644,767 | 684,334 | 727,582 | 802,023 |

| | | t | 0 | 1 | 2 | 3 | 4 | 5 | 6 | 7 |
|---|---|---|---|---|---|---|---|---|---|---|
| PROPORCIÓN | p(t) | 0 | 15,116 | 37,3807 | 30,6573 | 28,4325 | 32,1925 | 28,9172 | 28,4844 | 32,4465 |
| | | 1 | 16,279 | 10,7814 | 29,7768 | 23,0089 | 22,6717 | 25,6299 | 22,9826 | 21,8353 |
| | | 2 | 10,465 | 13,3971 | 9,90958 | 25,7862 | 21,1695 | 20,8268 | 23,5038 | 20,3282 |
| | | 3 | 12,558 | 2,64997 | 3,78883 | 2,64047 | 7,29995 | 5,98367 | 5,87666 | 6,39667 |
| | | 4 | 3,4884 | 10,0699 | 2,37322 | 3,19693 | 2,3671 | 6,53399 | 5,34659 | 5,06465 |
| | | 5 | 7,4419 | 2,72652 | 8,79041 | 1,95188 | 2,79355 | 2,0652 | 5,69082 | 4,49142 |
| | | 6 | 4,8837 | 5,62186 | 2,30041 | 6,98774 | 1,6485 | 2,35567 | 1,73849 | 4,62055 |
| | | 7 | 0,9302 | 3,50385 | 4,50477 | 1,73672 | 5,6049 | 1,32021 | 1,8833 | 1,34056 |
| | | 8 | 13,023 | 0,61715 | 2,59622 | 3,14485 | 1,28814 | 4,15073 | 0,976 | 1,34288 |
| | | 9 | 5,3488 | 7,59579 | 0,40201 | 1,5934 | 2,05064 | 0,83864 | 2,69767 | 0,61182 |
| | | 10 | 10 | 2,53278 | 4,01707 | 0,20031 | 0,84353 | 1,0839 | 0,44251 | 1,37293 |
| | | 11 | 0,4651 | 3,12304 | 0,88343 | 1,32013 | 0,06994 | 0,29406 | 0,3772 | 0,14853 |
| Crecimiento | | | | 1,18474 | 1,06078 | 1,12589 | 1,05971 | 1,06137 | 1,0632 | 1,10231 |

**Figura 7.2:** Simulación de un modelo de Leslie.

En este momento resultaría extremadamente interesante que analizásemos ejemplos. En lugar de exponer uno concreto, os proponemos que experimentéis vosotros mismos con la plantilla que hallaréis en la hoja de cálculo `LeslieExp.xls`, que está disponible en [30]. Los datos de la Figura 7.2 han sido producidos con dicha hoja de cálculo. Puedes modificar los datos iniciales del modelo, y ver cómo estos cambios influyen en los resultados. Generalmente[11], los resultados que obtendremos registrarán un comportamiento singular, que describimos a continuación.[12].

1. *El vector de proporciones tiende a estabilizarse.*[13]Matemáticamente:

$$\boxed{p = \lim_{t\to+\infty} p(t) \text{ existe}}$$

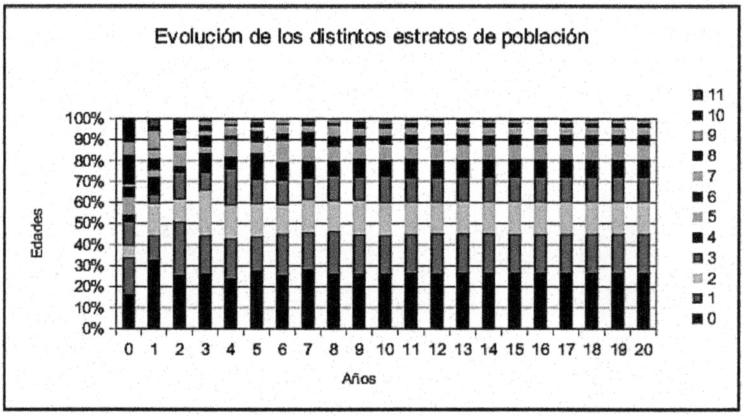


**Figura 7.3:** Estabilización del vector de proporciones.

Podemos ver esto gráficamente en la Figura 7.3. Cada una de las barras representa un vector $p(t)$, y cada subsegmento representa una de las componentes $p_i(t)$. Los datos han sido tomados de una simulación producida con la hoja de cálculo `LeslieExp.xls` (véase [30]).

[11]La única condición que hemos imponer es que la población inicial que contenga individuos potencialmente fértiles; en otro caso $N(t) = 0$ a partir de un cierto momento $t$, de manera que $p(t)$ y $\lambda(t)$ carecen de sentido.

[12]La misma situación aparece en otras áreas del conocimiento en las que se usan modelos matriciales similares: por ejemplo el modelo de Leontief usado en Economía, o el estudio de grafos en Matemáticas, cuyas aplicaciones a la Informática son cruciales.

[13]Técnicamente, esto solo sucede si la matriz $L$ es *primitiva*, ver Advertencia 9.2.3.

En la Figura 7.4 hemos representado un alisamiento de las gráficas de las proporciones de las diferentes clases de la población. Observamos entonces que cuando una población no es demográficamente estable, se producen fluctuaciones en los porcentajes de los grupos de edades, cada vez más pequeñas, hasta que $p(t)$ alcanza la estabilidad.

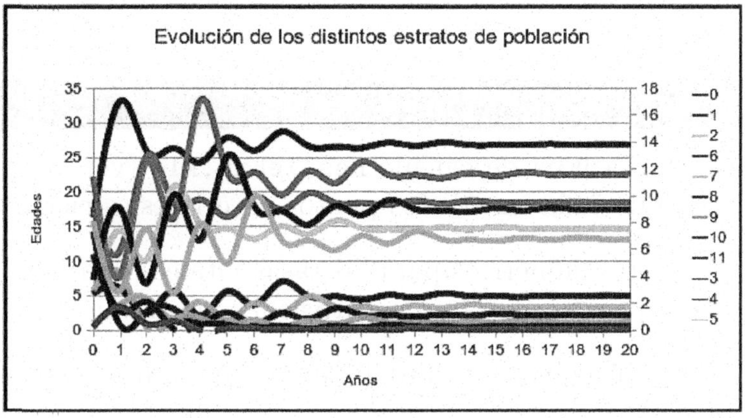


**Figura 7.4:** Fluctuaciones de los distintos grupos de edades de una población.

2. *Los crecimientos a tiempo t se estabilizan.* Matemáticamente:

$$\boxed{\lambda = \lim_{t \to +\infty} \lambda(t) \text{ existe}}$$

En la Figura 7.5 hemos representado el crecimiento $\lambda(t)$ del ejemplo obtenido en nuestra hoja de cálculo.

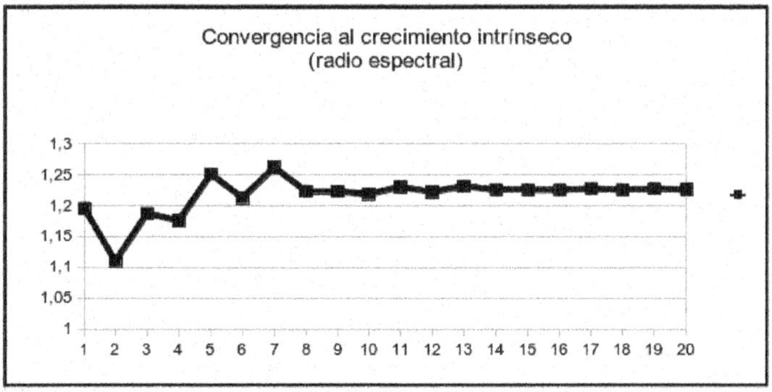


**Figura 7.5:** Convergencia de $\lambda(t)$.

3. *Los límites p y λ no dependen del vector población inicial.* Cualquiera que sea la población inicial (con tal de que contenga individuos *potencialmente fértiles*, es decir que vayan a ser fértiles en algún momento posterior), los resultados $p$ y $\lambda$ son iguales. En otras palabras: $p$ y $\lambda$ dependen sólo de las tasas vitales.

**Ejercicio 7.4.1:**

Experimenta con la hoja de cálculo `LeslieExp.xls` (ver [30]) para convencerte de que cada uno de los puntos anteriores es cierto:

- Escoge valores numéricos para las tasas vitales (entre 0 y 1 las tasas de supervivencia y no negativas las fecundidades).
- Escoge 5 poblaciones iniciales distintas, con individuos fértiles.
- Introduce los datos en la hoja de cálculo y anota, para cada una de las poblaciones iniciales, los valores de $\lambda$ y de $p$; compáralos.

## 7.5. Ejercicios

1. Resuelve los siguientes sistemas de ecuaciones:

$$\begin{cases} 2x+3y+z=1 \\ -2x+y+4z=1 \\ y-2z=1 \end{cases} \quad \begin{cases} 2x-y+z=1 \\ 3y-3z=2 \\ -4x-4y+4z=2 \end{cases}$$

$$\begin{cases} -x+2y-3z=-3 \\ -x-4y+3z=-2 \\ -2x-2y=-5 \end{cases} \quad \begin{cases} x_1-2x_3=-1 \\ 2x_2+x_3-2x_4=1 \\ 3x_1+x_2+x_3+x_4=-1 \\ -2x_1+x_2+3x_4=2 \end{cases}$$

2. Resuelve los siguientes sistemas de ecuaciones:

$$\begin{cases} x_2 - x_3 + x_4 = -1 \\ 2x_1 + 2x_2 - 3x_3 + 4x_4 = -6 \\ 4x_1 + 2x_2 - 4x_3 + 6x_4 = -10 \\ 2x_1 + 3x_2 - 4x_3 + 5x_4 = -7 \end{cases} \quad \begin{cases} x_1 + 2x_2 - x_3 + x_4 = 1 \\ x_2 + 2x_3 + x_4 = -2 \\ 2x_1 - x_3 + x_4 = -1 \end{cases}$$

$$\begin{cases} 3x_1 - x_2 + 2x_3 + 5x_4 = 1 \\ 6x_1 - 5x_2 + x_3 + x_4 = 3 \\ 6x_1 - 4x_2 + 2x_3 + 4x_4 = 1 \end{cases} \quad \begin{cases} -x_1 - 2x_2 + 2x_3 = -1 \\ 7x_1 + 14x_2 - 14x_3 = 1 \end{cases}$$

$$\begin{cases} x_1 + 2x_2 - 2x_3 + 3x_4 = 1 \\ -7x_1 - 14x_2 + 14x_3 - 20x_4 = -1 \end{cases}$$

$$\left\{ \pi x_1 + e x_2 + \sqrt{2} x_3 + \sqrt{3} x_4 = 1 \right.$$

$$\begin{cases} -x + 3y + 4z = 0 \\ -3y + 2z = -1 \\ -2x + 2y + z = 2 \\ 2x - y - 3z = 1 \end{cases} \quad \begin{cases} 3x - 2z = 2 \\ x + 4y + 2z = -2 \\ 7x + 4y - 2z = 2 \\ 11x + 8y - 2z = 2 \end{cases}$$

3. Resuelve los siguientes sistemas de ecuaciones:

$$\begin{cases} 4x - 6y = 3 \\ -2x + 3y = -3/2 \\ 8x - 12y = 6 \\ 6x - 9y = 9/2 \end{cases} \quad \begin{cases} 5x + 4y = 1 \\ x - 2 = 0 \\ -3y = 0 \\ 2x - 3y = 0 \end{cases} \quad \begin{cases} x + z = 1 \\ y - 2z = 1 \\ -x + 2y + z = 1 \\ y - z = 1 \end{cases}$$

4. ¿Qué puedes decir, sin hacer NINGÚN cálculo, de la compatibilidad de los siguientes sistemas?

$$\begin{cases} x - 5y + 3z = 0 \\ 4x - 2y - 3z = 0 \\ 2y - 3z = 0 \end{cases} \quad \begin{cases} 2x - 3y + 4z = 0 \\ 3x - 4y + z = 0 \end{cases} \quad \begin{cases} x_1 - 4x_4 = 0 \\ 3x_2 + x_4 = 0 \end{cases}$$

5. Estudia la compatibilidad y las soluciones de los siguientes sistemas en función de los valores de $\alpha$ y $\beta$.

$$\begin{cases} 2x - y + z = 1 \\ 3y - 3z = 2 \\ -4x + \alpha y + 4z = 2 \end{cases} \qquad \begin{cases} 3x_1 - x_2 + 2x_3 + 5x_4 = \beta \\ 6x_1 - 5x_2 + x_3 + x_4 = 3 \\ 6x_1 - 4x_2 + 2x_3 + 4x_4 = 2 \end{cases}$$

$$\begin{cases} \alpha x + 2y - 3z = -3 \\ -x - 4y + 3z = -2 \\ -2x - 2y = \beta \end{cases}$$

6. Considera las siguientes matrices:

$$A = \begin{pmatrix} 2 & 3 & -1 \\ 0 & 1 & 2 \\ -1 & 1 & 0 \end{pmatrix}, \; B = \begin{pmatrix} 0 & 0 & 1 \\ 0 & 1 & 0 \\ 1 & 0 & 0 \end{pmatrix},$$

$$C = \begin{pmatrix} 1 & -2 \\ 3 & 0 \\ -1 & 1 \end{pmatrix}, \; D = \begin{pmatrix} 0 & 2 & 1 \\ -1 & 4 & 0 \end{pmatrix}, \; E = \begin{pmatrix} -5 \\ 2 \\ -3 \end{pmatrix},$$

$$F = \begin{pmatrix} 0 & 2 & -3 & -4 \\ 1 & 6 & -3 & 2 \\ 1 & 0 & 0 & 2 \end{pmatrix}, \; G = \begin{pmatrix} -5 & 0 & -2 \\ 3 & -1 & 0 \\ -1 & 1 & 0 \\ 0 & 2 & 9 \end{pmatrix}.$$

Calcula:

| | | |
|---|---|---|
| 1)$(A+C)D$, | 4)$AE - BE$, | 7)$(A+B)^2$, |
| 2)$A + CD$ | 5)$CDE$, | 8)$A^2 + 2AB + B^2$, |
| 3)$A + EE^t$, | 6)$BA$, | 9)$BC$. |

7. Considera de nuevo las matrices definidas en el ejercicio anterior. Verifica si las siguientes igualdades son ciertas:

1)$FG = GF$, 2)$AB = BA$, 3)$EE^t = E^tE$.

8. Sea $A$ una matriz cuadrada $n \times n$ y sea $I$ la matriz identidad $n \times n$, es decir, la matriz cuadrada que tiene 1's sobre la diagonal y 0's fuera de ella. Sea $a$ un número real. Razona que las siguientes fórmulas son ciertas:

$$(A+I)^2 = A^2 + 2A + I, \quad (A-I)^2 = A^2 - 2A + I,$$
$$(A+aI)^2 = A^2 - 2aA + a^2 I.$$

Compara la solución con los apartados 7) y 8) del ejercicio 6. ¿Hay alguna contradicción?

9. Resuelve las siguiente ecuación matricial:

$$AX - Av = 0$$

en los siguientes casos:

$a)$ $A = \begin{pmatrix} 2 & 3 & 1 \\ -2 & 1 & 4 \\ 0 & 1 & -2 \end{pmatrix}, v = \begin{pmatrix} 2 \\ 1 \\ -2 \end{pmatrix}$

$b)$ $A = \begin{pmatrix} 2 & -1 & 1 \\ 0 & 3 & -3 \\ -4 & -4 & 4 \end{pmatrix}, v = \begin{pmatrix} 0 \\ 1 \\ 0 \end{pmatrix}$

10. Considera las siguientes matrices:

$$A = \begin{pmatrix} 0 & 1 & 2 \\ 2 & 2 & 4 \\ 3 & 1 & -2 \end{pmatrix}, \ b_1 = \begin{pmatrix} 0 \\ 0 \\ 0 \end{pmatrix}, \ b_2 = \begin{pmatrix} 1 \\ -2 \\ 3 \end{pmatrix}, \ b_3 = \begin{pmatrix} -1 & 1 \\ -2 & 0 \\ 1 & 0 \end{pmatrix}.$$

Resuelve las ecuaciones:

$$AX = b_1, \quad AX = b_2, \quad AX = b_3.$$

11. Considera las matrices:

$$A = \begin{pmatrix} -1 & 2 & -3 \\ -1 & -4 & 3 \\ -2 & -2 & 0 \end{pmatrix}, \ b_1 = \begin{pmatrix} 0 \\ 0 \\ 0 \end{pmatrix}, \ b_2 = \begin{pmatrix} -3 \\ -2 \\ -5 \end{pmatrix}.$$

Resuelve, si es posible, las ecuaciones:

$$AX = b_1, \quad AX = b_2, \quad AX = I.$$

12. Calcula las matrices inversas, si existen, de:

$$A = \begin{pmatrix} 2 & 3 & 1 \\ -2 & 1 & 4 \\ 0 & 1 & -2 \end{pmatrix}, B = \begin{pmatrix} -1 & 2 & -3 \\ -1 & -4 & 3 \\ -2 & -2 & 0 \end{pmatrix},$$

$$C = \begin{pmatrix} 0 & 1 & 2 \\ 2 & 2 & 4 \\ 3 & 1 & -2 \end{pmatrix}.$$

13. Calcula el rango de las siguientes matrices:

$$A = \begin{pmatrix} 0 & 1 & -1 & 1 \\ 2 & 2 & -3 & 4 \\ 4 & 2 & -4 & 6 \\ 2 & 3 & -4 & 5 \end{pmatrix}, B = \begin{pmatrix} 1 & 0 & -2 & 0 \\ 0 & 2 & 1 & -2 \\ 2 & 0 & -1 & 1 \end{pmatrix},$$

$$C = \begin{pmatrix} 3 & -1 & 2 & 5 \\ 6 & -5 & 1 & 1 \\ 6 & -4 & 2 & 4 \end{pmatrix}, D = \begin{pmatrix} 1 & 2 & -1 & 1 \\ 0 & 1 & 2 & 1 \\ 2 & 0 & -1 & 1 \end{pmatrix}.$$

14. Calcula la matriz inversa de

$$P = \begin{pmatrix} 0 & 1 & 0 & -3 \\ 1 & 0 & 0 & 0 \\ 0 & 0 & 1 & 2 \\ 0 & 0 & 0 & -1 \end{pmatrix},$$

y comprueba, posteriormente, que efectivamente lo es.

15. Supón que dos matrices cuadradas $n \times n$, $A$ y $B$, conmutan, es decir $AB = BA$. Prueba que entonces se verifican las fórmulas:

$$(A + B)^2 = A^2 + 2AB + B^2, \quad (A + B)(A - B) = A^2 - B^2.$$

16. Sea $m$ un parámetro real. Calcula el único valor de $m$ que hace que el sistema siguiente sea compatible y resuélvelo.

$$\begin{cases} 2x - 4y = 6 \\ x + y + z = 5 \\ 4x - 2y + 2z = m \\ -3x + 3y - z = -11 \end{cases}$$

17. Calcula la matriz inversa de la matriz (después de calcularla, comprueba que efectivamente lo es):

$$P = \begin{pmatrix} 1 & 2 & 0 \\ 0 & -1 & 1 \\ 1 & 2 & -1 \end{pmatrix}.$$

18. Calcula la matriz inversa de

$$P = \begin{pmatrix} 0 & 1 & 0 & -3 \\ 1 & 0 & 0 & 0 \\ 0 & 0 & 1 & 2 \\ 0 & 0 & 0 & -1 \end{pmatrix}.$$

19. Calcula la matriz inversa de

$$P = \begin{pmatrix} -1 & 1 & 0 & 0 \\ 0 & -1 & 1 & 0 \\ 0 & 0 & -1 & 1 \\ 0 & 0 & 0 & -1 \end{pmatrix}.$$

20. Calcula la matriz inversa de

$$P = \begin{pmatrix} 1 & 0 & -1 \\ 0 & 1 & 0 \\ 1 & 0 & 0 \end{pmatrix}.$$

21. Calcula la matriz inversa de

$$P = \begin{pmatrix} -1 & 1 & 0 & 0 \\ 0 & -1 & 1 & 0 \\ 0 & 0 & -1 & 1 \\ 0 & 0 & 0 & -1 \end{pmatrix}.$$

22. Considera:

$$A = \begin{pmatrix} 1 & 3 & -1 & 2 \\ -2 & 0 & 2 & 2 \\ 1 & 2 & b & 1 \end{pmatrix}, \quad \begin{pmatrix} 1 \\ 4 \\ 0 \end{pmatrix}$$

Calcula el único valor de $b$ que hace que el sistema $AX = b$ sea compatible.

23. Considera las siguientes matrices:

$$A = \begin{pmatrix} 0 & 1 & 2 \\ 2 & 2 & 4 \\ 3 & 1 & -2 \end{pmatrix}, b = \begin{pmatrix} -1 & 1 \\ -2 & 0 \\ 1 & 0 \end{pmatrix}.$$

Resuelve la ecuación matricial $AX = b$.

# Capítulo 8

# Determinantes

*Este capítulo y el siguiente están dedicados al estudio de las matrices cuadradas, que, como hemos visto, pueden interpretarse como aplicaciones lineales de un espacio $\mathbb{R}^n$ en sí mismo. Una de las herramientas fundamentales a la hora de trabajar con este tipo de matrices es el cálculo de determinantes, que es el tema del que nos ocuparemos durante este capítulo. Comenzaremos explicando el significado del concepto de determinante de una matriz cuadrada y dedicaremos el resto del capítulo a los distintos métodos de cálculo de determinantes. La aplicación más importante, para nosotros, del cálculo de determinantes se presentará en el capítulo siguiente, que está dedicado al estudio de los autovalores y autovectores de una matriz cuadrada.*

## 8.1. Determinantes

Comencemos considerando una matriz $2 \times 2$ general:

$$A = \begin{pmatrix} a & b \\ c & d \end{pmatrix},$$

y planteemos la siguiente pregunta:

> *¿Qué condición, o condiciones deben verificar los coeficientes de la matriz para que $A$ tenga rango 2?*

Una respuesta obvia a esta pregunta es que, como hemos visto en el capítulo anterior, un proceso de eliminación Gaussiana nos proporcione dos pivotes no nulos. Ahondemos un poco más en esta idea. Si $A$ tiene rango dos, la primera columna debe ser no nula, es decir $a$ y $c$ no pueden ser nulos a la vez. Supongamos primero que $a$ es no nulo; la eliminación Gaussiana, eligiendo $a$ como pivote, proporciona:

$$\begin{pmatrix} \boxed{a} & b \\ c & d \end{pmatrix} \xrightarrow{F_2 \leftrightarrow F_2 - \frac{c}{a}F_1} \begin{pmatrix} \boxed{a} & b \\ 0 & d - \frac{c}{a}b \end{pmatrix}.$$

De esta manera, la condición para que $A$ tenga rango dos es $d - bc/a \neq 0$, que podemos escribir:

$$ad - bc \neq 0.$$

De manera análoga, si $c$ es no nulo, podemos cambiar la primera fila con la segunda y tomar $c$ como pivote, obteniendo:

$$\begin{pmatrix} a & b \\ c & d \end{pmatrix} \xrightarrow{F_1 \leftrightarrow F_2} \begin{pmatrix} \boxed{c} & d \\ a & b \end{pmatrix} \xrightarrow{F_2 \leftrightarrow F_2 - \frac{a}{c}F_1} \begin{pmatrix} \boxed{c} & d \\ 0 & b - \frac{a}{c}d \end{pmatrix},$$

y la condición para que $A$ tenga rango dos en este caso vuelve a ser

$$ad - bc \neq 0.$$

De esta manera, que $A$ tenga rango máximo, en este caso igual a dos, puede comprobarse calculando $ad - bc$ y comprobando si el resultado es cero o no. Esta fórmula se conoce como *determinante de A*:

$$\det(A) = ad - bc.$$

### 8.1.1. El determinante y sus usos

Sea $A$ una matriz cuadrada $n \times n$. El *determinante de A*, que denotaremos $\det(A)$, es un número que se calcula a partir de los coeficientes de la matriz, y que verifica que es nulo si y sólo si la matriz $A$ tiene rango menor que $n$.

El hecho de que exista una forma de asociar a cada matriz un número que verifique la propiedad anterior se sigue de la teoría general del Álgebra Lineal, en la que no profundizaremos ahora (véase, por ejemplo [9, Cap. 4]). Veamos, en cambio, la manera habitual en la que usaremos el concepto de determinante y que puede resumirse en el siguiente enunciado:

**Proposición 8.1.1.** *Sea $A$ una matriz cuadrada $n \times n$. Son equivalentes:*

- *$A$ tiene rango $n$ (máximo).*
- $\det(A) \neq 0$.
- *Todo sistema lineal de la forma $AX = B$ es compatible determinado.*
- *$A$ tiene inversa.*

Los determinantes pueden ser usados, además, para la determinación del rango de una matriz, el cálculo de inversas o la resolución de sistemas lineales (la Regla de Cramer).

Estos métodos, de cierta importancia teórica, son computacionalmente mucho más costosos que los métodos basados en la Reducción Gaussiana que hemos visto en el Capítulo 7, por lo que desaconsejamos su uso. El lector interesado en conocerlos puede consultar, por ejemplo, [9, Cap. 4]. Comparemos por ejemplo el número de operaciones realizado para resolver un sistema de $n$ ecuaciones con $n$ incógnitas por reducción Gaussiana y mediante la Regla de Cramer:

$$\text{Gauss} = \frac{1}{6}n(4n^2+9n+7) \text{ ops.}, \quad \text{Cramer} = n^2(n-1)(n-1)!+n^2+2n-1 \text{ ops.}$$

De esta manera, para $n = 3$ la diferencia en el número de operaciones es todavía razonable: 28 de Gauss contra 50 de Cramer. Para de $n = 4$ tenemos 62 contra 311, y la diferencia continua creciendo, de manera que, por ejemplo, para $n = 10$ tenemos 804 contra 326592119. En la práctica, los científicos necesitan a veces resolver, con la ayuda de ordenadores, sistemas de ecuaciones de miles de millones de ecuaciones, de manera que el desarrollo de un algoritmo eficiente resulta fundamental. En este contexto, el método de Gauss constituye la base de los algoritmos de resolución directa más rápidos, mientras que el método de Cramer resulta de escasa utilidad.

Por otro lado, el determinante es una herramienta teórica importante. Como veremos en las Secciones 9.1 y 9.5, su uso resulta fundamental en la teoría de diagonalización de una matriz,y sus aplicaciones a la Dinámica de Poblaciones (ver Sección 9.2). A continuación veremos cuál es la fórmula del determinante de una matriz cuadrada cualquiera.

### 8.1.2. Fórmula del determinante

Ya hemos visto anteriormente la fórmula del determinante de una matriz $2 \times 2$ $A$:

$$\boxed{\det \begin{pmatrix} a_{11} & a_{12} \\ a_{21} & a_{22} \end{pmatrix} = a_{11}a_{22} - a_{12}a_{21}}$$

Podemos observar que la fórmula es, salvo signos, una suma de productos de coeficientes de $A$, en la que:

- Cada sumando es un producto de 2 coeficientes de $A$, en el que se han tomado un coeficiente de cada fila y de cada columna, es decir, de la forma:

  $$a_{1\square}a_{2\square},$$

  y los coeficientes que marcan las columnas pueden ser, $(1,2)$, o $(2,1)$.

- Cada sumando tiene un signo: el correspondiente a $(1,2)$ es positivo y el correspondiente a $(2,1)$ es negativo.

Veamos ahora cómo generaliza esto a la fórmula del determinante de una matriz $3 \times 3$.

$$\boxed{\det \begin{pmatrix} a_{11} & a_{12} & a_{13} \\ a_{21} & a_{22} & a_{23} \\ a_{31} & a_{32} & a_{33} \end{pmatrix} = \left\{ \begin{array}{l} a_{11}a_{22}a_{33} + a_{12}a_{23}a_{31} + a_{13}a_{21}a_{32} \\ -a_{11}a_{23}a_{32} - a_{13}a_{21}a_{32} - a_{12}a_{21}a_{33} \end{array} \right.}$$

De nuevo, vemos que:

- Cada sumando es un producto de coeficientes de $A$, en el que se ha tomado *un elemento de cada fila y cada columna de* $A$. De esta manera cada producto es de la forma:

  $$a_{1\square}a_{2\square}a_{3\square},$$

  donde los coeficientes que faltan corresponden a cada posible ordenación de los números $(1,2,3)$:

  $$(1,2,3),(2,3,1),(3,1,2),(1,3,2),(3,2,1),(2,1,3).$$

- Cada sumando aparece con un signo determinado por la ordenación correspondiente. La regla es la siguiente: Cada ordenación se obtiene de la inicial, $(1,2,3)$ mediante una sucesión de trasposiciones de dos elementos; por ejemplo, $(2,3,1)$ se obtiene de la forma siguiente:

$$(1,2,3) \xrightarrow{\text{trasp.}1,2} (2,1,3) \xrightarrow{\text{trasp.}1,3} (2,3,1).$$

  El signo de una ordenación es positivo si el número de trasposiciones que hemos necesitado es par, y es negativo en otro caso. De esta manera, el signo con el que debe aparecer $a_{12}a_{23}a_{31}$ es el de $(2,3,1)$, que es positivo (se construye mediante dos trasposiciones).

Es habitual recordar la fórmula del determinante de una matriz $3 \times 3$ mediante una regla mnemotécnica consistente en un gráfico que señala cada sumando con una linea (que une los coeficientes a multiplicar) y una manera de recordar los signos correspondientes. Se ha representado dicho gráfico en la Figura (8.1).

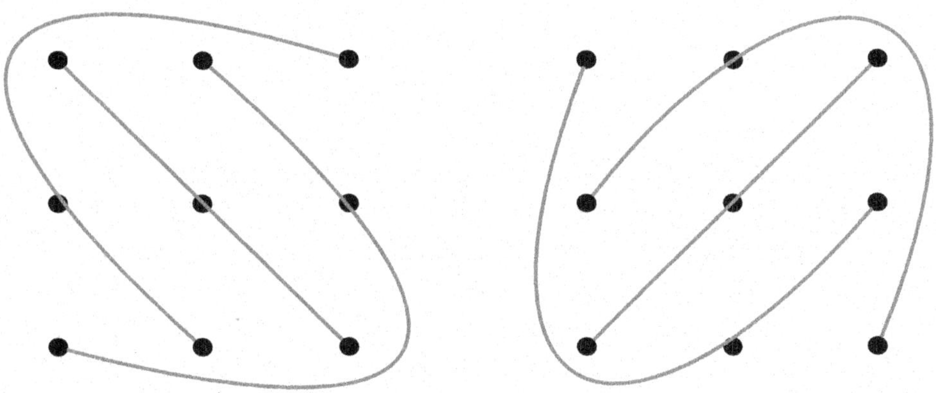


**Figura 8.1:** La regla de Sarrus.

Las reglas mediante las que se define el determinante de una matriz $3 \times 3$ son las mismas que las que definen un determinante $n \times n$. Así el determinante de una matriz será una suma de productos de la forma:

$$a_{1\sigma(1)}a_{2\sigma(2)} \cdots a_{n\sigma(n)},$$

donde $(\sigma(1), \cdots, \sigma(n))$ representa una ordenación $\sigma$ de $(1, \cdots, n)$. El signo de esta ordenación se representa signo$(\sigma)$, y se define mediante descomposición de trasposiciones, igual que en el caso de una matriz $3 \times 3$.

De esta manera, el fórmula del determinante de una matriz $n \times n$ es:

$$\det \begin{pmatrix} a_{11} & a_{12} & \cdots & a_{1n} \\ a_{21} & a_{22} & \cdots & a_{2n} \\ \vdots & \vdots & \ddots & \vdots \\ a_{n1} & a_{n2} & \cdots & a_{nn} \end{pmatrix} = \sum_{\sigma} \text{signo}(\sigma) a_{1\sigma(1)} a_{2\sigma(2)} \cdots a_{n\sigma(n)}$$

donde el sumatorio $\sum$ indica que sumamos en todas las posibles ordenaciones $\sigma$ de $(1, 2, \cdots, n)$.

**Nota 8.1.2.** El número de sumandos que aparecen en un determinante $n \times n$ es igual al número posible de ordenaciones de $(1, 2, \cdots, n)$, es decir[1], $n! = 1 \cdot 2 \cdot \ldots \cdot n$. Por ejemplo, para $n = 4$, el determinante tiene 24 sumandos.

**Ejemplo 8.1.3.** Dada la matriz

$$A = \begin{pmatrix} 2 & 3 & 0 & x \\ x & 0 & -3 & 1 \\ x & 1 & x & 5 \\ 2 & x & 1 & 2 \end{pmatrix},$$

calculemos el coeficiente que acompaña a $x^4$ en el determinante de $A$.

Para ello, nótese que, como $x$ sólo aparece con grado a lo sumo uno en cada coeficiente, para poder alcanzarse grado 4 en un producto de la forma $a_{1\sigma(1)} a_{1\sigma(2)} a_{1\sigma(3)} a_{4\sigma(4)}$, necesitamos que todos los coeficientes tomados contengan $x$. Como hemos de tomar un coeficiente en cada fila y cada columna, la única posibilidad es tomar los coeficientes que se han recuadrado:

$$\begin{pmatrix} 2 & 3 & 0 & \boxed{x} \\ \boxed{x} & 0 & -3 & 1 \\ x & 1 & \boxed{x} & 5 \\ 2 & \boxed{x} & 1 & 2 \end{pmatrix},$$

que da como resultado $x^4$, y corresponde a la ordenación $(4, 1, 3, 2)$. Siendo ésta positiva, concluimos que el coeficiente solicitado es $+1$.

[1] Explica porqué.

### 8.1.3. Propiedades de los determinantes

D1 En el calculo del determinante, para definir el signo de cada sumando hemos tomado las filas en el orden natural (primer subíndice de los coeficientes) y utilizando la ordenación en la que aparecen las columnas (segundo subíndice). Podíamos haberlo hecho al revés, tomando las columnas en el orden natural y considerando la ordenación de las filas, pero el signo que aparece entonces es exactamente el mismo. En consecuencia, en la definición de determinante filas y columnas toman un papel simétrico, de manera que

$$\boxed{\det(P^T) = \det(P)}.$$

D2 Veamos cómo cambia el determinante de una matriz $B$ que se obtiene de aplicar sobre una matriz $A$ una transformación elemental por filas. Estas propiedades se pueden obtener directamente a partir de la fórmula del determinante que hemos mostrado anteriormente.

| tr. elemental | determinante |
|---|---|
| $A \xrightarrow{kF_i} B$ | $\det(B) = k\det(A)$ |
| $A \xrightarrow{F_i+bF_j} B$ | $\det(B) = \det(A)$ |
| $A \xrightarrow{F_i\leftrightarrow F_j} B$ | $\det(B) = -\det(A)$ |

**Tabla 8.1:** Determinantes y transformaciones elementales.

Por el apartado anterior, además, el comportamiento del determinante respecto a las transformaciones elementales por columnas es totalmente análogo.

D3 El determinante preserva productos: dadas dos matrices $n \times n$, $A$ y $B$, se tiene:

$$\boxed{\det(AB) = \det(A)\det(B)}$$

**D4** El determinante de la inversa de una matriz es el inverso del determinante de la matriz:

$$\boxed{\det(A^{-1}) = \frac{1}{\det(A)}}$$

Esta propiedad se sigue fácilmente de la anterior, puesto que

$$\det(A)\det(A^{-1}) = \det(AA^{-1}) = \det(I),$$

y se puede comprobar fácilmente que $\det(I) = 1$.

**D5** El determinante de una matriz triangular, superior o inferior, es igual al producto de sus coeficientes de la diagonal.

**Ejercicio 8.1.1:**

¿Cuáles son los posibles valores del determinante de una matriz $A$ $n \times n$ que verifica $A^3 = A$? Razona la respuesta.

### 8.1.4. Cálculo de determinantes

Para matrices $n \times n$, con $n$ mayor que 3, el cálculo de un determinante se realiza normalmente de dos maneras; mediante el desarrollo por una fila, o columna, adecuada o mediante la aplicación de transformaciones elementales; también es posible combinar ambos métodos.

**Desarrollo de un determinante por una fila o por una columna.**

El desarrollo de un determinante por una fila o columna es una forma de agrupar sumandos del determinante, que permite reducirlo a determinantes de orden más pequeño.

Sea $A$ una matriz $n \times n$, cuyo determinante queremos calcular. Escojamos una fila o una columna de la matriz $A$; por simplicidad vamos a suponer, de momento, que hemos escogido la primera fila. Como cada sumando del determinante contiene un elemento de cada fila y de cada columna, cada uno de estos sumandos contendrá un elemento (exactamente uno) de la primera fila ($a_{11}, a_{12}, \cdots$ o $a_{1n}$).

De esta manera, podemos agrupar los sumandos según cuál de los coeficientes de la primer fila contenga y sacar factor común, obteniendo:

$$\det(A) = a_{11}(\text{Expr.})_{11} + a_{12}(\text{Expr.})_{12} + \cdots + a_{1n}(\text{Expr.})_{1n},$$

donde los $(\text{Expr.})_{1i}$ son ciertas expresiones algebraicas en los coeficientes de la matriz $A$ que, por construcción son sumas de productos de coeficientes de $A$, en los que no aparece ningún elemento de la fila ni de la columna que contienen a $a_{1i}$.

Un análisis un poco más detallado nos conduce a una descripción completa de $(\text{Expr.})_{1i}$: es el *adjunto de* $a_{1i}$.

El *adjunto de un coeficiente cualquiera* $a_{ij}$, que se denota normalmente por $A_{ij}$ es, por definición, el determinante de la matriz que resulta de eliminar en $A$ la fila y la columna que contienen a $a_{ij}$, al que se antepone un signo, que es positivo si $i + j$ es par y negativo en otro caso; es decir, el signo para $A_{11}$ es $+$, y se va alternando según avanzamos por filas o por columnas:

$$\begin{pmatrix} + & - & + & \cdots \\ - & + & - & \cdots \\ + & - & + & \cdots \\ \vdots & \vdots & \vdots & \ddots \end{pmatrix}$$

De esta manera, el desarrollo por la primera fila del determinante de $A$ nos proporciona entonces esta fórmula:

$$\boxed{\det(A) = a_{11}A_{11} + a_{12}A_{12} + \cdots + a_{1n}A_{1n}}$$

Así, el determinante de una matriz $n \times n$ se reduce a calcular $n$ determinantes de matrices $(n-1) \times (n-1)$.

De forma análoga podemos calcular $\det(A)$ desarrollando por otra fila o por otra columna. Por ejemplo, y si desarrollamos por la columna $j$ tendremos:

$$\boxed{\det(A) = a_{1j}A_{1j} + a_{2j}A_{2j} + \cdots + a_{nj}A_{nj}}$$

Nótese que si uno de los coeficientes de la fila o columna que hemos elegido para desarrollar es nulo, no tendremos que calcular el menor asociado, con lo que el número de determinantes $(n-1) \times (n-1)$ que tenemos que calcular se reducirá. Entonces la mejor estrategia para calcular un determinante mediante este método consiste en *elegir la fila o columna que más ceros tenga.* Veamos un ejemplo.

**Ejemplo 8.1.4.** Calculemos el determinante de la matriz:

$$A = \begin{pmatrix} 3 & -1 & 0 & 2 \\ -1 & 0 & -1 & 0 \\ 0 & 0 & -2 & 3 \\ 4 & -5 & 0 & -1 \end{pmatrix}.$$

No hay ninguna fila o columna con más de dos elementos nulos; elijamos, por ejemplo, la tercera columna. Al desarrollar por ella obtenemos:

$$\det(A) = 0 - (-1)\det\begin{pmatrix} 3 & -1 & 2 \\ 0 & 0 & 3 \\ 4 & -5 & -1 \end{pmatrix} + (-2)\det\begin{pmatrix} 3 & -1 & 2 \\ -1 & 0 & 0 \\ 4 & -5 & -1 \end{pmatrix} - 0.$$

Así el problema se reduce a calcular dos determinantes $3 \times 3$, que podemos calcular mediante la regla de Sarrus, o bien seguir desarrollando por una fila o columna. Utilizaremos el segundo método: desarrollando el primer determinante y el segundo determinante por la segunda fila se obtiene:

$$\det(A) = -(-1)(-3)\det\begin{pmatrix} 3 & -1 \\ 4 & -5 \end{pmatrix} + (-2)(-(-1))\det\begin{pmatrix} -1 & 2 \\ -5 & -1 \end{pmatrix} =$$

$$= -3(-15+4) - 2(1+10) = 11.$$

**Ejercicio 8.1.2:**

Usando el desarrollo de un determinante por filas o columnas, prueba la propiedad D5 de los determinantes, es decir, que el determinante de una matriz triangular es igual al producto de sus coeficientes de la diagonal.

**Utilización de transformaciones elementales en el cálculo de determinantes.**

A la vista de nuestra discusión previa, es obvio que un determinante será más sencillo cuanto mayor sea el número de coeficientes nulos que tenga; combinando esta idea con la propiedad D2, que nos indica como varía un determinante al aplicar transformaciones sobre la matriz correspondiente, podemos idear algoritmos que nos ayuden a reducir el número de operaciones del cálculo de un determinante. El más simple sea quizás el que consiste en realizar los siguiente pasos:

1. Realizar la reducción gaussiana de la matriz $A$.

2. Calcular el determinante de la matriz reducida, que es una matriz triangular.

3. Examinar cómo ha variado el determinante de $A$ a lo largo del proceso de reducción y utilizar esto para deducir el determinante de $A$ a partir del de la matriz reducida.

**Ejemplo 8.1.5.** Calculemos el determinante de la matriz:

$$A = \begin{pmatrix} 2 & -2 & 3 \\ -2 & 3 & -2 \\ 1 & -1 & 1 \end{pmatrix}.$$

Usando sucesivamente las transformaciones elementales

$$(F_1 \leftrightarrow F_3), \quad (F_2 + 2F_1), \quad (F_3 - 2F_1),$$

la matriz se reduce a

$$\begin{pmatrix} \boxed{1} & -1 & 1 \\ 0 & \boxed{1} & 0 \\ 0 & 0 & \boxed{1} \end{pmatrix},$$

Como esta matriz tiene determinante 1, y en el proceso de reducción de $A$ su determinante se transforma, de acuerdo con la propiedad $\boxed{\text{D2}}$, en $-\det(A)$, deducimos que $\det(A) = -1$.

Este método puede combinarse con el método del desarrollo por menores o la regla de Sarrus de muchas maneras diferentes, que la matriz que nos ocupe podrá sugerir. Esto sucede a menudo con matrices que tienen bastantes ceros. Recordemos, sin embargo, que el método de Gauss destaca por su eficiencia computacional, de manera que deberíamos considerarlo siempre como la herramienta más adecuada.

## 8.2. Ejercicios

1. Dadas las matrices:

$$A = \begin{pmatrix} -2 & 0 & 1 \\ 0 & 3 & -2 \\ 1 & 4 & 5 \end{pmatrix}, \ B = \begin{pmatrix} 1 & 1 & 1 \\ 2 & 3 & 4 \\ 4 & 9 & 16 \end{pmatrix},$$

calcula $\det(A)$, $\det(B)$ y $\det(A \cdot B)$ y comprueba que

$$\det(A \cdot B) = \det(A) \cdot \det(B).$$

De hecho, esta es una regla general, que se verifica para cualesquiera matrices $A$, $B$.

2. Calcula, cuando sea posible, los determinantes de las matrices inversas y de las matrices traspuestas de las siguientes matrices:

$$A = \begin{pmatrix} 4 & -1 & 1 & 1 \\ 1 & 3 & 3 & -2 \\ -1 & 0 & -1 & 3 \\ 4 & 2 & 3 & 2 \end{pmatrix}, \ B = \begin{pmatrix} 4 & -1 & 1 & 1 \\ 1 & 3 & 3 & -2 \\ -1 & 0 & -1 & 3 \\ 4 & 2 & 3 & 1 \end{pmatrix}.$$

3. Si una matriz $A$ verifica $A^t = A^{-1}$, ¿qué puedes decir de su determinante? ¿Y si verifica $A^2 = A$?

4. Dada una matriz $4 \times 4$ $A$, cuyo determinante es 5, considera las matrices $A_1$, $A_2, \ldots$, que se obtienen de $A$ mediante las transformaciones que se describen a continuación. El ejercicio consiste en calcular el determinante de esas matrices.

   *a*) $A_1$ resulta de intercambiar sus filas primera ($F_1$) y tercera ($F_3$).

   *b*) $A_2$ resulta de sustituir en $A$ $F_2$ por $3F_2$.

   *c*) $A_3$ resulta de sustituir en $A$ $F_4$ por $F_4 - 2F_1$.

*d*) $A_4$ resulta de intercambiar sus columnas $C_2$ y $C_3$.

*e*) $A_5$ resulta de sustituir en $A$ $C_3$ por $-\frac{1}{2}C_3$.

*f*) $A_6$ resulta de sustituir en $A$ $C_3$ por $C_3 - 4C_1$.

*g*) $A_7$ resulta de sustituir en $A$ $F_2$ por $3F_2 - 2F_1$.

*h*) $A_8$ resulta de sustituir en $A$ $F_2$ por $3F_2 + 124F_1$.

*i*) $A_9$ resulta de sustituir en $A$ $F_2$ por $3F_2 + 124F_1 - 21F_3$.

*j*) $A_9$ resulta de sustituir en $A$ $C_4$ por $3C_3 - 2C_1$.

5. Calcula el determinante, en función de $a$, de las siguientes matrices:

$$A = \begin{pmatrix} 3 & 0 & -1 \\ 0 & a & 1 \\ 1 & -1 & 0 \end{pmatrix}, \ B = \begin{pmatrix} 1 & a & -a \\ 0 & -2a & 1 \\ 2 & 3a & a \end{pmatrix},$$

$$C = \begin{pmatrix} a & a-1 & a-2 \\ a-1 & a-2 & a \\ a-2 & a & a-1 \end{pmatrix}.$$

¿Para qué valores de $a$ son invertibles las matrices anteriores?

6. Calcular el determinante de la *matriz de Vandermonde*:

$$A = \begin{pmatrix} 1 & 1 & 1 & 1 \\ 1 & 2 & 4 & 8 \\ 1 & 3 & 9 & 27 \\ 1 & 4 & 16 & 64 \end{pmatrix}.$$

(*Idea:* Usa transformaciones de $A$ por columnas para hacer ceros en la primera fila) Hazlo también para la matriz de Vandermonde general:

$$A = \begin{pmatrix} 1 & 1 & 1 & 1 \\ 1 & a & a^2 & a^3 \\ 1 & b & b^2 & b^3 \\ 1 & c & c^2 & c^3 \end{pmatrix}, \quad a, b, c \text{ números reales cualesquiera}$$

# Capítulo 9

# Autovalores y autovectores

*Cuando consideramos la aplicación lineal asociada a una matriz cuadrada, se nos plantea de manera natural el problema siguiente: ¿existe una forma sencilla de describir esa aplicación? Veremos que en muchas ocasiones es posible, en efecto, describir la aplicación lineal de forma simple, una vez que uno toma un sistema de referencia adecuado. Para formalizar esto convenientemente, necesitaremos introducir el concepto de bases de* $\mathbb{R}^n$ *y de cambios de coordenadas. En este contexto aparecerá también el concepto de autovector, cuyas aplicaciones van más allá del estudio de la diagonalización, como veremos en la sección dedicada a las aplicaciones de estos conceptos a la Dinámica de Poblaciones (Sección 9.2).*

## 9.1. Autovalores y autovectores

Sea $A$ una matriz cuadrada $n \times n$. Un *autovector* de $A$ es un vector $v \in \mathbb{R}^n$ no nulo, que es proporcional a su imagen por $A$, es decir:

$$\boxed{Av = \lambda v} \text{ para un cierto número real } \lambda. \tag{9.1}$$

Decimos entonces que $\lambda$ es un *autovalor* de $A$, asociado a $v$.

Nótese que si $v$ es un autovector, cualquier múltiplo suyo también lo será (asociado al mismo autovalor, de hecho), puesto que[1] $A(kv) = \lambda(kv)$ para cualquier número real no nulo $k$.

[1] Pruébalo.

Es importante resaltar que los autovectores *son vectores no nulos*, puesto que el vector cero verificaría la ecuación (9.1) de manera obvia para cualquier autovalor $\lambda$. Siendo $v$ no nulo, sin embargo, el autovalor $\lambda$ es único para el autovector $v$ (es la constante de proporcionalidad entre un vector no nulo $v$ y su imagen $Av$). Nótese que, sin embargo, $\lambda$ sí puede ser nulo.

El caso más sencillo en el que podemos calcular los autovalores y autovectores de una matriz es el de una matriz diagonal, como muestra el siguiente ejemplo, que puede ser extrapolado a cualquier matriz diagonal cualquiera.

**Ejemplo 9.1.1.** Considera la siguiente matriz cuadrada $3 \times 3$:

$$D = \begin{pmatrix} 3 & 0 & 0 \\ 0 & 1/2 & 0 \\ 0 & 0 & -1 \end{pmatrix}.$$

Es inmediato comprobar que:

$$D \begin{pmatrix} 1 \\ 0 \\ 0 \end{pmatrix} = 3 \begin{pmatrix} 1 \\ 0 \\ 0 \end{pmatrix}, \quad A \begin{pmatrix} 0 \\ 1 \\ 0 \end{pmatrix} = \frac{1}{2} \begin{pmatrix} 0 \\ 1 \\ 0 \end{pmatrix}, \quad A \begin{pmatrix} 0 \\ 0 \\ 1 \end{pmatrix} = (-1) \begin{pmatrix} 0 \\ 0 \\ 1 \end{pmatrix}.$$

En otras palabras, los vectores $(1, 0, 0)$, $(0, 1, 0)$, $(0, 0, 1)$ son autovectores de $D$, asociados a los autovalores 3, $1/2$ y $-1$, respectivamente.

**Proposición 9.1.2.** *Los autovalores de una matriz diagonal son los coeficientes* $d_1, d_2, \cdots, d_n$ *de su diagonal, y los autovectores asociados a estos autovalores son los vectores* $(1, 0, \cdots, 0), (0, 1, \cdots, 0), (0, 0, \cdots, 1)$ *(*$d_1$ *asociado a* $(1, 0, \cdots, 0)$, $d_2$ *a* $(0, 1, \cdots, 0)$, *etc).*

**Nota 9.1.3.** Los autovectores de una matriz triangular (superior o inferior) son también los coeficientes de su diagonal. Sin embargo, los autovectores son, en general, diferentes de $(1, 0, \cdots, 0), (0, 1, \cdots, 0), (0, 0, \cdots, 1)$.

### 9.1.1. Cálculo de autovalores

En esta sección veremos cómo se calculan los autovalores y autovectores de una matriz cuadrada $A$. Consideremos inicialmente la ecuación que define a los autovalores y autovectores de una matriz $A$:

$$Av = \lambda v, \quad (v \neq 0).$$

Si conociésemos un autovector $v$, la ecuación anterior nos permitirá calcular el autovalor $\lambda$ asociado y, reciprocamente, si conocemos un valor de $\lambda$, podemos usar esa ecuación para calcular el autovector $v$ asociado.

Debemos, por tanto, intentar obtener, a partir de esta ecuación, otra que sólo contenga una de las incógnitas $v$ o $\lambda$. Para ello podemos escribir la ecuación anterior de la manera siguiente:

$$Av - \lambda v = 0.$$

Nótese que no podemos sacar factor común $v$ en el lado izquierdo, dado que $A$ es una matriz y $\lambda$ es un escalar, y por lo tanto no pueden restarse. Sin embargo podemos usar el siguiente truco: el producto $\lambda v$ es exactamente igual[2] al producto $(\lambda I)v$, donde $I$ es la matriz identidad $n \times n$, es decir:

$$\lambda v = \lambda I v = \begin{pmatrix} \lambda & 0 & \cdots & 0 \\ 0 & \lambda & \cdots & 0 \\ \vdots & \vdots & \ddots & \vdots \\ 0 & 0 & \cdots & \lambda \end{pmatrix} v.$$

Esto nos permite decir que $\lambda$ es un autovalor precisamente si existe un vector $v$ *no nulo* tal que:

$$(A - \lambda I)v = 0.$$

Pero $A - \lambda I$ es una matriz cuadrada; que el sistema $(A - \lambda I)X = 0$ tenga una solución no nula es equivalente a decir que $(A - \lambda I)$ no tiene rango máximo, y por tanto es equivalente (por la Proposición 8.1.1) a que:

$$\det(A - \lambda I) = 0.$$

En otras palabras:

> Los autovalores de una matriz $A$ son las soluciones de la ecuación:
>
> $$\det(A - xI) = 0.$$

La expresión $\det(A - xI)$ suele llamarse *polinomio característico de A*, y es un polinomio de grado $n$ cuyas soluciones son los autovalores de $A$.

[2]Compruébalo.

**Ejemplo 9.1.4.** Calculemos los autovalores de la matriz

$$A = \begin{pmatrix} -17 & -\frac{55}{2} & 25 \\ 8 & \frac{27}{2} & -11 \\ -4 & -\frac{13}{2} & 6 \end{pmatrix}.$$

Para ello calculamos primero su polinomio característico:

$$\det(A - xI) = \det \begin{pmatrix} -17-x & -\frac{55}{2} & 25 \\ 8 & \frac{27}{2}-x & -11 \\ -4 & -\frac{13}{2} & 6-x \end{pmatrix} = -x^3 + \frac{5x^2}{2} + 2x - \frac{3}{2}.$$

Igualamos este polinomio a cero y resolvemos la ecuación. Para esto, primero multiplicamos primero por $(-2)$, para eliminar los denominadores y el signo negativo inicial, obteniendo la ecuación $2x^3 - 5x^2 - 4x + 3 = 0$. Usando los métodos habituales (Ruffini y la fórmula de la ecuación de segundo grado) se obtiene que los autovalores de $A$ son:

$$\lambda_1 = 3, \quad \lambda_2 = 1/2, \quad \lambda_3 = -1.$$

De acuerdo con lo visto anteriormente, una vez calculados los autovalores de una matriz $A$ a partir del polinomio característico, los autovectores correspondientes pueden calcularse usando la definición. De esta manera, para obtener los autovectores asociados a $\lambda_1$, debemos resolver el sistema $AX = \lambda_1 X$ o, equivalentemente, el sistema $(A - \lambda_1 I)X = 0$. Después pasaríamos a calcular los autovectores asociados a $\lambda_2$ y así sucesivamente.

Nótese que por definición, los sistemas $(A - \lambda_i I)X = 0$ son compatibles indeterminados, puesto que tienen soluciones no nulas: los autovectores asociados a $\lambda_i$. Recordemos además que cualquier múltiplo de un autovector es autovector; obviaremos siempre este hecho a la hora de expresar las soluciones del problema del cálculo de autovectores.

**Ejemplo 9.1.5.** Calculemos los autovectores de la matriz $A$ del ejemplo anterior. Sabemos ya que tiene tres autovalores: 3, 1/2 y $-1$. Calculemos los autovectores asociados a cada uno de ellos.

Para calcular los autovectores asociados al autovalor 3, resolvemos el sistema $(A - 3I)X = 0$, que tiene matriz ampliada:

$$\left(\begin{array}{ccc|c} -17-3 & -\frac{55}{2} & 25 & 0 \\ 8 & \frac{27}{2}-3 & -11 & 0 \\ -4 & -\frac{13}{2} & 6-3 & 0 \end{array}\right).$$

Resolviendo este sistema mediante el método de Gauss, obtenemos:

$$\left.\begin{aligned} x &= 4\alpha \\ y &= -2\alpha \\ z &= \alpha \end{aligned}\right\} (\alpha \in \mathbb{R}).$$

Así, hemos obtenido que $(4, -2, 1)$, y todos sus múltiplos, son autovectores de $A$ asociados al autovalor 3.

De la misma manera, los autovectores asociados a $1/2$ y a $(-1)$ son, respectivamente:

$$(3, -1, 1), \quad (5, -2, 1) \quad \text{(y todos sus múltiplos)}.$$

**Resumen: Cálculo de autovalores y autovectores.**

Para calcular los autovalores y autovectores de una matriz cuadrada $A$ $n \times n$ hay que seguir los siguientes pasos:

1. Calcular el polinomio característico $\det(A - xI)$ de la matriz $A$. Es un polinomio de grado $n$.

2. Calcular las raíces $\lambda_1, \lambda_2, \ldots$ del polinomio característico, que son los autovalores de la matriz $A$.

3. Para cada uno de estos autovalores $\lambda_i$ calcular los autovectores asociados, resolviendo el sistema $(A - \lambda_i I)X = 0$.

**Nota 9.1.6.** Así como la única dificultad en el paso 1 anterior es puramente computacional, el paso 2 es más problemático, debido a que consiste en resolver una ecuación polinómica de grado $n$. Esto no supone ningún problema cuando $n$ es dos, pero si $n$ es mayor[3], no dispondremos de ninguna fórmula explícita que nos proporcione las raíces del polinomio característico. A mano la única herramienta de la que dispondremos es la regla de Ruffini, que sólo nos servirá para calcular las raíces enteras o racionales del polinomio.

[3]En realidad se conocen fórmulas para ecuaciones de grados 3 y 4, pero para grados mayores de 5 un conocido y revolucionario teorema del siglo XIX prueba que no existe ninguna fórmula que dé las raíces de estas ecuaciones.

Desafortunadamente, en general, los autovalores de una matriz no serán racionales, así que en la práctica este método resulta muy poco eficiente. Los métodos que se usan para calcular autovalores y autovectores de una matriz son *aproximativos*, y se usan herramientas informáticas. El estudio de estos métodos, para el que necesitaríamos un bagaje matemático mucho más amplio, está fuera de los objetivos de este curso. Solamente explicaremos un método que nos va a permitir calcular de modo sencillo el autovalor máximo de una matriz de Leslie (o de cualquier otra matriz de un modelo poblacional matricial) usando una hoja de cálculo. Las bases de este método, llamado de las potencias, que consiste en la aplicación sucesiva de la matriz en cuestión, han aparecido ya en la Sección 7.4, y aparecerán de nuevo en las secciones 9.2 y 9.3.

**Nota 9.1.7.** El polinomio característico de una matriz puede tener raíces complejas. Un ejemplo[4] sencillo es la matriz:

$$A = \begin{pmatrix} 0 & 1 \\ -1 & 0 \end{pmatrix}.$$

Si permitimos coordenadas complejas es posible calcular autovectores asociados a autovalores complejos, pero no trataremos aquí este tema. En el Capítulo 11 aparecerán algunas matrices dos por dos con autovalores complejos, pero para nuestros propósitos no necesitaremos calcular los autovectores correspondientes.

**Nota 9.1.8.** Un error bastante común es el de realizar transformaciones elementales sobre la matriz cuyos autovalores y autovectores vamos a calcular. Una transformación elemental puede cambiar completamente los autovalores de una matriz. Por ejemplo: los autovalores de

$$\begin{pmatrix} -1 & 0 \\ 0 & 1 \end{pmatrix}$$

son $-1$ y 1, mientras que la matriz que resulta de intercambiar sus filas 1 y 2 tiene autovalores complejos.

[4]Comprueba que sus autovalores son $i$ y $-i$.

## 9.2. Crecimiento de un modelo de Leslie

Esta sección es una continuación de la Sección 7.4, en la que discutimos algunas propiedades de los modelos de Leslie. Recordar que en este modelo la población en un momento determinado $t$ es representada mediante un vector $N(t)$, cuyas componentes son los números de individuos de cada edad a tiempo $t$. El modelo indica que el vector población a tiempo $t+1$ se obtiene multiplicando $N(t)$ por una matriz $L$, que contiene información sobre las tasas de fecundidad y de supervivencia de cada uno de los grupos de edades de la población:

$$N(t+1) = LN(t).$$

A través de la experimentación, nos convencimos[5] de que, para cualquier población inicial $N(0)$ que contenga individuos potencialmente fértiles, los vectores $p(t) = N(t)/N_T(t)$ convergen a un vector fijo $p$, y los crecimientos a tiempo $t$, $\lambda(t) = N_T(t)/N_T(t-1)$ convergen a un valor fijo $\lambda$:

$$\lim_{t\to+\infty} p(t) = p, \qquad \lim_{t\to+\infty} \lambda(t) = \lambda.$$

El vector $p$ suele llamarse *vector de proporciones estables del modelo* y $\lambda$ *crecimiento intrínseco del modelo.* Matemáticamente:

| Con la notación anterior, $p$ es un autovector de $L$ asociado a $\lambda$. |
|---|

En efecto, se comprueba, usando las definiciones de $\lambda$ y $p$, que $Lp = \lambda p$:

$$Lp = L \lim_{t\to+\infty} p(t) = L \lim_{t\to+\infty} \frac{N(t)}{N_T(t)} = \lim_{t\to+\infty} L\frac{N(t)}{N_T(t)}.$$

Como $1/N_T(t)$ es un escalar, conmuta con la multiplicación por $L$, luego:

$$Lp = \lim_{t\to+\infty} \frac{1}{N_T(t)} LN(t) = \lim_{t\to+\infty} \frac{1}{N_T(t)} N(t+1).$$

[5]De nuevo: esto sólo sucede si la matriz $L$ es *irreducible*, lo cual quiere decir que sólo tiene un autovalor de norma máxima (véase el Tema 9 para la definición de autovalor). En la práctica, dado que las entradas de nuestra matriz serán números obtenidos experimentalmente, no vamos a tener este problema, pero, el hecho de que haya autovalores con normas cercanas a la máxima, puede hacer que la convergencia al vector de proporción estable sea lenta.

Multiplicando y dividiendo por el escalar $N_T(t+1)$ tendremos:

$$Lp = \lim_{t\to+\infty} \frac{N_T(t+1)}{N_T(t)} \frac{N(t+1)}{N_T(t+1)} = \lim_{t\to+\infty} \lambda(t+1)p(t+1) = \lambda p.$$

Dentro del conjunto de autovalores y autovectores de $L$, $p$ y $\lambda$ son especiales, en un sentido que se expresa de manera precisa en el llamado Teorema de Perron–Frobenius[6] , cuyo enunciado (que funciona con más generalidad) escribimos aquí para matrices de Leslie:

**Teorema 9.2.1** (Teorema de Perron–Frobenius para matrices de Leslie). *Siendo $L$ una matriz de Leslie primitiva, se verifica que:*

- *$\lambda$ es el único autovalor dominante de $L$, es decir, es mayor en valor absoluto que todos los demás.*
- *$p$ es el único autovector de $L$ asociado a $\lambda$.*

**Nota 9.2.2.** En este momento resulta adecuado hacer una pequeña aclaración respecto a la lógica con la que funciona esta construcción que estamos haciendo. El Teorema de Perron–Frobenius, aplicado a un matriz de Leslie primitiva, permite afirmar la existencia de un único autovalor dominante $\lambda$ y un único autovector $p$ asociado a él. Este resultado teórico nos permite aplicar el llamado *método de las potencias* y afirmar que $\lambda$ es el límite de los $\lambda(t)$ y $p$ es el límite de los $p(t)$. Recordemos que hasta ahora no teníamos ninguna demostración de la existencia de estos límites, salvo la convicción basada en los experimentos con herramientas informáticas. La teoría matemática nos ofrece demostraciones rigurosas de todos estos hechos. También nos permite explicar matemáticamente por qué necesitamos comenzar con un vector población inicial $N(0)$ que contenga individuos fértiles. El lector interesado en estos temas puede encontrar explicaciones más detalladas en [22].

**Advertencia 9.2.3.** Las hipótesis del teorema anterior incluyen la *primitividad* de $L$ (ver [22] para más detalles). Dado que los coeficientes de una matriz de Leslie son experimentales, lo más habitual es que las matrices que nos encontremos sean primitivas. Sin embargo, es posible que nos encontremos en algún momento con matrices de Leslie no primitivas. Así, por

[6]El Teorema de Perron–Frobenius fue probado por O. Perron en 1907 para matrices positivas, y generalizado por G. Frobenius en 1912.

ejemplo, cualquier matriz de Leslie en la que la única fecundidad sea la de los individuos de edad máxima, será no primitiva. En estos casos, podremos observar comportamientos oscilatorios en los vectores de proporciones. Puedes comprobarlo fácilmente, por ejemplo, con la matriz:

$$L = \begin{pmatrix} 0 & 2 \\ 1/2 & 0 \end{pmatrix}.$$

**Conclusiones: Estabilidad demográfica.**

1. Decimos que $N(t)$ es *demográficamente estable* cuando su vector de proporciones $p(t)$ es igual a $p$. Puede decirse entonces que toda población que se rige por un modelo de Leslie primitivo tiende a hacerse de demográficamente estable.

2. Cuando una de tales poblaciones no es demográficamente estable, su crecimiento anual fluctúa con el tiempo. La amplitud de estas fluctuaciones disminuye con el tiempo, de manera que será exactamente igual a $\lambda$ cuando la población sea demográficamente estable. Esto quiere decir que si una población es demográficamente estable a tiempo 0, entonces $N_T(t) = N_T(0)\lambda^t$: la población total $N_T$ crece exponencialmente, multiplicándose por $\lambda$ en cada unidad de tiempo. Es común denotar $r := \ln(\lambda)$, de manera que podemos escribir

   $$N_T(t) = N_T(0)e^{rt}.$$

   Al igual que en el modelo de Malthus, $r$ se denomina *tasa de crecimiento intrínseco de la población.* En este sentido, podemos considerar el modelo de Leslie como una versión demográfica del modelo de Malthus, en el que se da explicación a ciertas fluctuaciones en el crecimiento anual que son debidas a una inestabilidad demográfica.

3. Al igual que en el modelo de Malthus, una población está creciendo siempre que $\lambda > 1$ (equivalentemente $r > 0$) y estará decreciendo cuando $\lambda < 1$ ($r < 0$).

### 9.2.1. La ecuación de Lotka–Euler

Dado un modelo de Leslie con matriz $L$, hemos visto que $\lambda$ y $p$ son, respectivamente, el autovalor dominante (y único positivo) de $L$ y el autovector asociado a él. La forma habitual de calcular $\lambda$ y $p$ (con excepción de algunos casos en los que $L$ sea muy sencilla, en que $\lambda$ y $p$ pueden calcularse a mano), es mediante aproximación. Tomando un vector población inicial cualquiera, aplicando iterativamente la matriz $L$ y calculando en cada paso $p(t)$ y $\lambda(t)$, obtenemos aproximaciones sucesivas de $p$ y $\lambda$. Como ya vimos en su momento, podemos usar para ello una simple hoja de cálculo ([30]).

Por otro lado, dado que la matriz $L$ es muy especial, es posible establecer algunas fórmulas que involucran a $\lambda$ y a $p$ que pueden ser de cierta utilidad. El cálculo de autovalores y autovectores puede ser complicado, pero el hecho de que las matrices de Leslie tegan un gran número de ceros, nos ayuda a simplificar las fórmulas.

Empecemos definiendo:

$$\sigma_0 := 1, \quad \sigma_i := s_0 \dots s_{i-1},\ i > 0.$$

Si suponemos que las tasas de supervivencia son independientes entre sí, entonces $\sigma_i$ puede interpretarse como la probabilidad que tiene un individuo para alcanzar la edad $i$. Puede entonces demostrarse que $\lambda$ es la única solución positiva de la ecuación:

$$\boxed{\sum_{i=0}^{k} \sigma_i f_i \lambda^{k-i} = \lambda^{k+1}.}$$

Esta ecuación, conocida como la *ecuación de Lotka–Euler*, no es más que una expresión del polinomio característico de la matriz Leslie [7].

**Ejercicio 9.2.1:**

Prueba que si $\sum_{i=0}^{k} \sigma_i f_i$ es mayor que 1, entonces la población está creciendo, y que si es menor que 1, la población está decreciendo.

[7] ¿Podrías obtener esta ecuación a partir del polinomio característico de $L$, para una matriz $L$ $3 \times 3$?

**Ejercicio 9.2.2:**

Justifica en un ejemplo el hecho de que los individuos que no son potencialmente fértiles no influyen en el crecimiento de una población (que se rija por un modelo de Leslie). Para ello prueba que si $f_k = 0$, entonces podemos despreciar la última fila y la última columna para calcular el crecimiento intrínseco de la población. Más concretamente, comprueba que las matrices:

$$L_1 = \begin{pmatrix} 1{,}2 & 1{,}4 & 0 & 0 \\ 0{,}5 & 0 & 0 & 0 \\ 0 & 0{,}8 & 0 & 0 \\ 0 & 0 & 0{,}4 & 0 \end{pmatrix}, L_2 = \begin{pmatrix} 1{,}2 & 1{,}4 & 0 \\ 0{,}5 & 0 & 0 \\ 0 & 0{,}8 & 0 \end{pmatrix}, L_3 = \begin{pmatrix} 1{,}2 & 1{,}4 \\ 0{,}5 & 0 \end{pmatrix}$$

tienen el mismo autovalor máximo. Convéncete de que este argumento funciona en general para cualquier matriz de Leslie.

Para calcular $p = (p_0, \cdots, p_k)$, tengamos en cuenta que $p$ es un autovector de $L$ asociado a $\lambda$, es decir, $Lp = \lambda p$. Entonces, escribiendo coeficiente a coeficiente esta igualdad tenemos:

$$s_i = \frac{(Lp)_{i+1}}{p_i} = \frac{\lambda p_{i+1}}{p_i},$$

es decir:

$$\frac{p_{i+1}}{p_i} = s_i/\lambda.$$

Usando esto, puede probarse fácilmente que

$$\boxed{p \text{ es proporcional a } \left(1, \frac{\sigma_1}{\lambda}, \frac{\sigma_2}{\lambda^2}, \cdots, \frac{\sigma_k}{\lambda^k}\right)}$$

**Ejercicio 9.2.3:**

Prueba que si $\lambda > 1$, entonces $p_0 > p_1 > \ldots > p_k$.

## 9.3. Extensiones del modelo de Leslie

En muchos casos el estudio por edades de una población resulta ineficaz o inviable, de manera que suelen estudiarse estas poblaciones mediante su estratificación en *grupos de etapas*, en las que se incluyen individuos de edades diversas, pero con ciertas características similares. Por ejemplo, algunos estudios demográficos de poblaciones humanas consideran grupos de Niños, Adultos y Ancianos.

De nuevo, el tipo de población y el estudio que queramos realizar en ella van a requerir un tipo diferente de estratificación. Describir los distintos tipos de estratificaciones no es uno de nuestros objetivos, así que simplemente supondremos que nuestra población $N_T$ ha sido ya dividida convenientemente en grupos de etapas $N_i$, denotadas de nuevo por subíndices $0, 1, 2, 3, \cdots$, y que realizamos, como en el caso anterior, mediciones con una periodicidad de un año. De esta manera, el vector población a tiempo $t$ tomará la forma

$$N(t) = (N_0(t), N_1(t), N_2(t), \dots).$$

La diferencia esencial con el modelo de Leslie es que *un porcentaje de los individuos de un grupo seguirán perteneciendo al mismo grupo al año siguiente.* Quiere decir esto que el diagrama que representa la estructura de nuestra población toma ahora la forma que se representa en el diagrama (9.1):

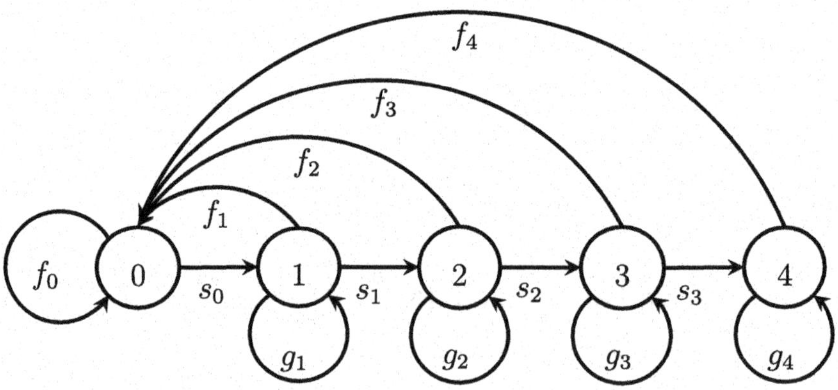


**Figura 9.1:** Un diagrama de Lefkovitch.

donde las $g_i$ representan ahora la probabilidad de que un individuo perteneciente al grupo $i$ en la medición $t$, siga perteneciendo a dicho grupo en la medición $t+1$. Como siempre, suponemos que los $g_i$ son constantes en el tiempo. Obviamente, para que el modelo tenga sentido ha de verificarse:

$$s_i + g_i \leq 1, \quad \text{para todo } i \geq 0.$$

El tratamiento matemático del problema es completamente análogo: a un diagrama como el anterior le corresponde una matriz, llamada *matriz de Lefkovitch*, que toma la siguiente forma:

$$L = \begin{pmatrix} \boxed{f_0} & \boxed{f_1} & \boxed{f_2} & \cdots & \boxed{f_n} \\ \boxed{s_0} & \boxed{g_1} & 0 & \cdots & 0 \\ 0 & \boxed{s_1} & \boxed{g_2} & \cdots & 0 \\ \vdots & \vdots & \ddots & \ddots & \vdots \\ 0 & 0 & 0 & \boxed{s_{n-1}} & \boxed{g_n} \end{pmatrix},$$

de manera que:

$$N(t+1) = LN(t).$$

Calculando el autovalor máximo de $L$ y su autovector asociado, obtendríamos el crecimiento intrínseco de la población y la estructura por etapas de la población en su estado estable. Más aún, todo el estudio que hemos realizado para matrices de Leslie puede llevarse a cabo de la misma manera para matrices de Lefkovitch.[8]

**Ejercicio 9.3.1:**

Estudia el caso del *tragopán de Cabot*, una especie de ave galliforme del sureste de China. La población se estratifica en tres grupos: huevos (0), juveniles (1) y adultos (2). Los huevos son los individuos de cero años, los juveniles los individuos de 1 y 2 años y los adultos los de 3 a 8 años. Sólo los adultos son fértiles, con una tasa de fertilidad $s_2 = 3{,}5$. Las tasas de superviviencia son $s_0 = 0{,}15$, $s_1 = 0{,}9$, $g_1 = 0{,}5$, $g_2 = 0{,}9$. Calcula el crecimiento intrínseco de la población y la composición de una población estable.

[8] Al igual que con el modelo de Leslie, resulta muy sencillo producir simulaciones usando ciertas herramientas informáticas (como la hoja de cálculo `LefkoExp.xls` que puedes encontrar en [30]).

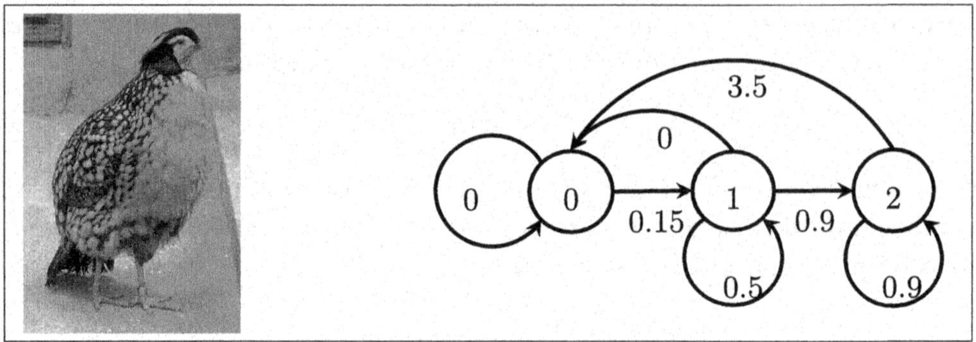


**Figura 9.2:** El tragopán de Cabot y su diagram de Lefkovitch.

De la misma manera podríamos considerar modelos de poblaciones estructuradas en grupos no necesariamente de edades o etapas, sino atendiendo a otro tipo de características, por ejemplo tamaño, forma, etc. El razonamiento es el mismo; determinamos la forma que tiene el diagrama de estructura de la población, que en este caso podrá tener formas más complejas, y calculamos experimentalmente las transiciones de unos grupos a otros, obteniendo una matriz no negativa a la que podamos aplicar el Teorema de Perron–Frobenius. En este caso, la matriz del modelo

$$L = \begin{pmatrix} \ell_{00} & \cdots & \ell_{0k} \\ \vdots & \ddots & \vdots \\ \ell_{k0} & \cdots & \ell_{kk} \end{pmatrix},$$

se llama simplemente *matriz de transición* y sus coeficientes las *tasas de transición*. El siguiente ejemplo ha sido tomado de [16].

**Ejemplo 9.3.1.** Un estudio realizado en la Sierra de Gador entre los años 2001 y 2006 (cf. [16]) considera la población de una especie vegetal, el Astragalus Tremolsianus. La población se estructura en cuatro clases:

- Plántula ($N_0$).
- Vegetativo ($N_1$).
- Reproductor de diámetro menor o igual que $11\,cm$ ($N_2$).
- Reproductor de diámetro mayor de $11\,cm$ ($N_3$).

El estudio ha proporcionado una matriz de transición:

$$L = \begin{pmatrix} 0 & 0 & 0'078 & 0'159 \\ 0'407 & 0'488 & 0'070 & 0'022 \\ 0'153 & 0'273 & 0'551 & 0'317 \\ 0 & 0'132 & 0'329 & 0'645 \end{pmatrix}.$$

Utilizando una herramienta de cálculo adecuada obtendríamos que

$$\lambda = 1'012, \quad p = \frac{1}{100}(9'07, 13'78, 38'06, 39'09).$$

## 9.4. Sensibilidades de un modelo lineal

Es obvio que los datos biológicos que determinan $L$ están sujetos a una cierta variabilidad: por un lado se obtienen de estudios de campo mediante el uso de la estadística; por otro, no son independientes de factores ambientales. Así, las conclusiones que obtengamos mediante la manipulación de $L$ no son exactas. Para finalizar este tema veremos de qué manera podemos controlar esta variabilidad, y responderemos a preguntas como: ¿cuál es la clase de una población en la que los cambios son más importantes?

Consideremos una matriz de Leslie $L$ que modeliza el comportamiento de una cierta población. A través de un cierto cálculo podemos obtener el crecimiento intrínseco $\lambda$, que depende únicamente de las entradas de la matriz $L$. En otras palabras, $\lambda$ *es función de los* $s_i$ *y los* $f_i$:

$$(s_0, \cdots, s_{k-1}, f_0, \cdots, f_k) \mapsto \lambda.$$

Siendo $\lambda$ una función de los $s_i$ y de los $f_i$, podremos, por ejemplo calcular sus derivadas parciales respecto de cada una de estas variables[9]. Las derivadas parciales de una función de varias variables fueron introducidas en la Sección 4.4. En el caso que nos ocupa, las derivadas parciales de la función $\lambda$ se denotan de la manera siguiente:

$$\frac{\partial \lambda}{\partial s_0}, \cdots, \frac{\partial \lambda}{\partial s_{k-1}}, \frac{\partial \lambda}{\partial f_0}, \cdots, \frac{\partial \lambda}{\partial f_k}.$$

[9]Quedará más adelante claro que estas derivadas parciales existen.

Cuando consideramos la evaluación de estas derivadas parciales en los valores concretos de la matriz $L$, se denotarán por:

$$\left.\frac{\partial\lambda}{\partial s_0}\right|_L, \dots, \left.\frac{\partial\lambda}{\partial s_{k-1}}\right|_L, \left.\frac{\partial\lambda}{\partial f_0}\right|_L, \dots, \left.\frac{\partial\lambda}{\partial f_k}\right|_L.$$

Estas derivadas reciben habitualmente el nombre de *sensibilidades* del modelo respecto a las tasas vitales. Nosotros las denotaremos por

$$S(s_0) := \left.\frac{\partial\lambda}{\partial s_0}\right|_L, \dots, S(f_k) := \left.\frac{\partial\lambda}{\partial f_k}\right|_L.$$

Puede parecer entonces que las sensibilidades del modelo respecto de las tasa vitales se calcularán buscando primero una fórmula explícita de $\lambda$ en función de las entradas de la matriz, calculando sus derivadas parciales y sustituyendo en los valores concretos de $L$. El siguiente ejemplo muestra uno de los pocos casos en los que este método puede aplicarse a mano:

**Ejemplo 9.4.1.** Sea $L$ una matriz de Leslie $2 \times 2$:

$$L = \begin{pmatrix} f_0 & f_1 \\ s_0 & 0 \end{pmatrix}, \qquad f_0 = 3, f_1 = 8, s_0 = 1/2.$$

Para obtener una expresión de $\lambda$ como función de las tasas vitales, consideramos:

$$\det(L - \lambda I) = \lambda^2 - f_0\lambda - f_1 s_0 = 0,$$

lo cual proporciona[10]:

$$\lambda = \frac{f_0 + \sqrt{f_0^2 + 4f_1 s_0}}{2}.$$

Nótese que, para polinomios de grado alto carecemos de fórmulas que proporcionen sus raíces y por tanto sólo para matrices de Leslie de orden bajo podemos hacer un cálculo similar.

En el caso que nos ocupa, derivando obtenemos[11]:

$$\frac{\partial\lambda}{\partial f_0} = \frac{1}{2} + \frac{f_0}{2\sqrt{f_0^2 + 4f_1 s_0}}, \quad \frac{\partial\lambda}{\partial f_1} = \frac{s_0}{\sqrt{f_0^2 + 4f_1 s_0}}, \quad \frac{\partial\lambda}{\partial s_0} = \frac{f_1}{\sqrt{f_0^2 + 4f_1 s_0}}.$$

[10] Razona que esta raíz, y no la otra, es el crecimiento intrínseco del modelo.
[11] Compruébalo.

Sustituyendo en nuestros valores, obtenemos:

$$S(f_0) = 4/5, \quad S(f_1) = 1/10, \quad S(s_0) = 8/5.$$

La razón de que hayamos introducido las derivadas parciales de $\lambda$ en este momento es que el instrumento fundamental que nos permite controlar $\Delta\lambda$ es la *fórmula de propagación de errores*[12] (volveremos sobre este tipo de fórmulas más detalladamente en la Sección 10.1; en este momento nos basta con que existe):

$$\boxed{\Delta\lambda \approx \Delta s_0 \left.\frac{\partial\lambda}{\partial s_0}\right|_L + \ldots + \Delta s_{k-1} \left.\frac{\partial\lambda}{\partial s_{k-1}}\right|_L + \Delta f_0 \left.\frac{\partial\lambda}{\partial f_0}\right|_L + \ldots + \Delta f_k \left.\frac{\partial\lambda}{\partial f_k}\right|_L}$$

Para un modelo dado por una matriz de Lefkovitch, o por una matriz de transición $L$ cualquiera, las sensibilidades se definen de manera completamente análoga: la sensibilidad del modelo respecto del coeficiente $\ell_{ij}$ en la posición $ij$ de la matriz se define $S(\ell_{ij}) := (\partial\lambda/\partial\ell_{ij})|_L$ y tendremos una fórmula de propagación de errores general:

$$\boxed{\Delta\lambda \approx \Delta\ell_{00}S(\ell_{00}) + \ldots + \Delta\ell_{kk}S(\ell_{kk})}$$

El hecho de que las derivadas parciales de $\lambda$ reciban el nombre de sensibilidades responde al hecho de que, por la fórmula de propagación de errores, cuanto mayor es $(\partial\lambda/\partial\ell_{ij})|_L$ , tanto más grande es el efecto que una variación o error en $\ell_{ij}$ tiene sobre $\lambda$. Más concretamente:

| |
|---|
| Una variación de una tasa de transición $\ell_{ij}$ se transmite a $\lambda$ multiplicándose por $S(\ell_{ij})$. |

La fórmula de propagación puede ser también utilizada en el problema siguiente, de gran importancia en la dinámica poblacional:

**Problema 4.** Dado un modelo de Leslie con matriz $L$, modelizar el efecto que las variaciones en las tasas vitales (producidas por enfermedades, predación, recolección, etc.), tienen sobre el crecimiento intrínseco de la población. Analizar cuáles son los grupos de edades en los que los cambios producen efectos mayores.

[12]Esta fórmula no es otra cosa que la generalización de la aproximación de una función por su recta tangente: si $\lambda$ dependiese de una sola de estas variables, por ejemplo $s_0$, lo que obtendríamos es la fórmula usual de la recta tangente.

Observamos finalmente que para un modelo con una matriz de transición de la forma:

$$L = \begin{pmatrix} \ell_{00} & \cdots & \ell_{0k} \\ \vdots & \ddots & \vdots \\ \ell_{k0} & \cdots & \ell_{kk} \end{pmatrix},$$

es bastante habitual que las sensibilidades de $\lambda$ respecto de los coeficientes de la matriz se escriban también sobre una matriz, llamada *matriz de sensibilidades* del modelo:

$$S(L) := \begin{pmatrix} S(\ell_{00}) & \cdots & S(\ell_{0k}) \\ \vdots & \ddots & \vdots \\ S(\ell_{k0}) & \cdots & S(\ell_{kk}) \end{pmatrix}.$$

### 9.4.1. Cálculo de sensibilidades

A la hora de calcular las sensibilidades nos encontramos con el problema siguiente: no conocemos[13] la fórmula explícita de $\lambda$ en función de las tasas vitales, por lo que difícilmente podemos derivar su expresión. Sin embargo, podemos dar un pequeño rodeo matemático y calcular los valores de esas derivadas por otro camino.

En el proceso calcularemos, además de $\lambda$ y el autovector de proporciones estables $p$, un autovector $q$ de $L^T$ asociado a $\lambda$, es decir, un vector $q$ no nulo que verifica:

$$L^T q = \lambda q.$$

El vector $q$ tiene también una interpretación biológica: nos da el valor reproductivo de cada uno de los grupos de edades de la población.

Las sensibilidades van a poder calcularse de manera sencilla a partir de los coeficientes de $p$ y de $q$, de una manera que justificaremos formalmente a continuación.

Sea $L_{ij}(x)$ el resultado de añadir la cantidad $x$ a la entrada en la fila $i$ y la columna $j$ de la matriz $L$. Denotamos por $\lambda(x)$ el autovalor máximo asociado a $L_{ij}(x)$, de manera que $\lambda(0) = \lambda$.

[13] Excepto para matrices de Leslie de dimensión pequeña, no existen fórmulas explícitas.

Sean además $p(x)$ y $q(x)$ los autovectores de $L_{ij}(x)$ y $L_{ij}^T(x)$ asociados a $\lambda(x)$. Nótese que:

$$L_{ij}(0) = L, \quad \lambda(0) = \lambda, \quad p(0) = p, \quad q(0) = q,$$
$$L_{ij}(x)p(x) = \lambda(x)p(x), \quad q(x)^T L_{ij}(x) = \lambda(x)q(x)^T.$$

Entonces:

$$\lambda(x) = \frac{q(x)^T L_{ij}(x)p(x)}{q(x)^T p(x)},$$

de manera que si derivamos respecto de $x$ y evaluamos en 0 obtenemos:

$$\begin{aligned}
&\lambda'(0) = \\
&= \frac{\big(q'(0)^T L_{ij}p + q^T L'_{ij}(0)p + q^T L_{ij}p'(0)\big)q^T p - q^T L_{ij}p\big(q'(0)^T p + q^T p'(0)\big)}{(q^T p)^2} \\
&= \frac{q^T L'_{ij}(0)p}{q^T p} + \frac{\big(q'(0)^T \lambda P + \lambda q^T p'(0)\big)(q^T p) - (\lambda q^T p)\big(q'(0)^T p + q^T p'(0)\big)}{(q^T p)^2} \\
&= \frac{q^T L'_{ij}(0)p}{q^T p}.
\end{aligned}$$

Lo único que no conocemos todavía en esa fórmula es $L'_{ij}(0)$, pero su cálculo es muy simple: como $L_{ij}(x) = L + xI_{ij}$, donde $I_{ij}$ es la matriz que tiene un 1 en la posición $ij$ y 0 en el resto, se sigue que $L'_{ij}(0) = I_{ij}$, de lo cual deducimos que:

$$\boxed{S(\ell_{ij}) = \lambda'(0) = \frac{q_i p_j}{q^T p}}$$

Si el modelo que estamos considerando es un modelo de Leslie, como $s_i$ está en la posición $i+1, i$ y $f_i$ en la posición $1, i$, tendremos que:

$$\boxed{S(s_i) = \left.\frac{\partial \lambda}{\partial s_i}\right|_L = \frac{q_{i+1}p_i}{q^T p}, \quad S(f_i) = \left.\frac{\partial \lambda}{\partial f_i}\right|_L = \frac{q_1 p_i}{q^T p}.}$$

Tal como lo hemos descrito anteriormente, el cálculo de sensibilidades de un modelo se realiza, por tanto, siguiendo los pasos siguientes:

**Resumen: Cálculo de sensibilidades.**

1. Calcular el crecimiento intrínseco $\lambda$.
2. Calcular el autovector de $L$ asociado a $\lambda$, $p$ (normalmente mediante un método aproximativo).
3. Calcular el autovector de $L^T$ asociado a $\lambda$, $q$ (normalmente mediante un método aproximativo).
4. Usar las fórmulas
$$S(\ell_{ij}) = \frac{q_i p^j}{q^T p}.$$

Si en lugar de las sensibilidades por separado consideramos la matriz de sensibilidades $S(L)$, es posible probar la siguiente igualdad, que permite aproximar $S(L)$ por sucesivas potencias de $L/\lambda$.

$$\boxed{S(L) = \lim_{t \to +\infty} (L/\lambda)^t}$$

**Ejercicio 9.4.1:**

Calcula las sensibilidades del modelo cuya matriz de Leslie es:

$$L = \begin{pmatrix} 1{,}2 & 1{,}4 & 0 \\ 0{,}5 & 0 & 0 \\ 0 & 0{,}8 & 0 \end{pmatrix}.$$

Extrae de la información anterior conclusiones sobre los posibles efectos en la población total de cambios en sus diferentes tasas vitales.

En el caso concreto de modelos de Leslie disponemos de la ecuación de Lotka–Euler que puede ser usada para obtener fórmulas explícitas de las sensibilidades.

$$\sum_{j=0}^{k} \sigma_j f_j \lambda^{k-j} = \lambda^{k+1}, \text{ donde } \sigma_0 := 1,\ \sigma_j := s_0 \dots s_{j-1},\ j > 0.$$

Por ejemplo, derivando respecto de $s_i$ se obtiene:

$$\sum_{j=0}^{k}\left(\frac{\partial \sigma_j}{\partial s_i} f_j \lambda^{k-j} + \sigma_j f_j \frac{\partial \lambda}{\partial s_i}\right) = (k+1)\lambda^k \frac{\partial \lambda}{\partial s_i}.$$

Despejando la sensibilidad, obtenemos:

$$\boxed{S(s_i) = \frac{\partial \lambda}{\partial s_i} = \frac{\displaystyle\sum_{j=i+1}^{k} \frac{\sigma_j}{s_i} f_j \lambda^{k-j}}{\displaystyle(k+1)\lambda^k - \sum_{j=0}^{k} \lambda^{k-j-1}\sigma_j f_j}}$$

Nótese que el denominador de esta fórmula no depende de $i$, mientras que el numerador tiene más sumandos cuanto más pequeño sea $i$. Podemos concluir entonces que:

*Las sensibilidades de un modelo respecto a sus tasas de supervivencia verifican:*

$$S(s_0) \geq S(s_1) \geq \ldots \geq S(s_k).$$

*En particular, el modelo tiene mayor sensibilidad respecto a crías que respecto a individuos adultos.*

**Ejercicio 9.4.2:**

Obtén una fórmula similar que calcule las sensibilidades respecto a las fertilidades $f_i$, y extrae conclusiones.

# 9.5. Diagonalización de matrices

El concepto de diagonalización de matrices será el objetivo principal del resto de este capítulo. En él veremos cómo los autovalores o autovectores nos ayudan a describir el funcionamiento de las aplicaciones lineales asociadas a matrices cuadradas.

**Ejemplo 9.5.1.** Considera las matrices cuadradas $3 \times 3$ que aparecen en los Ejemplos 9.1.1 y 9.1.4:

$$D = \begin{pmatrix} 3 & 0 & 0 \\ 0 & 1/2 & 0 \\ 0 & 0 & -1 \end{pmatrix}, \quad A = \begin{pmatrix} -17 & -\frac{55}{2} & 25 \\ 8 & \frac{27}{2} & -11 \\ -4 & -\frac{13}{2} & 6 \end{pmatrix}.$$

Según lo que hemos visto, $D$ tiene autovalores 3,1/2, y $-1$, asociados a

$$e_1 := (1,0,0), e_2 := (0,1,0), e_3 := (0,0,1), \text{ respectivamente;}$$

$A$ tiene los mismos autovalores, 3,1/2, y $-1$, pero con autovectores asociados

$$v_1 := (4,-2,1), v_2 := (3,-1,1), v_3 := (5,-2,1).$$

Veamos cómo describir el funcionamiento de las aplicaciones lineales consistentes en multiplicar por $D$ y por $A$:

- La multiplicación por la matriz $A$ envía un vector $v = (x, y, z)$ en el vector $Av = (3x, y/2, -z)$. Tenemos así una descripción sencilla: la aplicación definida por $D$ realiza una dilatación en el eje de las $x$ de factor 3, una contracción en el eje $y$ de factor 1/2 y una simétría en el eje $z$. Pero hagamos aparecer los autovectores de $D$ en la descripción; para ello debemos darnos cuenta de que[14]

  $$(x, y, z) = xe_1 + ye_2 + ze_3,$$

  de manera que se tiene, por las propiedades de la multiplicación de matrices

  $$D \cdot (xe_1 + ye_2 + ze_3) = xDe_1 + yDe_2 + zDe_3.$$

  Siendo $e_1$, $e_2$ y $e_3$ autovectores, se tiene

  $$D \cdot (xe_1 + ye_2 + ze_3) = xDe_1 + yDe_2 + zDe_3 = x3e_1 + y(1/2)e_2 + z(-1)e_3,$$

  y el último vector es, por supuesto, $(3x, y/2, z)$.

[14]Nótese que estos tres vectores son los que definen los ejes coordenados en $\mathbb{R}^3$.

- Razonemos de manera análoga con la matriz $A$; obviamente no podemos obtener una descripción sencilla, como la de la matriz $D$, directamente a partir de los coeficientes de $A$. Veamos sin embargo que sucede cuando usamos sus autovalores y autovectores. Tomemos un vector de la forma $av_1 + bv_2 + cv_3$ ($a, b, c$ números reales cualesquiera) y multipliquemos por la matriz $A$:

  $$A \cdot (av_1 + bv_2 + cv_3) = aDv_1 + bDv_2 + cDv_3 = a3v_1 + b(1/2)v_2 + c(-1)v_3,$$

  Podemos decir entonces que la aplicación definida por $A$ se comporta de la manera siguiente: realiza una dilatación en el eje definido por $v_1$ de factor 3, una contracción en el eje definido por $v_2$ de factor $1/2$ y una simétría en el eje definido por $v_3$.

En otras palabras, las aplicaciones lineales asociadas a estas dos matrices difieren sólo en los ejes respecto a los que están definidas, los ejes definidos por sus autovectores. En lenguaje técnico diremos que $A$ *diagonaliza en la base* $\{v_1, v_2, v_3\}$, *y que su forma diagonal es* $D$.

## 9.5.1. Bases y coordenadas

En este momento resulta conveniente introducir una terminología que nos permitirá comprender en profundidad el concepto de diagonalización.

Un *sistema de coordenadas* en $\mathbb{R}^n$ es una forma de asociar a cada vector de $\mathbb{R}^n$ un conjunto de $n$ números reales, de manera que todo vector tenga unas coordenadas y que dos vectores distintos no puedan tener las mismas coordenadas. De esta manera, cada vector del espacio $\mathbb{R}^n$ queda perfectamente determinado por sus coordenadas.

Ahora, un vector de $\mathbb{R}^n$ es, por definición, una $n$-tupla $(x_1, x_2, \cdots, x_n)$, de manera que en $\mathbb{R}^n$ tenemos ya dado, de forma natural, un sistema de coordenadas llamado *natural* o *canónico*, que es el que al vector $v = (x_1, x_2, \cdots, x_n)$ le asocia las coordenadas $(x_1, x_2, \cdots, x_n)$.

El punto importante es que en muchas ocasiones ese sistemas de coordenadas canónico no será el más adecuado a nuestros propositos, y necesitaremos saber cómo transformar el problema en otros sistemas de coordenadas.

Los sistemas de coordenadas más habituales son los *sistemas de coordenadas cartesianas*, que se construyen a partir de un conjunto de $n$ vectores en $\mathbb{R}^n$,

$$\beta = \{v_1, v_2, \cdots, v_n\}.$$

Decimos que un vector $v$ tiene coordenadas $(a_1, a_2, \cdots, a_n)$ respecto del conjunto $\beta$ cuando

$$v = a_1 v_1 + a_2 v_2 + \ldots + a_n v_n. \tag{9.2}$$

Obviamente, cualquier conjunto de $\beta$ vectores no proporciona un sistema de coordenadas cartesianas; aquellos que sí lo hacen se denominan *bases de* $\mathbb{R}^n$.

Para que un conjunto $\beta = \{v_1, v_2, \cdots, v_n\}$ proporcione un sistema de coordenadas, tendrá que verificarse que

1. cada vector $v$ de $\mathbb{R}^n$ tenga unas coordenadas respecto de $\beta$, y que

2. esas coordenadas sean únicas.

Nótese en particular que las coordenadas canónicas son las coordenadas cartesianas respecto de la *base canónica*

$$\mathcal{C} := \{(1, 0, \cdots, 0), (0, 1, \cdots, 0), \cdots, (0, 0, \cdots, 1)\}.$$

Escribamos entonces las coordenadas de los vectores de $\beta$ respecto a la base canónica $\mathcal{C}$:

$$v_1 = \begin{pmatrix} v_{11} \\ v_{21} \\ \vdots \\ v_{n1} \end{pmatrix}, \quad v_2 = \begin{pmatrix} v_{12} \\ v_{22} \\ \vdots \\ v_{n2} \end{pmatrix}, \quad \cdots, v_n = \begin{pmatrix} v_{1n} \\ v_{2n} \\ \vdots \\ v_{nn} \end{pmatrix}.$$

Y supongamos que $v$ tiene coordenadas canónicas $(x_1, x_2, \cdots, x_n)$. Las coordenadas de $v$ respecto a $\beta$ serán $(a_1, a_2, \cdots, a_n)$ cuando se verifique la ecuación (9.2), que escrita en coordenadas canónicas nos dice:

$$\begin{pmatrix} x_1 \\ x_2 \\ \vdots \\ x_n \end{pmatrix} = a_1 \begin{pmatrix} v_{11} \\ v_{21} \\ \vdots \\ v_{n1} \end{pmatrix} + a_2 \begin{pmatrix} v_{12} \\ v_{22} \\ \vdots \\ v_{n2} \end{pmatrix} + \cdots + a_n \begin{pmatrix} v_{1n} \\ v_{2n} \\ \vdots \\ v_{nn} \end{pmatrix}.$$

o, equivalentemente

$$\text{(9.3)} \qquad \boxed{\underbrace{\begin{pmatrix} x_1 \\ x_2 \\ \vdots \\ x_n \end{pmatrix}}_{\text{c. canónicas}} = \underbrace{\begin{pmatrix} v_{11} & v_{12} & \cdots & v_{1n} \\ v_{21} & v_{22} & \cdots & v_{2n} \\ \vdots & \vdots & \ddots & \vdots \\ v_{n1} & v_{n2} & \cdots & v_{nn} \end{pmatrix}}_{P} \underbrace{\begin{pmatrix} a_1 \\ a_2 \\ \vdots \\ a_n \end{pmatrix}}_{\text{c. resp. } \beta}}$$

Entonces las coordenadas de $v$ respecto de $\beta$ son la solución de un sistema lineal. El hecho de que $\beta$ sea base quiere decir que, para cualquier $v = (x_1, x_2, \cdots, x_n)$ el sistema sistema ha de tener solución, y además tiene que ser única. Recordemos que, por la Proposición 8.1.1, esto sucede precisamente si la matriz $P$ anterior, cuyas columnas son las coordenadas canónicas de los vectores de $\beta$, tenga rango $n$. Resumiendo:

**Proposición 9.5.2.** *Un conjunto de $n$ vectores en $\mathbb{R}^n$ es una base precisamente si la matriz $P$, cuyas columnas son las coordenadas canónicas de los vectores de $\beta$, es invertible.*

**Ejemplo 9.5.3.** Probemos que el conjunto

$$\beta = \left\{ \begin{pmatrix} 4 \\ -2 \\ 1 \end{pmatrix}, \begin{pmatrix} 3 \\ -1 \\ 1 \end{pmatrix}, \begin{pmatrix} 5 \\ -2 \\ 1 \end{pmatrix}. \right\}$$

es una base de $\mathbb{R}^3$ y calculemos las coordenadas del vector $(3, -2, 4)$ respecto de $\beta$.

Para la primera parte basta comprobar que la matriz

$$P = \begin{pmatrix} 4 & 3 & 5 \\ -2 & -1 & -2 \\ 1 & 1 & 1 \end{pmatrix}$$

es invertible, lo cual puede hacerse de varias formas, por ejemplo calculando su determinante y viendo que este es distinto de cero. En efecto, podemos comprobar que $\det(P) = -1$.

Para la segunda parte, de acuerdo con la fórmula (9.3), debemos resolver el sistema

$$P\begin{pmatrix} a_1 \\ a_2 \\ a_3 \end{pmatrix} = \begin{pmatrix} 3 \\ -2 \\ 4 \end{pmatrix}.$$

Usando el método de Gauss, obtenemos: $(a_1, a_2, a_3) = (5, 6, -7)$, que son las coordenadas de $v$ respecto de $\beta$.

**Nota 9.5.4.** Si $n = 2$ ó 3, es posible dar una condición geométrica para que los vectores de un conjunto $\beta$ formen una base. En $\mathbb{R}^2$ dos vectores forman una base si no son paralelos (es decir, si sus direcciones son distintas). En $\mathbb{R}^3$, tres vectores forman un base si no son coplanarios (si no existe ningún plano que contenga a los tres vectores). En otras palabras, la condición de base es la usual que debemos imponer para que un conjunto de vectores, junto con el origen de coordenadas, formen un sistema de referencia en el plano o en el espacio, respectivamente.

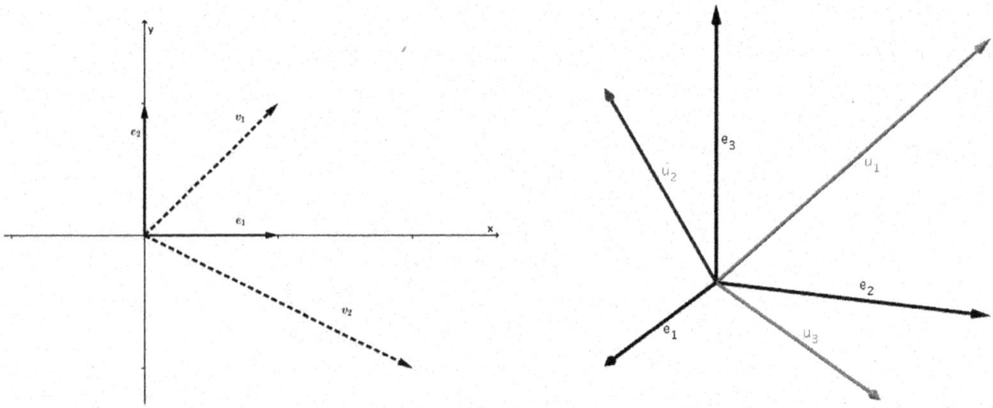


**Figura 9.3:** Bases en $\mathbb{R}^2$ y en $\mathbb{R}^3$.

Gracias a la ecuación (9.3), la matriz $P$ jugará un papel esencial en nuestros próximos argumentos. Fijémonos que la ecuación nos dice que, multiplicando por $P$ las coordenadas respecto de $\beta$ de un vector, obtenémos sus coordenadas canónicas. Pero $P$ es invertible, así que podemos revertir el proceso y decir que multiplicando por $P^{-1}$ las coordenadas canónicas de un vector, obtenemos sus coordenadas respecto de $\beta$. Entonces, las matrices $P$ y $P^{-1}$ reciben el nombre de *matrices de cambio de coordenadas* de $\beta$ a $\mathcal{C}$ y de $\mathcal{C}$ a $\beta$, y se tiene:

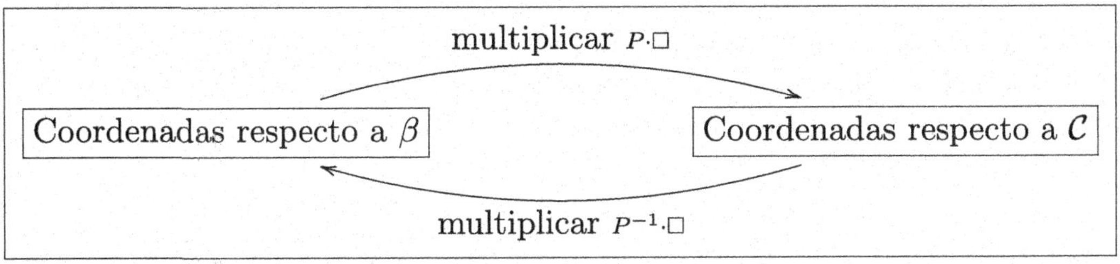


**Ejercicio 9.5.1:**

Siendo $\beta$ la base

$$\beta = \{(4,-2,1),(3,-1,1),(5,-2,1)\},$$

calcula las matrices de cambio de coordenadas de $\beta$ a $\mathcal{C}$ y de $\mathcal{C}$ a $\beta$.

Consideremos ahora la aplicación lineal $f$ de $\mathbb{R}^n$ en $\mathbb{R}^n$ asociada a una cierta matriz cuadrada $A$. Esto quiere decir que estamos considerando la aplicación que transforma cada vector $v$ en el vector $Av$. Pero no debemos olvidar que lo que multiplicamos por $A$ son las coordenadas canónicas de $v$ y lo que obtenemos son las coordenadas canónicas del vector imagen:

$$\underbrace{\begin{pmatrix} x_1 \\ x_2 \\ \vdots \\ x_n \end{pmatrix}}_{v \text{ resp. } \mathcal{C}} \longmapsto \underbrace{A\begin{pmatrix} x_1 \\ x_2 \\ \vdots \\ x_n \end{pmatrix}}_{f(v) \text{ resp. } \mathcal{C}}$$

Es por esto que usualmente decimos que $A$ es la *matriz de $f$ respecto de la base canónica.*

Lo que queremos describir ahora es cómo se comporta esta aplicación lineal en términos de coordenadas respecto de la base $\beta$, es decir: si las coordenadas de un vector respecto de $\beta$ son $(a_1, a_2, \cdots, a_n)$, ¿cuáles son las coordenadas respecto de $\beta$ de su imagen? A continuación veremos que estas coordenadas se obtienen multiplicando $(a_1, a_2, \cdots, a_n)$ por una matriz, llamada, *matriz de $f$ respecto de la base $\beta$.*

Para ver esto debemos recurrir a las matrices de cambio de coordenadas: si $v$ tiene coordenadas $(a_1, a_2, \cdots, a_n)$ respecto de $\beta$, sus coordenadas respecto de $\mathcal{C}$ se obtienen multiplicando por $P$, de manera que multiplicando por $A$ obtenemos las coordenadas canónicas de la imagen del vector, $f(v)$, respecto de $\mathcal{C}$. Multiplicando finalmente por $P^{-1}$ obtenemos las coordenadas de $f(v)$ respecto de $\beta$:

$$\underbrace{\begin{pmatrix} a_1 \\ a_2 \\ \vdots \\ a_n \end{pmatrix}}_{v \text{ resp. } \beta} \longmapsto \underbrace{P \begin{pmatrix} a_1 \\ a_2 \\ \vdots \\ a_n \end{pmatrix}}_{v \text{ resp. } \mathcal{C}} \longmapsto \underbrace{AP \begin{pmatrix} a_1 \\ a_2 \\ \vdots \\ a_n \end{pmatrix}}_{f(v) \text{ resp. } \mathcal{C}} \longmapsto \underbrace{P^{-1}AP \begin{pmatrix} a_1 \\ a_2 \\ \vdots \\ a_n \end{pmatrix}}_{f(v) \text{ resp. } \beta}$$

Concluímos entonces que:

**Proposición 9.5.5.** *Si $A$ es la matriz de una aplicación lineal $f : \mathbb{R}^n \to \mathbb{R}^n$ respecto de la base canónica, y $P$ es la matriz de cambio de coordenadas de una base $\beta$ a la base canónica, entonces la matriz de $f$ respecto de la base $\beta$ es $P^{-1}AP$.*

Dada una matriz $A$ asociada a una cierta aplicación lineal $f$ podemos, por tanto, calcular las matrices de $f$ respecto a otras bases. La pregunta que se plantea entonces es si podemos encontrar una base en la que esta matriz sea suficientemente sencilla.

**Ejercicio 9.5.2:**

Siendo $f$ la aplicación lineal cuya matriz respecto de la base canónica de $\mathbb{R}^3$ es

$$A = \begin{pmatrix} -17 & -\frac{55}{2} & 25 \\ 8 & \frac{27}{2} & -11 \\ -4 & -\frac{13}{2} & 6 \end{pmatrix},$$

calcula su matriz respecto de la base

$$\beta = \{(4, -2, 1), (3, -1, 1), (5, -2, 1)\}.$$

y compara el resultado con la discusión del Ejemplo 9.5.1.

## 9.5.2. Diagonalización

Tenemos ya todos los ingredientes necesarios para definir coherentemente el concepto de diagonalización: Una matriz cuadrada $A$ se dice *diagonalizable* si existe una base $\beta$ respecto a la que la aplicación asociada a $A$ tiene matriz diagonal. En otras palabras:

| | | |
|---|---|---|
| $A$ es diagonalizable | $\Longleftrightarrow$ | $P^{-1}AP$ es diagonal, para alguna matriz de cambio de coordenadas $P$ |

De esta manera, cuando una matriz es diagonalizable, en un cierto sistema de coordenadas podremos describir la aplicación lineal asociada en términos de expansiones/contracciones y simetrías de los ejes coordenados correspondientes (véase el Ejemplo 9.5.1). Podemos entonces describir la acción de *diagonalizar una matriz* como la acción de encontrar la base $\beta$ adecuada respecto a la que la matriz de la aplicación correspondiente sea diagonal.

**Ejemplo 9.5.6.** El resultado del ejercicio 9.5.1 se puede expresar así: la matriz $A$ del Ejemplo 9.5.1 diagonaliza respecto a la base

$$\beta = \{(4, -2, 1), (3, -1, 1), (5, -2, 1)\}.$$

En lo que resta de capítulo, estudiaremos más a fondo la relación entre diagonalización de una matriz y sus autovectores.

**Proposición 9.5.7.** *Si una matriz $A$ diagonaliza diagonaliza respecto a una base $\beta = \{v_1, v_2, \cdots, v_n\}$, entonces $v_1, v_2, \cdots, v_n$ son autovectores de $A$.*

En efecto: que $A$ diagonalice en la base $\beta$ significa que $P^{-1}AP = D$ es diagonal, donde $P$ es la matriz de cambio de coordenadas de $\beta$ a $\mathcal{C}$; equivalentemente, $AP = PD$. Denotemos los coeficientes de la diagonal de $D$ como $\lambda_1, \lambda_2, \cdots, \lambda_n$. Se tiene entonces:

$$AP = P \begin{pmatrix} \lambda_1 & 0 & \cdots & 0 \\ 0 & \lambda_2 & \cdots & 0 \\ \vdots & \vdots & \ddots & \vdots \\ 0 & 0 & \cdots & \lambda_n \end{pmatrix}.$$

Recordemos que las columnas de $P$ son las coordenadas canónicas de los vectores de $\beta$, entonces una pequeña reflexión nos conduce a:

$$\begin{aligned}
Av_1 &= \text{Columna 1 de } AP = \text{Columna 1 de } PD = \lambda_1 v_1,\\
Av_2 &= \text{Columna 2 de } AP = \text{Columna 2 de } PD = \lambda_2 v_2,\\
&\dots\\
Av_n &= \text{Columna } n \text{ de } AP = \text{Columna } n \text{ de } PD = \lambda_n v_n.
\end{aligned}$$

Esto prueba que $v_1, v_2, \cdots, v_n$ son autovectores de $A$. Más aun, este cálculo prueba además lo siguiente:

**Proposición 9.5.8.** *Con la notación anterior, los autovalores asociados a $v_1$, $v_2, \dots, v_n$ son los coeficientes de la diagonal de $P^{-1}AP$.*

En particular, si una matriz es diagonalizable, tiene una base de autovectores. Usando un argumento similar al anterior, es posible probar que el recíproco de 9.5.7 también es cierto:

**Proposición 9.5.9.** *Si una matriz $A$ tiene una base de autovectores*

$$\beta = \{v_1, v_2, \cdots, v_n\},$$

*asociados a autovalores $\lambda_1, \lambda_2 \cdots, \lambda_n$ entonces $A$ diagonaliza en la base $\beta$ y la correspondiente matriz diagonal $P^{-1}AP$ tiene como coeficientes en la diagonal a los autovalores de $A$.*

En efecto, basta revertir el argumento anterior. Tomando $D$ como la matriz diagonal cuyos coeficientes son los autovalores de $A$, y considerando la matriz $P$ de cambio de coordenadas de $\beta$ a $\mathcal{C}$, cuyas columnas son los vectores de $\beta$, que son autovectores de $A$, se tiene:

$$\begin{aligned}
&\text{Columna 1 de } AP = Av_1 = \lambda_1 v_1 = \text{Columna 1 de } PD,\\
&\text{Columna 2 de } AP = Av_2 = \lambda_2 v_2 = \text{Columna 2 de } PD,\\
&\dots\\
&\text{Columna } n \text{ de } AP = Av_n = \lambda_n v_n = \text{Columna } n \text{ de } PD.
\end{aligned}$$

En particular se deduce que $AP = PD$, es decir, $P^{-1}AP = D$.

**Resumen: diagonalización de matrices.**

- Una matriz cuadrada $A$ es diagonalizable si y sólo si tiene una base $\beta$ de autovectores.
- En ese caso, la matriz de la aplicación lineal correspondiente respecto de la base $\beta$ es la matriz diagonal $D$ cuyos coeficientes son los autovalores de la matriz $A$.
- La matriz $P$ cuyas columnas son una base de autovectores de $A$ (en el mismo orden en el que aparecen los autovalores en la diagonal de $D$) satisface
$$D = P^{-1}AP.$$

Veamos finalmente cómo comprobar en la práctica si una matriz $A$ tiene una base de autovectores o no. La base teórica de los argumentos que aquí presentaremos es más elevada que los objetivos de este curso; el lector interesado en ellos puede consultar [9, Cap. 9], por ejemplo.

Recordemos que, para hallar los autovalores y autovectores de una matriz $A$, calculábamos primero su polinomio característico, $\det(A - xI) = 0$, extraíamos sus raíces $\lambda_1, \lambda_2, \ldots$ y para cada una de ellas calculábamos sus autovectores asociados. Para cada autovalor $\lambda_i$ definamos los dos números siguientes:

- $a(\lambda_i)$, llamado *multiplicidad algebraica de* $\lambda_i$, es la multiplicidad de $\lambda_i$ como raíz del polinomio característico. Recordemos que $\det(A-xI) = 0$ tiene grado $n$, así que la suma de las multiplicidades de todos los autovalores (incluidos los complejos) es exactamente $n$.
- $g(\lambda_i)$, llamado *multiplicidad geométrica de* $\lambda_i$ es el número de autovectores independientes asociados a $\lambda_i$, es decir, el número de parámetros[15] del que depende la solución del sistema $(A - \lambda_i I)X = 0$.

A continuación veremos un enunciado teórico clave del que se extrae el método habitual para estudiar si una matriz es diagonalizable.

**Proposición 9.5.10.** *Con la notación anterior, se tiene:*

[15]Por el Teorema de Rouché (véase 7.3.6), este número es exactamente igual a $n - \mathrm{rk}(A - \lambda_i I)$.

- *Para cada autovalor* $\lambda_i$ *de* $A$ *se tiene:*

$$1 \leq g(\lambda_i) \leq a(\lambda_i),$$

  *es decir, de un autovalor de multiplicidad algebraica a se obtienen, a lo sumo, a autovectores asociados. En particular el número total de autovectores de* $A$ *no puede superar a* $n$.

- *Sea* $\{v_1, \cdots, v_k\}$ *el conjunto de todos los autovectores de* $A$ *y consideremos la matriz* $P$ *cuyas columnas son las coordenadas canónicas de esos vectores. El rango de* $P$ *es igual a* $k$.

De esta proposición podemos deducir que para que $A$ sea diagonalizable:

1. $A$ no puede tener autovalores complejos (que darían lugar a autovectores complejos, que no estamos considerando aquí), y para cada autovalor $\lambda_i$, hemos de obtener exactamente $a(\lambda_i)$ autovectores (es decir $a(\lambda_i) = g(\lambda_i)$).

2. Si nuestros cálculos proporcionan $n$ autovectores reales independientes, entonces el segundo apartado de la proposición anterior nos asegura que la matriz $P$ correspondiente tiene rango $n$, luego los autovectores forman una base de $\mathbb{R}^n$ y $A$ será diagonalizable.

**Resumen: Criterio de diagonalizabilidad.**

Para que una matriz $A$ sea diagonalizable:

- Todos sus autovalores han de ser reales.
- Para cada autovalor $\lambda_i$, $a(\lambda_i) = g(\lambda_i)$.
- Por ejemplo, si $A$ tiene $n$ autovalores reales distintos, ha de ser diagonaliza

**Ejercicio 9.5.3:**

Prueba que una matriz cuyos autovalores sean todos reales y simples (multiplicidad algebraica uno) es diagonalizable.

**Ejemplo 9.5.11.** Estudiemos la diagonalizabilidad de las matrices:

$$A = \begin{pmatrix} 1 & 0 & 0 \\ 2 & 1 & 1 \\ 4 & 0 & 3 \end{pmatrix}, \quad B = \begin{pmatrix} 1 & 0 & 0 \\ 2 & 1 & -1 \\ 4 & 0 & 3 \end{pmatrix}.$$

En caso de que sean diagonalizables, calcularemos tabién las bases en las que diagonalizan.

Calculando los polinomios característicos de $A$ y $B$ se obtiene:

$$\det(A - xI) = -x^3 + 5x^2 - 7x + 3, \quad \det(B - xI) = -x^3 + 5x^2 - 7x + 3,$$

es decir, las dos matrices tienen el mismo polinomio característico. Si calculamos sus raíces, se obtiene:

$$\lambda_1 = 1 \text{ (doble), y } \lambda_2 = 3 \text{ (simple).}$$

Tenemos entonces que $a(\lambda_1) = 2$ y $a(\lambda_2) = 1$, de manera que ya sabemos, por la primera parte de la Proposición 9.5.10, que $1 \leq g(\lambda_1) \leq 2$ y $1 \leq g(\lambda_2) \leq 1$. Entonces $g(\lambda_2)$ *es exactamente igual a* 1. Sin embargo $g(\lambda_1)$ puede ser 1 ó 2; en el primer caso sólo tendríamos 2 autovectores en total, y la matriz correspondiente no sería diagonalizable, y en el segundo caso tendríamos 3 autovectores y la matriz será diagonalizable. Veamos cual es la situación para cada una de nuestras matrices:

$$A - 1I = \begin{pmatrix} 0 & 0 & 0 \\ 2 & 0 & 1 \\ 4 & 0 & 2 \end{pmatrix},$$

tiene rango[16] 1, de manera que $g(\lambda_1) = 3 - 1 = 2$ y $A$ es diagonalizable. Sin embargo:

$$B - 1I = \begin{pmatrix} 0 & 0 & 0 \\ 2 & 0 & -1 \\ 4 & 0 & 2 \end{pmatrix},$$

tiene rango[17] 2, de manera que $g(\lambda_1) = 3 - 2 = 1$ y $B$ no es diagonalizable. Nótese que $A$ y $B$ difieren sólo en un signo, que hace que la situación cambie radicalmente.

[16] Compruébalo.
[17] Compruébalo.

| | $\lambda$ | $a$ | $g$ |
|---|---|---|---|
| $A$ | 1 | 2 | **2** |
| | 3 | 1 | 1 |

$\Rightarrow A$ diagonaliza,

| | $\lambda$ | $a$ | $g$ |
|---|---|---|---|
| $B$ | 1 | 2 | **1** |
| | 3 | 1 | 1 |

$\Rightarrow B$ no diagonaliza.

Para finalizar calculemos la base en la que $A$ diagonaliza. Para ello hemos de calcular los autovalores de $A$ asociados a 1 y a 3. Para el autovalor 1, resolvemos el sistema:

$$\begin{pmatrix} 0 & 0 & 0 \\ 2 & 0 & 1 \\ 4 & 0 & 2 \end{pmatrix} \begin{pmatrix} x \\ y \\ z \end{pmatrix} = \begin{pmatrix} 0 \\ 0 \\ 0 \end{pmatrix},$$

cuya solución es $(x, y, z) = (-\alpha/2, \beta, \alpha)$, $\alpha, \beta \in \mathbb{R}$, lo cual proporciona dos autovectores independientes (tomando, por ejemplo $(\alpha, \beta) = (2, 0)$ y $(\alpha, \beta) = (0, 1)$):$v_1 = (-1, 0, 2)$, $v_2 = (0, 1, 0)$.

Para el autovalor 3, resolvemos

$$\begin{pmatrix} -2 & 0 & 0 \\ 2 & -2 & 1 \\ 4 & 0 & 0 \end{pmatrix} \begin{pmatrix} x \\ y \\ z \end{pmatrix} = \begin{pmatrix} 0 \\ 0 \\ 0 \end{pmatrix},$$

cuya solución es $(x, y, z) = (0, \alpha/2, \alpha)$, $\alpha \in \mathbb{R}$ y obtenemos un autovector $v_3 = (0, 1, 2)$.

Concluimos entonces que $A$ diagonaliza sobre la base de autovectores

$$\beta := \{(-1, 0, 2), (0, 1, 0), (0, 1, 2)\},$$

de manera que la matriz respecto de $\beta$ de la aplicación lineal asociada a $A$ es la matriz diagonal

$$P^{-1}AP = \begin{pmatrix} 1 & 0 & 0 \\ 0 & 1 & 0 \\ 0 & 0 & 3 \end{pmatrix}.$$

## 9.6. Ejercicios

1. Utiliza las propiedades de los determinantes para probar que una matriz cuadrada y su traspuesta tienen los mismos autovalores (sin embargo no tendrán, en general, los mismos autovectores).

2. Considera la matriz
$$A = \begin{pmatrix} 0 & 2 \\ 2 & 0 \end{pmatrix}.$$
Verifica si los vectores $u = (1, -1)$ y $v = (1, -2)$ son autovectores de $A$, y si lo son calcula los autovalores asociados.

3. Una especie, de edad máxima 3 años, tiene tasas de fertilidad $b_0 = 0$, $b_1 = 3{,}5$, $b_2 = 3$ y de supervivencia $s_0 = s_1 = 0{,}5$.
   *a*) Calcula el crecimiento intrínseco de la población.
   *b*) Suponiendo que la población esté equilibrada, calcula las proporción en que aparece cada una de las edades.

4. Considera la aplicación lineal $f$ dada en coordenadas canónicas por la matriz:
$$A = \begin{pmatrix} -2 & -6 & 2 \\ 6 & 11 & -3 \\ 12 & 18 & 4 \end{pmatrix}.$$
Calcula la matriz de $f$ respecto a la base de $\mathbb{R}^3$:
$$\beta = \left\{ \begin{pmatrix} 0 \\ 3 \\ 2 \end{pmatrix}, \begin{pmatrix} -2 \\ 0 \\ 3 \end{pmatrix}, \begin{pmatrix} 1 \\ 1 \\ -1 \end{pmatrix} \right\}.$$
Calcula también la matriz de $f$ respecto a la base:
$$\beta' = \left\{ \begin{pmatrix} 3 \\ -5 \\ -9 \end{pmatrix}, \begin{pmatrix} -1 \\ 2 \\ 4 \end{pmatrix}, \begin{pmatrix} 2 \\ -3 \\ -6 \end{pmatrix} \right\}.$$

5. Considera la aplicación lineal $g$ dada en coordenadas canónicas por la matriz:

$$B = \begin{pmatrix} -7 & 22 & -2 \\ -3 & 10 & -1 \\ -6 & 16 & 0 \end{pmatrix}.$$

Calcula la matriz de $g$ respecto a la base de $\mathbb{R}^3$:

$$\beta = \left\{ \begin{pmatrix} -2 \\ -1 \\ -2 \end{pmatrix}, \begin{pmatrix} -4 \\ -2 \\ -3 \end{pmatrix}, \begin{pmatrix} 3 \\ 1 \\ 2 \end{pmatrix} \right\}.$$

6. Calcula los autovalores de las siguientes matrices:

$$A = \begin{pmatrix} 2 & -1 & 1 \\ 0 & 2 & 1 \\ 1 & -2 & 1 \end{pmatrix}, \quad B = \begin{pmatrix} 2 & 0 & -1 \\ 3 & -1 & -1 \\ 1 & -1 & 0 \end{pmatrix},$$

$$C = \begin{pmatrix} 2 & 0 & 1 \\ 3 & 1 & 1 \\ 1 & 1 & 0 \end{pmatrix}, \quad D = \begin{pmatrix} 1 & 0 & 0 & 0 \\ 0 & 2 & -1 & 1 \\ 1 & 0 & 2 & -1 \\ 0 & 0 & -1 & 0 \end{pmatrix}.$$

7. Considera de nuevo las matrices del apartado anterior. ¿Qué puedes decir de su diagonalizabilidad sin hacer ningún cálculo adicional?

8. Razona si son o no diagonalizables los aplicaciones lineales cuyas matrices respecto de la base canónica son las siguientes:

$$A = \begin{pmatrix} -1 & 1 & -3 \\ -1/2 & 2 & 0 \\ 1/2 & 0 & 2 \end{pmatrix}, \quad B = \begin{pmatrix} -2 & 6 & 12 \\ -6 & 11 & 18 \\ 2 & -3 & -4 \end{pmatrix},$$

$$C = \begin{pmatrix} -2 & 12 & -2 \\ -2 & 8 & -1 \\ -3 & 10 & 0 \end{pmatrix}.$$

9. Razona si son o no diagonalizables las aplicaciones lineales cuyas matrices respecto de la base canónica son:

$$D = \begin{pmatrix} -6 & -17 & 3 & 16 \\ -2 & -5 & 1 & 5 \\ -6 & -15 & 3 & 15 \\ -3 & -10 & 2 & 8 \end{pmatrix}, \quad E = \begin{pmatrix} 5 & 10 & -5 & -6 \\ 3/2 & 4 & -1 & -3 \\ 3 & 10 & -3 & -6 \\ 3 & 4 & -2 & -4 \end{pmatrix}.$$

10. Calcula, si es posible, una base en la que diagonalizan las aplicaciones lineales dadas por:

$$f\begin{pmatrix} x_1 \\ x_2 \\ x_3 \end{pmatrix} = \begin{pmatrix} 3x_1 - 12x_2 \\ 2x_1 - 7x_2 \\ 4x_1 - 8x_2 - 3x_3 \end{pmatrix},$$

$$g\begin{pmatrix} x_1 \\ x_2 \\ x_3 \end{pmatrix} = \begin{pmatrix} 5x_1 - 6x_2 + 5x_3 \\ -12x_1 + 9x_2 - 9x_3 \\ -24x_1 + 18x_2 - 18x_3 \end{pmatrix},$$

$$s\begin{pmatrix} x_1 \\ x_2 \\ x_3 \end{pmatrix} = \begin{pmatrix} 3x_1 - 8x_2 - 2x_3 \\ 2x_1 - 5x_2 - x_3 \\ 4x_1 - 4x_2 - 5x_3 \end{pmatrix},$$

$$t\begin{pmatrix} x_1 \\ x_2 \\ x_3 \end{pmatrix} = \begin{pmatrix} 4x_1 - 3x_2 + 4x_3 \\ -11x_1 + 3x_2 - 7x_3 \\ -19x_1 + 12x_2 - 16x_3 \end{pmatrix}.$$

11. Calcula los valores de $c$ para los que la siguiente matriz diagonaliza:

$$A = \begin{pmatrix} 2 & -1 \\ c & 4 \end{pmatrix}.$$

12. Calcula una base, si existe, en la que diagonalice la aplicación lineal dada por:

$$h\begin{pmatrix} x_1 \\ x_2 \\ x_3 \\ x_4 \end{pmatrix} = \begin{pmatrix} x_1 + x_3 \\ 2x_2 \\ -x_2 + 2x_3 - x_4 \\ x_2 - x_3 \end{pmatrix}.$$

13. Una población de una cierta especie, cuya edad máxima es 3 años, se rige por un modelo de Leslie con matriz:

$$A := \begin{pmatrix} 0 & 9 & 12 \\ 1/3 & 0 & 0 \\ 0 & 1/2 & 0 \end{pmatrix}.$$

*a*) Supón que el vector de población en el año $t$ sea $N(t) = (12, 0, 0)$. ¿Cuál será el vector de población en el año siguiente?

*b*) Supón que el vector de población en el año $t$ sea $N(t) = (18, 1, 1)$. Calcula cuál debe haber sido el vector de población el año **anterior**.

*c*) Calcula los autovalores de $A$. ¿Cuál es el autovalor máximo (es decir, el crecimiento intrínseco de la población) de $A$?

*d*) Calcula el autovector asociado al autovalor máximo.

14. La siguiente matriz:

$$A = \begin{pmatrix} 4 & -3 & 4 \\ -11 & 3 & -7 \\ -19 & 12 & -16 \end{pmatrix}$$

tiene un único autovalor. Calcúlalo y calcula sus autovectores asociados. ¿Es $A$ diagonalizable?

15. El comportamiento demográfico de una población de cierta especie, cuya edad máxima es 3 años, puede modelizarse gracias al modelo de Leslie con matriz:

$$L = \begin{pmatrix} 0 & 13 & 24 \\ 1 & 0 & 0 \\ 0 & 1/2 & 0 \end{pmatrix}.$$

*a*) Supón que el vector de población en el año $t$ es $N(t) = (1{,}000, 1{,}000, 1{,}000)$. ¿Cuál será el vector de población en el año siguiente?

*b*) Calcula los autovalores de $L$. ¿Cuál es el autovalor máximo $\lambda$? Calcula un autovector asociado a él.

*c*) Razona si $L$ es diagonalizable o no.

16. Considera la siguiente base de $\mathbb{R}^3$:

$$\beta = \left\{ \begin{pmatrix} 1 \\ 0 \\ 0 \end{pmatrix}, \begin{pmatrix} 2 \\ -1 \\ 2 \end{pmatrix}, \begin{pmatrix} 0 \\ 1 \\ -1 \end{pmatrix} \right\}.$$

*a*) ¿Cuáles son las matrices de cambio de coordenadas de $\mathcal{C}$ a $\beta$ y de $\beta$ a $\mathcal{C}$?

*b*) Calcula la matriz de la aplicación lineal asociada a la matriz $L$ del primer ejercicio respecto de la base $\beta$.

17. Considera la matriz:

$$B = \begin{pmatrix} 1 & 24 & 108 \\ 1/3 & 0 & 0 \\ 0 & 1/3 & 1 \end{pmatrix}.$$

i) Calcula los autovalores de $B$.

ii) Razona si $B$ es o no diagonalizable.

18. Calcula las coordenadas del vector $v = (3, -1, 4, 2)$ respecto de la base

$$\beta = \left\{ \begin{pmatrix} 0 \\ 1 \\ 0 \\ 0 \end{pmatrix}, \begin{pmatrix} 1 \\ 0 \\ 0 \\ 0 \end{pmatrix}, \begin{pmatrix} 0 \\ 0 \\ 1 \\ 0 \end{pmatrix}, \begin{pmatrix} -3 \\ 0 \\ 2 \\ -1 \end{pmatrix} \right\}.$$

19. Los individuos de una población de una cierta especie se clasifican en Crías (C), Jóvenes (J) y Adultos (A), de manera que la población en el año $t$ se representa mediante un vector $N(t) = (C(t), J(t), A(t))$. El comportamiento demográfico de la población se rige por un modelo matricial con matriz de Lefkovich:

$$B = \begin{pmatrix} 1 & 6 & 0 \\ 1/3 & 0 & 0 \\ 0 & 1/3 & 1 \end{pmatrix}.$$

   i) Supón que comenzamos con una población $N(0) = (81, 0, 0)$. ¿Cuantos años pasarán hasta que el número de crías de la población sea superior a 250?

   ii) Calcula los autovalores de $B$ y demuestra que el crecimiento intrínseco de la población, es decir, el autovalor máximo $\lambda$ de $B$, es igual a 2.

   iii) Calcula el vector de proporciones al que tiende a estabilizarse la población con el paso del tiempo, es decir, el autovector asociado a $\lambda = 2$.

20. Considera la matriz:

$$B = \begin{pmatrix} 1 & 6 & 0 \\ 1/3 & 0 & 0 \\ 0 & 1/3 & 1 \end{pmatrix}.$$

   i) Calcula los autovectores de $B$.

   ii) Razona si $B$ es o no diagonalizable.

21. Calcula las coordenadas del vector $v = (3, -1, 2, 4)$ respecto de la base

$$\beta = \left\{ \begin{pmatrix} -1 \\ 0 \\ 0 \\ 0 \end{pmatrix}, \begin{pmatrix} 1 \\ -1 \\ 0 \\ 0 \end{pmatrix}, \begin{pmatrix} 0 \\ 1 \\ -1 \\ 0 \end{pmatrix}, \begin{pmatrix} 0 \\ 0 \\ 1 \\ -1 \end{pmatrix} \right\}.$$

22. Los individuos de una población de una cierta especie se clasifican en Crías (C), Jóvenes (J) y Adultos (A), de manera que la población en el año $t$ se representa mediante un vector $N(t) = (C(t), J(t), A(t))$. El comportamiento demográfico de la población se rige por un modelo matricial con matriz de Lefkovich:

$$B = \begin{pmatrix} 1 & 42 & 216 \\ 1/3 & 0 & 0 \\ 0 & 1/3 & 1 \end{pmatrix}.$$

i) Supón que el vector de población en el año $t$ es $N(t) = (132, 2, 1)$. ¿Cuántos individuos adultos hubo el año *anterior*? ¿Y crías?

ii) Demuestra que el crecimiento intrínseco de la población, es decir, el autovalor máximo $\lambda$ de $B$, es igual a 5.

iii) Calcula el vector de proporciones al que tiende a estabilizarse la población con el paso del tiempo, es decir, el autovector asociado a $\lambda = 5$.

23. Considera la matriz:

$$B = \begin{pmatrix} 1 & 42 & 216 \\ 1/3 & 0 & 0 \\ 0 & 1/3 & 1 \end{pmatrix}.$$

i) Calcula los autovalores de $B$.

ii) Razona si $B$ es o no diagonalizable.

24. El comportamiento demográfico de una cierta población de cierta especie, cuya edad máxima es 3 años, se rige por un modelo de Leslie con matriz:

$$L = \begin{pmatrix} 0 & 30 & 30 \\ 1/4 & 0 & 0 \\ 0 & 3/5 & 0 \end{pmatrix}.$$

Si el vector población en $t = 1$ es $(N_0(0), N_1(0), N_2(0)) = (4800, 60, 90)$, ¿cuántos individuos en total tenía la población en $t = 0$? Calcula el crecimiento intrínseco $\lambda$ del modelo. Esta población, ¿está creciendo o decreciendo? Calcula el vector proporción estable $p$ del modelo.

25. Un vector $v$ tiene coordenadas $v = (2, 3, -1, 0)$ respecto de la base

$$\beta = \left\{ \begin{pmatrix} -1 \\ 1 \\ 0 \\ 0 \end{pmatrix}, \begin{pmatrix} 1 \\ 0 \\ 0 \\ -1 \end{pmatrix}, \begin{pmatrix} 0 \\ -1 \\ 1 \\ 0 \end{pmatrix}, \begin{pmatrix} 3 \\ 4 \\ -2 \\ 1 \end{pmatrix} \right\}.$$

Calcula sus coordenadas respecto a la base canónica.

26. Considera la matriz:

$$A = \begin{pmatrix} b & 1 & 0 \\ -1 & 0 & 0 \\ 0 & 0 & 3 \end{pmatrix}.$$

¿Qué condición debe verificar $b$ para que $A$ tenga todos sus autovalores reales? Considera después el caso $b = 2$ y estudia si $A$ es diagonalizable en ese caso.

27. Sabiendo que la matriz

$$M = \begin{pmatrix} 1 & 6 \\ a & 0 \end{pmatrix}$$

tiene un autovalor igual a 2, calcula $a$.

28. El comportamiento demográfico de una cierta población, cuya edad máxima es 3 años, se rige por un modelo de Leslie con matriz:

$$\begin{pmatrix} 5/8 & 1 & 2 \\ 1/4 & 0 & 0 \\ 0 & 1/4 & 0 \end{pmatrix}.$$

Si en el año 10 el vector población era $N(10) = (64, 8, 0)$,

- ¿cuál es el vector de población esperado en el año 11?
- ¿cuál ha sido el vector de población en el año 9?
- Calcula su crecimiento intrínseco $\lambda$.
- Calcula su vector estable de proporciones $p$.

29. Dada la base de $\mathbb{R}^3$:

$$\beta = \left\{ \begin{pmatrix} 1 \\ 0 \\ -1 \end{pmatrix}, \begin{pmatrix} 2 \\ 3 \\ 0 \end{pmatrix}, \begin{pmatrix} -1 \\ 2 \\ 2 \end{pmatrix} \right\}.$$

Calcula las matrices de cambio de coordenadas, de coordenadas respecto de $\beta$ a usuales y de usuales a coordenadas respecto de $\beta$. Comprueba que, efectivamente, una es inversa de la otra ¿Qué coordenadas tiene el vector $(2, -4, -4)$ respecto de $\beta$?

30. Sabiendo que la matriz de Leslie

$$M = \begin{pmatrix} 1 & 6 \\ s_0 & 0 \end{pmatrix}.$$

tiene un autovalor igual a 3, calcula $s_0$.

*a*) Calcula su crecimiento intrínseco $\lambda$.

*b*) Calcula su vector estable de proporciones $p$.

31. Una población determinada se comporta de acuerdo a un modelo de Leslie, con matriz asociada $L$. Explica qué significa *matemáticamente* que el modelo tiene crecimiento intrínseco $\lambda$ y un vector de proporciones estable $p$.

32. El comportamiento demográfico de una cierta población, cuya edad máxima es 3 años, puede modelizarse mediante un modelo de Leslie dado por los siguientes datos:

    - Tasa de supervivencia de los individuos en el primer año de vida: $s_1 = 1/4$.
    - Tasa de supervivencia de los individuos en el segundo año de vida: $s_2 = 1/2$.
    - Los individuos de la especie son fértiles a partir del segundo año de vida, y las tasas de fecundidad de los individuos de dos y tres años son $f_2 = 10$, $f_3 = 24$.

    - Escribe la matriz de Leslie del modelo.
    - Sabiendo que el vector población en el año $t = 0$ es $N(0) = (200, 40, 20)$, calcula cuantos años deben pasar para que el número total de individuos supere el valor $N_T = 1000$.
    - Calcula el crecimiento intrínseco de la población y su vector de proporciones estables.

33. Una población determinada se comporta de acuerdo a un modelo de Leslie, con edad máxima de 4 años. Su crecimiento intrínseco es $\lambda = 2$. Su población, en un momento determinado $t$, toma un valor $N(t) = (200, 50, 20, 5)$. Sabiendo que la proporción en el momento $t$ de la población es estable:

    - Calcula el valor de la población en el momento $t + 3$.
    - Calcula las tasas de supervivencia de la población $s_1$, $s_2$ y $s_3$.

34. Calcula los autovalores y autovectores de las siguientes matrices:
$$J_1 = \begin{pmatrix} 6 & 0 \\ 0 & -6 \end{pmatrix}, \quad J_2 = \begin{pmatrix} 0 & -9 \\ 4 & 0 \end{pmatrix}.$$

35. Una población vegetal trianual (sólo hay individuos de 0, 1 y 2 años de vida) se rige por un modelo de Leslie con fecundidades $f_0$, $f_1$ y $f_2$ (desconocido) y supervivencias $s_0$ y $s_1$. Sabiendo que $s_0 = 1/2$ y que el vector de proporción estable del modelo es $p = (60, 10, 2)$, calcula su crecimiento intrínseco $\lambda$ y la tasa de supervivencia $s_1$.

36. Una población vegetal trianual (sólo hay individuos de 0, 1 y 2 años de vida) se rige por un modelo de Leslie con fecundidades $f_0$, $f_1$ y $f_2$ (desconocido) y supervivencias $s_0$ y $s_1$. Sabemos que los individuos de 0 años son estériles (es decir $f_0 = 0$), que el crecimiento intrínseco del modelo es $\lambda = 2$ y que su vector de proporción estable es $p = (20, 4, 1)$. Calcula $s_0$ y $s_1$. ¿Qué información puedes dar sobre $f_1$ y $f_2$?

37. La siguiente matriz de Leslie aparece en la modelización de la población de una cierta especie:
$$L = \begin{pmatrix} 5/8 & 1 & 2 \\ 1/4 & 0 & 0 \\ 0 & 1/4 & 0 \end{pmatrix}.$$
Prueba que 1 es un autovalor de $L$ y calcula un autovector asociado.

# Parte III

# Ecuaciones Diferenciales

# Capítulo 10

# Ecuaciones diferenciales ordinarias

*En este capítulo estudiaremos los conceptos básicos de la teoría de Ecuaciones Diferenciales Ordinarias y mostraremos algunos métodos de resolución de ciertos tipos de ecuaciones diferenciales.*

## 10.1. El lenguaje diferencial

Antes de comenzar con la teoría de ecuaciones diferenciales, es conveniente que fijemos nuestra atención en el lenguaje de formas diferenciales. Recordemos que hemos introducido ya este lenguaje en el capítulo dedicado a la derivación (véase 4.1.2), en el que interpretabamos una expresión del tipo $dx$ como una "variación infinitesimal de $x$".

Supongamos que estamos considerando dos variables $x$ e $y$ que satisfacen una relación funcional $y = y(x)$. Dado un punto $x_0$ en el que $y(x)$ es diferenciable, con derivada $y'(x_0)$. Este significa que, siendo $y_0 := y(x_0)$ el valor de $f$ en $x_0$, si alejamos $x$ una cantidad infinitesimal $dx$, la variable $y$ aumentará una cantidad infinitesimal $dy$ satisfaciendo

(10.1) $$dy = y'(x_0)dx.$$

Esta igualdad debe interpretarse de la manera siguiente:

(10.2) $$\Delta y \simeq y'(x_0)\Delta x, \text{ para valores } x \text{ cercanos a } x_0.$$

Es esta razón la que nos lleva a denotar

$$\frac{dy}{dx}(x_0) = y'(x_0) \text{ o, para cualquier punto x, } \frac{dy}{dx} = y'.$$

Esta notación tiene un gran número de usos importantes. Por ejemplo, cuando $y'$ aparezca en una igualdad $y' =$ (expresión) podremos escribir, usando la notación diferencial:

$$y' = (\text{expresión}) \iff \frac{dy}{dx} = (\text{expresión}) \iff dy = (\text{expresión})dx.$$

La relación con la integración y la razón de que la notación usual que usamos para integración incluya un término diferencial es ésta: dada una determinada función $f(x)$, la expresión $f(x)dx$ representa el área de una rectángulo de base $dx$ (infinitesimalmente pequeña), y altura $f(x)$, de manera que la suma de las áreas de todos esos rectángulos entre $a$ y $b$, se denota por $\int_a^b f(x)dx$.

**Ejemplo 10.1.1.** Supongamos que tenemos una igualdad

$$\boxed{y' = f(x)}.$$

Podemos escribir, equivalentemente:

$$\frac{dy}{dx} = f(x), \text{ o también } dy = f(x)dx.$$

Si integramos, es decir, si sumamos los infinitésimos a ambos lados de la ecuación nos encontraremos:

$$\int dy = \int f(x)dx, \text{ es decir, } \boxed{y = \int f(x)dx + C}$$

como ya sabíamos de la teoría general de integración. La constante $C$ es una constante de integración; en principio deberían aparecer dos constante de integración $C_1$ y $C_2$ sumando cada una de ellas en un miembro de la ecuación; pasando una de ellas al otro lado, obtengo una expresión como la anterior.

**Ejemplo 10.1.2.** Supongamos que lo que tenemos es una igualdad del tipo

$$\boxed{y' = g(y)}$$

Podemos escribir, equivalentemente:

$$\frac{dy}{dx} = g(y), \text{ o también } dy = g(y)dx.$$

La diferencia con la situación del ejemplo anterior es que ahora *no podemos integrar directamente a ambos lados, por que $g$ no es una función de $x$, sino de $y$.* ¿Cómo obtenemos entonces una expresión para $y$ como función de $x$? Podemos pasar $g(y)$ al lado izquierdo de la ecuación, de manera que tendremos:

$$\frac{1}{g(y)}dy = dx.$$

Ahora sí tenemos una ecuación similar a la del ejemplo anterior, y podremos integrar a ambos lados, para obtener:

$$\int \frac{1}{g(y)}dy = \int dx, \text{ es decir, } \boxed{x = \int \frac{1}{g(y)}dy + C}$$

Finalmente, para encontrar la expresión $y = y(x)$ deberíamos despejar $y$ de la ecuación anterior, después de haber integrado. Para ver un ejemplo concreto, véase la resolución que hemos hecho del Modelo Malthusiano en la Sección 1.6.1, o del Modelo Logístico, en la Sección 3.3.

### 10.1.1. La diferencial de una función de varias variables y la fórmula de propagación de errores

El uso de derivadas para hacer aproximaciones de funciones en entornos de puntos puede generalizarse a funciones de varias variables. Comenzaremos, por simplicidad, considerando el caso de dos variables, y dejaremos como ejercicio al lector la explicitación del caso de tres o más variables.

Dada una función de dos variables $f(x, y)$ y un punto $(x_0, y_0)$, se denomina *diferencial de $f$* a la expresión

$$\boxed{df = \frac{\partial f}{\partial x}dx + \frac{\partial f}{\partial y}dy}$$

Por otro lado, se denomina *diferencial de $f$ en $(x_0, y_0)$* a la expresión:

$$\boxed{df(x_0, y_0) = \frac{\partial f}{\partial x}(x_0, y_0)dx + \frac{\partial f}{\partial y}(x_0, y_0)dy}$$

Vamos a suponer, al igual que hicimos en la Sección 4.4, que la función $f(x, y)$ está definida como suma, producto, composición, etc, de funciones elementales en las variables $x$ e $y$, de manera que las derivadas parciales pueden calcularse a partir de las reglas habituales de derivación, y que están bien definidas en $(x_0, y_0)$.

**Ejemplo 10.1.3.** Para las funciones $f(x, y) = x^2 + y^3$ y $g(x, y) = x^2y^3$, se tiene:

$$df = 2xdx + 3y^2dy, \quad dg = 2xy^3dx + x^2 3y^2dy.$$

Para la diferencial de estas funciones en el punto $(1, -1)$, por ejemplo, sustituimos, obteniendo:

$$df(1, -1) = 2dx + 3dy, \quad dg(1, -1) = -2dx + 3dy.$$

El uso de la diferencial es similar al que hemos hecho en el caso de funciones de una variable (véase la Ecuación (10.2)): la diferencial nos sirve para aproximar las variaciones que sufren los valores de la función $f$ cuando modificamos $(x, y)$ en torno a $(x_0, y_0)$. Más concretamente:

$$\boxed{\Delta f \approx \frac{\partial f}{\partial x}(x_0, y_0)\Delta x + \frac{\partial f}{\partial y}(x_0, y_0)\Delta y}$$

para valores de $(x, y)$ cercanos a $(x_0, y_0)$, es decir

$$f(x, y) - f(x_0, y_0) \approx \frac{\partial f}{\partial x}(x_0, y_0)(x - x_0) + \frac{\partial f}{\partial y}(x_0, y_0)(y - y_0),$$

para valores de $(x, y)$ cercanos a $(x_0, y_0)$. la fórmula anterior[1] se conoce como la *fórmula de propagación de errores (o de variaciones) de $f$*.

[1]Técnicamente, para que la fórmula anterior sea una buena aproximación de $f$ cerca de $(x_0, y_0)$ necesitamos pedir que $f$ sea *diferenciable*, concepto que no veremos en este curso. Baste decir aquí que cualquier función definida como suma, producto, composición, ..., de funciones elementales en las variables $x$ e $y$, que son las que nos interesan mayoritariamente, es diferenciable en los puntos donde las derivadas parciales estén definidas.

**Ejemplo 10.1.4.** Consideremos la función $f(x,y) = x^2 + y^3$ y el punto $(1,-1)$ del ejemplo anterior, de manera que

$$df(1,-1) = 2dx + 3dy.$$

Si consideramos que el punto $(1,-1)$ está sujeto a una perturbación de $\pm 0'1$ en cada una de las coordenadas $x$ e $y$, se tiene que $f(x,y)$ está sujeto a variaciones de, aproximádamente

$$\Delta f \approx 2(0'1) + 3(0'1) = 0,5.$$

Idéntico desarrollo tendremos para funciones de más de dos variables. Por ejemplo, si $f(x,y,z)$ es una función de tres variables, la diferencial de $f$ se escribe:

$$df = \frac{\partial f}{\partial x}dx + \frac{\partial f}{\partial y}dy + \frac{\partial f}{\partial z}dz,$$

lo cual produce la consiguiente fórmula de propagación de errores (véase la Sección 9.4 para una aplicación de este tipo de fórmula).

El siguiente ejemplo es una generalización de los dos que hemos visto en 10.1.1 y 10.1.2, junto a los que constituye uno de los tres tipos de ejemplos iniciales de ecuación diferencial.

**Ejemplo 10.1.5.** Supongamos que tenemos una igualdad, relacionando las variables $x$ e $y$, de la forma

$$\boxed{\frac{\partial f}{\partial x}dx + \frac{\partial f}{\partial y}dy = 0}$$

para una cierta función $f(x,y)$. Aunque no podemos separar las variables $x$ e $y$ a ambos lados de la ecuación, como hemos hecho en 10.1.1 y 10.1.2, podemos reescribir la ecuación anterior como

$$df = 0.$$

Integrando a ambos lados, ahora obtenemos:

$$\int df = \int 0 \iff f = C, \text{ es decir: } \boxed{f(x,y) = C, \ \ (C \text{ cte.})}$$

Así, por ejemplo, la ecuación:

$$2xdx + 3y^2dy = 0,$$

es equivalente a la relación $x^2 + y^3 = C$, con $C$ constante. Volveremos sobre este tipo de ecuaciones en la Sección 10.6.

## 10.2. Ejemplos de ecuaciones diferenciales

A lo largo de este curso de Matemáticas hemos visto cómo las Ciencias en general, y la Biología en particular, utilizan objetos matemáticos para modelizar la realidad. Cuando lo que queremos modelizar es una magnitud medible que depende de uno o varios parámetros utilizamos funciones de una o varias variables, de manera que no sólo la función, sino también sus derivadas, antiderivadas, etc., tendrán un significado dentro del modelo. Comúnmente no conoceremos a priori la función que queremos usar para modelizar, sino solamente algunas relaciones que la función y/o sus derivadas verifican. Estas relaciones serán las leyes físicas, químicas, biológicas, etc., del modelo sobre el que estemos trabajando.

### 10.2.1. Ejemplos de la Física

Quizás los ejemplos más sencillos aparecen en la rama de la Física que se ocupa de las leyes del movimiento, la Cinemática. En todos los casos, las soluciones de la ecuación correspondiente serán funciones trayectoria $x(t)$, donde $t$ es el tiempo, y $x$ es la posición, dependiente de $t$.

**Ejemplo 10.2.1.** En el caso más sencillo en el que el movimiento que estemos estudiando sea rectilíneo, una vez establecido un sistema de referencia adecuado, la posición de la particula, a tiempo $t$, cuyo movimiento estamos estudiando se representa por un valor $x(t)$, de manera que se obtiene, de manera natural, una función $x = x(t)$, llamada función posición. La primera derivada de esta función $x'(t)$ nos proporciona la velocidad en cada tiempo $t$, y la segunda derivada $x''(t)$ la aceleración.

Si la partícula cuyo movimiento queremos describir se mueve verticalmente por efecto de la fuerza de la gravedad, en el vacío (de manera que el rozamiento pueda despreciarse), a una distancia suficientemente pequeña de la superficie de la Tierra, entonces sabemos que la aceleración puede considerarse constante e igual a $g = 9'8\,m/s^2$, de manera que se tiene la siguiente ley

$$\boxed{x'' = -g \text{ (Ley de la gravedad, sin rozamiento)}}$$

de la cual podemos obtener, integrando dos veces [2],

$$x = x_0 + v_0 t - \frac{g}{2}t^2,$$

donde $x_0$ y $v_0$ son la posición y la velocidad a tiempo 0, respectivamente.

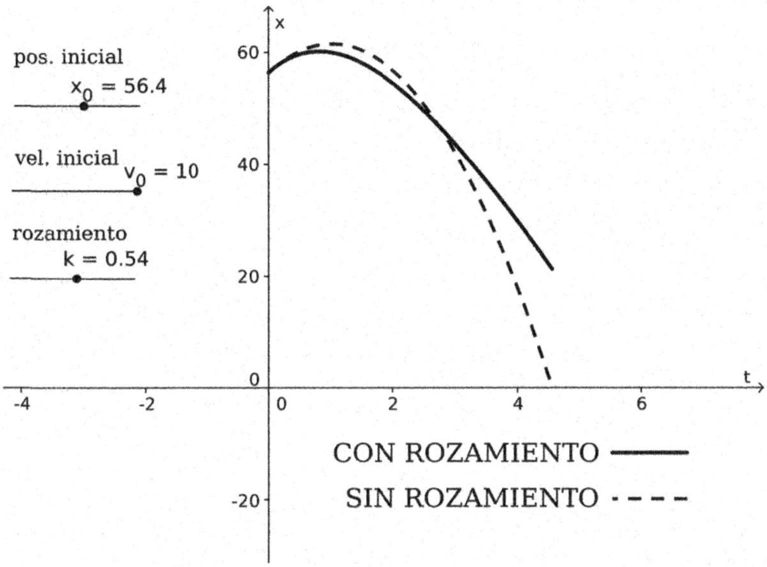


**Figura 10.1:** Función posición (acción de la gravedad) con y sin rozamiento.

**Ejemplo 10.2.2.** Obviamente, podemos considerar situaciones más complicadas. Si la partícula que estamos considerando se mueve verticalmente, por la acción de la gravedad, pero en un entorno en el que el rozamiento no sea despreciable, sino proporcional a la velocidad, tendremos la siguiente ley:

$$\boxed{x'' = -g - kx' \text{ (Ley de la gravedad, con rozamiento)}}$$

que es satisfecha[3] por la siguiente expresión de $x$:

$$x = x_0 + \frac{v_0}{k} + \frac{g}{k^2} - \frac{g}{k}t - \left(\frac{v_0}{k} + \frac{g}{k^2}\right)e^{-kt}.$$

[2]Justifica por qué.
[3]Compruébalo.

**Ejemplo 10.2.3.** Veamos finalmente el caso de una partícula que se mueve por efecto de un muelle, de constante elástica $r$, que se ha separado de su posición de equilibrio, 0, de manera que su posición, que oscilará periódicamente alrededor de la posición se rige por la Ley de Hooke:

$$\boxed{x'' = -rx \text{ (Ley de Hooke)}}$$

La función posición tomará la forma

$$x = A\cos(\sqrt{r}t + \psi),$$

donde $A$ se llama amplitud de la oscilación, $\sqrt{r}$ es la frecuencia de la oscilación y $\psi$ la fase. La relación de $A$ y $\psi$ con la posición y velocidad iniciales de la partícula es la siguiente:

$$A\cos(\psi) = x_0, \quad -A\sqrt{k}\,\text{sen}(\psi) = v_0$$

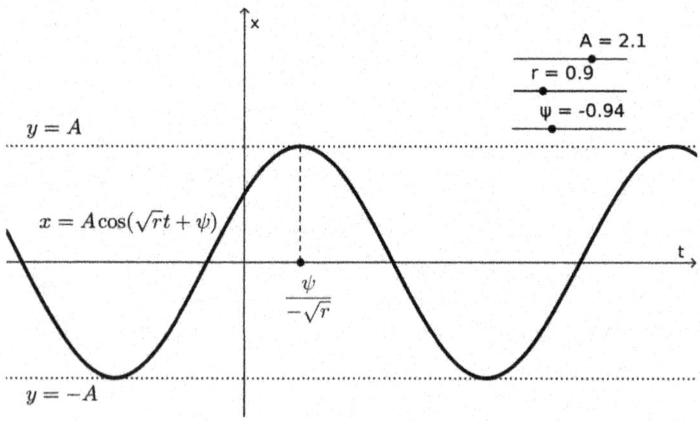


**Figura 10.2:** Función posición por efecto de la Ley de Hooke sin rozamiento.

### 10.2.2. Ejemplos de Dinámica Poblacional

La Dinámica de Poblaciones considera muchos ejemplos de ecuaciones diferenciales. En estos casos, las soluciones de cada ecuación diferencial correspondiente son funciones población $N(t)$, donde $N$ es el tamaño de la población, que depende del tiempo, $t$. La ecuación describe, entonces, las relaciones de la función $N$ con sus derivadas. En temas anteriores hemos visto algunos ejemplos de este tipo, incluyendo al modelo Malthusiano y al modelo logístico, así como algunas de sus variaciones (véase la Tabla 10.1).

| Nombre | Ecuación | Solución |
|---|---|---|
| Ley de Malthus | $N' = rN$ | $N = N_0 e^{rt}$ |
| Ley logística | $N' = rN\left(1 - \frac{N}{K}\right)$ | $N = \frac{KN_0 e^{rt}}{K + N_0(e^{rt} - 1)}$ |
| Modelo general de una especie | $N' = f(N)$ | $\int \frac{dN}{f(N)} = t + C$ |

**Tabla 10.1:** Algunas EDO's de Dinámica Poblacional y sus soluciones.

### 10.2.3. Más ejemplos de la Física

No siempre las soluciones de una ecuación diferencial son funciones de una variable. Una ecuación diferencial cuyas soluciones sean funciones de varias variables contendrá relaciones entre las derivadas parciales de estas funciones. Aunque la resolución de este tipo de ecuaciones está fuera de los objetivos de este curso, veamos dos ejemplos muy conocidos de esta situación:

**Ejemplo 10.2.4.** La ecuación de onda

$$\boxed{\frac{\partial^2 u}{\partial t^2} = c^2 \frac{\partial^2 u}{\partial x^2}}$$

describe la vibración de un cuerda unidimensional. Sus soluciones son las funciones $u(x, t)$ que describen la posición del punto $x$ de la cuerda en el momento $t$.

**Ejemplo 10.2.5.** La ecuación de calor

$$\boxed{\frac{\partial T}{\partial t} = k \frac{\partial^2 T}{\partial x^2}}$$

describe la difusión de calor en una varilla unidimensional. Sus soluciones son funciones $T(x, t)$ que nos dan la temperatura $T$ del punto $x$ de la varilla en el instante $t$.

## 10.3. Definición de ecuación diferencial

A la luz de los ejemplos anteriores, podemos definir ya de manera precisa algunos conceptos asociados a la teoría de Ecuaciones Diferenciales:

**Definición de Ecuación Diferencial Ordinaria.**

Una *ecuación diferencial ordinaria* (*EDO*, por brevedad) es una igualdad en la que aparecen relacionadas una función incógnita de una variable y sus derivadas. Cuando, por ejemplo, la función incógnita es $y = y(x)$, entonces una ecuación diferencial puede describirse como una expresión de la forma:

$$F(y, y', y'', \ldots, x) = 0$$

**Nota 10.3.1.** En la definición consideramos ecuaciones en las que el segundo término es cero. Nótese que toda igualdad involucrando a $x$, a $y = y(x)$ y a las derivadas de esta, puede escribirse de esta manera. Por ejemplo: $N'' = rN$ puede escribirse como $N'' - rN = 0$. Así, una EDO podía haberse definido como cualquier igualdad en las que aparecen $x$, $y$ y sus derivadas.

Cuando la incógnita es una función de varias variables reales, una ecuación que muestra relaciones entre dicha función y sus derivadas se llama *ecuación en derivadas parciales* (*EDP*, por brevedad). Ejemplos de esto son la Ecuación de Onda y la Ecuación de Calor, vistas anteriormente (10.2.4 y 10.2.5). Aunque las EDP's resultan indispensables en muchos problemas de modelización, durante este curso nos ocuparemos solo de EDO's.

**Soluciones de una EDO.**

La *solución general* de una EDO es el conjunto de funciones que satisfacen la ecuación. En general, la solución general dependerá de un conjunto de parámetros, que quedarán fijados por una o varias *condiciones iniciales.* Cada una de las posibles funciones solución, se llama una *solución particular* de la ecuación.

**Ejemplo 10.3.2.** Por ejemplo, las soluciones de la ecuación diferencial ordinaria $x'' = -g$ son de la forma $x(t) = x_0 + v_0 t - gt^2/2$. Dependen por tanto de dos parámetros $x_0$ y $v_0$, que quedan fijados si imponemos a la solución unas determinadas condiciones iniciales (típicamente la posición y velocidad en un momento determinado, por ejemplo, a tiempo $t = 0$). En el lenguaje que acabamos de introducir, diriamos que $x(t) = x_0 + v_0 t - 4{,}9t^2$ es la solución general y que, por ejemplo, $x(t) = 10 + 2t - 4{,}9t^2$ y $x(t) = 4 - 5t - 4{,}9t^2$ son soluciones particulares de la ecuación.

Como veremos, el proceso de resolución de una EDO suele involucrar el cálculo de una o varias primitivas de funciones. Por esta razón, los procesos de resolución de EDO's se conocen también como *métodos de integración de EDO's*. Al igual que en el cálculo de primitivas, no exsite un método que nos permita resolver todas las EDO's, sino que existen métodos de integración para diversos tipos especiales de EDO's.

**Nota 10.3.3.** Aunque en los ejemplos que utilizaremos las funciones y las variables que utilizaremos se denotarán con símbolos representativos de las magnitudes involucradas ($t$ para tiempo, por ejemplo), en los desarrollos teóricos denotaremos habitualmente por $y = y(x)$ la función incógnita.

### 10.3.1. Orden y solución general de una EDO

El *orden* de una ecuación diferencial $F(y, y', y'', \ldots, x) = 0$ es el orden de la mayor derivada que aparecen en ella.

**Ejemplo 10.3.4.** De esta manera, son de orden uno:

$$N' = rN, \quad N' = rN(1 - N/K),$$

y son de orden dos:

$$x'' = -9{,}8, \quad x'' = -rx.$$

El orden de una ecuación diferencial nos proporciona ya una información muy importante sobre las soluciones de la ecuación. Como la resolución de una ecuación diferencial involucra procesos de integración de funciones, suele suceder que *el número de parámetros que aparecen al resolver una ecuación diferencial coincide con su orden.* Podemos comprobar que esta afirmación es correcta en los ejemplos anteriores.

**Ejemplo 10.3.5.** Por ejemplo, las soluciones de $x'' = -9{,}8$ dependen de dos parámetros $x_0$ y $v_0$, mientras que las soluciones de $N' = rN(1 - N/K)$ dependen de un solo parámetro $N_0$.

Debemos ser conscientes de que la afirmación anterior, aunque en la práctica se verifica en muchos casos, no es cierta para todas las ecuaciones, como nos indica el siguiente ejemplo.

**Ejemplo 10.3.6.** Considera la ecuación $(y')^2 + y^2 = 0$. Directamente obtenemos que la única solución es $y = 0$; es decir, no depende de ningún parámetro. De la misma manera, la ecuación $(y')^2 + y^2 + 1 = 0$ no tiene ninguna solución.

El hecho de que tengamos, en los ejemplos estandar, un conjunto de soluciones dependiente de uno o varios parámetros, puede reformularse de la siguiente manera. Supongamos, por simplicidad, que la ecuación es de orden uno, luego de la forma $F(x, y, y') = 0$, y sus soluciones son funciones $y = y(x)$ dependientes de un parámetro. Entonces dicho parámetro quedará determinado cuando fijemos una *condición inicial* $y_0 = y(x_0)$. Dado un par de valores $(x_0, y_0)$, existirá exactamente una solución particular verificando $y_0 = y(x_0)$, y el conjunto de las gráficas de todas las soluciones llenará una determinado subconjunto del plano. Representando esto en el plano $XY$, obtendremos un dibujo similar al de la Figura 10.3, en el que hemos representado en línea de puntos algunas de las soluciones de una cierta EDO de orden uno, y con trazo continuo la solución particular que pasa por el punto $(x_0, y_0)$.

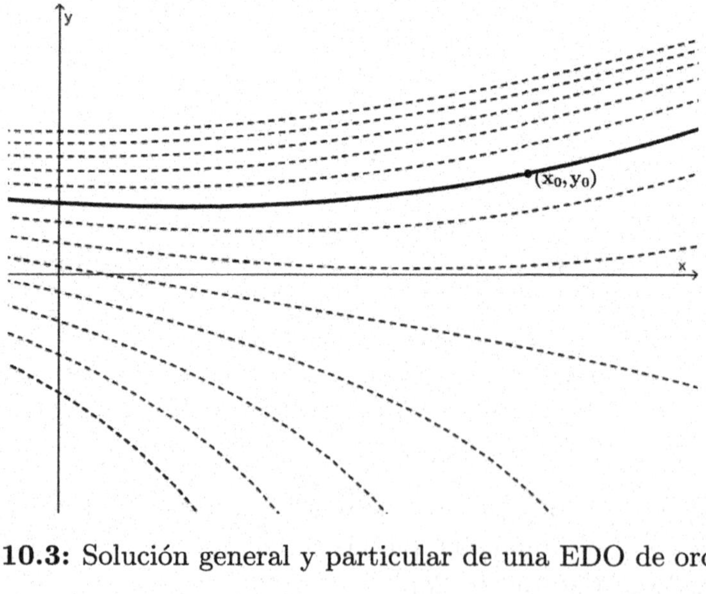


**Figura 10.3:** Solución general y particular de una EDO de orden uno.

### 10.3.2. EDO's de orden uno en forma diferencial

Una *forma diferencial* en las variables $x$ e $y$ es una expresión de la forma:

$$M(x,y)dx + N(x,y)dy,$$

donde $M$ y $N$ son cualesquiera expresiones funcionales involucrando a $x$ e $y$.

En la práctica es bastante común que nos encontremos con EDO's de orden uno expresadas mediante formas diferenciales, es decir por igualdades de la forma:

$$\boxed{M(x,y)dx + N(x,y)dy = 0}$$

Una igualdad de este tipo es, en efecto, una EDO, dado que puede expresarse, gracias a la versatilidad del lenguaje diferencial, de la forma siguiente:

$$M(x,y)dx + N(x,y)dy = 0 \iff M(x,y) + N(x,y)\frac{dy}{dx} = 0 \iff$$
$$N(x,y)y' + M(x,y) = 0.$$

**Nota 10.3.7.** Es importante notar que, en el proceso anterior hemos considerado a $y$ como función de $x$, de manera que el término $y'$ representa a la derivada de $y$ respecto de $x$. Dado que $x$ e $y$ son, simplemente, dos variables, el hecho de considerar a $y$ como función de $x$, y no al revés, ha sido una elección nuestra. Sin embargo, es conveniente notar que, en algunos problemas puede resultar más sencillo invertir el papel de las dos variables, de manera que la ecuación anterior quedaría de la manera siguiente:

$$M(x,y)dx + N(x,y)dy = 0 \iff M(x,y)\frac{dx}{dy} + N(x,y) = 0 \iff$$
$$M(x,y)x' + N(x,y) = 0,$$

y podría suceder que en esta forma la ecuación fuese mas sencilla de resolver.

## 10.4. Métodos de resolución de EDO's

Durante el resto de este tema veremos diferentes métodos de resolución de EDO's. Es importante resaltar aquí que nuestra intención no es hacer una compendio de métodos de resolución (véase por ejemplo [32], [27]), sino presentar algunos métodos sencillos con el objetivo de familiarizarnos con el concepto de ecuación diferencial ordinaria. Más concretamente, veremos los métodos de resolución de:

- EDO's en variables separadas.
- EDO's homogéneas.
- EDO's lineales.

En general sucede que, en la práctica, existen muchas ecuaciones diferenciales de tipos diferentes que precisan de métodos de resolución específicos. Muchas de estas ecuaciones aparecen en teorías físicas, químicas, biológicas, etc. y han sido estudiadas y resueltas en estos contextos. Los metodos de resolución resultantes serán, en algunos casos, solamente aplicables a un tipo muy particular de EDO, como veremos en el siguiente ejemplo.

**Ejemplo 10.4.1.** La *ecuación de Bernoulli* es una EDO de primer orden que ha sido usada clásicamente para modelizar el rozamiento y, hoy en día, para modelizar el comportamiento de un tipo de componente electrónico, llamado *memristor*:

$$\frac{dy}{dx} + P(x)y = Q(x)y^{\alpha}, \quad \alpha \neq 1.$$

Su resolución (según el *método de Bernoulli*) pasa por realizar el cambio de variable $z = y^{1-\alpha}$, $dz = (1-\alpha)y^{-\alpha}dy$, que la convierte en

$$\frac{dy}{dx} + P(x)y = Q(x)y^{\alpha} \iff y^{-\alpha}\frac{dy}{dx} + P(x)y^{1-\alpha} = Q(x) \iff$$
$$\iff (1-\alpha)^{-1}\frac{dz}{dx} + P(x)z = Q(x).$$

Esta ecuación es *lineal* y de orden uno, que es uno de los tipos de EDO que sabremos resolver al terminar este tema.

Para finalizar, debemos observar que, siendo la resolución de EDO's una generalización del proceso de integración de funciones, resulta claro que no todas las EDO's tienen una expresión analítica para su solución. Es por ello que los métodos numéricos, aproximativos, de resolución de EDO's tienen una importancia vital en la práctica. En este libro no exploraremos en esta dirección, dado que estos métodos están fuera de los objetivos de un primer curso de Matemáticas como éste.

## 10.5. EDO's en variables separadas

En esta sección consideramos un tipo muy especial de EDO, cuya resolución es sencilla. Se dice que una EDO de orden uno es *de variables separadas* cuando *puede* escribirse de la forma siguiente:

$$\boxed{\frac{dy}{dx} = f(x) \cdot g(y)}$$

Es decir, la derivada $y'$ es igual al producto de una función $f$ que depende sólo de $x$ y de una función $g$ que depende sólo de $y$.

**Ejemplo 10.5.1.** Son EDO's en variables separadas, por ejemplo:

$$y' = \frac{3y}{x}, \quad \frac{dy}{dx} = \frac{y - xy}{y - 1}, \quad \operatorname{tg}(y)dx + (x + x\operatorname{sen}(y))dy = 0.$$

En efecto, como tú mismo puedes comprobar[4], estas tres ecuaciones pueden escribirse:

$$\frac{dy}{dx} = \frac{3}{x}y, \quad \frac{dy}{dx} = \frac{y}{y-1}(1-x), \quad \frac{dy}{dx} = -\frac{\operatorname{tg}(y)}{1 + \operatorname{sen}(y)}\frac{1}{x}.$$

**Ejemplo 10.5.2.** La ecuación de un modelo poblacional general de una especie es una EDO en variables separadas:

$$\frac{dN}{dt} = f(N) \iff \frac{dN}{dt} = f(N) \cdot 1.$$

**Ejemplo 10.5.3.** La ecuación

$$\frac{dy}{dx} = \frac{x + y}{x}$$

no es una EDO en variables separadas, dado que la función $(x + y)/x$ no puede escribirse como producto de una función de $x$ y otra de $y$, dado que en el denominador no podemos sacar factor común $x$.

[4] Hazlo.

### 10.5.1. Resolución de EDO's en variables separadas

La resolución de una EDO en variables separadas consiste en "separar" las dos variables a ambos lados de la ecuación, de manera que cada lado de la igualdad contenga sólo una de las dos variables:

$$\frac{dy}{dx} = f(x) \cdot g(y) \iff dy = f(x) \cdot g(y)dx \iff \frac{dy}{g(y)} = f(x)dx.$$

Una vez separadas las variables, podemos integrar a los dos lados de la ecuación, como ya hemos visto en la Sección 10.1:

$$\int \frac{dy}{g(y)} = \int f(x)dx$$

En el caso de que estas integrales sean factibles, obtendremos así una relación entre las variables $x$ e $y$. Si, finalmente, podemos despejar $y$, obtendremos una expresión de $y$ en función de $x$.

**Ejemplo 10.5.4.** Resolvamos, ecuación por ecuación, las EDO's del Ejemplo 10.5.1. En el primer caso tenemos:

$$y' = \frac{3y}{x} \iff \frac{dy}{dx} = \frac{3}{x}y \iff \frac{dy}{y} = \frac{3dx}{x} \iff \int \frac{dy}{y} = \int \frac{3dx}{x}.$$

Integrando obtenemos:

$$\ln(y) = 3\ln(x) + C,$$

y despejando la $y$:

$$y = e^{3\ln(x)+C} = x^3.e^C \iff y = Kx^3, \text{ siendo } K \text{ una constante.}$$

Para la segunda ecuación:

$$\frac{dy}{dx} = \frac{y - xy}{y-1} \iff \frac{dy}{dx} = \frac{y}{y-1}(1-x) \iff \frac{y-1}{y}dy = (1-x)dx.$$

Integrando a ambos lados:

$$\int \frac{y-1}{y}dy = \int (1-x)dx \iff y - \ln(y) = x - \frac{1}{2}x^2 + C.$$

En esta ecuación resulta imposible despejar la variable $y$ en función de $x$, así que dejaríamos la solución en forma implícita[5]:

$$y - \ln(y) - x + \frac{1}{2}x^2 = C, \text{ con } C \text{ constante.}$$

Finalmente, la tercera ecuación se resuelve de la siguiente manera:

$$\operatorname{tg}(y)dx + (x + x\operatorname{sen}(y))dy = 0 \iff \frac{dy}{dx} = -\frac{\operatorname{tg}(y)}{1+\operatorname{sen}(y)}\frac{1}{x} \iff$$

$$\iff \frac{(1+\operatorname{sen}(y))dy}{\operatorname{tg}(y)} = -\frac{dx}{x} \iff \int \frac{(1+\operatorname{sen}(y))dy}{\operatorname{tg}(y)} = -\int \frac{dx}{x}.$$

Integrando a ambos lados se obtiene:

$$\ln(\operatorname{sen}(y)) + \operatorname{sen}(y) = -\ln(x) + C.$$

De nuevo, en este caso no se puede despejar analíticamente la variable $y$, así que el resultado final se dejaría en forma implícita:

$$\ln(\operatorname{sen}(y)) + \operatorname{sen}(y) + \ln(x) = C, \text{ con } C \text{ constante.}$$

**Nota 10.5.5.** El proceso de resolución de EDO's en variables separadas nos proporciona la solución general de la misma. Como para cualquier otro método de resolución, si en el problema que estemos resolviendo se nos diese una condición inicial, mediante su sustitución en la solución general obtendríamos la solución particular requerida. Por ejemplo, si se nos pidiese resolver:

$$\left.\begin{array}{r} y' = \dfrac{3y}{x} \\ y(2) = -4 \end{array}\right\}$$

Calcularíamos, como anteriormente, la solución general de la EDO, que es $y = Kx^3$. Sustituyendo la condición inicial obtenemos:

$$-4 = K2^3 \Longrightarrow K = -1/2,$$

de manera que la solución del problema es $y = -x^3/2$.

[5] Sí es posible, en este caso, despejar la $x$ en función de la $y$. Hazlo.

### 10.5.2. Algunos tipos especiales de EDO's reducibles a variables separadas

Es frecuente que nos encontremos algunas EDO's que, aún no siendo ecuaciones en variables separadas, podemos convertir en ecuaciones de este tipo mediante un cambio de variable. En esta sección expondremos algunos ejemplos de este tipo de ecuaciones.

Es importante que nos demos cuenta que el cambio conveniente puede no ser evidente en absoluto. Veamos un ejemplo de esto:

**Ejemplo 10.5.6.** Considera la ecuación diferencial:

$$\frac{dy}{dx} = \frac{x^3(y^2 - x^3) + 3y^4}{2xy^3}.$$

Haciendo un cambio de variable

$$z = y^2/x^3, \quad y^2 = zx^3, \quad 2ydy = x^3dz + 3x^2zdx,$$

obtenemos:

$$2y\frac{dy}{dx} = \frac{x^3(y^2 - x^3) + 3y^4}{xy^2} \Rightarrow \frac{x^3dz + 3x^2zdx}{dx} = \frac{x^3(zx^3 - x^3) + 3z^2x^6}{xzx^3}.$$

Simplificando[6] la ecuación anterior obtenemos:

$$\frac{xdz + 3zdx}{dx} = \frac{z - 1 + 3z^2}{z} \Rightarrow x\frac{dz}{dx} = \frac{z-1}{z} \Rightarrow \frac{zdz}{z-1} = \frac{dx}{x},$$

e integrando se obtiene una solución:

$$z + \ln(z-1) = \ln(x) + C \Rightarrow \boxed{\frac{y^2}{x^3} + \ln\left(\frac{y^2}{x^3} - 1\right) = \ln(x) + C}$$

Existen algunos tipos especiales de ecuación diferencial para los que se conoce bien qué cambio de variable debemos realizar para reducirlas a variables separadas. A continuación veremos dos de estos tipos de ecuaciones, concretamente:

[6] Hazlo.

- *Reducibles mediante cambio lineal:*

$$\boxed{\frac{dy}{dx} = f(ax + by + c), \quad a, b, c \text{ constantes }, a, b \neq 0}$$

Es decir, en la parte derecha, las variables $x$ e $y$ sólo aparecen en expresiones de la forma $ax + by + c$. Por ejemplo:

$$\frac{dy}{dx} = (3x + y + 2)^2 - 2 \text{ (con } ax + by + c = 3x + y + 2),$$
$$\frac{dy}{dx} = \frac{(2x + 2y)^2 - 3}{2} \text{ (con } ax + by + c = 2x + 2y),$$
$$\frac{dy}{dx} = \frac{(x + y)^2 - (x + y) - 1}{x + y} \text{ (con } ax + by + c = x + y),$$

Nótese que si $a$ o $b$ fuesen cero, la EDO que estaremos considerando es directamente de variables separadas. Es por esto que sólo estamos considerando el caso en que $a, b \neq 0$.

- *Reducibles mediante cambio a pendiente:*

$$\boxed{\frac{dy}{dx} = \frac{F(x, y)}{G(x, y)}, \quad F, G \text{ polinomios homogéneos del mismo grado}}$$

Expliquemos convenientemente la noción de *polinomio homogéneo*: Un polinomio es una suma de monomios, que son productos de potencias de las variables $x, y$ y de constantes. El número de variables que aparecen en un monomio se denomina grado del monomio. Así, por ejemplo:

- Toda constante no nula es un monomio de grado cero.
- $x, 3x, -2y$ son monomios de grado uno.
- $-x^2$, $4xy$, $y^2$ son monomios de grado dos.

Un polinomio se dice *homogéneo* si todos sus monomios tienen el mismo grado. Por ejemplo:

- $4xy - x^2$ es homogéneo de grado dos y $3x - 2y$ es homogéneo de grado uno.
- $y^2 + x$ y $x - 3y + 3$ no son homogéneos.

De esta manera, son reducibles mediante cambio a pendiente, por ejemplo, las siguientes ecuaciones:

$$\frac{dy}{dx} = \frac{x+y}{x}$$
$$\frac{dy}{dx} = \frac{x^2+y^2}{xy}$$
$$(y^2 - 2xy)dx + x^2 dy = 0$$

Y no lo son, por ejemplo

$$\frac{dy}{dx} = \frac{x+y+1}{2y^2}, \quad (y^2 - 2x)dx + x^2 dy = 0.$$

**RVS1. Resolución de EDO's reducibles a variables separadas mediante cambio lineal.**

Dada una EDO de la forma:

$$\boxed{\frac{dy}{dx} = f(ax+by+c), \quad a, b, c \text{ constantes}}$$

podemos utilizar para su resolución el siguiente cambio de variable:

$$z = \boxed{ax+by+c}, \quad dz = a(dx) + b(dy), \text{ y despejando } dy = \frac{1}{b}(dz - adx)$$

En efecto, el cambio de variable nos convierte la EDO en:

$$\frac{1}{b}\frac{dz - adx}{dx} = f(z) \iff \frac{1}{b}\frac{dz}{dx} = f(z) + \frac{a}{b},$$

es decir

$$\frac{dz}{dx} = bf(z) + a \iff \int \frac{dz}{bf(z)+a} = dx,$$

la cual puede resolverse integrando ambos miembros. Para finalizar, no debemos olvidarnos de reescribir las soluciones en términos de las variables $x$ e $y$ mediante el correspondiente cambio de variable $z = ax + by + c$.

**Ejemplo 10.5.7.** La ecuación diferencial

$$\frac{dy}{dx} = (3x + y + 2)^2 - 2$$

se transforma[7], mediante el cambio de variable

$$z = 3x + y + 2, \quad dz = 3dx + dy, \quad dy = dz - 3dx,$$

en

$$\frac{dz}{z^2 + 1} = dx.$$

Integrando ambos miembros y deshaciendo el cambio de variable se obtiene la solución de la ecuación:

$$\arctg(z) = x + C \iff \boxed{\arctg(3x + y + 2) = x + C}$$

**Ejercicio 10.5.1:**

Resuelve mediante un cambio lineal las EDO's:

$$\frac{dy}{dx} = \frac{(2x + 2y)^2 - 3}{2}, \quad \frac{dy}{dx} = \frac{(x + y)^2 - (x + y) - 1}{x + y}.$$

## RVS2. Resolución de EDO's reducibles a variables separadas mediante cambio a pendiente.

Si tenemos una EDO de la forma

$$\boxed{\frac{dy}{dx} = \frac{F(x,y)}{G(x,y)}, \quad F, G \text{ polinomios homogéneos del mismo grado } (k)}$$

el cambio de variable

$$\boxed{y = tx, \quad dy = tdx + xdt}$$

[7] Compruébalo.

transforma dicha EDO en:

$$\frac{tdx + xdt}{dx} = \frac{F(x, xt)}{G(x, xt)} = \frac{x^k F(1, t)}{x^k G(1, t)}.$$

El hecho de que $F(x, xt) = x^k F(1, t)$ se debe precisamente a que $F$ sea homogéneo de grado $k$. Lo mismo sucede para $G$, de manera que ahora podemos simplificar $x^k$ en el lado derecho, obteniendo:

$$\frac{tdx + xdt}{dx} = \frac{F(1, t)}{G(1, t)} \iff t + x\frac{dt}{dx} = \frac{F(1, t)}{G(1, t)},$$

de manera que despejando obtenemos

$$x\frac{dt}{dx} = \frac{F(1, t)}{G(1, t)} - t \iff \frac{G(1, t)}{F(1, t) - tG(1, t)}dt = \frac{dx}{x}$$

que es una EDO en variables separadas. De nuevo, debemos recordar que, una vez resuelta esta EDO, debemos deshacer el cambio de variable.

**Ejemplo 10.5.8.** El término de la derecha de la EDO:

$$\frac{dy}{dx} = \frac{x + y}{x}$$

es un cociente de polinomios homogéneos de grado uno. Mediante el cambio de variable $y = tx$, $dy = tdx + xdt$, se obtiene[8]:

$$\frac{tdx + xdt}{dx} = \frac{x + xt}{x} = \frac{1 + t}{1} \iff x\frac{dt}{dx} = 1 + t - t \iff dt = \frac{dx}{x}$$

Integrando ambos miembros y deshaciendo el cambio de variable se obtiene:

$$t + C = \ln(x) \iff \boxed{\frac{y}{x} + C = \ln(x)}$$

**Ejercicio 10.5.2:**

Resuelve, mediante cambio a pendiente, las EDO's:

$$\frac{dy}{dx} = \frac{x^2 + y^2}{xy}, \quad (y^2 - 2xy)dx + x^2dy = 0.$$

[8]Compruébalo.

**Nota 10.5.9.** El cambio a pendiente puede aplicarse solamente cuando la EDO que consideremos es de la forma especificada. Si lo utilizamos en otro tipo de ecuaciones no nos conduce a una ecuación más sencilla. Por ejemplo:

$$\frac{dy}{dx} = \frac{x+y+1}{2y} \quad \stackrel{y=tx}{\Longrightarrow} \quad t + x\frac{dt}{dx} = \frac{x+xt+1}{2xt}.$$

Como ahora no podemos despejar las $x$ en el término de la derecha (dado que el numerador no es un polinomio homogéneo), no vamos a poder separar las variables $x$ y $t$, lo cual nos impide resolver la ecuación.

## 10.6. EDO's exactas

En esta sección consideraremos un tipo especial de EDO's de orden uno. Recordemos (véase la Sección 10.3.2) que toda EDO de orden uno puede escribirse en forma diferencial:

$$M(x,y)dx + N(x,y)dy = 0.$$

Por simplicidad, escribiremos solamente $Mdx + Ndy = 0$, así que debemos recordar que $M$ *y* $N$ *son funciones de las variables* $x, y$.

**EDO's exactas.**

Se dice que la EDO es *exacta* si existe una función $f(x,y)$ tal que:

$$M = \frac{\partial f}{\partial x}, \quad N = \frac{\partial f}{\partial y}$$

**Ejemplo 10.6.1.** La EDO $2xdx + 2ydy = 0$ es exacta, puesto que, si consideramos $f(x,y) = x^2 + y^2$, podemos escribir

$$2x = \frac{\partial f}{\partial x}, \quad 2y = \frac{\partial f}{\partial y}.$$

Sin embargo la EDO $(2x+y)dx + 2ydy = 0$ no lo es, dado que, si existiese una función $f(x,y)$ tal que

$$2x + y = \frac{\partial f}{\partial x}, \quad 2y = \frac{\partial f}{\partial y},$$

integrando vemos que entonces $f(x, y)$ debe ser, por un lado, de la forma:

$$f(x, y) = x^2 + xy + g(y), \text{ con } g(y) \text{ función de } y,$$

y, por otro lado, de la forma:

$$f(x, y) = y^2 + h(x), \text{ con } h(x) \text{ función de } x.$$

Ambas igualdades son incompatibles.

### 10.6.1. Resolución de una EDO exacta

Hemos visto ya un ejemplo de resolución de una EDO exacta en 10.1.5: una EDO exacta se puede escribir de la forma

$$\frac{\partial f}{\partial x}dx + \frac{\partial f}{\partial y}dy = 0,$$

ó, equivalentemente,

$$df = 0 \iff f(x, y) = C, \quad C \text{ constante.}$$

Luego la resolución de una EDO exacta $M(x, y)dx + N(x, y)dy = 0$ consiste en encontrar la función $f(x, y)$ que la define como exacta, es decir:

$$\boxed{\text{encontrar } f(x, y) \text{ tal que} \begin{cases} M = \dfrac{\partial f}{\partial x} \\ N = \dfrac{\partial f}{\partial y} \end{cases}}$$

Para ello podemos seguir los siguiente pasos:

1. Integrar la primera ecuación respecto de $x$, obteniendo una igualdad:

$$f(x, y) = \int M dx + C(y)$$

Nótese que al integrar respecto de $x$, la constante de integración que aparece puede depender de $y$. Es por ello que la denotamos por $C(y)$.

2. Derivar la expresión obtenida respecto de $y$, y combinar con la segunda ecuación del sistema:

$$N = \frac{\partial f}{\partial y} = \frac{\partial}{\partial y}\left(\int M dx + C(y)\right) = \frac{\partial}{\partial y}\left(\int M dx\right) + C'(y).$$

3. Como integrar respecto de $x$ y derivar respecto de $y$ son procesos que conmutan[9], al despejar $C'(y)$ obtenemos:

$$C'(y) = N - \int \frac{\partial M}{\partial y} dx,$$

e integrar para calcular $C(y)$:

$$C(y) = \int \left(N - \int \frac{\partial M}{\partial y} dx\right) dy,$$

de manera que la solución final de la ecuación será:

$$\boxed{\int M dx + \int \left(N - \int \frac{\partial M}{\partial y} dx\right) dy = C, \quad C \text{ constante}}$$

Obviamente, es más razonable realizar los pasos anteriores uno por uno, que aplicar directamente la fórmula anterior. Nótese también que podíamos haber empezado integrando en la variable $y$ la segunda ecuación y sustituyendo después en la primera. Veamos algunos ejemplos:

**Ejemplo 10.6.2.** Para resolver como EDO exacta la ecuación diferencial

$$y' = \frac{2xy}{1 - x^2}$$

la escribimos primero en forma diferencial

$$2xydx + (x^2 - 1)dy = 0$$

y planteamos el sistema:

$$\begin{cases} 2xy = \dfrac{\partial f}{\partial x} \\ x^2 - 1 = \dfrac{\partial f}{\partial y} \end{cases}$$

[9]La demostración de esta propiedad, que no probaremos aquí, puede encontrarse en cualquier libro de Cálculo de Varias Variables.

Integrando la primera ecuación tendremos:

$$f(x, y) = \int 2xydy + C(y) = x^2y + C(y).$$

Derivando respecto de $x$ y usando la segunda ecuación se tiene:

$$x^2 - 1 = \frac{\partial f}{\partial y} = \frac{\partial}{\partial y}(x^2y + C(y)) = x^2 + C'(y),$$

luego $C'(y) = -1$ y podemos tomar $C(y) = -y$. Entonces la solución de la EDO es:

$$x^2y - y = C, \quad C \text{ constante.}$$

**Ejemplo 10.6.3.** Resolvamos la EDO:

$$(\operatorname{sen}(xy) + xy\cos(xy))dx + x^2\cos(xy)dy = 0.$$

Para resolver el sistema:

$$\begin{cases} \operatorname{sen}(xy) + xy\cos(xy) = \dfrac{\partial f}{\partial x} \\ x^2\cos(xy) = \dfrac{\partial f}{\partial y} \end{cases}$$

resulta más conveniente comenzar integrando la segunda ecuación[10]:

$$f(x, y) = \int x^2\cos(xy)dy + C(x) = x^2\int \cos(xy)dy + C(x) = x\operatorname{sen}(xy) + C(x).$$

Derivando respecto de $x$ y combinando el resultado con la primera ecuación se obtiene:

$$\operatorname{sen}(xy) + xy\cos(xy) = \operatorname{sen}(xy) + x\cos(xy)y + C'(x).$$

Luego $C'(x) = 0$ y podemos tomar $C(x) = cte$, por ejemplo $C = 0$. La solución final del problema será:

$$x\operatorname{sen}(xy) = C, \quad C \text{ constante.}$$

[10]Prueba a comenzar por la primera ecuación.

Como veremos en el siguiente ejemplo, no todas las EDO's pueden ser resueltas como exactas de forma directa:

**Ejemplo 10.6.4.** Vamos a intentar resolver como exacta la siguiente EDO[11]:

$$ydx - xdy = 0.$$

Por el método anteriormente descrito:

$$\left\{\begin{array}{l} y = \dfrac{\partial f}{\partial x} \\ -x = \dfrac{\partial f}{\partial y} \end{array}\right\} \Rightarrow \left\{\begin{array}{l} f(x,y) = xy + C(y) \\ -x = \dfrac{\partial f}{\partial y} = x + C'(y) \end{array}\right\}$$

De lo cual deducimos:

$$C'(y) = -2x.$$

Esto es una *contradicción*, dado que $C(y)$ es función de $y$ y esta ecuación nos dice, sin embargo, que $C(y)$ depende de $x$. Concluimos entonces que *esta ecuación no es exacta.*

Este es el tipo de contradicción que nos encontraremos siempre que intentemos resolver como exacta una ecuación que no lo es; si lo hacemos, nos encontraremos con una ecuación

$$C'(y) = N - \int \frac{\partial M}{\partial y} dx,$$

donde la parte derecha es dependiente de $x$.

Fijémonos que si esto sucede, la derivada respecto de $x$ de la parte derecha de la ecuación será distinta de cero, lo cual proporciona:

$$\frac{\partial N}{\partial x} - \frac{\partial M}{\partial y} \neq 0.$$

Recíprocamente, *si este valor es cero, la EDO será exacta, y podremos resolverla por el método anteriormente descrito.* De esta manera, este pequeño cálculo, que podemos hacer a priori, nos asegura la viabilidad del método de resolución. Así, los pasos del método de resolución serán los indicados en el siguiente recuadro.

[11]Nótese que esta ecuación sería fácilmente resoluble por separación de variables.

**Resolución de EDO's exactas.**

0. Comprobar que, la EDO es exacta, es decir:

$$\frac{\partial N}{\partial x} - \frac{\partial M}{\partial y} = 0, \tag{10.3}$$

1. En caso afirmativo, plantear el sistema:

$$\begin{cases} M = \dfrac{\partial f}{\partial x} \\ N = \dfrac{\partial f}{\partial y} \end{cases}$$

2. Integrar la primera ecuación respecto de $x$, obteniendo:

$$f(x, y) = \int M dx + C(y), \quad \text{con } C(y) \text{ desconocido.}$$

3. Derivar esta expresión respecto de $y$ y combinar con la segunda ecuación, para obtener una expresión de $C'(y)$:

$$C'(y) = N - \int \frac{\partial M}{\partial y} dx.$$

4. Comprobar que $C'(y)$ sólo depende de $y$. Integrar respecto de $y$ para obtener $C(y)$, de manera que las soluciones de la ecuación serán de la forma:

$$\int M dx + C(y) = \text{cte.}$$

### 10.6.2. Factores integrantes

Como hemos visto anteriormente, existe una condición precisa –Ecuación (10.3)– para asegurar que una EDO sea exacta. Se plantea ahora la pregunta de si el método descrito anteriormente puede modificarse para ser aplicado a (al menos algunas) EDO's no exactas. La respuesta está en la propia naturaleza del concepto de exactitud; más concretamente, en el hecho de que multiplicando a una EDO exacta por una función podemos convertirla en inexacta, y viceversa. Veamos un ejemplo de esto:

**Ejemplo 10.6.5.** Considera las ecuaciones siguientes:

$$ydx - xdy = 0, \qquad \frac{y}{x^2+y^2}dx - \frac{x}{x^2+y^2}dy = 0.$$

Estas dos ecuaciones son obviamente equivalentes, pues una se obtiene de la otra dividiendo por $(x^2+y^2)$ y, sin embargo, la primera no es exacta y la segunda sí. En efecto:

$$\frac{\partial y}{\partial y} - \frac{\partial(-x)}{\partial x} = 2 \neq 0, \qquad \frac{\partial}{\partial y}\left(\frac{y}{x^2+y^2}\right) - \frac{\partial}{\partial x}\left(\frac{-x}{x^2+y^2}\right) = 0.$$

Concluimos que si quisiésemos resolver la EDO anterior como exacta, preferiríamos la segunda expresión a la primera[12].

La pregunta entonces es:

**Definición de factor integrante.**

Dada una EDO no exacta, ¿existe una expresión $P(x,y)$ tal que la EDO resultante de multiplicar por ella sea exacta?

$$\boxed{Mdx + Ndy = 0 \quad \rightsquigarrow \quad P(x,y)Mdx + P(x,y)Ndy = 0}$$

Si existe, se dice que el término $P(x,y)$ es un *factor integrante de la EDO.*

La determinación de un factor integrante, en general, no es una tarea sencilla, pero sí podemos verificar si una EDO tiene factores integrantes de algunos tipos específicos.

Aquí nos concentraremos en el caso en que nuestros factores dependan de una sola variable. La idea general es multiplicar por el tipo de factor integrante considerado, multiplicar e imponer la condición de exactitud. A continuación veremos algunos casos.

[12]Prueba que utilizando el método de resolución de EDO's exactas, se obtiene una solución general: $\operatorname{arc\,tg}(x/y) = C$.

**FI1. Factores integrantes dependientes de la variable $x$.**

Si existe un factor integrante de la forma $P(x)$, entonces, utilizando la condición de exactitud, se tendrá:

$$\frac{\partial}{\partial y}(P(x)M) - \frac{\partial}{\partial x}(P(x)N) = 0,$$

lo cual se reescribe

$$P(x)\frac{\partial M}{\partial y} - P'(x)N - P(x)\frac{\partial N}{\partial x} = 0.$$

Despejando, se tendrá:

$$P(x)\left(\frac{\partial M}{\partial y} - \frac{\partial N}{\partial x}\right) = P'(x)N(x,y),$$

es decir:

$$\frac{P'(x)}{P(x)} = \frac{\dfrac{\partial M}{\partial y} - \dfrac{\partial N}{\partial x}}{N}. \tag{10.4}$$

Como el término de la izquierda depende sólo de $x$, la condición para que exista $P(x)$ es:

**Existencia de un factor integrante de la forma $P(x)$.**

La ecuación $Mdx + Ndy = 0$ tiene un factor integrante de la forma $P(x)$ si

$$\frac{\dfrac{\partial M}{\partial y} - \dfrac{\partial N}{\partial x}}{N} \text{ depende sólo de } x.$$

Integrando la Ecuación (10.4) respecto de $x$ a ambos lados se obtiene:

$$\ln(P(x)) = \int \frac{\dfrac{\partial M}{\partial y} - \dfrac{\partial N}{\partial x}}{N} dx + C,$$

y, despejando concluimos[13]:

[13]Nótese que, como sólo estamos buscando *un* factor integrante, podemos obviar la constante $C$.

**Factor integrante de la forma $P(x)$.**

Si la ecuación $Mdx + Ndy = 0$ tiene un factor integrante de la forma $P(x)$, éste es:

$$P(x) = e^a, \qquad a = \int \frac{\frac{\partial M}{\partial y} - \frac{\partial N}{\partial x}}{N} dx$$

**FI2. Factores integrantes dependientes de la variable $y$.**

Por analogía con el caso anterior, se tiene:

**Factor integrante de la forma $P(y)$.**

La ecuación $Mdx + Ndy = 0$ tiene un factor integrante de la forma $P(y)$, cuando

$$-\frac{\frac{\partial M}{\partial y} - \frac{\partial N}{\partial x}}{M} \text{ depende sólo de } y.$$

y en ese caso el factor integrante es:

$$P(y) = e^a, \qquad a = -\int \frac{\frac{\partial M}{\partial y} - \frac{\partial N}{\partial x}}{M} dy$$

Obviamente, la opción más razonable a la hora de buscar un factor integrante de un tipo determinado es seguir fielmente los pasos descritos anteriormente, en lugar de utilizar directamente las fórmulas anteriores.

**Ejemplo 10.6.6.** Consideremos la ecuación diferencial $(y^2x - y)dx + xdy = 0$. Comprobaremos que tiene un factor integrante de la forma $P(y)$, y resolveremos la EDO como exacta tras multiplicar por $P(y)$:

1. *Cálculo del factor integrante.* Para que $P(y)(y^2x - y)dx + P(y)xdy = 0$ sea exacta se debe tener:

$$\frac{\partial P(y)(y^2x - y)}{\partial y} - \frac{\partial P(y)x}{\partial x} = 0.$$

Operando se tiene:

$$P'(y)(y^2x - y) + P(y)(2yx - 1) - P(y) = 0 \Rightarrow$$
$$\frac{P'(y)}{P(y)} = \frac{2 - 2yx}{y^2x - y} = \frac{-2(yx - 1)}{y(yx - 1)} = \frac{-2}{y},$$

luego

$$\ln(P(y)) = \int \frac{-2}{y} dy = -2\ln(y) = \ln(y^{-2}) \Rightarrow \boxed{P(y) = y^{-2}}.$$

2. *Resolución de la EDO.* Multiplicando por $P(y)$ obtenemos, entonces, una EDO exacta:

$$\left(x - \frac{1}{y}\right) dx + \frac{x}{y^2} dy = 0.$$

Imponemos:

$$x - \frac{1}{y} = \frac{\partial f}{\partial x}, \qquad \frac{x}{y^2} = \frac{\partial f}{\partial y}.$$

Integrando la primera ecuación respecto de $x$ se tiene:

$$f(x, y) = \frac{x^2}{2} - \frac{x}{y} + C(y).$$

Derivando respecto de $y$ y combinando el resultado con la segunda ecuación, se tiene:

$$\frac{x}{y^2} = \frac{\partial f}{\partial y} = 0 - \left(-\frac{x}{y^2}\right) + C'(y) \Rightarrow C'(y) = 0 \Rightarrow C(y) = \text{cte.}.$$

Entonces la solución general de la EDO es:

$$\frac{x^2}{2} - \frac{x}{y} = C, \quad C \text{ cte.}$$

**Ejercicio 10.6.1:**

Estudia si la EDO $y' = y - 3x$ tiene un factor integrante de la forma $P(x)$ ó $P(y)$, y resuelve la EDO utilizando uno de estos factores integrantes (escríbela primero en forma diferencial).

**FI3. Otros tipos de factores integrantes.**

No vamos a entrar en general en este tipo de argumentos, pero queremos ilustrar el hecho de que pueden considerarse muchos otros tipos de factores integrantes, por ejemplo de la forma:

$$P(z), \quad \text{con } z = g(x, y) \text{ fijado.}$$

Ejemplos típicos de funciones $g(x, y)$ usadas en la práctica son

$$g(x, y) = x + y \quad \text{ó} \quad x^2 + y^2 \quad \text{ó} \quad xy, \quad \text{entre otros.}$$

El desarrollo es similar al del los casos ya vistos, pero siempre hemos de tener en cuenta que, como $P$ depende de $z$ y $z$ depende de $x$ e $y$, se tienen las fórmulas[14]:

$$\frac{\partial P(z)}{\partial x} = P'(z)\frac{\partial g}{\partial x}, \quad \frac{\partial P(z)}{\partial y} = P'(z)\frac{\partial g}{\partial y}.$$

**Ejemplo 10.6.7.** Resolvamos la EDO $ydx - xdy = 0$ (resoluble por otros métodos) encontrando primero un factor integrante de la forma $P(x^2 + y^2)$. Para ello, antes de nada, denotamos $z = x^2 + y^2$, de manera que se tiene:

$$\frac{\partial P(z)}{\partial x} = P'(z)2x, \quad \frac{\partial P(z)}{\partial y} = P'(z)2y.$$

Multiplicando la EDO por $P(z)$ se tiene:

$$P(z)ydx - P(z)xdy = 0,$$

que será exacta cuando

$$\frac{\partial}{\partial y}(P(z)y) - \frac{\partial}{\partial x}(-P(z)x) = 0.$$

Usando las fórmulas de las derivadas parciales de $P$, calculadas anteriormente, esta ecuación se reescribe:

$$P'(z)2yy + P(z) + P'(z)2xx + P(z) = 0 \iff P'(z)(2x^2 + 2y^2) = -2P(z).$$

[14]Esto es una versión para varias variables de la regla de la cadena, que no explicaremos.

Equivalentemente

$$\frac{P'(z)}{P(z)} = \frac{-1}{x^2+y^2} = \frac{-1}{z} \Rightarrow \ln(P(z)) = -\ln(z) \Rightarrow P(z) = 1/z$$

Concluimos entonces que la EDO tiene un factor integrante $1/(x^2+y^2)$, que es el que ya hemos usado para resolver esa ecuación en el Ejemplo 10.6.5.

**Ejercicio 10.6.2:**

Resuelve encontrando un factor integrante de la forma $P(xy)$:

$$(2y^2 - 6xy)dx + (3xy - 4x^2)dy = 0.$$

## 10.7. EDO's lineales de orden uno

En esta sección veremos un tipo muy común de ecuación diferencial: las EDO's lineales.

**EDO's lineales.**

Una *EDO lineal* es una ecuación de la forma:

$$a_k(x)y^{k)} + \ldots + a_2(x)y'' + a_1(x)y' + a_0(x)y = b(x)$$

donde los $a_i(x)$ y $b(x)$ pueden depender de $x$, pero no de $y$.

En particular, una EDO lineal se dice *de orden uno* si $k=1$, es decir, si es de la forma $a_1(x)y' + a_0(x)y = b(x)$

Por analogía con las ecuaciones lineales usuales, los términos $a_i(x)$ suelen llamarse *coeficientes* de la EDO lineal, y $b(x)$ recibe el nombre de *término independiente.*

**Ejemplo 10.7.1.** Entre las ecuaciones que conocemos, la ecuación de Malthus y los ejemplos de la Física tratados en la Sección 10.2.1 son lineales (la primera es además de orden uno). Las siguiente ecuaciones son lineales de orden uno:

$$\operatorname{sen}(x)y' + e^x y = 3x, \quad 2y' + x^2 y = 3, \quad (x^2+1)y' = 4x, \quad 2y' + 3y = xy,$$

mientras que las siguientes son no lineales:

$$(4y - 3x)y' + 2y = 3x, \quad (y')^2 + 3xy = \cos(x), \quad y' + 4\cos(y) = 2x.$$

Recordemos que una EDO puede venir dada en forma diferencial. Si queremos ver si es lineal, debemos escribirla en la forma habitual.

**Ejercicio 10.7.1:**

Verifica que la siguiente EDO es lineal:

$$\big(4\ln(x)y - \operatorname{sen}(x)\big)dx + 3xdy = 0$$

Dado que no existe ninguna jerarquía entre las dos variables de una EDO (de hecho hemos escogido $x$ e $y$ como variables genéricas, pero podíamos haber escogido otras), algunas veces una EDO puede reconocerse como lineal si consideramos las variables en el orden contrario ($y$, $x$ en lugar de $x$, $y$). Veamos un ejemplo:

**Ejemplo 10.7.2.** La ecuación diferencial $(e^y - \operatorname{sen}(y)x)y' - y = 0$, no es lineal, según la forma establecida anteriormente. Sin embargo, podemos escribirla de las siguientes formas:

$$(e^y - \operatorname{sen}(y)x)\frac{dy}{dx} = y \iff e^y - \operatorname{sen}(y)x = y\frac{dx}{dy},$$

o bien:

$$yx' + \operatorname{sen}(y)x = e^y.$$

Como los términos que multiplican a $x'$, a $x$ y el término independiente, no dependen de $x$, deducimos que esta EDO es lineal.

### 10.7.1. Resolución de una EDO lineal de orden uno

Consideremos una EDO lineal de orden uno:

$$a_1(x)y' + a_0(x)y = b(x).$$

Vamos a razonar, paso a paso, cómo resolver este tipo de EDO, y al finalizar la exposición haremos un resumen del método que proponemos para resolverlas.

**Paso 1: Normalización.** Por simplicidad, antes de nada dividiremos toda la ecuación por $a_1(x)$:

$$y' + \frac{a_0(x)}{a_1(x)}y = \frac{b(x)}{a_1(x)}$$

y denotaremos los términos no triviales por $p(x)$ y $q(x)$:

$$y' + \underbrace{\frac{a_0(x)}{a_1(x)}}_{p(x)} y = \underbrace{\frac{b(x)}{a_1(x)}}_{q(x)},$$

obteniendo una EDO de la forma:

$$\boxed{y' + p(x)y = q(x)}$$

que en forma diferencial se escribe:

$$\boxed{(p(x)y - q(x))dx + dy = 0}$$

**Ejemplo 10.7.3.** Por ejemplo, la EDO $xy' - y = x^2$ se puede reescribir (dividiendo por $x$):

$$y' - \frac{1}{x}y = x \qquad \text{(así, en este caso } p(x) = -1/x \text{ y } q(x) = x\text{)},$$

y en forma diferencial:

$$\left(-x - \frac{1}{x}y\right) dx - dy = 0$$

**Paso 2: Cálculo del factor integrante.** La EDO, escrita en forma diferencial, tiene un factor integrante de la forma $P(x)$, puesto que:

$$\frac{\dfrac{\partial(p(x)y - q(x))}{\partial y} - \dfrac{\partial(1)}{\partial x}}{1} = p(x) \text{ sólo depende de } x.$$

Entonces tenemos que un factor integrante para nuestra ecuación:

$$\boxed{P(x) = e^{\int p(x)}dx}$$

Multiplicando por él a nuestra EDO en forma diferencial, obtenemos una EDO exacta:

$$\boxed{P(x)(p(x)y - q(x))dx + P(x)dy = 0}$$

**Ejemplo 10.7.4.** Consideremos la EDO del ejemplo anterior ($xy' - y = x^2$) en su forma diferencial:

$$\left(x + \frac{1}{x}y\right)dx - dy = 0.$$

Su factor integrante es:

$$P(x) = e^{-\displaystyle\int \frac{1}{x}dx} = e - \ln x = 1/x,$$

lo cual nos indica que multiplicando por $1/x$ obtenemos una EDO exacta:

$$\left(1 + \frac{y}{x^2}\right)dx - \frac{1}{x}dy = 0.$$

**Paso 3: Resolución de la EDO exacta.** Resolvemos la ecuación como cualquier EDO exacta (ver la Sección 10.6). Con esta indicación ya nos basta para que sepamos resolver la EDO, pero vamos a hacer el desarrollo general, puesto que en el caso de las EDO's lineales se obtiene una fórmula final relativamente sencilla. Planteamos el sistema:

$$\begin{cases} P(x)(p(x)y - q(x)) = \dfrac{\partial f}{\partial x} \\ P(x) = \dfrac{\partial f}{\partial y} \end{cases}$$

Empezando por la segunda ecuación, obtenemos:

$$f(x,y) = P(x)y - C(x) \tag{10.5}$$

Derivando respecto a $x$ y sustituyendo en la primera ecuación tenemos:

$$P(x)(p(x)y - q(x)) = \frac{\partial f}{\partial x} = P'(x)y - C'(x) \Rightarrow$$
$$C'(x) = P'(x)y - P(x)(p(x)y - q(x)).$$

Nótese que, por definición de $P(x)$:

$$P'(x) = P(x)p(x),$$

luego la ecuación anterior queda:

$$C'(x) = P(x)p(x)y - P(x)(p(x)y - q(x)) = P(x)q(x) \Rightarrow$$
$$C(x) = \textstyle\int P(x)q(x)dx.$$

Concluimos que la solución de nuestra EDO es:

$$P(x)y - \int P(x)q(x)dx = C, \quad C \text{ cte.}$$

Que puede escribirse:

$$\boxed{y = \left(\int P(x)q(x) + C\right)/P(x)}$$

O también, finalmente:

$$\boxed{y = \underbrace{\left(\int q(x)e^{\int p(x)dx} + C\right)}_{C(x)} \underbrace{e^{-\int p(x)dx}}_{(P(x))^{-1}}}$$

**Ejemplo 10.7.5.** Consideremos de nuevo la EDO $xy' - y = x^2$, que habíamos escrito en su forma exacta como $\left(1 + \frac{y}{x^2}\right) dx - \frac{1}{x}dy = 0$, y cuyo factor integrante era $P(x) = 1/x$. Planteamos el sistema:

$$\begin{cases} 1 + \frac{y}{x^2} = \dfrac{\partial f}{\partial x} \\ -1/x = \dfrac{\partial f}{\partial y} \end{cases}$$

De la segunda ecuación se obtiene:

$$f(x, y) = (-1/x)y + C(x),$$

y sustituyendo en la primera:

$$1 + \frac{y}{x^2} = \frac{1}{x^2}y + C'(x),$$

es decir: $C'(x) = 1$, luego $C(x) = Kx$ ($K$ constante) y la solución es:

$$(-1/x)y + Kx = 0 \quad \Rightarrow \quad \boxed{y = -Kx^2}$$

Podemos entonces resumir el método propuesto de la manera siguiente:

**Resolución de EDO's lineales de orden uno mediante factores integrantes.**

Pasos para resolver una EDO de la forma:

$$a_1(x)y' + a_0(x)y = b(x).$$

(1) Dividiendo a toda la ecuación por $a_1(x)$, escribirla en su forma normal y en su forma diferencial:

$$y' + p(x)y = q(x) \quad \Rightarrow \quad \big(p(x)y - q(x)\big)dx + dy = 0.$$

(2) Calcular su factor integrante

$$P(x) = e^{\int p(x)dx}$$

(3) Multiplicar por el factor integrante la ecuación en su forma diferencial y resolver como exacta. Se obtiene una solución de la forma:

$$\boxed{y = \underbrace{\left(\int q(x)e^{\int p(x)dx} + C\right)}_{C(x)} \underbrace{e^{-\int p(x)dx}}_{(P(x))^{-1}}}$$

### 10.7.2. El método de variación de constantes

Una reformulación[15] del método anterior da lugar al método más habitual para resolver EDO's lineales de orden uno, el llamado *método de variación de constantes.* Podemos obtenerlo a partir de nuestro método anterior mediante estas observaciones:

- Dada una EDO lineal de orden uno
$$y' + p(x)y = q(x),$$
hemos visto que sus soluciones son de la forma:
$$y = C(x)(P(x))^{-1},$$
con
$$C(x) = \int q(x)e^{\int p(x)dx} + C \quad \text{y} \quad (P(x))^{-1} = e^{-\int p(x)dx}$$

- $(P(x))^{-1}$ solo depende de $p(x)$ y no de $q(x)$, y puede describirse de manera sencilla así: $(P(x))^{-1}$ es la solución de la EDO en variables separadas
$$y' + p(x)y = 0,$$
llamada *EDO lineal homogénea asociada* a $y' + p(x)y = q(x)$.

- Una vez calculado $(P(x))^{-1}$, el otro factor de la solución, $C(x)$, se calcula mediante sustitución en la ecuación, tras la que se obtiene una expresión para $C'(x)$, de la que, integrando, obtenemos $C(x)$.

**Ejemplo 10.7.6.** Resolvamos la EDO $x^3y' + 3x^2y = \operatorname{sen}(x)$. En primer lugar la escribimos en forma normal:
$$y' + \frac{3}{x}y = \frac{\operatorname{sen}(x)}{x^3}.$$
y sabemos que sus soluciones son de la forma:
$$y = C(x)(P(x))^{-1}.$$

[15]Con este método no haremos ni más ni menos cuentas que en el anterior, pero los pasos a seguir serán un poco más sencillos de recordar.

Según las observaciones anteriores, $(P(x))^{-1}$ es solución de la EDO lineal homogénea $y' + \frac{3}{x}y = 0$. Resolviendola (por separación de variables) se tiene:

$$\ln(y) = -\int \frac{3}{x}dx = -3\ln(x) + C = \ln(x^{-3}) + K$$

Luego

$$y = e^{\ln(x^{-3})+K} = Cx^{-3} \text{ y podemos tomar } (P(x))^{-1} = x^{-3}.$$

Ahora ya sabemos que nuestra EDO tiene una solución de la forma:

$$y = C(x)x^{-3}.$$

Sustituimos en la EDO en forma normal:

$$y' + \frac{3}{x}y = \frac{\operatorname{sen}(x)}{x^3} \quad \Rightarrow \quad (C(x)x^{-3})' + \frac{3}{x}(C(x)x^{-3}) = \frac{\operatorname{sen}(x)}{x^3},$$

y operando se tiene:

$$C'(x)x^{-3} + \boldsymbol{C(x)(-3)x^{-4}} + \boldsymbol{(3/x)C(x)x^{-3}} = \frac{\operatorname{sen}(x)}{x^3}.$$

Las dos expresiones en negrita se cancelan[16], luego obtenemos:

$$C'(x)x^{-3} = \frac{\operatorname{sen}(x)}{x^3} \quad \Rightarrow \quad C'(x) = \operatorname{sen}(x) \quad \Rightarrow \quad C(x) = -\cos(x) + K,$$

y la solución general de la EDO será:

$$\boxed{y(x) = (-\cos(x) + K)x^{-3}}$$

El cuadro a continuación contiene los pasos a seguir para resolver cualquier EDO lineal de orden uno por variación de constantes.

[16]Esto sucede precisamente porque hemos escogido correctamente $P(x)$ como factor integrante de la EDO. Este momento de la resolución va a ser crucial: si las dos expresiones en negrita no se nos cancelasen, sabemos que hemos tenido un error anterior, bien sea en el cálculo de $(P(x))^{-1}$, o bien en la sustitución.

**Método de variación de constantes.**

Consideramos una EDO lineal de orden uno, la cual previamente habremos escrito en forma normal $y' + p(x)y = q(x)$.

(1) Resolver la *EDO lineal homogénea asociada* $y' + p(x)y = 0$, que es una EDO en variables separadas. Se obtienen soluciones:

$$y_h = C(P(x))^{-1}, \text{ con } (P(x))^{-1} = Ce^{\int p(x)dx}.$$

(2) Entonces la EDO que nosotros queremos resolver tiene soluciones

$$y = C(x)(P(x))^{-1}.$$

(3) Calcular $C(x)$ sustituyendo esta expresión en la EDO a resolver, lo cual produce una expresión para $C'(x)$ de la que calculamos $C(x)$ integrando.

El hecho en el que se basa el método, y la razón por la que recibe el nombre de método de variación de constantes es el siguiente:

**Base del método de variación de constantes.**

Si $y'+p(x)y = 0$ tiene soluciones $y_h = \boldsymbol{C}F(x)$ ($C$ constante), entonces $y' + p(x)y = q(x)$ tiene soluciones $y = \boldsymbol{C(x)}F(x)$.

**Ejemplo 10.7.7.** Resolvemos la EDO $y' + \dfrac{2}{x^2-1}y = x^2 + 2x + 1$ por variación de constantes, dejando al lector la comprobación de las operaciones básicas.

(1) Resolvemos la EDO lineal homogénea asociada $y' + \dfrac{2}{x^2-1}y = 0$:

$$\frac{dy}{y} = -\frac{2dx}{x^2-1} \quad \Rightarrow \quad \ln(y) = -\int \frac{2dx}{x^2-1} = -\ln\left(\frac{x-1}{x+1}\right)$$

luego la solución de esta EDO es:

$$y_h = C\frac{x+1}{x-1}.$$

(2) Entonces la teoría nos dice que la EDO de nuestro problema tiene soluciones de la forma:

$$y = C(x)\frac{x+1}{x-1}.$$

(3) Calculamos $C(x)$. Sustituyendo esta expresión en la EDO a resolver, $y' + \dfrac{2}{x^2-1}y = x^2 + 2x + 1$:

$$\left.\begin{array}{l} \boldsymbol{y} = C(x)\left(\dfrac{x+1}{x-1}\right) \\ \boldsymbol{y'} = C'(x)\frac{x+1}{x-1} + C(x)\frac{-2}{(x-1)^2} \\ \boldsymbol{y'} + \frac{2}{x^2-1}\boldsymbol{y} = x^2 + 2x + 1 \end{array}\right\} \Rightarrow \quad C'(x)\frac{x+1}{x-1} = x^2 + 2x + 1$$

Entonces

$$C(x) = \int \frac{(x^2+2x+1)(x-1)}{x+1}dx = \int (x+1)(x-1)dx = \frac{x^3}{3} - x + K$$

y la solución de nuestra EDO es:

$$\boxed{y = \left(\frac{x^3}{3} - x + K\right)\frac{x+1}{x-1}}$$

### 10.7.3. Caso particular: coeficientes constantes

Los métodos anteriormente descritos (factor integrante, variación de constantes) nos permiten dar una expresión analítica (que involucra el cálculo de dos primitivas) de las soluciones de cualquier EDO lineal de orden uno. Existe un caso particular, suficientemente común como para que resulte interesante dedicarle esta sección, en el que los métodos descritos resultan todavía más sencillos de describir: el de las *EDO's lineales de orden uno con coeficientes constantes.*

**EDO's lineales de orden uno con coeficientes constantes.**

Una *EDO lineal de orden uno con coeficientes constantes* es una ecuación de la forma:

$$a_1y' + a_0y = b(x)$$

con $a_0$, $a_1$ constantes y $b(x)$ dependiente de $x$, pero no de $y$.

Una de las características que facilitan la resolución de este tipo de sistemas es que, al aplicar el método de variación de constantes, el primer paso (la resolución de la EDO lineal homogénea) suele realizarse de manera automática, dado que puede comprobarse[17] que:

Las soluciones de $\boldsymbol{a_1}y' + \boldsymbol{a_0}y = 0$ son $y_h = Ce^{-(\boldsymbol{a_0}/\boldsymbol{a_1})\boldsymbol{x}}$

Fijémonos que el punto clave es que $-a_0/a_1$ sea constante: si no lo es, la solución no tomará esta forma. Dado que el valor $\lambda = -a_0/a_1$ es la solución de ecuación algebraica $a_1\lambda + a_0 = 0$, el método de variación de constantes para EDO's lineales de orden uno con coeficientes constantes se suele describir así:

**Método de variación de constantes para EDO's lineales de orden uno con coeficientes constantes.**

Resolvemos una ecuación diferencial:

$$a_1y' + a_0y = b(x)$$

con $a_0$, $a_1$ constantes y $b(x)$ dependiente de $x$, pero no de $y$.

(1) Resolvemos la EDO lineal homogénea $a_1y' + a_0y = 0$. Para ello consideramos la ecuación algebraica $a_1\lambda + a_0 = 0$ y resolvemos, obteniendo $\lambda = -a_0/a_1$. Las soluciones son $y_h = Ce^{\lambda x}$.

[17] Compruébalo.

(2) (variación de constantes) Entonces la EDO que nosotros queremos resolver tiene soluciones

$$\boxed{y = C(x)e^{\lambda x}}$$

(3) Calcular $C(x)$ sustituyendo en la EDO, lo que produce una expresión para $C'(x)$ de la que calculamos $C(x)$ integrando:

$$C'(x) = \frac{1}{a_1} b(x) e^{-\lambda x} \quad \Rightarrow \quad C(x) = \frac{1}{a_1} \int b(x) e^{-\lambda x} dx$$

**Ejemplo 10.7.8.** Resolvamos la EDO $3y' + 2y = e^x + 1$ mediante los pasos anteriores

(1) Resolvemos la EDO lineal homogénea asociada $3y' + 2y = 0$. Para ello consideramos $3\lambda + 2 = 0$, cuya solución es $\lambda = -2/3$. Entonces la solución de la EDO homogénea es $y_h = Ce^{-\frac{2}{3}x}$.

(2) Entonces la teoría nos dice que la EDO de nuestro problema tiene soluciones de la forma:

$$y = C(x)e^{-\frac{2}{3}x}.$$

(3) Calculamos $C(x)$. Sustituyendo esta expresión en la EDO a resolver, $3y' + 2y = e^x + 1$ se obtiene (compruébalo.):

$$\left.\begin{array}{l} \boldsymbol{y} = C(x(e^{-\frac{2}{3}x} \\ \\ \boldsymbol{y'} = C'(x)e^{-\frac{2}{3}x} - \frac{2}{3}C(x)e^{-\frac{2}{3}x} \\ \\ 3\boldsymbol{y'} + 2\boldsymbol{y} = e^x + 1 \end{array}\right\} \Rightarrow \quad 3C'(x)e^{-\frac{2}{3}x} = e^x + 1.$$

Despejando e integrando:

$$C(x) = \frac{1}{5}e^{\frac{5}{3}x} + \frac{1}{2}e^{\frac{2}{3}x} + K,$$

y la solución general de nuestra EDO será:

$$\boxed{y = C(x)e^{-\frac{2}{3}x} = \frac{1}{5}e^x + \frac{1}{2} + Ke^{-\frac{2}{3}x}}$$

Una de los puntos más importantes del método que acabamos de presentar es que se aplica, no solamente a EDO's lineales *de orden uno* con coeficientes constantes, sino a EDO's lineales con coeficientes constantes de cualquier orden, como veremos a continuación.

### 10.7.4. EDO's lineales de orden mayor que uno

Cuando el orden de una EDO es mayor que uno, los métodos de resolución se vuelven más complejos, haciendo que tengamos que recurrir, en muchos casos, a métodos numéricos. Sólo unos pocos tipos de este tipo de EDO's tienen métodos de resolución claros, y el más claro es el de las EDO's lineales con coeficientes constantes.

**EDO's lineales con coeficientes constantes.**

Una *EDO lineal con coeficientes constantes* es una ecuación diferencial de la forma:

$$a_k y^{k)} + \ldots + a_2 y'' + a_1 y' + a_0 y = b(x)$$

con los $a_i$'s constantes y $b(x)$ dependiente de $x$, pero no de $y$.

Como hemos podido ver en la Sección 10.2 los ejemplos de EDO's lineales con coeficientes constantes son bastante comunes (Ley de la gravedad, Ley de Hooke, el Modelo de Malthus,...).

Por simplicidad vamos a concentrarnos aquí en el caso en que el orden $k$ es igual a dos, aunque el lector comprenderá inmediatamente la manera en que nuestros métodos generalizan a ordenes mayores.

Consideremos entonces una EDO de orden dos lineal con coeficientes constantes de la forma:

$$a_2 y'' + a_1 y' + a_0 y = b(x).$$

Vamos a describir primero el método de variación de constantes para este tipo de EDO's, y finalizaremos con la descripción de otro método más particular (el método de coeficientes indeterminados), pero que resulta habitualmente más práctico.

**Método de variación de constantes para EDO's lineales de orden dos con coeficientes constantes.**

**Variación de constantes para EDO's lineales de orden dos.**

Resolvemos una EDO:

$$a_2y'' + a_1y' + a_0y = b(x), \quad (a_2, a_1, a_0 \text{ constantes}).$$

(1) Resolver la EDO lineal homogénea $a_2y'' + a_1y' + a_0y = 0$ (véase el siguiente recuadro).

(2) Si $a_2y''+a_1y'+a_0y = 0$ tiene soluciones $y_h = \boldsymbol{C_1}F_1(x)+\boldsymbol{C_2}F_2(x)$ ($C_1, C_2$ ctes.), entonces $a_2y''+a_1y'+a_0y = b(x)$ tiene soluciones $y = \boldsymbol{C_1(x)}F_1(x) + \boldsymbol{C_2(x)}F_2(x)$.

(3) Calcular las funciones $C_1(x), C_2(x)$.

Como hemos dicho anteriormente, por tener coeficientes constantes, el primer paso del método es análogo al del caso de orden uno:

**Paso (1): EDO's lineales homogéneas de orden 2.**

Para resolver la EDO $a_2y'' + a_1y' + a_0y = 0$ consideramos la ecuación algebraica $a_2\lambda^2 + a_1\lambda + a_0 = 0$ (llamada *polinomio característico de la EDO*), y calculamos sus soluciones $\lambda = \lambda_1, \lambda_2$.

(1.1) Si $\lambda_1, \lambda_2$ son reales y distintos, entonces las soluciones de la EDO son:

$$y_h = C_1e^{\lambda_1 x} + C_2e^{\lambda_2 x}.$$

(1.2) Si $\lambda_1 = \lambda_2$ es una solución real doble, entonces las soluciones de la EDO son:

$$y_h = C_1e^{\lambda_1 x} + C_2xe^{\lambda_1 x}.$$

(1.3) Si $\lambda_1 = \alpha + i\beta$, $\lambda_2 = \alpha - i\beta$ son complejas, entonces las soluciones de la EDO son:

$$y_h = C_1e^{\alpha x}\cos(\beta x) + C_2e^{\alpha x}\operatorname{sen}(\beta x).$$

No vamos a entrar a probar con toda generalidad el hecho anterior. Es sencillo probar que, en cada caso, las funciones descritas son soluciones de la EDO (véase el ejercicio a continuación), pero sería necesario usar algunas herramientas matemáticas teóricas más elaboradas, en las que no entraremos, para probar que son las *únicas* soluciones (véase el Ejercicio 5 del tema siguiente).

**Ejercicio 10.7.2:**

Sustituye $y = C_1 e^{\lambda_1 x} + C_2 e^{\lambda_2 x}$ en la EDO $a_2 y'' + a_1 y' + a_0 = 0$ y muestra que se obtiene:

$$C_1 \underbrace{(a_2\lambda_1^2 + a_1\lambda_1 + a_0)}_{=0} e^{\lambda_1 x} + C_2 \underbrace{(a_2\lambda_2^2 + a_1\lambda_2 + a_0)}_{=0} e^{\lambda_2 x} = 0$$

Se concluye que si $\lambda_1$ y $\lambda_2$ son soluciones de $a_2\lambda^2 + a_1\lambda + a_0 = 0$, entonces la igualdad se satisface. Esto prueba que $y = C_1 e^{\lambda_1 x} + C_2 e^{\lambda_2 x}$ son soluciones de la EDO $a_2 y'' + a_1 y' + a_0 y = 0$ en el caso (1.1) (los otros dos casos son análogos).

**Ejemplo 10.7.9.** Para resolver las EDO's:

$$y'' - y' - 2y = 0, \quad y'' + 2y' + y = 0, \quad y'' + y' + y = 0,$$

consideramos los polinomios característicos:

$$\lambda^2 - \lambda - 2 = 0, \quad \lambda^2 + 2\lambda + 1 = 0, \quad \lambda^2 + \lambda + 1 = 0.$$

Tienen soluciones, en cada caso:

$$\lambda = 2, -1, \quad \lambda = -1 \text{ doble}, \quad \lambda = -\frac{1}{2} \pm \frac{\sqrt{3}}{2}$$

Luego las soluciones de las EDO's requeridas son:

$$\boxed{\begin{aligned} & y = C_1 e^{2x} + C_2 e^{-x}, \\ & y = C_1 e^{-x} + C_2 x e^{-x}, \\ & y = C_1 e^{-x/2} \cos(\sqrt{3}x/2) + C_2 e^{-x/2} \operatorname{sen}(\sqrt{3}x/2). \end{aligned}}$$

Continuamos con nuestra descripción del método de variación de constantes para EDO's de la forma:

$$a_2 y'' + a_1 y' + a_0 y = b(x).$$

Una vez calculadas las soluciones $y_h = C_1F_1(X) + C_2F_2(x)$ de la EDO lineal homogénea asociada, el Paso (2) nos asegura que nuestra EDO tiene soluciones de la forma $y = C_1(x)F_1(X) + C_2(x)F_2(x)$. Falta solamente describir cómo calcular las funciones $C_1(x), C_2(x)$ (Paso (3)). No vamos a justificar el método; tan solo presentaremos su forma final.

**Paso (3) del método de variación de constantes para EDO's lineales no homogéneas de orden dos.**

En este paso calculamos las funciones $C_1(x), C_2(x)$, de manera que la solución final será $y = C_1(x)F_1(X) + C_2(x)F_2(x)$.

(3.1) Calcular las derivadas $C_1'(x), C_2'(x)$, que son solución del sistema:

$$\begin{pmatrix} F_1(x) & F_2(x) \\ F_1'(x) & F_2'(x) \end{pmatrix} \begin{pmatrix} C_1'(x) \\ C_2'(x) \end{pmatrix} = \begin{pmatrix} 0 \\ b(x) \end{pmatrix}$$

(3.2) Calcular $C_1(x)$ y $C_2(x)$ integrando.

**Ejemplo 10.7.10.** Resolvamos la EDO $y'' - y' - 2y = e^{3x}$.

(1) Resolvemos la EDO homogénea asociada $y'' - y' - 2y = 0$. Como hemos visto en el ejemplo anterior, sus soluciones son $y_h = C_1e^{2x} + C_2e^{-x}$.

(2) La teoría nos asegura soluciones de nuestro problema del tipo $y = C_1(x)e^{2x} + C_2(x)e^{-x}$.

(3) Calculamos $C_1(x), C_2(x)$:

(3.1) Resolvemos el sistema:

$$\begin{pmatrix} e^{2x} & e^{-x} \\ 2e^{2x} & -e^{-x} \end{pmatrix} \begin{pmatrix} C_1'(x) \\ C_2'(x) \end{pmatrix} = \begin{pmatrix} 0 \\ e^{3x} \end{pmatrix}$$

Por el método de Gauss obtenemos: $C_1'(x) = \frac{1}{3}e^{x}$, $C_2'(x) = -\frac{1}{3}e^{4x}$.

(3.2) Integrando se obtiene: $C_1(x) = \frac{1}{3}e^x + K_1$, $C_2'(x) = -\frac{1}{12}e^{4x} + K_2$. Entonces las soluciones de la EDO son de la forma:

$$y = \left(\frac{1}{3}e^x + K_1\right) e^{2x} + \left(-\frac{1}{12}e^{4x} + K_2\right) e^{-x} \ (K_1, K_2 \text{ constantes}).$$

Simplificando escribimos finalmente:

$$\boxed{y = \left(\frac{1}{4}e^{3x}\right) + K_1 e^{2x} + K_2 e^{-x} \ (K_1, K_2 \text{ constantes})}$$

Como habremos podido notar, el problema técnico fundamental está en el Paso (3), en el que las operaciones pueden ser complejas. Un método que suele resultar un poco más sencillo habitualmente es el método de los coeficientes indeterminados, que describiremos a continuación.

**Método de coeficientes indeterminados para EDO's lineales de orden dos con coeficientes constantes.**

Las soluciones de una EDO lineal de orden dos con coeficientes constantes son de la forma $y = C_1(x)F_1(x) + C_2(x)F_2(x)$ donde $C_1(x)$ y $C_2(x)$ son únicas salvo dos constantes $K_1$ y $K_2$ que aparece sumando a cada término (esto sucede siempre porque $C_1(x)$ y $C_2(x)$ se calculan integrando $C_1'(x)$ y $C_2'(x)$):

$$C_1(x) = D_1(x) + K_1, \quad C_2(x) = D_2(x) + K_2, \qquad \text{con } K_1 \text{ y } K_2 \text{ constantes.}$$

Entonces podemos escribir la solución general de la EDO de la siguiente manera:

$$y = \underbrace{D_1(x)F_1(x) + D_2(x)F_2(x)}_{=:y_0(x)} + \underbrace{K_2F_1(x) + K_2F_2(x)}_{=y_h(x)}$$

Así, hemos escrito la solución $y$ como la suma[18] de la solución de la EDO homogénea $y_h(x)$ y una *solución particular de la EDO*, $y_0(x)$. El método de coeficientes indeterminados nos proporciona un método para calcular directamente $y_0(x)$, cuando el término independiente $b(x)$ toma algunas formas particulares. A continuación hacemos una descripción explícita del método.

[18]Este hecho se conoce generalmente con el nombre de *Principio de Superposición de Soluciones*.

**Método de coeficientes indeterminados para orden 2.**

Resolvemos una EDO $a_2y'' + a_1y' + a_0y = b(x)$, ($a_2, a_1, a_0$ ctes.).

(1) Resolver la EDO lineal homogénea $a_2y'' + a_1y' + a_0y = 0$.

(2) Si $a_2y''+a_1y'+a_0y = 0$ tiene soluciones $y_h = C_1F_1(x)+C_2F_2(x)$ ($C_1, C_2$ ctes.), entonces $a_2y''+a_1y'+a_0y = b(x)$ tiene soluciones $y = \boldsymbol{y_0(x)} + C_1F_1(x) + C_2F_2(x)$, donde $y_0(x)$ toma la forma descrita en la Tabla 10.2.

(3) La Tabla 10.2 proporciona $y_0(x)$ salvo un cierto número de coeficientes, que han de ser calculados (*determinados*).

| $b(x)$ | $y_0(x)$ |
|---|---|
| $b_mx^m + \cdots + b_0$ | $A_mx^m + \cdots + A_1x + A_0$ |
| $be^{\alpha x}$ | $Ae^{\alpha x}$ |
| $b\cos(\beta x)$ | $A\cos(\beta x) + B\operatorname{sen}(\beta x)$ |
| $b\operatorname{sen}(\beta x)$ | $A\cos(\beta x) + B\operatorname{sen}(\beta x)$ |
| $(b_mx^m + \cdots + b_0)e^{\alpha x}$ | $(A_mx^m + \cdots + A_0)e^{\alpha x}$ |
| $(b_mx^m + \cdots + b_0)\cos(\beta x)$ | $(A_mx^m + \cdots + A_0)\cos(\beta x)+$ <br> $+(B_mx^m + \cdots + B_0)\operatorname{sen}(\beta x)$ |
| $(b_mx^m + \cdots + b_0)\operatorname{sen}(\beta x)$ | $(A_mx^m + \cdots + A_0)\cos(\beta x)+$ <br> $+(B_mx^m + \cdots + B_0)\operatorname{sen}(\beta x)$ |
| $be^{\alpha x}\cos(\beta x)$ | $Ae^{\alpha x}\cos(\beta x) + Be^{\alpha x}\operatorname{sen}(\beta x)$ |
| $be^{\alpha x}\operatorname{sen}(\beta x)$ | $Ae^{\alpha x}\cos(\beta x) + Be^{\alpha x}\operatorname{sen}(\beta x)$ |
| $(b_mx^m + \cdots + b_0)e^{\alpha x}\cos(\beta x)$ | $(A_mx^m + \cdots + A_0)e^{\alpha x}\cos(\beta x)+$ <br> $+(B_mx^m + \cdots + B_0)e^{\alpha x}\operatorname{sen}(\beta x)$ |
| $(b_mx^m + \cdots + b_0)e^{\alpha x}\operatorname{sen}(\beta x)$ | $(A_mx^m + \cdots + A_0)e^{\alpha x}\cos(\beta x)+$ <br> $+(B_mx^m + \cdots + B_0)e^{\alpha x}\operatorname{sen}(\beta x)$ |

**Tabla 10.2:** Método de los coeficientes indeterminados.

Observando la tabla, vemos que el método funciona para tipos concretos (aunque habituales) de funciones $b(x)$ (funciones exponenciales, trigonométricas, polinómicas, entre otras). Veamos, finalmente, como calcular los coeficientes de $y_0(x)$.

**Paso (3) Calculo de una solución particular de una EDO lineal de orden dos con coeficientes constantes.**

Resolvemos una EDO:

$$a_2 y'' + a_1 y' + a_0 y = b(x), \quad (a_2, a_1, a_0 \text{ constantes}),$$

cuya EDO homogénea tenga soluciones $y_h = C_1 F_1(x) + C_2 F_2(x)$.

(3.1) Usar la Tabla 10.2 para determinar un tipo de solución particular $y_0(x)$ de nuestra ecuación.

(3.2) Si el $y_0(x)$ que la tabla nos proporciona es igual a $F_1(x)$ o $F_2(x)$, entonces multiplicamos a $y_0(x)$ por $x$, tantas veces como para que no coincida con $F_1(x)$ o $F_2(x)$.

(3.3) Si $b(x)$ no aparece en la tabla, pero es una suma de expresiones que sí aparecen, usamos la suma de los $y_0(x)$ correspondientes.

(3.4) Para calcular los coeficientes indeterminados de $y_0(x)$ sustituimos $y = y_0(x)$ en la EDO y calculamos los coeficientes que hagan que se satisfaga la ecuación.

Vamos a ilustrar el método anterior con algunos ejemplos, que nos ayudarán a clarificar los pasos a seguir.

**Ejemplo 10.7.11.** Calcular la solución general de la EDO:

$$y'' - y' - 2y = e^{3x}.$$

(1) Resolvemos la EDO homogénea asociada $y'' - y' - 2y = 0$: Como $\lambda^2 - \lambda - 2 = 0$ tienes soluciones $\lambda = 2, -1$, se tiene:

$$y_h = C_1 e^{2x} + C_2 e^{-x}.$$

(2) La teoría nos dice entonces que la EDO tiene una solución $y = y_0(x) + y_h(x) = y_0(x) + C_1e^{2x}C_2e^{-x}$.

(3) Calculamos $y_0(x)$ por el método de coeficientes indeterminados.

(3.1) Siendo $b(x) = e^{3x}$, la tabla nos dice que debemos probar $y_0(x) = Ae^{3x}$ ($A$ indeterminado).

(3.2) Dado que la $y_0(x)$ elegida es distinta de $e^{2x}$ y $e^{-x}$, podemos continuar sin multiplicar por $x$.

(3.4) Sustituimos en la EDO $y = y_0(x)$:

$$\left.\begin{aligned} y_0(x) &= Ae^{3x} \\ y_0'(x) &= 3Ae^{3x} \\ y_0''(x) &= 9Ae^{3x} \\ y'' - y' - 2y &= e^{3x} \end{aligned}\right\} \Rightarrow \quad (9-3-2)Ae^{3x} = e^{3x}.$$

Debemos entonces tomar $A = 1/4$, y la solución general de la EDO será (como habíamos calculado anteriormente mediante el método de variación de constantes):

$$\boxed{y = y_0(x) + y_h(x) = \left(\frac{1}{4}e^{3x}\right) + C_1e^{2x}C_2e^{-x}}$$

**Ejemplo 10.7.12.** Calcular la solución general de la EDO:

$$y'' + y' + y = \cos 2x + x^2.$$

(1) Resolvemos la EDO homogénea asociada $y'' + y' + y = 0$. Como hemos visto en un ejercicio anterior, sus soluciones son

$$y_h(x) = C_1e^{-x/2}\cos(\sqrt{3}x/2) + C_2e^{-x/2}\operatorname{sen}(\sqrt{3}x/2).$$

(2) La teoría nos dice que la EDO tiene una solución $y = y_0(x) + y_h(x)$.

(3) Calculamos $y_0(x)$ por el método de coeficientes indeterminados.

(3.1) Según la tabla, si $b(x)$ fuese $\cos(2x)$, probaríamos con $y_0(x) = A\cos(2x) + B\,\mathrm{sen}(2x)$. Si $b(x)$ fuese $x^2$, probaríamos $y_0(x) = Ax^2 + Bx + C$.

(3.2) Como ninguno de los posibles $y_0(x)$ proporcionados por la tabla es distinto de $e^{-x/2}\cos(\sqrt{3}x/2)$ y de $e^{-x/2}\,\mathrm{sen}(\sqrt{3}x/2)$, podemos continuar sin multiplicar por $x$.

(3.3) Como $b(x)$ es una suma $b(x) = \cos 2x + x^2$, probamos $y_0(x) = (A\cos(2x) + B\,\mathrm{sen}(2x)) + (Cx^2 + Dx + E)$, con $A, B, C, D, E$ coeficientes indeterminados.

(3.4) Sustituimos en la EDO $y = y_0(x)$, y agrupando cosenos con cosenos, senos con senos, etc., obtenemos (compruébalo):

$$(2B - 3A)\cos(2x) - (2A + 3B)\,\mathrm{sen}(2x) +$$
$$+ Cx^2 + (D + 2C)x + C + D + E = \cos(2x) + x^2.$$

Se deduce:

$$\begin{cases} 2B - 3A = 1, \quad -2A - 3B = 0, \\ C = 1, \quad D + 2C = 0, \quad C + D + E = 0. \end{cases}$$

Resolviendo este sencillo sistema lineal se tiene:

$$A = -\frac{3}{13}, \quad B = \frac{2}{13}, \quad C = 1, \quad D = -2, \quad E = 1.$$

Entonces la solución del sistema es[19]:

$$\boxed{\begin{array}{l} y = -\frac{3}{13}\cos(2x) + \frac{2}{13}\,\mathrm{sen}(2x) + x^2 - 2x + 1 + \\ + C_1 e^{-x/2}\cos(\sqrt{3}x/2) + C_2 e^{-x/2}\,\mathrm{sen}(\sqrt{3}x/2) \end{array}}$$

**Ejemplo 10.7.13.** Calcular la solución general de la EDO:

$$y'' + 2y' + y = 4e^{-x}.$$

[19] Compruébalo.

(1) Resolvemos la EDO homogénea asociada $y''+2y'+y=0$. Obtenemos:

$$y_h(x) = C_1e^{-x} + C_2xe^{-x}.$$

(2) La teoría nos dice que la EDO tiene una solución $y = y_0(x) + y_h(x)$

(3) Calculamos $y_0(x)$ por el método de coeficientes indeterminados.

(3.1) Para $b(x) = 4e^{-x}$, la tabla nos dice que debemos probar $y_0(x) = Ae^{-x}$.

(3.2) Como $e^{-x}$ es una solución de la EDO homogénea, probaríamos con $y_0(x) = Axe^{-x}$. Pero $xe^{-x}$ también es solución de la homogénea, así que probamos con $y_0(x) = x^2e^{-x}$.

(3.4) Sustituimos en la EDO $y = y_0(x)$, obteniendo (compruébalo):

$$A(x^2 - 4x + 2)e^{-x} + 2A(2x - x^2)e^{-x} + Ax^2e^{-x} = 4e^{-x} \Rightarrow$$
$$2Ae^{-x} = 4e^{-x}.$$

Tomamos entonces $A = 2$, y las soluciones de la EDO son:

$$\boxed{y = 2x^2e^{-x} + C_1e^{-x} + C_2xe^{-x}, \quad (C_1, C_2 \text{ constantes})}$$

**Ejercicio 10.7.3:**

Resuelve las ecuaciones diferenciales correspondientes a la Ley de la Gravedad con rozamiento y a la Ley de Hooke con rozamiento:

$$\text{(Gravedad con rozamiento)} \quad x'' = -g - ax'$$
$$\text{(Hooke con rozamiento)} \quad x'' = -rx - ax'$$

($g = 9{,}8$, $r$ =cte. elástica, $a$ =cte. de rozamiento).

## 10.8. Ejercicios

1. Calcula la diferencial de las siguientes funciones en los puntos en los que sean diferenciables:

$$f_1(x,y) = x^2 + y^2,\ f_2(x,y) = \text{sen}(xy+\pi),\ f_3(x,y) = e^{x-y},$$

$$f_4(x,y) = \ln\left(\frac{y^2}{x}\right),\ f_5(x,y) = \frac{x^2+y^2}{3y},\ f_6(x,y) = \frac{y}{\cos x + 1},$$

$$f_7(x,y) = x - \ln(y^2),\quad f_8(x,y) = \sqrt{x^2+y^2+1}.$$

2. Hallar la solución general de:

$$\frac{dy}{dx} + 3y = x + e^{-2x}$$

3. Hallar la solución general de:

$$(1+x^2)\frac{dy}{dx} + 4xy = \frac{1}{(1+x^2)^2}$$

4. Hallar la solución general de:

$$x\frac{dy}{dx} + 2y = x^2 - x + 1$$

5. Hallar la solución particular de:

$$\frac{dy}{dx} - 2y = e^{2x} \text{ tal que } y(0) = 2$$

6. Hallar la solución paticular de:

$$x^3\frac{dy}{dx} + 4x^2y = e^{-x} \text{ tal que } y(-1) = 0$$

7. Hallar la solución particular de:

$$(e^y - x)\frac{dy}{dx} = 1 \text{ tal que } y(1) = 0$$

8. Hallar la solución general de:

$$\frac{dy}{dx} + y^2 \sin x = 0$$

9. Hallar la solución particular de:

$$\frac{dy}{dx} = \frac{2x}{y + x^2 y} \text{ tal que } y(0) = -2$$

10. Hallar la solución particular de:

$$\frac{dy}{dx} = \frac{2x}{1 + 2y} \text{ tal que } y(2) = 0$$

11. Hallar la solución particular de:

$$\sin 2x + \cos 3y \frac{dy}{dx} = 0 \text{ tal que } y(\pi/2) = \pi/3$$

12. Hallar la solución particular de:

$$\frac{dy}{dx} = \frac{1 + 3x^2}{3y^2 - 6y} \text{ tal que } y(0) = 1$$

13. Hallar la solución general de:

$$y + (2xy - e^{-2y}) \frac{dy}{dx} = 0$$

14. Hallar la solución particular de:

$$\frac{dy}{dx} = \frac{3x^2}{3y^2 - 4} \text{ tal que } y(1) = 0$$

15. Hallar la solución general de:

$$\frac{dy}{dx} = e^{2x} + y - 1$$

16. Hallar la solución general de:

$$dx + \left(\frac{x}{y} - \sin y\right) dy = 0$$

17. Hallar la solución particular de:

$$(2x - y) + (2y - x)\frac{dy}{dx} = 0 \text{ tal que } y(1) = 3$$

18. Hallar la solución general de:

$$\frac{y}{x} + 6x + (\ln x - 2)\frac{dy}{dx} = 0$$

para $x > 0$.

19. Hallar la solución general de:

$$\frac{dy}{dx} = \frac{x + y}{x}$$

20. Hallar la solución general de:

$$2ydx - xdy = 0$$

21. Hallar la solución general de:

$$\frac{dy}{dx} = \frac{x^2 + xy + y^2}{x^2}$$

22. Hallar la solución general de:

$$\frac{dy}{dx} = \frac{x^2 + 3y^2}{2xy}$$

23. Hallar la solución general de:

$$\frac{dy}{dx} + y = xe^{-x} + 1$$

24. Hallar la solución general de:

$$x\frac{dy}{dx} - 2y = (x-2)e^x$$

25. Hallar la solución general de:

$$\frac{dy}{dx} = \frac{2y-x}{2x-y}$$

26. Hallar la solución particular de:

$$6y'' - 5y' + y = 0\ , \text{ tal que } \ y(0) = 4,\ y'(0) = 0$$

27. Hallar la solución particular de:

$$y'' - y = 0\ , \text{ tal que } \ y(-2) = 1,\ y'(-2) = -1$$

28. Hallar la solución general de:

$$x^2y'' + 2xy' - 1 = 0$$

(Idea: aunque la EDO es de orden dos, como no contiene ningún término $y$, podemos hacer el cambio $y' = z$ y obtendremos una EDO lineal de orden uno).

29. Hallar la solución general de:

$$y'' + x(y')^2 = 0$$

30. Hallar la solución general de:

$$y'' + y' = e^{-x}$$

31. Hallar la solución particular de:

$$(1+x^2)y'' + 2xy' + 3x^{-2} = 0\ , \text{ tal que } \ y(1) = 2,\ y'(1) = -1$$

32. Hallar la solución general de:

$$y'' - 2y' + 2y = 0$$

33. Hallar la solución general de:

$$9y'' + 9y' - 4y = 0$$

34. Hallar la solución particular de:

$$y'' - 2y' + 5y = 0 \text{ , tal que } \quad y(\pi/2) = 0, \; y'(\pi/2) = 2$$

35. Hallar la solución particular de:

$$y'' + 2y' + 2y = 0 \text{ , tal que } \quad y(\pi/4) = 2, \; y'(\pi/4) = -2$$

36. Hallar la solución general de:

$$x^2y'' + 3xy' + 1{,}25y = 0$$

37. Hallar la solución general de:

$$4y'' + 12y' + 9y = 0$$

38. Hallar la solución particular de:

$$y'' + 4y' + 4y = 0 \text{ , tal que } \quad y(-1) = 2, \; y'(-1) = 1$$

39. Hallar la solución general de:

$$y'' - 2y' - 3y = -3xe^{-x}$$

40. Hallar la solución general de:

$$y'' + 2y' + 5y = 3\sin(2x)$$

41. Hallar la solución general de:

$$y'' + y = 3\sin(2x) + x\cos(2x)$$

42. Hallar la solución particular de:

$$y'' + y' - 2y = 2x \text{ , tal que } \; y(0) = 0,\; y'(0) = 1$$

43. Hallar la solución particular de:

$$y'' - 2y' + y = xe^{x} + 4 \text{ , tal que } \; y(0) = 1,\; y'(0) = 1$$

44. Hallar la solución particular de:

$$y'' + 2y' + 5y = 4e^{-x}\cos(2x) \text{ , tal que } \; y(0) = 1,\; y'(0) = 0$$

45. Hallar la solución general de:

$$y'' + 4y' + 4y = \frac{e^{-2x}}{x^2}$$

46. Calcula la solución general de la ecuación diferencial:

$$ye^{x}dx - (1 + e^{x})dy = 0.$$

47. Resuelve el siguiente problema de valor inicial:

$$\left.\begin{array}{l} \dfrac{dy}{dx} = \frac{1+2x}{y+x^2y} \\ y(0) = -2 \end{array}\right\}$$

48. Calcula la integral indefinida

$$\int x\mathrm{e}^{x} dx$$

y resuelve la siguiente ecuación diferencial con condición inicial:

$$\left.\begin{array}{l} \dfrac{dy}{dx} = x - y \\ y(0) = 1 \end{array}\right\}$$

49. Resuelve la siguiente ecuación diferencial (que corresponde a un modelo poblacional logístico):

$$\frac{dN}{dt} = 2N(1 - \frac{N}{100}).$$

50. Resuelve la siguiente ecuación diferencial con condición inicial:

$$\left.\begin{array}{l} \dfrac{dy}{dx} = x - y \\ \\ y(0) = 1 \end{array}\right\}$$

51. Calcula la integral indefinida

$$\int e^x \operatorname{sen}(x) dx$$

y resuelve la siguiente ecuación diferencial:

$$\frac{dy}{dx} + y = \operatorname{sen}(x)$$

52. Resuelve la siguiente ecuación diferencial con condición inicial:

$$\left.\begin{array}{l} (y - xe^x)dx + (x + ye^y)dy \\ \\ y(0) = 0 \end{array}\right\}$$

53. Calcula la integral indefinida

$$\int x \operatorname{sen}(x) dx$$

y resuelve la siguiente ecuación diferencial:

$$\frac{dy}{dx} + \frac{1}{x} y = \operatorname{sen}(x)$$

54. Considera la ecuación diferencial:

$$\frac{dx}{dy} - 2x = ye^y.$$

- Resuélvela.
- Calcula la solución particular satisfaciendo $x(0) = -1$.

55. Considera la ecuación diferencial:

$$\frac{dy}{dx} = \frac{3y(-1+x)}{4x(6-5y+y^2)}.$$

- Resuélvela.
- Calcula la solución particular satisfaciendo $y(1) = 1$.

56. Considera un modelo poblacional que se rige por la ley:

$$\frac{dN}{dt} = N(1-N^2).$$

- Resuelve la integral

$$\int \frac{dN}{N(1-N^2)},$$

- Utiliza lo anterior para obtener una expresión de $N$ en función de $t$.

57. Considera un modelo poblacional que se rige por la ley:

$$\frac{dN}{dt} = \frac{N^2+1}{N-2}.$$

- Resuelve la integral

$$\int \frac{N-2}{N^2+1} dN.$$

- Utiliza lo anterior para obtener una expresión de $N$ en función de $t$.

58. Considera la ecuación diferencial:

$$\frac{dy}{dx} - 2y = xe^{3x}.$$

- Resuélvela.
- Calcula la solución con condición inicial $y(0) = 2$.

59. Calcula la integral indefinida

$$\int e^x \operatorname{sen}(x) dx$$

y resuelve la siguiente ecuación diferencial:

$$\frac{dy}{dx} + y = \operatorname{sen}(x)$$

60. Considera la ecuación diferencial:

$$\frac{dx}{dy} - 2x = ye^{y}.$$

- Resuélvela.
- Calcula la solución con condición inicial $x(0) = -1$.

61. Considera un modelo poblacional que se rige por la ley:

$$\frac{dN}{dt} = N(1 - N^2).$$

- Resuelve la integral

$$\int \frac{dN}{N(1 - N^2)},$$

- Utiliza lo anterior para obtener una expresión que involucre $N$ y $t$ (no hace falta que despejes la $N$).

62. Resuelve la siguiente ecuación diferencial

$$x\frac{dy}{dx} + 2y = x^2 - x + 1$$

y encuentra la solución particular satisfaciendo $y(1) = -7/12$.

63. Calcula la solución general de la siguiente ecuación diferencial

$$\frac{dy}{dx} = \frac{2}{y + 4x^2y}.$$

64. Resuelve la siguiente ecuación diferencial

$$\frac{dy}{dx} = \frac{2x}{y + x^2y}$$

y encuentra la solución particular satisfaciendo $y(0) = -2$.

65. Resuelve la siguiente ecuación diferencial

$$\log\left(\frac{dy}{dx}\right) = x - y$$

y encuentra la solución particular satisfaciendo $y(0) = 1$.

66. Resuelve la siguiente ecuación diferencial

$$\frac{dy}{dx} = \frac{2x}{y + x^2y}$$

y encuentra la solución particular satisfaciendo $y(0) = -2$.

67. Una población se rige por un modelo de la forma:

$$\frac{dN}{dt} = 2\frac{e^{2N} + 1}{e^N}.$$

Calcula una expresión para $N$ en función de $t$.

68. Una población se rige por un modelo logístico de la forma:

$$\frac{dN}{dt} = 2N(100 - N).$$

Calcula una expresión para $N$ en función de $t$, sabiendo además que la población a tiempo 0 es $N(0) = N_0 = 50$.

69. Una población $N(t)$ se comporta de acuerdo a un modelo de la forma:

$$\frac{dN}{dt} = N \ln\left(\frac{N}{2}\right).$$

Calcula $N(t)$ (déjalo en función de una constante de integración $C$).

70. Resuelve la EDO:

$$(1+x^2)\frac{dy}{dx} + 4xy = \frac{1}{(1+x^2)^2}$$

# Capítulo 11

# Sistemas de ecuaciones diferenciales ordinarias

*En el capítulo anterior hemos estudiado algunos métodos de resolución de Ecuaciones Diferenciales Ordinarias. Como hemos venido viendo desde el comienzo de este curso, las EDO's aparecen habitualmente en problemas científicos y, en particular, biológicos. En este capítulo trataremos los Sistemas de Ecuaciones Diferenciales Ordinarios, que aparecen también en la modelización de numerosos problemas. Como en temas anteriores, utilizaremos los modelos poblacionales como motivación principal hacia este tipo de problemas.*

*Comenzaremos entonces motivando la introducción de los sistemas de EDO's dentro del campo de los Modelos Poblacionales, recordando los trabajos de Vito Volterra. A continuación estudiaremos como resolver algunos sistemas de EDO's, prestando especial atención al caso lineal, que nos servirá posteriormente para nuestros análisis de estabilidad de sistemas de EDO's en torno a puntos de equilibrio. Finalmente aplicaremos lo estudiado a modelos de interacciones entre poblaciones de dos especies diferentes.*

## 11.1. Modelos de una especie: limitaciones

Hagamos un pequeño resumen de algunos aspectos clave de los modelos poblacionales de una especie (véase el Capítulo 6):

**Resumen: Modelos poblacionales de una especie.**

Un modelo poblacional de una especie es una EDO de la forma:

$$\boxed{N' = f(N)}$$

donde $N = N(t)$ es la función población (que no conoceremos a priori). La ecuación expresa *la manera en que el crecimiento $N'$ de la función población depende del tamaño de la población.* A partir de esta ecuación, podemos:

1. (*Resolución*) Calcular un expresión de $N$ en función de $t$. Esta expresión dependerá, en general, de un valor inicial de la población $N_0$.

2. (*Análisis de estabilidad*) Estudiar los puntos de equilibrio de dicho modelo, y su estabilidad. Esto nos da una idea aproximada del comportamiento del modelo, y de los posibles valores que la población tiende a tomar con el paso del tiempo.

Este tipo de modelos constituyen una herramienta muy importante en el estudio de poblaciones pero, como toda herramienta, es conveniente saber discernir aquellas situaciones en las que puede ser usada. La principal característica que condiciona el uso de estos modelos es el hecho de que en la ecuación $N' = f(N)$ se considera que *el crecimiento $N'$ depende ÚNICAMENTE del valor de $N$, y de ciertos parámetros, constantes en el tiempo, que aparecen en la ecuación $f$.* Como ejemplo, consideremos el modelo logístico:

$$N' = rN\left(1 - \frac{N}{K}\right).$$

Observamos que el lado derecho de la ecuación depende solo de $N$ y de las constantes $r$ y $K$, que para este modelo se consideran constantes en el tiempo.

Sin embargo, no es difícil que nos imaginemos modelos en los que la premisa anterior no se verifique: por ejemplo, la capacidad de carga $K$ de una población con comportamiento logístico puede depender del tamaño de otra población, digamos $P$ (por ejemplo, del tamaño de un posible depredador de nuestra población), y $P$ no tiene por qué ser constante en el tiempo. Es más, podría ser que a su vez el crecimiento (y, por tanto, el tamaño) de la población $P$ estuviese determinado por $N$, o por otras poblaciones, que también son variables con el tiempo.

La pregunta clave en este punto es: *en este tipo de situaciones, ¿podemos todavía usar un modelo de la forma* $N' = f(N)$. Por ejemplo, en la población de polillas estudiada por Ludwig et al. (ver Sección 6.2), hemos visto que podemos usar un modelo de una especie para estudiar la población. Sin embargo, en general, la respuesta es negativa. Como ejemplo, recuperaremos a continuación el famoso estudio de V. Volterra.

## 11.2. Ejemplo: El modelo de Lotka–Volterra

En el año 1926, Vito Volterra (1860-1940), afamado matemático italiano de la época, es llamado por su yerno, el biólogo Humberto D'Ancona, a poner su atención en un problema de modelización de ciertos recursos pesqueros del Mar Adriático, de vital importancia para las poblaciones humanas locales. D'Ancona había realizado estimaciones estadísticas basadas en las cantidades de pescado que llegaban a los puertos de Venecia, Trieste y Fiume, y sus estudios contenían datos obtenidos entre los años 1910 a 1923. En particular, D'Ancona estaba interesado en entender ciertas variaciones en las proporciones entre las poblaciones de especies depredadoras y especies presa que parecían haber surgido durante la I Guerra Mundial (1914-1918)[1]. Motivado por este problema, Volterra plantea algunos modelos matemáticos para las interacciones entre depredadores y presas[2].

Una de las peculiaridades de dichas poblaciones (conocida desde antaño por los pescadores de la zona) es que presentan un marcado *comportamiento periódico*. De esta manera, el problema de modelización de Volterra habría de dar como resultado gráficas similares a la de la Figura 11.1.

[1]Véase el ejercicio.

[2]Dichos modelos habían sido descubiertos independientemente por el húngaro Alfred Lotka. Es por esta razón que las ecuaciones que veremos a continuación reciben el nombre

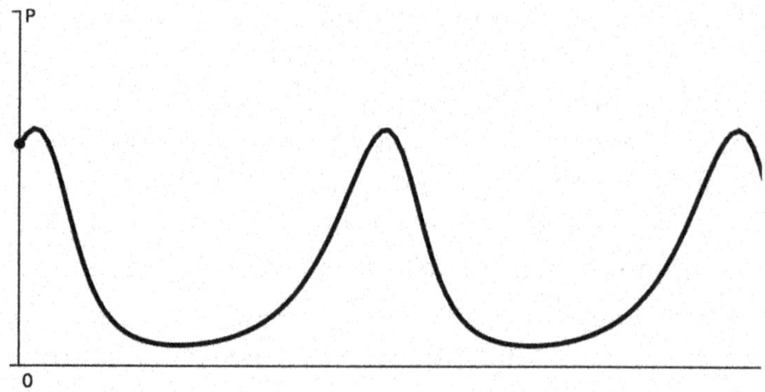


**Figura 11.1:** Una población con comportamiento periódico.

Observamos lo siguiente: *ningún modelo poblacional de una especie puede presentar este comportamiento*. La razón fundamental de este hecho radica en las características de los modelos de una especie. Cada uno de estos modelos, o bien tiende a crecer indefinidamente (como el modelo Malthusiano) o tiende a estabilizarse en un valor de equilibrio estable. Y aunque en la realidad el modelo está además sujeto a ciertas perturbaciones, debidas a variaciones en el ambiente, no sucede en general que estas perturbaciones provoquen comportamientos oscilatorios.

Como veremos más adelante, este comportamiento oscilatorio es una de las posibles consecuencias[3] de la interacción de nuestra especie con otra u otras. No tiene sentido, por tanto, considerar a ninguna de estas especies por separado.

El modelo de Lotka–Volterra es el primero de muchos modelos de interacción. En este modelo el comportamiento oscilatorio está provocado por una relación depredador–presa con otra especie, cuyo comportamiento es oscilatorio también. Las gráficas de los valores de dos poblaciones de este tipo están representadas en la Figura 11.2.

En dicha figura, la población de la especie presa $P$ está representada en trazo contínuo, y la especie depredadora, $D$, en línea de puntos. Observamos que el comportamiento periódico de ambas no es paralelo, sino que hay un retraso constante de la especie $D$ respecto a $P$. Más adelante razonaremos por qué las ecuaciones de Lotka–Volterra producen este tipo de modelos.

de *Ecuaciones de Lotka–Volterra*.

[3]Diferentes tipos de interacción tienen comportamientos diferentes.

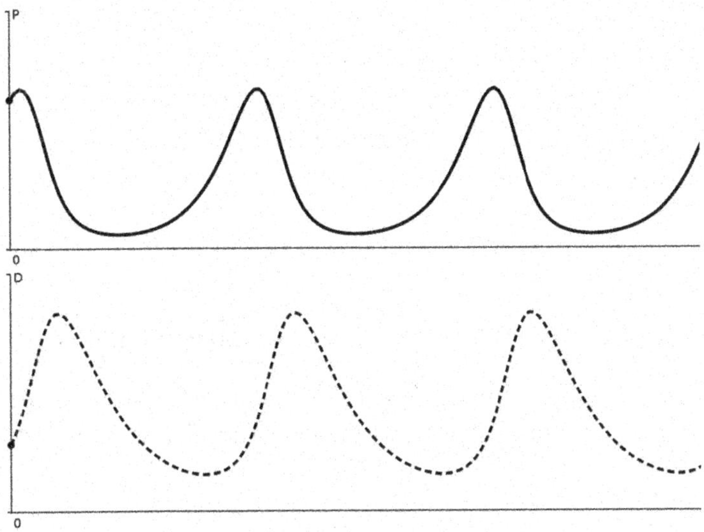


**Figura 11.2:** Dos poblaciones que se comportan de acuerdo a las ecuaciones de Lotka–Volterra.

### 11.2.1. Las ecuaciones de Lotka–Volterra

Describamos ya las ecuaciones que dan lugar a este tipo de modelos:

$$\left.\begin{aligned} \frac{dP}{dt} &= r_1 P - s_1 PD \\ \frac{dD}{dt} &= -r_2 D + s_2 PD \end{aligned}\right\} \quad (r_1, r_2, s_1, s_2 \text{ ctes. positivas}).$$

La primera ecuación nos recuerda un poco al modelo logístico:

$$(\text{Logístico})\ N' = rN - \boldsymbol{\frac{1}{K}N^2}.$$

En él, al crecimiento Malthusiano, proporcional al tamaño de población, $rN$, se añadía un término que hacía menor el crecimiento de manera proporcional a $N^2 = NN$. De manera intuitiva, a mayor número de posibles encuentros entre individuos de la población ($N$ con $N$), menor crecimiento. En el modelo de Lotka–Volterra el crecimiento tiene una componente Malthusiana, $r_1P$, proporcional al tamaño de la población, y otro término que depende del número de encuentros presa-depredador ($P$ con $D$), $s_1PD$, que al aumentar hacen que el crecimento de $P$ sea menor:

$$(\text{Lotka–Volterra 1})\ P' = r_1 P - \boldsymbol{s_1 PD}.$$

La segunda ecuación puede ser interpretada análogamente. El crecimiento de $D$, en ausencia de $P$ sería negativo, proporcional a $D$, $-r_2D$, dado que $P$ es la fuente de alimento de $P$ (estamos considerando un sistema formado por sólo dos especies). Ahora, en presencia de $P$, el número de contactos de $D$ con $P$ aumenta el crecimiento de $D$, proporcionalmente a $PD$:

$$\text{(Lotka–Volterra 2) } D' = -r_2D + \boldsymbol{s_2PD}.$$

### 11.2.2. Otros sistemas de dos poblaciones

Usando razonamientos análogos podemos escribir otros sistemas de ecuaciones que pueden servirnos para modelizar otras situaciones. Por ejemplo:

- (*Competición entre dos especies*) Dos poblaciones de especies diferentes compiten por los recursos de un mismo hábitat:

$$\left.\begin{aligned} \frac{dP}{dt} &= r_1P - s_1PD \\ \frac{dD}{dt} &= r_2D - s_2PD \end{aligned}\right\} \quad (r_1, r_2, s_1, s_2 \text{ ctes. positivas}).$$

- (*Mutualismo entre dos especies*) En este caso consideramos dos poblaciones de especies diferentes que se ayudan mutuamente para subsistir en un mismo hábitat:

$$\left.\begin{aligned} \frac{dP}{dt} &= r_1P + s_1PD \\ \frac{dD}{dt} &= r_2D + s_2PD \end{aligned}\right\} \quad (s_1, s_2 \text{ ctes. positivas}).$$

- (*Sistema depredador–presa con capacidad de carga sobre el depredador*) Este caso es una modificación del modelo de Lotka–Volterra en el que sobre el depredador existe una limitación intrínseca (debida, por ejemplo, a un comportamiento territorial):

$$\left.\begin{aligned} \frac{dP}{dt} &= r_1P - s_1PD \\ \frac{dD}{dt} &= -r_2D + s_2PD - k_2D^2 \end{aligned}\right\} \quad (r_1, r_2, s_1, s_2, k_2 \text{ ctes. positivas}).$$

- (*Sistema depredador–presa con recolección de ambas especies.*) Consideramos, por ejemplo, una modificación del modelo de Lotka–Volterra en el que ambas especies son recolectadas por el ser humano, mediante el método de esfuerzo constante:

$$\left.\begin{aligned} \frac{dP}{dt} &= r_1P - s_1PD - k_1P \\ \frac{dD}{dt} &= -r_2D + s_2PD - k_2D \end{aligned}\right\} \quad (r_1, r_2, s_1, s_2, k_1, k_2 \text{ ctes. positivas}).$$

- (*Modelo de Arditi–Ginzburg*) En el modelo de Lotka–Volterra, la predación es proporcional a la densidad de la presa. Esta hipótesis no se verifica en muchas ocasiones, lo cual ha dado pie a diversas modificaciones del modelo, en las que el término de predación ha sido modificado. Uno de ellos es el de Arditi–Ginzburg, [3], [4], del que mostramos aquí una versión simplificada:

$$\left.\begin{aligned} \frac{dP}{dt} &= r_1P - s_1\frac{PD}{P+D} - k_1P^2 \\ \frac{dD}{dt} &= -r_2D + s_2\frac{PD}{P+D} \end{aligned}\right\} \quad (r_1, r_2, s_1, s_2, k_1 \text{ ctes. positivas}).$$

Como el lector habrá podido deducir, de igual manera podemos plantear otro tipo de modelos aplicables a otras situaciones, en las que consideremos distintos tipos de interacciones, recolección, comportamientos logísticos, etc. Volveremos más adelante sobre estas ecuaciones. Antes de comenzar su análisis, necesitaremos aprender algunas herramientas matemáticas relativas a los *sistemas de ecuaciones diferenciales ordinarias* en general.

## 11.3. Sistemas de EDO's

Por simplicidad, consideraremos solamente sistemas de dos ecuaciones diferenciales ordinarias[4], más concretamente los llamados *sistemas autónomos* o *independientes del tiempo* (de los que son ejemplos los sistemas que modelizan las interacciones anteriormente citadas).

[4]En el caso de sistemas de dos EDO's, la teoría general nos permitirá estudiar con suficiente facilidad un gran número de sistemas. La situación es mucho más complicada en el caso de tres o más EDO's.

Denotando las variables del sistema por $x$ e $y$ (para no identificarlas a priori con ninguna población o especie), cada uno de estos sistemas será de la forma:

$$\left.\begin{aligned} \frac{dx}{dt} &= f(x,y) \\ \frac{dy}{dt} &= g(x,y) \end{aligned}\right\} \tag{11.1}$$

donde $f(x,y)$ y $g(x,y)$ son dos expresiones funcionales en las variables $x$ e $y$ (y en cierto número de constantes, como hemos visto anteriormente)[5].

Una solución del sistema vendrá dada entonces por un par de funciones $x = x(t)$ e $y = y(t)$, que representaremos en dos gráficas diferentes con ejes $x, t$, e $y, t$, y tendremos diferentes soluciones dependiendo de las condiciones iniciales que tengamos.

**Ejercicio 11.3.1:**

Consideremos el sistema de ecuaciones

$$\left.\frac{dx}{dt} = y, \quad \frac{dy}{dt} = x\right\}$$

Comprueba (por simple sustitución en las ecuaciones) que para cualquier par de valores $C_1$, $C_2$, las funciones $x(t) = C_1e^{-t} + C_2e^t$, $y(t) = -C_1e^{-t} + C_2e^t$ son una solución del sistema. Comprueba también que la solución que satisface las condiciones iniciales $x(0) = 3$, $y(0) = -5$, es la que corresponde a los valores $C_1 = 4$, $C_2 = -1$. Hemos representado estas soluciones en la Figura 11.3. Suele ser conveniente, como hemos hecho ahí, representar ambas gráficas una encima de la otra, con los ejes temporales de cada gráfica paralelos. De esta manera, solo tendríamos que trazar una línea vertical pasando por el valor $t$ deseado, podamos calcular los valores $x(t)$ e $y(t)$ correspondientes.

[5]De manera más general, podrían estudiarse sistemas dependientes del tiempo, en los que $f$ y $g$ dependen también de $t$, pero no lo consideraremos durante este curso.

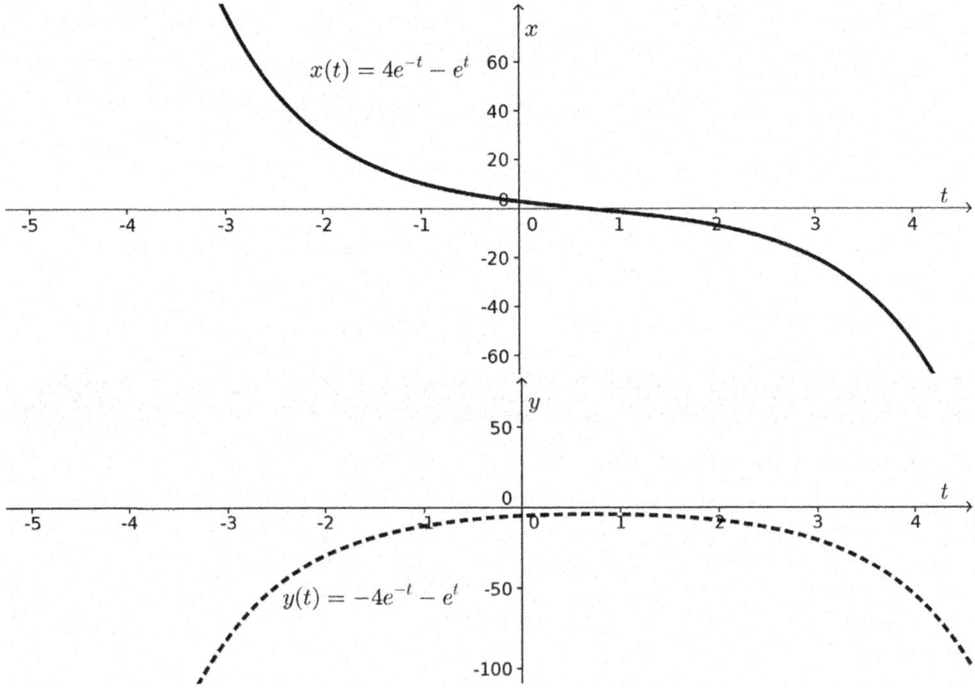


**Figura 11.3:** Una solución del sistema de EDO's $x' = y$, $y' = x$.

## 11.4. Resolución de sistemas de EDO's

Incluso en el caso particular que nos ocupa, el de los sistemas autónomos de la forma (11.1), no siempre es posible encontrar expresiones analíticas de las soluciones $(x = x(t), y = y(t))$, de un sistema. Pensemos, por ejemplo, en el sistema:

$$\left.\begin{aligned} \frac{dx}{dt} &= x - yx \\ \frac{dy}{dt} &= \alpha(-y + xy) \end{aligned}\right\}$$

donde $\alpha$ es una constante positiva. El primer método que se nos puede ocurrir aplicar es el de separación de variables a cada una de las ecuaciones. Si tomamos entonces la primera ecuación, la podemos escribir de la siguiente forma:

$$\frac{dx}{dt} = x(1 - y) \Rightarrow \frac{dx}{x} = (1 - \boldsymbol{y})dt$$

Nos encontramos con el siguiente problema: la variable $y$ depende de $t$, $y = y(t)$. Si conociésemos una expresión para $y(t)$, podríamos sustituirla en la ecuación anterior, de manera que su parte derecha solo dependería de $t$, y tendríamos las variables separadas. Integrando, podríamos entonces calcular $x = x(t)$. Ahora, para calcular $y$ iríamos a la segunda ecuación:

$$\frac{dy}{dt} = \alpha y(-1+x) \Rightarrow \frac{dy}{y} = \alpha(-1+\boldsymbol{x})dt$$

y nos damos cuenta de que, para poder calcular $y = y(t)$, necesito una expresión para $x = x(t)$. De esta manera, vemos que este método es absolutamente inviable para resolver nuestro problema.

**Ejercicio 11.4.1:**

Esto no quiere decir que no podamos utilizar *nunca* el método de separación de variables. En algunos casos este método funciona bien, como en el del sistema:

$$\left.\begin{aligned} \frac{dx}{dt} &= x - yx \\ \frac{dy}{dt} &= -\alpha y \end{aligned}\right\}$$

La segunda ecuación contiene solamente las variables $y$ y $t$, y podemos resolverla fácilmente (por separación de variables, por ejemplo), obteniendo $y(t) = C_1 e^{-\alpha t}$ (donde $C_1$ es una constante). Podemos ahora sustituir en la primera ecuación, obteniendo:

$$\frac{dx}{dt} = x(1 - C_1 e^{-\alpha t}) \Rightarrow \frac{dx}{x} = (1 - C_1 e^{-\alpha t})dt.$$

Integrando ambos lados de la ecuación, se tiene:

$$\ln(x) = t + \frac{C_1}{\alpha} e^{-\alpha t} + k_2 \Rightarrow x(t) = C_2 e^t e^{\frac{C_1}{\alpha} e^{-\alpha t}},$$

y las soluciones del sistema son de la forma:

$$\left(x(t) = C_2 e^t e^{\frac{C_1}{\alpha} e^{-\alpha t}},\ y(t) = C_1 e^{-\alpha t}\right).$$

¿Qué hacer entonces cuando no podamos utilizar el método de separación de variables en cada ecuación como en el ejemplo anterior?

Volvamos al caso del sistema:

$$\left.\begin{aligned}\frac{dx}{dt} &= x - yx \\ \frac{dy}{dt} &= \alpha(-y + xy)\end{aligned}\right\}$$

El problema reside en que ambas ecuaciones contienen *tres* variables, y necesitaríamos tener solamente *dos* en una ecuación para resolverla. Podemos entonces darnos cuenta de que *dividiendo ambas ecuaciones* eliminamos la variable $t$, y obtenemos una ecuación diferencial que contiene solamente las variables $x$ e $y$:

$$\frac{dx}{dy} = \frac{x - yx}{\alpha(-y + xy)}.$$

Ahora podemos resolver esta EDO por separación de variables:

$$\frac{dx}{dy} = \frac{x(1-y)}{\alpha y(-1+x)} \Rightarrow \alpha\frac{(-1+x)dx}{x} = \frac{(1-y)dy}{y}.$$

Integrando obtenemos[6]:

$$\alpha\,(-\ln(x) + x) = \ln(y) - y + C$$

$$\Rightarrow \boxed{\alpha x + y = \ln(x^\alpha y) + C}$$

Observamos que hemos obtenido una expresión que nos muestra la relación que satisfacen las variables $x$ e $y$, no expresiones funcionales $x(t)$, $y(t)$, que es lo que en principio deseábamos encontrar. De hecho, encontrar estas expresiones de $(x(t), y(t))$ a partir de la relación que verifican es un problema complicado, que se realiza normalmente mediante métodos numéricos y que no consideraremos aquí. En cualquier caso, la expresión hallada nos proporciona ya información muy interesante sobre las soluciones del sistema. Para ello vamos a considerar la representación de

$$\alpha x + y = \ln(x^\alpha y) + C.$$

[6] Compruébalo.

Para cada valor de $C$, esta expresión se representa[7] mediante una curva en el plano $xy$, como podemos observar en la Figura 11.4, donde hemos representado las trayectorias solución que yacen en el primer cuadrante.

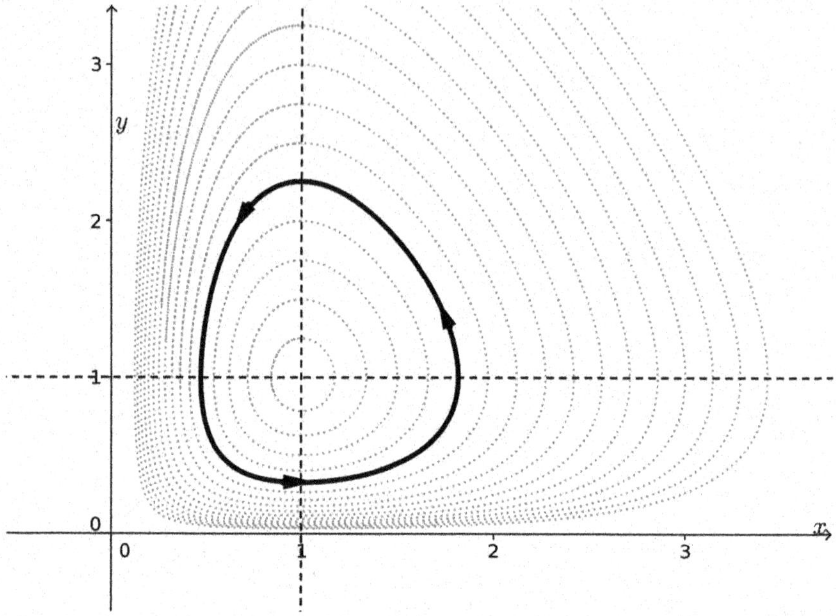


**Figura 11.4:** Trayectorias del sistema $x' = x - xy,\ y' = \alpha(xy - y)$.

Cada una de estas curvas se llama *trayectoria solución* del sistema. ¿Cómo debemos interpretarlas?

Lo primero que debemos entender es que estas curvas están representadas en el plano $xy$. Cada punto de ese plano representa un par de valores $(x, y)$: así, un par de valores iniciales de nuestro sistema corresponden a un punto del plano $(x_0 = x(0), y_0 = y(0))$, y según vaya transcurriendo el tiempo, obtendremos nuevos valores $x(t)$ e $y(t)$, que corresponden a nuevos puntos $(x(t), y(t))$ en el plano $xy$.

De esta manera, las soluciones $x = x(t)$, $y = y(t)$ estarán representadas por *un punto* $(x(t), y(t))$ *que se mueve a lo largo de una de las trayectorias solución: precisamente aquella que pasa por el punto inicial* $(x_0, y_0)$.

[7] En algunas ocasiones podremos representar estas trayectorias a mano, mediante los métodos usuales de representación de funciones; en otros, por ejemplo en el caso que nos ocupa, podemos usar una herramienta informática de representación. Más adelante presentaremos algunos métodos que nos permitirán esbozar las trayectorias solución de muchos de los sistemas en los que estamos interesados.

De esta manera, es conveniente que representemos no sólo las trayectorias solución, sino también el sentido en el que se recorren. En nuestro ejemplo hemos indicado este sentido mediante flechas (véase Figura 11.4). Para saber cuál es el sentido del movimiento podemos dar algunos valores al sistema. En el caso que nos ocupa vemos que, por ejemplo, para $x = 2, y = 1$ se tiene

$$x' = 2 - 2 \cdot 1 = 0, \quad y' = \alpha(2 \cdot 1 - 1) = \alpha > 0.$$

Como $\alpha$ es positivo, que el vector $(x', y')$ sea igual a $(0, \alpha)$ en $(2, 1)$ nos indica que en ese punto $(x(t), y(t))$ se mueve hacia arriba; esto basta para concluir que el movimiento de $(x(t), y(t))$ a lo largo de las trayectorias es, en nuestro ejemplo, en el sentido antihorario.

Realmente, en esta figura hemos representado las trayectorias solución del sistema para el valor $\alpha = 2$. Para terminar con este ejemplo, podemos usar la herramienta informática utilizada (en este caso, Geogebra) para representar las trayectorias para diferentes valores de $\alpha$. Observaremos entonces que el valor de $\alpha$ hace que las trayectorias sean ovaladas horizontalmente ($\alpha < 1$) o verticalmente ($\alpha > 1$): cuanto mayor sea el valor de $\alpha$, más ovaladas verticalmente serán las trayectorias(véase la Figura 11.5).

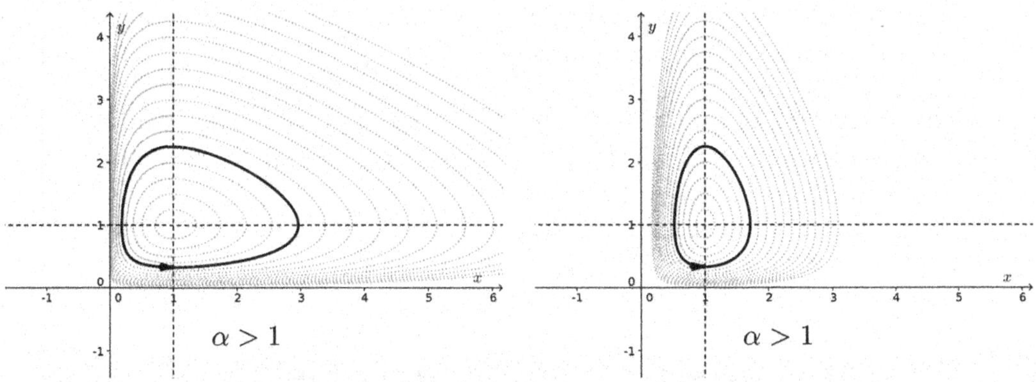


**Figura 11.5:** Efectos de $\alpha$ sobre el sistema $x' = x - xy, \ y' = \alpha(xy - y)$.

A continuación hacemos un resumen del método anteriormente propuesto para la resolución de sistemas de dos EDO's.

**Resolución de sistemas de EDO's.**

Consideramos sistemas de dos EDO's de la forma:

$$\left.\frac{dx}{dt} = f(x,y), \ \frac{dy}{dt} = g(x,y)\ \right\}$$

Si la primera o la segunda de las ecuaciones depende sólo de dos variables ($x, t$ ó $y, t$), podemos resolver dicha ecuación primero, mediante los métodos habituales (ver Capítulo 10), y luego, sustituyendo en la primera ecuación la solución hallada, resolver también la otra (véase el Ejemplo 11.4). En otro caso, seguiremos los pasos siguientes.

1. Dividir ambas ecuaciones, obteniendo la EDO:

$$\frac{dx}{dy} = \frac{f(x,y)}{g(x,y)}.$$

2. Resolver esta EDO por los métodos habituales, obteniendo soluciones de la forma $F(x,y) = C$, con $C$ constante.

3. Representar las trayectorias obtenidas. Además de los métodos conocidos y de la representación mediante programas informáticos, en la Sección 11.6 aprenderemos otro método de representación para estos sistemas.

4. Si nuestro sistema depende de uno o más parámetros, estudiar cómo varían nuestras trayectorias solución según los diferentes valores de dichos parámetros.

**Ejercicio 11.4.2:**

Calcula y representa las trayectorias solución de los sistemas:

$$\left.\frac{dx}{dt} = y, \ \frac{dy}{dt} = -x\ \right\}, \qquad \left.\frac{dx}{dt} = x + 2y, \ \frac{dy}{dt} = 2x + y\ \right\}$$

# 11.5. Sistemas de EDO's lineales con coeficientes constantes

Obviamente, el método descrito anteriormente no garantiza que podamos usarlo para resolver cualquier tipo de sistema de autónomo de EDO's en dos variables. Una clase muy particular en la que siempre podemos calcular las trayectorias solución es en el caso de los sistemas de EDO's *lineales con coeficientes constantes*, es decir, en el caso en que las ecuaciones sean de la forma:

$$\left.\begin{aligned} \frac{dx}{dt} &= a_{11}x + a_{12}y \\ \frac{dy}{dt} &= a_{21}x + a_{22}y \end{aligned}\right\} \quad (a_{11}, a_{12}, a_{21}, a_{22} \text{ números reales}). \tag{11.2}$$

En este caso el método anterior proporciona siempre la solución del sistema (en general la EDO resultante será, o bien de variables separadas o reducible a variables separadas mediante cambio a pendiente, ver la Sección 10.5.2), pero existe un método más refinado que proporciona directamente las soluciones a partir del estudio de la *matriz del sistema*:

$$A := \begin{pmatrix} a_{11} & a_{12} \\ a_{21} & a_{22} \end{pmatrix}$$

El método está basado en la siguiente idea:

**Sistemas de EDO's lineales: idea de resolución.**

El sistema (11.2) puede resolverse como dos EDO's independientes precisamente si la matriz $A$ es diagonal. Entonces, para resolver un sistema (11.2) cualquiera, cambiamos $x$, $y$ por nuevas coordenadas $\overline{x}$, $\overline{y}$ en las que el sistema puede resolverse como dos EDO's independientes, es decir, en el que $A$ sea diagonal (para lo cual basta utilizar el método estandar de diagonalización –ver Capítulo 9–).

Expliquemos paso a paso esta idea, empezando por el caso más simple.

### 11.5.1. Sistemas lineales diagonales

Como hemos visto anteriormente, la matriz $A$ es diagonal precisamente si el sistema de EDO's consiste de dos EDO's independientes (la primera ecuación depende únicamente de $x$ y de $t$, y la segunda de $y$ y de $t$):

$$\boxed{A = \begin{pmatrix} a_{11} & 0 \\ 0 & a_{22} \end{pmatrix} \iff \begin{cases} \dfrac{dx}{dt} = a_{11}x \\ \dfrac{dy}{dt} = a_{22}y \end{cases}}$$

Luego en este caso, según hemos visto en el Capítulo 10, el sistema tiene soluciones:

$$\boxed{x(t) = C_1 e^{a_{11}t}, \quad y(t) = C_2 e^{a_{22}t}} \tag{11.3}$$

Para calcular las ecuaciones de las trayectorias solución, basta darse cuenta de que la potencia $a_{22}$-ésima de $x(t)$ es igual a la potencia $a_{11}$-ésima de $y(t)$:

$$(x(t))^{a_{22}} = \underbrace{C_1^{a_{22}}}_{\text{cte}} e^{a_{11}a_{22}t}, \quad (y(t))^{a_{11}} = \underbrace{C_2^{a_{11}}}_{\text{cte}} e^{a_{11}a_{22}t}.$$

Por tanto la ecuación de las trayectorias solución es[8]:

$$\boxed{x^{a_{22}} = C y^{a_{11}}}, \quad C \text{ constante.}$$

Veamos ahora cómo representar estas trayectorias, cuya forma dependerá unicamente de los valores de $a_{11}$ y $a_{22}$. A continuación representaremos las posibles gráficas de estas trayectorias en línea de puntos, y representaremos en trazo contínuo los vectores $(x', y')$, que nos indican en qué sentido se recorren estas trayectorias.

Dado el comportamiento exponencial de las soluciones del sistema, debemos distinguir tres casos, según $a_{11}$ y $a_{22}$ sean ambos positivos, ambos negativos, o tengan distinto signo.

**Caso 1: $a_{11}$ y $a_{22}$ son ambos positivos.** En este caso, tanto $x(t)$ como $y(t)$ tienden a alejarse de 0, luego el punto $(x(t), y(t))$ tiende a alejarse de $(0, 0)$ en todas las direcciones del plano y, por ello, este tipo de situación

[8]Compruébalo usando el método descrito en la sección anterior.

se suele llamar *explosión en* $(0,0)$, *nodo repulsor en* $(0,0)$, o *nodo inestable en* $(0,0)$, dado que cualquier pequeña perturbación que nos aleje de $(0,0)$ tiende a incrementarse. Entonces la gráfica de las trayectorias debería ser similar a la que hemos representado en la Figura 11.6.

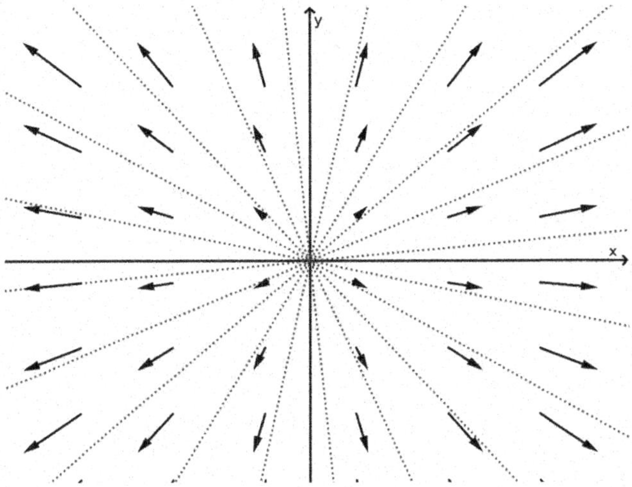


**Figura 11.6:** Sistema lineal diagonal con $a_{11} = a_{22} > 0$.

Esta es, en efecto, una de las posibles gráficas en este caso, la que aparece cuando $a_{11}$ y $a_{22}$ son iguales. En el caso de que sean distintos, sucederá que una de las dos variables, $x$ o $y$, se alejará de 0 con mayor aceleración, dando lugar a explosiones en las que las trayectorias son curvas (Figura 11.7).

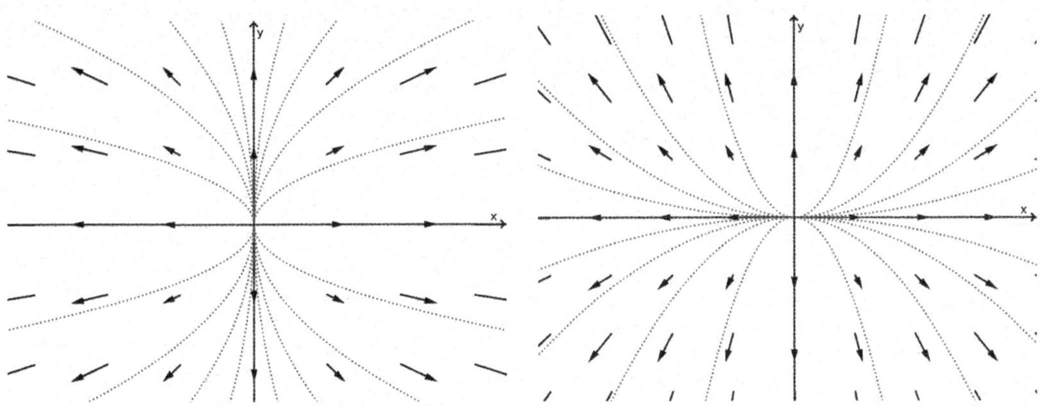


**Figura 11.7:** Sistemas lineales diagonales con $a_{11} > a_{22} > 0$ y $a_{22} > a_{11} > 0$.

**Caso 2: $a_{11}$ y $a_{22}$ son ambos negativos.** En este caso todas las posibles trayectorias tienden a acercarse a $(0,0)$, y diremos que tenemos una *implosión en* $(0,0)$, *nodo atractor en* $(0,0)$, o *nodo estable en* $(0,0)$, en el sentido de que cualquier pequeña perturbación que nos aleje de $(0,0)$ tiende a desaparecer. En el caso de que además $a_{11}$ y $a_{22}$ sean iguales tendremos una gráfica como la representada en la Figura 11.8.

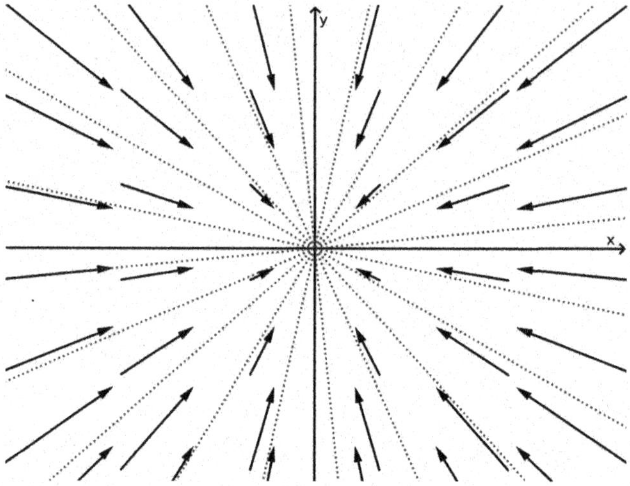


**Figura 11.8:** Sistema lineal diagonal con $a_{11} = a_{22} < 0$.

Cuando los dos valores $a_{11}$ y $a_{22}$ son distintos, de nuevo sucederá que una de las dos variables, $x$ o $y$, se acercará a 0 con mayor aceleración, dando lugar a implosiones en las que las trayectorias son curvas (Figura 11.9).

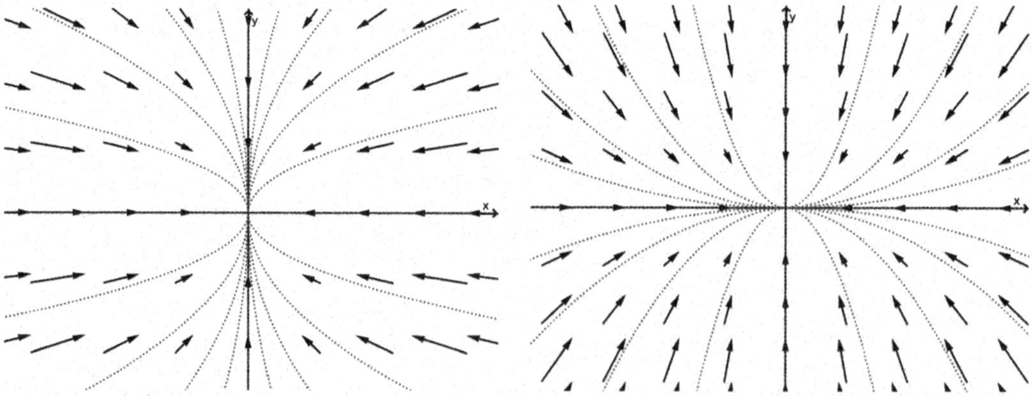


**Figura 11.9:** Sistemas lineales diagonales con $a_{11} < a_{22} < 0$ y $a_{22} < a_{11} < 0$.

**Caso 3: $a_{11}$ y $a_{22}$ tienen distinto signo.** En este caso, una de las variables tenderá a acercarse a 0, y la otra a alejarse de 0, de manera que tendremos gráficas como las representadas en la Figura 11.10.

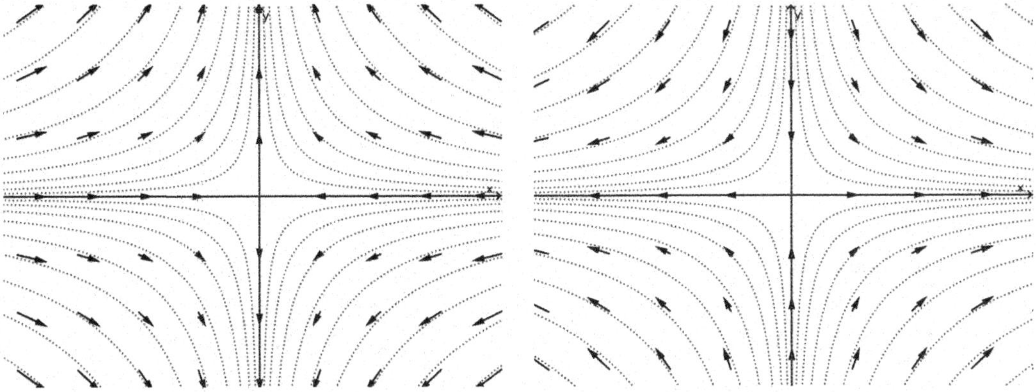

**Figura 11.10:** Sistemas lineales diagonales con $a_{11} > 0 > a_{22}$ y $a_{22} > 0 > a_{11}$.

Este caso recibe el nombre de *punto de silla en* $(0, 0)$. De acuerdo con la definición dada anteriormente debemos decir que $(0, 0)$ es un *punto de equilibrio inestable del sistema*, puesto que una pequeña perturbación que nos aleje de $(0, 0)$ tiende a incrementarse.

**Ejercicio 11.5.1:**

Utiliza razonamientos análogos para describir los sistemas de EDO's lineales con matriz diagonal en los que $a_{11}$ o $a_{22}$ son nulos. Este caso no es muy habitual cuando trabajamos con datos reales; por esto, lo proponemos solamente como ejercicio y no ahondaremos más en él.

## 11.5.2. Sistemas lineales diagonalizables

Según hemos visto en la sección anterior, dado un sistema diagonal nos basta conocer los valores de $a_{11}$ y $a_{22}$ para obtener sus soluciones, las ecuaciones de sus trayectorias y sus gráficas de manera inmediata.

El caso general es igual de sencillo si recordamos la filosofía del Capítulo 9: normalmente, en el plano representamos todo respecto a unos ejes $x$ e $y$, pero igualmente podemos elegir otro sistema de coordenadas diferente.

De hecho veremos que: *el problema que intentemos resolver determinará el sistema de referencia más adecuado para resolverlo.*

Veamos entonces qué sucede cuando hacemos un cambio de coordenadas en un sistema de EDO's lineal:

$$\left.\begin{aligned} \frac{dx}{dt} &= a_{11}x + a_{12}y \\ \frac{dy}{dt} &= a_{21}x + a_{22}y \end{aligned}\right\} \text{ Matricialmente: } \begin{pmatrix} \frac{dx}{dt} \\ \frac{dy}{dt} \end{pmatrix} = \underbrace{\begin{pmatrix} a_{11} & a_{12} \\ a_{21} & a_{22} \end{pmatrix}}_{A} \begin{pmatrix} x \\ y \end{pmatrix}.$$

Consideremos que hacemos un cambio de coordenadas lineal:

$$\left.\begin{aligned} x &= u_1\overline{x} + v_1\overline{y} \\ y &= u_2\overline{x} + v_2\overline{y} \end{aligned}\right\} \Leftrightarrow \begin{pmatrix} x \\ y \end{pmatrix} = \underbrace{\begin{pmatrix} u_1 & v_1 \\ u_2 & v_2 \end{pmatrix}}_{P} \begin{pmatrix} \overline{x} \\ \overline{y} \end{pmatrix},$$

donde $P$ es una matriz invertible. Diferenciando (siendo $u_1, u_2, v_1, v_2$ constantes):

$$\left.\begin{aligned} dx &= u_1\, d\overline{x} + v_1\, d\overline{y} \\ dy &= u_2\, d\overline{x} + v_2\, d\overline{y} \end{aligned}\right\} \Leftrightarrow \begin{pmatrix} \frac{dx}{dt} \\ \frac{dy}{dt} \end{pmatrix} = \underbrace{\begin{pmatrix} u_1 & v_1 \\ u_2 & v_2 \end{pmatrix}}_{P} \begin{pmatrix} \frac{d\overline{x}}{dt} \\ \frac{d\overline{y}}{dt} \end{pmatrix}.$$

Sustituyendo en el sistema de EDO's escrito en forma matricial, se tiene:

$$P \begin{pmatrix} \frac{d\overline{x}}{dt} \\ \frac{d\overline{y}}{dt} \end{pmatrix} = AP \begin{pmatrix} \overline{x} \\ \overline{y} \end{pmatrix} \quad \Leftrightarrow \quad \begin{pmatrix} \frac{d\overline{x}}{dt} \\ \frac{d\overline{y}}{dt} \end{pmatrix} = \underbrace{P^{-1}AP}_{D} \begin{pmatrix} \overline{x} \\ \overline{y} \end{pmatrix}.$$

Por lo tanto, si queremos que el sistema de EDO's sea lo más sencillo posible, basta buscar el cambio de coordenadas $P$ en el que la matriz $D = P^{-1}AP$ sea diagonal, y este cambio de coordenadas es precisamente el que hemos aprendido a calcular en el Capítulo dedicado a diagonalización: *la matriz $P$ será aquella cuyas columnas son una base de autovectores de la matriz $A$*, y entonces *la diagonal de $D$ estará formada por los autovalores de $A$.*

**Sistemas lineales diagonalizables: resolución.**

Consideramos el sistema:

$$\left.\begin{aligned}\frac{dx}{dt} &= a_{11}x + a_{12}y\\ \frac{dy}{dt} &= a_{21}x + a_{22}y\end{aligned}\right\} \Leftrightarrow \begin{pmatrix}\dfrac{dx}{dt}\\ \dfrac{dy}{dt}\end{pmatrix} = A\begin{pmatrix}x\\ y\end{pmatrix}.$$

(1) Calcular los autovalores de $A$: les llamaremos $\lambda$ y $\mu$.

(2) Calcular los autovectores de $A$: les llamaremos $u = (u_1, u_2)$ (asociado a $\lambda$) y $v = (v_1, v_2)$ (asociado a $\mu$). La matriz $P$ será aquella cuyas columnas son $u$ y $v$, de manera que tendremos:

$$\begin{pmatrix}x\\ y\end{pmatrix} = P\begin{pmatrix}\overline{x}\\ \overline{y}\end{pmatrix} \Leftrightarrow \begin{pmatrix}\overline{x}\\ \overline{y}\end{pmatrix} = P^{-1}\begin{pmatrix}x\\ y\end{pmatrix}. \tag{11.4}$$

(3) Representar en el plano los vectores $u$ y $v$. El eje $\overline{x}$ será ahora el que contiene a $u$ y el eje $\overline{y}$ será el que contiene a $v$.

(4) Resolver el sistema:

$$\begin{pmatrix}\dfrac{d\overline{x}}{dt}\\ \dfrac{d\overline{y}}{dt}\end{pmatrix} = \underbrace{\begin{pmatrix}\lambda & 0\\ 0 & \mu\end{pmatrix}}_{D}\begin{pmatrix}\overline{x}\\ \overline{y}\end{pmatrix} \Rightarrow \left\{\begin{aligned}\overline{x}(t) &= C_1e^{\lambda t}\\ \overline{y}(t) &= C_2e^{\mu t}\end{aligned}\right.$$

La ecuación de las trayectorias será: $\overline{x}^{\mu} = C\overline{y}^{\lambda}$, $C$ constante.

(5) Representar las trayectorias respecto a los ejes $\overline{x}$, $\overline{y}$, según lo aprendido en la Sección 11.4.

(6) Si queremos las ecuaciones de las soluciones o de las trayectorias solución respecto al sistema de coordenadas $(x, y)$, utilizamos el cambio de coordenadas (11.4).

Nótese que el proceso anterior sólo funciona en el caso de que $A$ sea diagonalizable; en la Sección 11.5.3 estudiaremos el caso no diagonalizable.

**Ejemplo 11.5.1.** Apliquemos el método anterior para resolver el siguiente sistema, y estudiar sus soluciones:

$$\left.\begin{aligned} \frac{dx}{dt} &= -x+2y \\ \frac{dy}{dt} &= 2x-y \end{aligned}\right\} \Leftrightarrow \begin{pmatrix} \frac{dx}{dt} \\ \frac{dy}{dt} \end{pmatrix} = \underbrace{\begin{pmatrix} -1 & 2 \\ 2 & -1 \end{pmatrix}}_{A} \begin{pmatrix} x \\ y \end{pmatrix}.$$

Utilizando el método habitual[9], sus autovalores son $\lambda = 1$, $\mu = -3$, con autovectores $u = (1,1)$ (asociado a $\lambda = 1$) y $v = (1,-1)$ (asociado a $\mu = -3$). Para la representación gráfica, será importante recordar qué autovalor está asociado a qué autovector. La matriz $A$ tiene una base de autovectores, por tanto podemos continuar con el método explicitado anteriormente.

En primer lugar, las soluciones del sistema son:

$$\overline{x}(t) = C_1 e^t, \quad \overline{y}(t) = C_2 e^{-3t},$$

y las ecuaciones de las trayectorias tienen ecuaciones $\overline{x}^{-3} = C\overline{y}$, ($C$ cte.), que podemos escribir:

$$\overline{x}^3\overline{y} = C, \ (C \text{ constante}).$$

Si queremos escribirlas en coordenadas $x, y$, debemos calcular el inverso de la matriz de cambio de coordenadas $P$, cuyas columnas son $u$ y $v$. Usando el método de Gauss-Jordan[10], por ejemplo, se tiene:

$$P = \begin{pmatrix} 1 & 1 \\ 1 & -1 \end{pmatrix} \Longrightarrow P^{-1} = \frac{1}{2}\begin{pmatrix} 1 & 1 \\ 1 & -1 \end{pmatrix}.$$

El cambio de coordenadas que estamos considerando es, por tanto:

$$\left.\begin{aligned} x &= \overline{x} + \overline{y} \\ y &= \overline{x} - \overline{y} \end{aligned}\right\} \text{ o bien } \left\{\begin{aligned} \overline{x} &= (x+y)/2 \\ \overline{y} &= (x-y)/2 \end{aligned}\right.$$

[9] Compruébalo.
[10] Compruébalo.

Utilizando el primero con la expresión de las soluciones $\overline{x}(t), \overline{y}(t)$ obtenemos:

$$\boxed{x(t) = C_1 e^t + C_2 e^{-3t}, \quad y(t) = C_1 e^t - C_2 e^{-3t} \ (C_1, C_2 \text{ constantes})}$$

y utilizando el segundo con la ecuación $\overline{x}^3 \overline{y} = C$, se tiene que la ecuación de las trayectorias es:

$$\boxed{(x + y)^3 (x - y) = C, \ (C \text{ constante})}$$

Finalmente, para representar las trayectorias, representamos primero los vectores $u$ y $v$, que nos indican las direcciones de los ejes $\overline{x}$, $\overline{y}$, respectivamente, y representamos las trayectorias del sistema:

$$\left.\begin{aligned} \frac{d\overline{x}}{dt} &= \mathbf{1}\overline{x} \\ \frac{d\overline{y}}{dt} &= \mathbf{-3}\overline{y} \end{aligned}\right\}.$$

Nótese que los autovalores aparecen justo en este orden porque el eje $\overline{x}$ se corresponde con el autovector $u$ asociado a $\lambda = 1$ y el eje $\overline{y}$ se corresponde con el autovector $v$ asociado a $\mu = -3$. En la Figura 11.11 hemos representado primeramente los ejes $\overline{x}$, $\overline{y}$, y después las trayectorias solución.

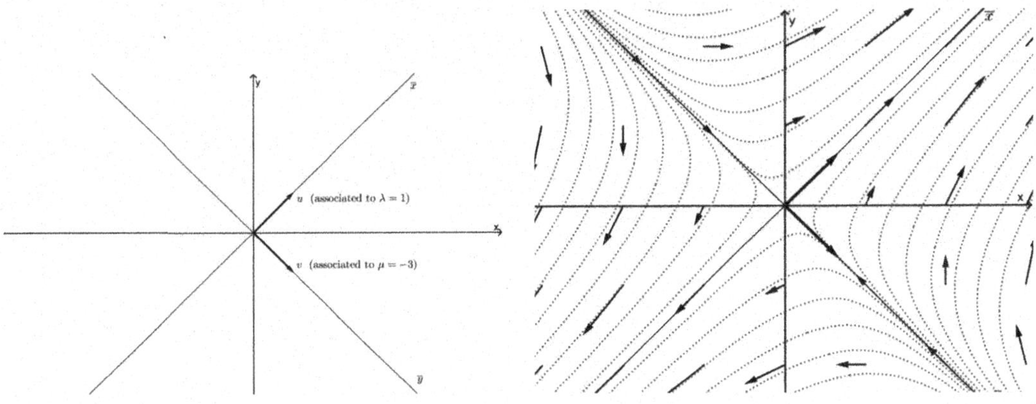


**Figura 11.11:** Ejes y trayectorias solución del sistema $x' = -x + 2y$, $y' = 2x - y$.

### 11.5.3. Sistemas lineales no diagonalizables

Existen dos razones por las que una matriz $2 \times 2$ como $A$ deja de ser diagonalizable: o bien tiene un autovalor doble $\lambda = \mu$ con un único autovector asociado independiente, o bien $A$ tiene dos autovectores complejos. La primera situación es poco habitual en la práctica, pero la segunda aparece muy a menudo. Curiosamente, es el primer caso el que es más difícil de resolver, mientras que el segundo es esencialmente inmediato. A continuación nos limitaremos a describir el método necesario para calcular las soluciones del sistema y representarlas en cada caso, sin pasar por los razonamientos correspondientes.

**Sistemas con matriz no diagonalizable con un autovalor real.**

Consideramos un sistema lineal con coeficientes constantes

$$\left.\begin{aligned} \frac{dx}{dt} &= a_{11}x + a_{12}y \\ \frac{dy}{dt} &= a_{21}x + a_{22}y \end{aligned}\right\}$$

con un único autovalor $\lambda$ de multiplicidad algebraica dos y geométrica uno.

(1) Calculamos un autovector $u = (u_1, u_2)$ de $A$ asociado a $\lambda$.

(2) Completamos $u$ a una basede $\mathbb{R}^2$, añadiendo el vector $v = (v_1, v_2)$ solución del sistema:

$$(A - \lambda I)v = u.$$

(3) En coordenadas $\overline{x}$, $\overline{y}$ respecto de la base $\{u, v\}$, el sistema de EDO's se transforma en:

$$\left.\begin{aligned} \frac{d\overline{x}}{dt} &= \lambda\overline{x} + \overline{y} \\ \frac{d\overline{y}}{dt} &= \lambda\overline{y} \end{aligned}\right\}$$

(4) Resolvemos este sistema como en el Ejemplo 11.4, obteniendo:

$$\overline{x}(t) = (C_1 + C_2 t)e^{\lambda t}, \quad \overline{y}(t) = C_2 e^{\lambda t}, \text{ con } C_1, C_2 \text{ constantes.}$$

Las trayectorias solución tienen las siguientes ecuaciones:

$$\lambda\frac{\overline{x}}{\overline{y}} - \ln(\overline{y}) = C, \ C \text{ constante.}$$

Obviamente, si queremos las ecuaciones de las soluciones o de las trayectorias solución respecto al sistema de coordenadas $(x, y)$, debemos simplemente deshacer el cambio de variable utilizado.

La gráfica de las trayectorias solución de este sistema van a depender del signo del autovalor $\lambda$. Si es positivo, $(0, 0)$ será un punto de equilibrio estable, y si es negativo, será inestable (ver Figura 11.12). En el primer caso se suele decir que el sistema tiene *nodo repulsor (o inestable) de una tangente en* $(0, 0)$, y en el segundo se dice que el sistema tiene *nodo atractor (o estable) de una tangente en* $(0, 0)$.

Nótese finalmente que, en ambos casos, *todas las trayectorias son tangentes al eje* $\overline{x}$ *en el punto* $(0, 0)$.

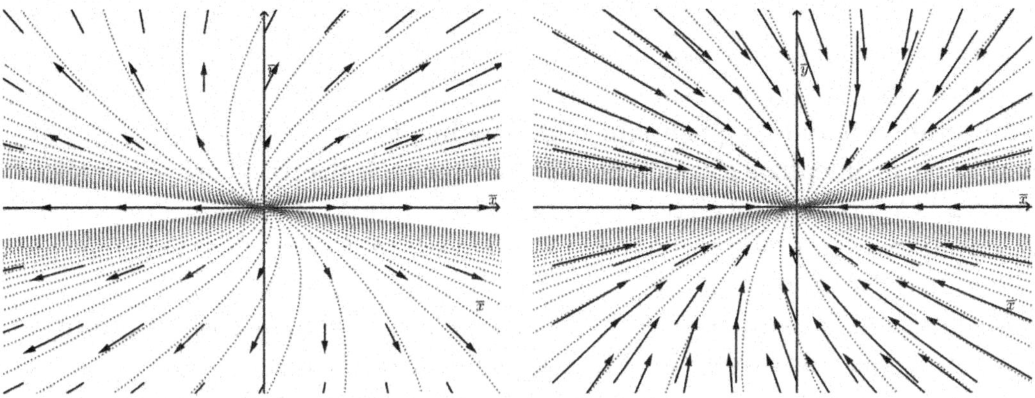

**Figura 11.12:** Trayectorias solución del sistema $\overline{x}' = \lambda\overline{x} + \overline{y}$, $\overline{y}' = \lambda\overline{y}$, para valores $\lambda > 0$ y $\lambda < 0$.

**Ejercicio 11.5.2:**

Calcula las ecuaciones de las trayectorias solución del sistema lineal de EDO's lineales con coeficientes constantes:

$$\left.\begin{aligned} \frac{dx}{dt} &= 4x + 4y \\ \frac{dy}{dt} &= -x \end{aligned}\right\}$$

Comprueba que su gráfica, respecto de los ejes $x, y$, es la que está representada en la Figura 11.13.

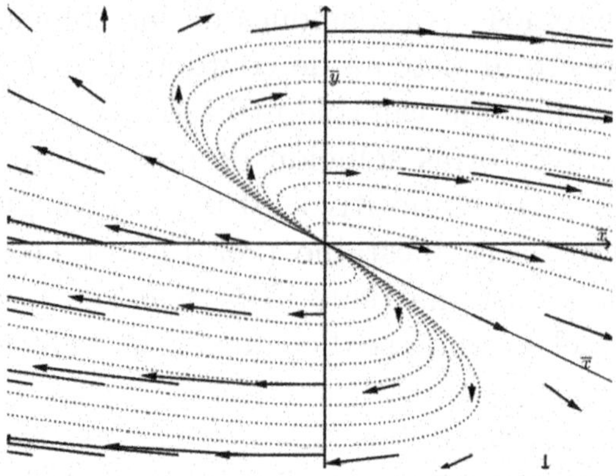

**Figura 11.13:** Trayectorias solución del sistema $x' = 4x + 4y$, $\overline{y}' = -x$.

Estudiemos ahora el caso en que la matriz $A$ no es diagonalizable por ser complejos sus autovalores. Como hemos recordado anteriormente, este caso es importante, debido a que aparece habitualmente en problemas reales, por ejemplo en la linealización del modelo de Lotka–Volterra y otros modelos similares. Como idea intuitiva, podemos decir que *la presencia de autovalores complejos confiere propiedades de periodicidad a las soluciones de un sistema de EDO's lineales.*

La razón es la siguiente: si la matriz $A$ del sistema tiene autovalores complejos, tiene exactamente dos, conjugados, de la forma $\lambda = \alpha + i\beta$ y $\mu = \alpha - i\beta$; pero entonces, de acuerdo con el esquema propuesto en 11.5.2, las soluciones del sistema, en un nuevo sistema de coordenadas, serán de la forma:

$$\tilde{x}(t) = K_1 e^{\lambda t} = K_1 e^{(\alpha+i\beta)t}, \quad \tilde{y}(t) = K_2 e^{\mu t} = K_2 e^{(\alpha-i\beta)t}.$$

Estas soluciones, de acuerdo a la aritmética compleja estudiada en el Bachillerato, pueden escribirse:

$$\tilde{x}(t) = K_1 e^{\alpha t} e^{i\beta t} = K_1 e^{\alpha t}(\cos(\beta t) + i \operatorname{sen}(\beta t)),$$
$$\tilde{y}(t) = K_2 e^{\alpha t} e^{-i\beta t} = K_2 e^{\alpha t}(\cos(\beta t) - i \operatorname{sen}(\beta t)).$$

Fijémonos que estas soluciones son *complejas*. Mientras que las soluciones $x(t)$, $y(t)$ han de ser combinación de estas dos soluciones, pero además han de tomar valores *reales*. No es difícil darse cuenta entonces que las funciones solución han de ser ciertas combinaciones de $e^{\alpha t}\cos(\beta t)$ y $e^{\alpha t}\operatorname{sen}(\beta t)$. Es la presencia de las funciones $\cos(\beta t)$ y $\operatorname{sen}(\beta t)$ la que produce la periodicidad de las soluciones. Nótese también que el término $e^{\alpha t}$ crece, decrece o se mantiene constante cuando $t$ crece, dependiendo del signo de $\alpha$.

Más concretamente, puede demostrarse que tomando coordenadas $\overline{x}$, $\overline{y}$ respecto de la base[11]:

$$\{u = (\beta, 0),\ v = (\alpha - a_{22}, a_{21})\}, \tag{11.5}$$

el sistema de EDO's que estamos estudiando toma la forma:

$$\left.\begin{aligned} \frac{d\overline{x}}{dt} &= \alpha\overline{x} - \beta\overline{y} \\ \frac{d\overline{y}}{dt} &= \beta\overline{x} + \alpha\overline{y} \end{aligned}\right\},$$

y que este sistema tiene soluciones:

$$\overline{x}(t) = e^{\alpha t}\big(K_1\cos(\beta t) + K_2\operatorname{sen}(\beta t)\big), \quad \overline{y}(t) = e^{\alpha t}\big(-K_2\cos(\beta t) + K_1\operatorname{sen}(\beta t)\big),$$

con $K_1, K_2$ constantes. Resulta conveniente escribir estas soluciones en forma matricial:

$$\begin{pmatrix} \overline{x}(t) \\ \overline{y}(t) \end{pmatrix} = e^{\alpha t}\begin{pmatrix} K_1 & K_2 \\ -K_2 & K_1 \end{pmatrix}\begin{pmatrix} \cos(\beta t) \\ \operatorname{sen}(\beta t) \end{pmatrix}, \text{con } K_1, K_2 \text{ constantes.}$$

Mutiplicando el vector $(\overline{x}(t), \overline{y}(y))$ por la matriz $P$ cuyas columnas son los vectores de la base de Jordan $\beta$ obtenemos las soluciones $(x(t), y(t))$.

Hagamos ya un resumen de los pasos a seguir.

[11]En la literatura esta base, junto a las que hemos calculado en los casos anteriores, suele llamarse *base de Jordan* de la matriz $A$.

**Sistemas con autovalores complejos: resolución.**

Consideramos un sistema de la forma

$$\left.\begin{aligned}\frac{dx}{dt} &= a_{11}x + a_{12}y\\ \frac{dy}{dt} &= a_{21}x + a_{22}y\end{aligned}\right\}$$

cuyos autovalores sean complejos (y por lo tanto conjugados), es decir, de la forma:

$$\lambda = \alpha + i\beta, \qquad \mu = \alpha - i\beta.$$

(1) Las soluciones del sistema son combinaciones de $e^{\alpha t}\cos(\beta t)$ y $e^{\alpha t}\operatorname{sen}(\beta t)$, más concretamente:

$$\begin{pmatrix} x(t) \\ y(t) \end{pmatrix} = e^{\alpha t} P \begin{pmatrix} C_1 & C_2 \\ -C_2 & C_1 \end{pmatrix} \begin{pmatrix} \cos(\beta t) \\ \operatorname{sen}(\beta t) \end{pmatrix}$$

con $C_1, C_2$ constantes y $P$ la matriz que tiene en columnas los vectores de la base de Jordan, ver 11.5.

**Ejemplo 11.5.2.** En el caso:

$$A = \begin{pmatrix} 0 & 3 \\ -2 & 0 \end{pmatrix},$$

los autovalores de la matriz se calculan resolviendo:

$$\det \begin{pmatrix} -\lambda & 3 \\ -2 & -\lambda \end{pmatrix} = \lambda^2 + 6 = 0,$$

lo cual tiene como soluciones

$$\lambda = \pm\sqrt{-6} = \pm i\sqrt{6}.$$

La parte real de estos números complejos es $\alpha = 0$ y la imaginaria $\beta = \sqrt{6}$. De esta forma las soluciones en la base de Jordan son:

$$\overline{x}(t) = \big(K_1 \cos(\sqrt{6}t) + K_2 \operatorname{sen}(\sqrt{6}t)\big),\ \overline{y}(t) = \big(-K_2 \cos(\sqrt{6}t) + K_1 \operatorname{sen}(\sqrt{6}t)\big),$$

con $K_1, K_2$ constantes.

**Ejemplo 11.5.3.** En el caso:

$$A = \begin{pmatrix} 3 & 4 \\ -2 & -1 \end{pmatrix},$$

los autovalores de la matriz se calculan resolviendo:

$$\det \begin{pmatrix} 3-\lambda & 4 \\ -2 & -1-\lambda \end{pmatrix} = \lambda^2 - 2\lambda + 5 = 0,$$

lo cual tiene como soluciones

$$\lambda = \frac{2 \pm \sqrt{-16}}{2} = \frac{2 \pm i\sqrt{16}}{2} = \frac{2 \pm 4i}{2} = 1 \pm 2i.$$

La parte real de estos números complejos es $\alpha = 1$ y la imaginaria $\beta = 2$. Entonces

$$\overline{x}(t) = e^t\big(K_1 \cos(2t) + K_2 \operatorname{sen}(2t)\big), \quad \overline{y}(t) = e^t\big(-K_2 \cos(2t) + K_1 \operatorname{sen}(2t)\big),$$

Veamos ahora cómo representar las trayectorias solución de un sistema con autovalores complejos.

**Sistemas con autovalores complejos: representación.**

De un modo general, podemos decir que:

a) La presencia de una parte imaginaria $\beta$ hace que las trayectorias solución del sistema *giren alrededor del punto de equilibrio* $(0,0)$.

b) El giro alrededor de $(0,0)$ se realiza en sentido contrario a las agujas del reloj (sentido *positivo*) si el coeficiente $a_{21}$ de la matriz $A$ es positivo, y en el sentido de las agujas del reloj (sentido *negativo*) cuando $a_{21}$ es negativo. Este comportamiento resulta del hecho de que nuestras trayectorias giran siempre en el sentido que marca ir desde $u$ hasta $v$ por el camino más corto.

c) Además de girar alrededor de $(0,0)$, las órbitas pueden tender a alejarse de $(0,0)$ o a acercarse a este punto, dando lugar a *espirales*. Esto dependerá de que el signo de la parte real $\alpha$ sea positivo (se alejan) o negativo (se acercan).

d) Respecto de la base de Jordan (11.5):

$$\{u = (\beta, 0),\ v = (\alpha - a_{22}, a_{21})\},$$

las trayectorias son espirales completamente homogéneas. Entonces, dado que la longitud de estos dos vectores puede ser diferente, en nuestra representación en coordenadas $x, y$ veremos, en algunos casos, cómo las espirales se alargan en la dirección del vector más largo.

De esta manera, tenemos los siguiente casos:

1. $\alpha = 0$. En este caso se dice que el modelo tiene *ciclos estables* alrededor de $(0,0)$. Esto quiere decir que $(x, y)$ gira alrededor de $(0,0)$ en trayectorias cerradas. El sentido de giro depende del valor del coeficiente $a_{21}$. A modo de ejemplo, en la Figura 11.14 hemos representado, a modo de ejemplo, las trayectorias

de los sistemas:

$$\left.\begin{aligned}\frac{dx}{dt} &= -2y \\ \frac{dy}{dt} &= +x\end{aligned}\right\} \quad \text{y} \quad \left.\begin{aligned}\frac{dx}{dt} &= y \\ \frac{dy}{dt} &= -2x\end{aligned}\right\}$$

Ambos tienen autovalores complejos $\pm i\sqrt{2}$; como la parte real $\alpha$ es nula, tenemos trayectorias cerradas en ambos casos. En el primer caso, siendo $a_{21} > 0$, las trayectorias giran en sentido positivo, mientras que en el segundo giran en sentido negativo. Fijémonos además cómo los vectores $u$ y $v$ que hemos representado, nos indican la manera en que las trayectorias se alargan en una dirección o en la otra.

2. $\alpha > 0$. En este caso el punto de equilibrio $(0,0)$ es inestable, pues todas las trayectorias se alejan (girando) del punto. Como en el caso anterior el sentido de giro depende del valor del coeficiente $a_{21}$. Como ejemplo, en la Figura 11.15 hemos representado las trayectorias solución de los sistemas:

$$\left.\begin{aligned}\frac{dx}{dt} &= x - 3y \\ \frac{dy}{dt} &= 2x\end{aligned}\right\} \quad \text{y} \quad \left.\begin{aligned}\frac{dx}{dt} &= x + 3y \\ \frac{dy}{dt} &= -2x\end{aligned}\right\}$$

3. $\alpha < 0$. En este caso $(0,0)$ es un punto de equilibrio $(0,0)$ estable, esto significa que todas las trayectorias se acercan (girando) al punto. Como en los casos anteriores las trayectorias pueden girar con o contra las agujas del reloj, como se muestra en la Figura 11.16, donde hemos representado las trayectorias solución de los sistemas:

$$\left.\begin{aligned}\frac{dx}{dt} &= -x - 5y \\ \frac{dy}{dt} &= x\end{aligned}\right\} \quad \text{y} \quad \left.\begin{aligned}\frac{dx}{dt} &= -x + 5y \\ \frac{dy}{dt} &= -x\end{aligned}\right\}$$

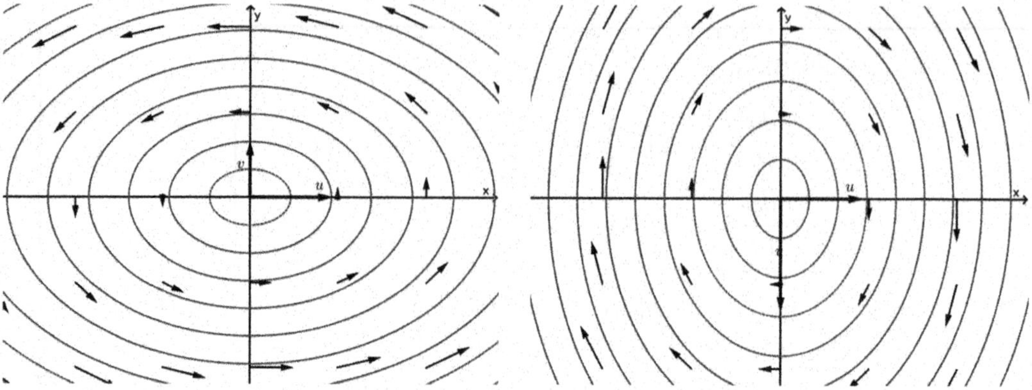


**Figura 11.14:** Ciclos estables ($\alpha = 0$) con $a_{21} > 0$ y $a_{21} < 0$.

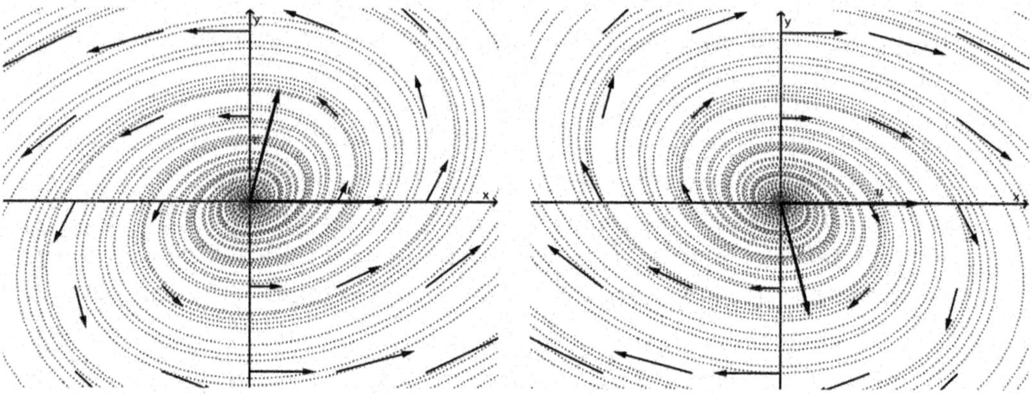


**Figura 11.15:** Espirales inestables ($\alpha > 0$) con $a_{21} > 0$ y $a_{21} < 0$.

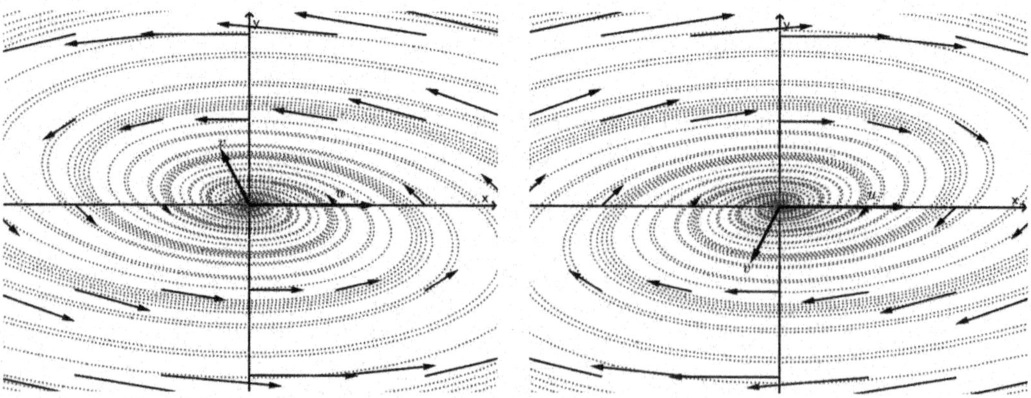


**Figura 11.16:** Espirales estables ($\alpha < 0$) con $a_{21} > 0$ y $a_{21} < 0$.

**Ejercicio 11.5.3:**

Calcula las soluciones de los sistemas representados en las Figuras (11.14), (11.15), (11.16).

Nótese que la forma de las trayectorias está completamente determinada por los signos de dos números[12], que son $\alpha$ y $a_{21}$, de manera que la información anterior se resume en:

| | |
|---|---|
| $\alpha = 0$ | Ciclos Estables |
| $\alpha > 0$ | Espirales Inestables |
| $\alpha < 0$ | Espirales Estables |

| | |
|---|---|
| $a_{21} > 0$ | sentido positivo |
| $a_{21} < 0$ | sentido negativo |

Como además, de las fórmulas anteriores se obtiene que $\alpha = (a_{11} + a_{22})/2$, podemos también recordarlo así[13]:

| | |
|---|---|
| $a_{11} + a_{22} = 0$ | Ciclos Estables |
| $a_{11} + a_{22} > 0$ | Espirales Inestables |
| $a_{11} + a_{22} < 0$ | Espirales Estables |

| | |
|---|---|
| $a_{21} > 0$ | sentido positivo |
| $a_{21} < 0$ | sentido negativo |

## 11.6. Sistemas no lineales de EDO's: puntos de equilibrio

Después de haber considerado el caso de los sistemas lineales con coeficientes constantes, volvemos ahora al estudio de los sistemas autónomos generales

$$\left.\begin{aligned} \frac{dx}{dt} &= f(x,y) \\ \frac{dy}{dt} &= g(x,y) \end{aligned}\right\}$$

[12] ¿Sabrías razonar por qué $c$ no puede ser cero?

[13] Atención: Debemos recordar siempre que estas dos tablas se aplican solamente cuando la matriz $A$ tenga autovalores complejos.

Como hemos observado anteriormente (véase la Sección 11.4), en el mejor de los casos seremos capaces de resolver la EDO

$$\frac{dx}{dy} = \frac{f(x,y)}{g(x,y)},$$

obteniendo una expresión analítica de sus soluciones. Excepto en casos muy aislados la representación gráfica de estas soluciones en el plano $xy$ será complicada, incluso cuando utilicemos un programa informático: recordemos que la representación gráfica tiene como objetivo mostrar las características esenciales del objeto representado. Si no conocemos al menos algunas de estas características esenciales *a priori*, es muy probable que al elegir las propiedades de la gráfica deseada (ejes, escala, rango de las variables, etc), algunas de esas características nos pasen desapercibidas.

Un problema similar apareció cuando consideramos los sistemas autónomos de una variable que utilizamos para modelizar poblaciones de una especie (véase la Sección 4.5.1), lo cuál nos motivó a introducir los conceptos de *equilibrio y estabilidad*. Recordemos estos conceptos un poco:

**Recordatorio: equilibrios de un modelo de una especie.**

Dado un modelo de una especie

$$N' = f(N).$$

sus valores de equilibrios son los valores $N = E$ en los que $f(E) = 0$. En valores cercanos a un valor de equilibrio $E$, aproximamos:

$$N' = f(N) \approx \underbrace{f(E)}_{=0} + f'(E)(N-E) = f'(E)(N-E) \text{ (cerca de } E\text{)},$$

que es básicamente un modelo Malthusiano desplazado al valor $E$. Sabemos resolver perfectamente esta ecuación, pues nos da como solución una exponencial:

$$N(t) \approx E + Ce^{f'(E)t} \text{ (cerca de } E\text{)}.$$

Estas funciones tienen un comportamiento diferente según $f'(E)$ sea positivo o negativo (tendiendo a alejarse o a acercarse a $E$, respectivamente). Decimos que $E$ es inestable o estable en cada caso.

En el caso de los sistemas de dos EDO's que estamos estudiando puede hacerse un estudio completamente similar, que describiremos a continuación paso a paso. Para fijar ideas, consideraremos, a la par con el estudio de un sistema general

$$\left.\begin{array}{r} x' = f(x,y) \\ y' = g(x,y) \end{array}\right\}, \tag{11.6}$$

un ejemplo particular[14]:

$$\left.\begin{array}{r} x' = x - yx \\ y' = 2y - xy \end{array}\right\} \tag{11.7}$$

## 11.6.1. Puntos de equilibrio y curvas isoclinas

Un *punto de equilibrio* del sistema (11.6) es un valor $(x, y) = (x_1, y_1)$ que satisface:

$$\left.\begin{array}{r} f(x_1,y_1) = 0 \\ g(x_1,y_1) = 0 \end{array}\right\}$$

De manera similar al caso de una variable, cuando un sistema autónomo de dos variables se encuentra en un punto de equilibrio $(x_1, y_1)$, se tiene que $x' = f(x_1, y_1) = 0$, $y' = f(x_1, y_1) = 0$ en ese punto. Es decir, el crecimiento de las variables $x$ e $y$ es nulo. Esto quiere decir que si en un momento $t = t_1$ se tiene que $x(t_1) = x_1$ e $y(t_1) = y_1$ entonces $x(t)$ y $y(t)$ se mantendrán constantemente iguales a $x_1$ e $y_1$. En otras palabras, *la trayectoria en el plano $xy$ que pasa por el punto $(x_1, y_1)$ es solamente el punto $E_1 = (x_1, y_1)$*. Es por ello que estos puntos reciben el nombre de puntos de equilibrio.

Para calcular los puntos de equilibrio del sistema del ejemplo (11.7), consideramos el sistema:

$$\left.\begin{array}{r} f(x,y) = 0 \\ g(x,y) = 0 \end{array}\right\}, \text{ en este caso }, \left.\begin{array}{r} x - xy = 0 \\ 2y - xy = 0 \end{array}\right\}$$

[14]El ejemplo considerado podría representar un modelo de competición. Más adelante interpretaremos los resultados.

Sacando factor común en cada ecuación se tiene:

$$\left.\begin{array}{r} x(1-y)=0 \\ \\ y(2-x)=0 \end{array}\right\} \Longleftrightarrow \left.\begin{array}{r} x=0 \text{ ó } y=1 \\ \\ y=0 \text{ ó } x=2 \end{array}\right\}$$

Tenemos que encontrar valores de $x$ e $y$ que satisfagan *las dos ecuaciones*[15]. Si la primera se satisface tomando $x = 0$, entonces no nos queda más remedio que satisfacer la segunda tomando $y = 0$. Análogamente, tomando para la primera $y = 1$, para la segunda hemos de tomar $x = 2$. Los puntos de equilibrio de nuestro sistema son, entonces:

$$E_1 = (0,0), \quad E_2 = (2,1).$$

Suele ser útil, además de los puntos de equilibrios, representar las llamadas curvas isoclinas[16] Son simplemente las curvas formadas por los puntos $(x, y)$ en los que $f(x, y) = 0$ ($x$-isoclina) y $g(x, y) = 0$ ($y$-isoclina). En los puntos de las $x$-isoclinas el crecimiento de $x$ es $x' = f(x, y) = 0$, luego las trayectorias del sistema han de pasar verticalmente por una $x$-isoclina. Análogamente, en los puntos de las $y$-isoclinas el crecimiento de $y$ es $y' = g(x, y) = 0$, luego las trayectorias del sistema han de pasar horizontalmente por una $y$-isoclina.

En el ejemplo[17] que estamos desarrollando, las $x$-isoclinas son las curvas $x = 0$, $y = 1$, y las $y$-isoclinas son $y = 0$, $x = 2$ (véase la Figura 11.17).

Se verifica además (como podemos ver para el ejemplo en la Figura 11.17) que los puntos de equilibrio aparecen precisamente en los puntos donde se cortan una $x$-isoclina con una $y$-isoclina. Las isoclinas dividen al plano en regiones, en las que $x'$ e $y'$ tienen siempre signo constante. De esta manera, sin más que dar valores en algún punto de cada región podemos saber cómo es el comportamiento de las trayectorias que pasan por ellas.

[15]Es recomendable que cuando hayamos obtenido los puntos de equilibrio, sustituyamos en las ecuaciones para comprobar que en efecto lo son. Por ejemplo, para este ejemplo podríamos estar tentados de decir que $(x = 0, y = 1)$ es un punto de equilibrio; pero, por sustitución en las ecuaciones vemos que $f(0,1) = 0$ pero $g(0,1) = 2 \neq 0$, luego $(0,1)$ no lo es.

[16]Más concretamente, estas curvas que representaremos son las llamadas *curvas isoclinas de valor cero.*

[17]Comprueba en la gráfica que efectivamente las trayectorias en las $x$-isoclinas han de ser verticales, y que las trayectorias en las $y$-isoclinas han de ser horizontales.

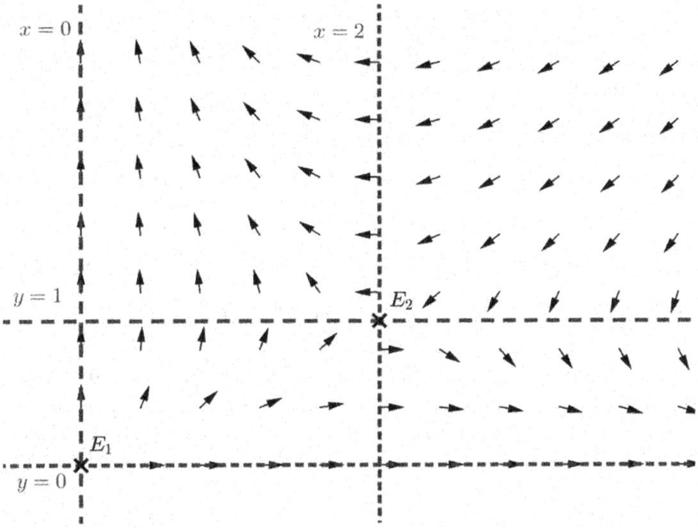


**Figura 11.17:** Isoclinas del sistema $x' = x - xy$, $y' = 2y - xy$ y algunos vectores tangentes a las soluciones.

En el caso particular que estamos estudiando, vemos que las isoclinas dividen al plano en 9 regiones. En la región que contiene al punto $(x, y) = (3, 3)$ (donde $x' = -6 < 0$ e $y' = -3 < 0$), tanto la $x$ como la $y$ son decrecientes (luego las trayectorias siguen la dirección suroeste). En la región que contiene al punto $(1, 1/2)$ (donde $x' = 1/2 > 0$ e $y' = 1/2 > 0$), sin embargo, la $x$ y la $y$ son crecientes (y las trayectorias siguen la dirección noreste). De igual manera, paso a paso, podemos analizar que es lo que sucede en el resto de las regiones.

**Cálculo de puntos de equilibrio e isoclinas.**

Dado un sistema de EDO's $x' = f(x, y)$, $y' = g(x, y)$:

- La curva $x$-isoclina (resp. $y$-isoclina) es el conjunto de puntos que satisfacen $f(x, y) = 0$. Las trayectorias cortan a esta curva verticalmente (resp. horizontalmente).
- Los puntos de equilibrio del sistema on las soluciones del sistema $\{f(x, y) = 0, \;\; g(x, y) = 0\}$, es decir las intersecciones de la $x$-isoclina y la $y$-isoclina.

Fijémonos que, en nuestro ejemplo, estos cálculos simples ya nos dan una idea aproximada de la forma que tendrán las trayectorias solución (cuantos más puntos analizamos, más clara será la idea que tengamos sobre las trayectorias). La información que hemos obtenido de ellos se va a complementar con el estudio de los puntos de equilibrio que realizaremos a continuación.

### 11.6.2. Aproximación lineal de un sistema de EDO's en torno a un valor de equilibrio

Siguiendo la hoja de ruta que nos marca el método utilizado para los sistemas autónomos de una variable $N' = f(N)$, el segundo paso será aproximar el sistema de EDO's cerca de cada punto de equilibrio usando calculo diferencial:

$$N' = f(N) \approx \underbrace{f(E)}_{=0} + f'(E)(N-E) = f'(E)(N-E) \text{ (cerca de } E)$$

En el caso de dos[18] variables al aproximar $f$ y $g$ cerca de un punto de equilibrio $E_1 = (x_1, y_1)$ aparecerán las derivadas de $f$ y $g$ en el punto $E_1$ y, como $f$ y $g$ son ahora funciones de dos variables, esas derivadas son las derivadas parciales respecto de $x$ e $y$. Más concretamente, puede probarse que:

$$\left.\begin{aligned} \frac{dx}{dt} &= f(x,y) \approx f(E_1) + \frac{\partial f}{\partial x}(E_1)(x - x_1) + \frac{\partial f}{\partial y}(E_1)(y - y_1) \\ \frac{dy}{dt} &= g(x,y) \approx g(E_1) + \frac{\partial g}{\partial x}(E_1)(x - x_1) + \frac{\partial g}{\partial y}(E_1)(y - y_1) \end{aligned}\right\}$$

(aproximación para valores cercanos a $E_1$)

Como $E_1$ es un punto de equilibrio, se tiene $f(E_1) = g(E_1) = 0$, entonces podemos escribir, en forma matricial:

$$\begin{pmatrix} \frac{dx}{dt} \\ \frac{dy}{dt} \end{pmatrix} \approx \underbrace{\begin{pmatrix} \frac{\partial f}{\partial x}(E_1) & \frac{\partial f}{\partial y}(E_1) \\ \frac{\partial g}{\partial x}(E_1) & \frac{\partial g}{\partial y}(E_1) \end{pmatrix}}_{=:J(E_1)} \begin{pmatrix} x - x_1 \\ y - y_1 \end{pmatrix}$$

[18]Este tipo de aproximaciones funciona de hecho para cualquier número de variables.

Esta aproximación funciona, de nuevo, para valores de $(x, y)$ cercanos a $E_1 = (x_1, y_1)$. La matriz $J(E_1)$ se llama *matriz Jacobiana del sistema en* $E_1$ y juega exactamente el mismo papel para un sistema autónomo de dos variables que jugaba $f'(E)$ en el caso de un sistema de una variable.

**Resumen: aproximación en torno a un punto de equilibrio.**

Dado un sistema de EDO's $x' = f(x, y)$, $y' = g(x, y)$, y uno de sus puntos de equilibrio $E_1 = (x_1, y_1)$, el sistema se comporta en torno a dicho punto de manera similar al sistema lineal desplazado:

$$\begin{pmatrix} \dfrac{dx}{dt} \\ \dfrac{dy}{dt} \end{pmatrix} \approx J(E_1) \begin{pmatrix} x - x_1 \\ y - y_1 \end{pmatrix}$$

donde

$$J(E_1) = \begin{pmatrix} \dfrac{\partial f}{\partial x}(E_1) & \dfrac{\partial f}{\partial y}(E_1) \\ \dfrac{\partial g}{\partial x}(E_1) & \dfrac{\partial g}{\partial y}(E_1) \end{pmatrix}$$

es la matriz Jacobiana del sistema en el punto $E_1$.

Para nuestro ejemplo, en el que $f(x, y) = x - xy$ and $g(x, y) = 2y - xy$, derivando obtenemos:

$$\frac{\partial f}{\partial x} = 1 - y \quad \frac{\partial f}{\partial y} = -x$$
$$\frac{\partial g}{\partial x} = -y \quad \frac{\partial g}{\partial y} = 2 - x$$

Sustituyendo ahora en los dos puntos de equilibrio $E_1 = (0, 0)$ y $E_2 = (2, 1)$ que hemos calculado anteriormente, se tiene:

$$J(0,0) = \begin{pmatrix} 1 & 0 \\ 0 & 2 \end{pmatrix}, \quad J(2,1) = \begin{pmatrix} 0 & -2 \\ -1 & 0 \end{pmatrix}$$

Luego:

$$\begin{pmatrix} \dfrac{dx}{dt} \\ \dfrac{dy}{dt} \end{pmatrix} \approx \begin{pmatrix} 1 & 0 \\ 0 & 2 \end{pmatrix} \begin{pmatrix} x \\ y \end{pmatrix} \quad \text{(cerca de } E_1\text{)}$$

y

$$\begin{pmatrix} \dfrac{dx}{dt} \\ \dfrac{dy}{dt} \end{pmatrix} \approx \begin{pmatrix} 0 & -2 \\ -1 & 0 \end{pmatrix} \begin{pmatrix} x-2 \\ y-1 \end{pmatrix} \quad \text{(cerca de } E_2\text{).}$$

### 11.6.3. Estabilidad de un valor de equilibrio

El objetivo de un análisis de estabilidad en un punto de equilibrio para un sistema autónomo de dos variables es describir cómo se comportan las trayectorias cerca de ese punto. En el caso de una variable teníamos dos casos: o bien las trayectorias se acercaban a $E$ o se alejaban de él, según el signo de $f'(E)$. En el caso de dos variables tenemos varias situaciones posibles diferentes, según las propiedades de la matriz Jacobiana, $J(E)$. A continuación vamos a describir los posibles casos y el tipo de gráficas que nos encontramos en cada uno de ellos.

Cualquiera de los sistemas aproximados (cerca de cada punto de equilibrio) que nos vamos a encontrar es de la forma:

$$\begin{pmatrix} \dfrac{dx}{dt} \\ \dfrac{dy}{dt} \end{pmatrix} \approx \underbrace{\begin{pmatrix} a_{11} & a_{12} \\ a_{21} & a_{22} \end{pmatrix}}_{=J(E_1)} \begin{pmatrix} x-x_1 \\ y-y_1 \end{pmatrix}$$

Este sistema se parece a los sistemas lineales con coeficientes constantes que hemos estudiado en la Sección 11.5, con la única diferencia de que en lugar de $x$ e $y$ aparecen $x-x_1$ e $y-y_1$. Al igual que pasaba en el caso de una variable, esta diferencia se refleja en las soluciones $(x(t), y(t))$, que son las mismas que las del sistema lineal correspondiente a las que sumamos $(x_1, y_1)$. Gráficamente, *las trayectorias que obtenemos son las mismas que las del sistema lineal correspondiente, pero centradas en* $(x_1, y_1)$ *en lugar de en* $(0,0)$. En cualquier caso, todo queda determinado por la matriz $J(E_1)$ correspondiente, como veremos en el siguiente recuadro.

**Estudio de los puntos de equilibrio con la matriz Jacobiana.**

Un punto de equilibrio $E_1$ de un sistema no lineal de dos EDO's puede ser:

- Un nodo estable o atractor. Si $J(E_1)$ es diagonalizable con dos autovalores negativos.
- Un nodo inestable o repulsor. Si $J(E_1)$ es diagonalizable con dos autovalores positivos.
- Un punto de silla. Si $J(E_1)$ es diagonalizable con dos autovalores de distinto signo (no describimos aquí los casos, menos habituales, en que alguno de los autovalores es nulo, que dejamos como un ejercicio para el lector).
- Un nodo estable de una tangente. Si $J(E_1)$ no es diagonalizable con un autovalor doble negativo.
- Un nodo inestable de una tangente. Si $J(E_1)$ no es diagonalizable con un autovalor doble positivo.
- Ciclos estables (a favor o contra las agujas del reloj). Si $J(E_1)$ tiene autovalores complejos con parte real cero.
- Espirales estables (a favor o contra las agujas del reloj). Si $J(E_1)$ tiene autovalores complejos con parte real negativa.
- Espirales inestables (a favor o contra las agujas del reloj). Si $J(E_1)$ tiene autovalores complejos con parte real positiva.

Veamos lo que sucede en el ejemplo que estamos analizando paso a paso.

- Cerca del punto $E_1 = (0, 0)$ el sistema se aproxima por:

$$\begin{pmatrix} \frac{dx}{dt} \\ \frac{dy}{dt} \end{pmatrix} \approx \begin{pmatrix} 1 & 0 \\ 0 & 2 \end{pmatrix} \begin{pmatrix} x \\ y \end{pmatrix} \quad \text{(cerca de } E_1\text{)}$$

Como $J(E_1)$ es diagonal con autovalores positivos, tenemos un nodo inestable en $(0, 0)$. Además, siendo el autovalor correspondiente a la coordenada $y$ mayor que el correspondiente a la coordenada $x$, las trayectorias se curvan hacia la dirección $y$ (ver Figura 11.18).

- Cerca del punto $E_2 = (2, 1)$ el sistema se aproxima por:

$$\begin{pmatrix} \frac{dx}{dt} \\ \frac{dy}{dt} \end{pmatrix} \approx \begin{pmatrix} 0 & -2 \\ -1 & 0 \end{pmatrix} \begin{pmatrix} x-2 \\ y-1 \end{pmatrix} \quad \text{(cerca de } E_2\text{)}$$

Como $J(E_2)$ es diagonalizable con autovalores $\lambda = \sqrt{2}$, $\mu = -\sqrt{2}$, tenemos un punto de silla en $(2, 1)$. Los ejes de este punto de silla son los autovectores $u = (\sqrt{2}, -1)$ –correspondiente a $\lambda = \sqrt{2}$– y $v = (\sqrt{2}, 1)$ –para $\mu = -\sqrt{2}$)– (ver Figura 11.18).

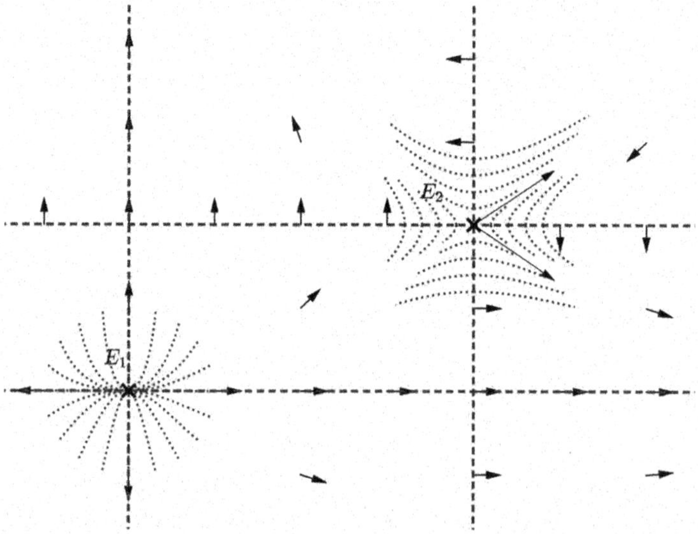


**Figura 11.18:** Aproximación de las trayectorias solución del sistema $x' = x - xy$, $y' = 2y - xy$ cerca de sus puntos de equilibrio $E_1 = (0, 0)$ y $E_2 = (2, 1)$.

## 11.6.4. Representación de trayectorias solución

Consideremos ahora toda la información que podemos obtener de las trayectorias solución de un sistema autónomo de dos variables y veamos cómo podemos utilizarlo para su representación. Seguiremos las siguientes indicaciones.

**Representación aproximada de trayectorias de sistemas autónomos de dos variables.**

1. Representar las $x$ e $y$-isoclinas y pintar los vectores tangentes $(x', y')$ a las trayectorias sobre algún punto de cada isoclina (serán verticales en las $x$-isoclinas y horizontales en las $y$-isoclinas).
2. Estudiar las direcciones que tienen los vectores tangentes en cada una de las regiones delimitadas por isoclinas. Para ello calculamos $(x', y')$ en algún punto de cada región.
3. Estudiar y representar las trayectorias en los puntos cercanos a cada punto de equilibrio del sistema.
4. Unir los trozos que ya hemos representado de las trayectorias, extendiendo las mismas de la manera más simple posible.
5. Tener en cuenta que hay una trayectoria pasando por cada punto, y que dos trayectorias diferentes no se pueden cortar.
6. Comprobar que al realizar el paso 5, no contradecimos ninguno de los datos obtenidos (dirección en las isoclinas, dirección en las regiones, etc).

Ilustremos lo anterior representando las trayectorias para nuestro ejemplo. Tras realizar los primeros tres pasos, obtendremos la Figura 11.19. A la hora de extender las trayectorias debemos tener en cuenta que:

- dado que los ejes $x$ e $y$ son paralelos a las trayectorias en cada punto, son trayectorias ellos mismos, luego cualquier otra trayectoria no puede cruzarlos,
- las trayectorias que crucen la recta $y = 1$ lo hacen verticalmente,
- las trayectorias que crucen la recta $x = 2$ lo hacen horizontalmente, y
- al extender una trayectoria, hacerlo de acuerdo a la dirección que nos indica la región en la que nos hallemos.

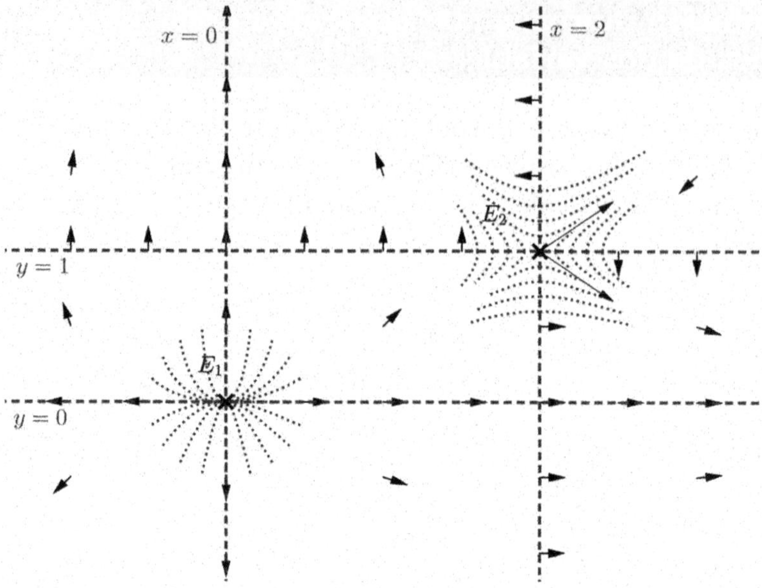


**Figura 11.19:** Isoclinas, regiones y equilibrios de $x' = x - xy$, $y' = 2y - xy$.

Necesariamente entonces, las trayectorias han de ser las representadas en la Figura 11.20.

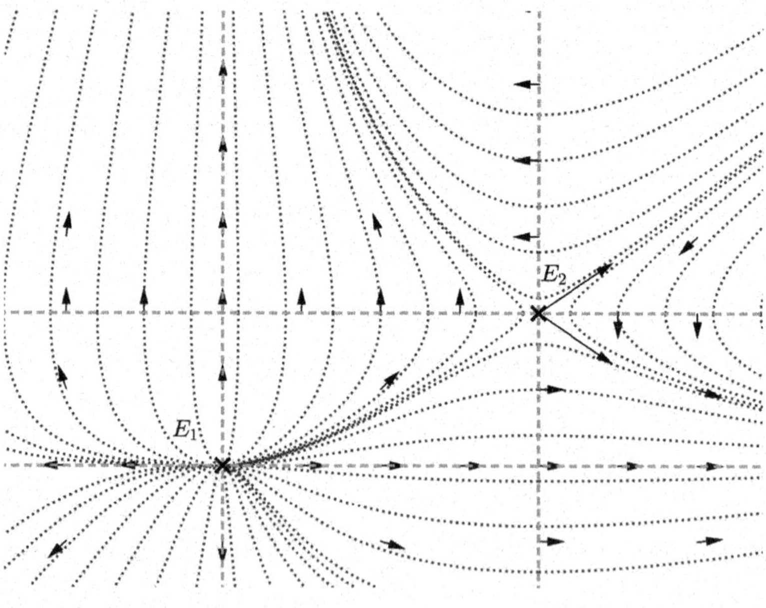


**Figura 11.20:** Algunas trayectorias solución del sistema $x' = x - xy$, $y' = 2y - xy$.

## 11.7. Interacción entre dos poblaciones

Vamos a aplicar lo estudiado para sistemas autónomos de dos variables al estudio de interacciones entre dos especies, cuyas funciones población denotaremos por $P = P(t)$ y $D = D(t)$. Más concretamente, estudiaremos los modelos de interacciones descritas en la Sección 11.2.2, aunque los mismos métodos pueden aplicarse de manera análoga en modelos más elaborados. En esta sección, lo más importante será extraer conclusiones biológicas de los modelos considerados. Como primera observación, hacemos notar que, dado que $P$ y $D$ son siempre no negativas, *necesitamos solamente estudiar, para cada sistema, las trayectorias del primer cuadrante.*

### 11.7.1. Predación, competición y mutualismo

Comencemos estudiando, a la vez, los modelos de la forma:

$$\underbrace{\left.\begin{aligned} \frac{dP}{dt} &= r_1P - s_1PD \\ \frac{dD}{dt} &= -r_2D + s_2PD \end{aligned}\right\},}_{\text{Predación}}$$

$$\underbrace{\left.\begin{aligned} \frac{dP}{dt} &= r_1P - s_1PD \\ \frac{dD}{dt} &= r_2D - s_2PD \end{aligned}\right\},}_{\text{Competición}} \quad \underbrace{\left.\begin{aligned} \frac{dP}{dt} &= -r_1P + s_1PD \\ \frac{dD}{dt} &= -r_2D + s_2PD \end{aligned}\right\},}_{\text{Mutualismo}}$$

donde $r_1, r_2, s_1, s_2$ son constantes positivas. Muchos de los cálculos que debemos realizar para representar las trayectorias solución son análogos para los tres casos, así que los realizaremos de una sola vez para los tres sistemas.

**Paso 1. Puntos de equilibrio.**

Calculemos los puntos de equilibrio para el primero de los sistemas, siendo el cálculo exactamente en los otros dos sistemas:

$$\left.\begin{aligned} r_1P - s_1PD = 0 \\ -r_2D + s_2PD = 0 \end{aligned}\right\} \left.\begin{aligned} P(r_1 - s_1D) = 0 \\ D(-r_2 + s_2P) = 0 \end{aligned}\right\},$$

es decir

$$\left.\begin{array}{l} P = 0 \text{ ó } D = \frac{r_1}{s_1} \\ \\ D = 0 \text{ ó } P = \frac{r_2}{s_2} \end{array}\right\}$$

Entonces tenemos, en cualquiera de los tres casos[19], dos puntos de equilibrio:

$$\boxed{E_1 = (0,0) \quad \text{y} \quad E_2 = \left(\frac{r_2}{s_2}, \frac{r_1}{s_1}\right)}$$

**Paso 2. Isoclinas.**

Más tarde representaremos las gráficas de las trayectorias solución en el plano $PD$. Tomaremos $P$ como el eje horizontal y $D$ como el eje vertical.

Para cualquiera de los tres sistemas anteriores se tiene:

| |
|---|
| $P$-isoclinas (vectores verticales): $P = 0, \quad D = \frac{r_1}{s_1}$ |
| $D$-isoclinas (vectores horizontales): $D = 0, \quad P = \frac{r_2}{s_2}$ |

**Paso 3. Estabilidad en los puntos de equilibrio.**

Ahora sí que vamos a tener situaciones diferentes en cada uno de los tres casos. Calculemos primero las derivadas parciales de $f$ y $g$ en cada caso:

| | Predación | Competición | Mutualismo |
|---|---|---|---|
| $\frac{\partial f}{\partial P}$ | $r_1 - s_1 D$ | $r_1 - s_1 D$ | $-r_1 + s_1 D$ |
| $\frac{\partial f}{\partial D}$ | $-s_1 P$ | $-s_1 P$ | $s_1 P$ |
| $\frac{\partial g}{\partial P}$ | $s_2 D$ | $-s_2 D$ | $s_2 D$ |
| $\frac{\partial g}{\partial D}$ | $-r_2 + s_2 P$ | $r_2 - s_2 P$ | $-r_2 + s_2 P$ |

**Tabla 11.1:** Derivadas parciales de $f$ y $g$, para tres casos de interacción entre dos especies.

Sustituyendo en los valores de $E_1$ y $E_2$ se obtienen las matrices Jacobianas que determinan el comportamiento del sistema en torno a esos puntos.

[19] Compruébalo en los otros dos casos.

| | Predación | Competición | Mutualismo |
|---|---|---|---|
| $J(E_1)$ | $\begin{pmatrix} r_1 & 0 \\ 0 & -r_2 \end{pmatrix}$ | $\begin{pmatrix} r_1 & 0 \\ 0 & r_2 \end{pmatrix}$ | $\begin{pmatrix} -r_1 & 0 \\ 0 & -r_2 \end{pmatrix}$ |
| $J(E_2)$ | $\begin{pmatrix} 0 & -\frac{s_1 r_2}{s_2} \\ \frac{s_2 r_1}{s_1} & 0 \end{pmatrix}$ | $\begin{pmatrix} 0 & -\frac{s_1 r_2}{s_2} \\ -\frac{s_2 r_1}{s_1} & 0 \end{pmatrix}$ | $\begin{pmatrix} 0 & \frac{s_1 r_2}{s_2} \\ \frac{s_2 r_1}{s_1} & 0 \end{pmatrix}$ |

**Tabla 11.2:** Matrices Jacobianas para los puntos de equilibrio de tres casos de interacción entre dos especies.

En los tres casos la matriz $J(E_1)$ es diagonal, aunque los signos de los autovalores cambian de caso a caso, de manera que:

- En el primer caso (predación) $(0,0)$ es un punto de silla, con autovalor positivo para el eje $P$ y autovalor negativo para el eje $D$.
- En el modelo de competición, $(0,0)$ es un nodo repulsor. Las trayectorias se curvarán en la dirección correspondiente al mayor $r_i$.
- En el modelo de mutualismo, $(0,0)$ es un nodo atractor. Las trayectorias se curvarán en la dirección correspondiente al mayor $r_i$.

Describamos[20] ahora la estabilidad en torno al punto $E_2$:

- Para el modelo de predación, los autovalores son imaginarios puros $\pm i\sqrt{r_1 r_2}$, luego tenemos ciclos estables girando alrededor de $E_2$. Calculando algún vector tangente a las trayectorias vemos que estas giran en el sentido contrario a las agujas del reloj. Además, la base de Jordan de la matriz es $\left\{\left(\sqrt{r_1 r_2}, 0\right), \left(0, \frac{s_2 r_1}{s_1}\right)\right\}$ (perpendiculares), luego puede comprobarse que las trayectorias se alargan horizontalmente cuando $s_1/\sqrt{r_1} > s_2/\sqrt{r_2}$, y verticalmente cuando $s_1/\sqrt{r_1} < s_2/\sqrt{r_2}$.
- En el segundo y en el tercer caso, vamos a tener puntos de silla en $E_2$, con autovalores $\pm\sqrt{r_1 r_2}$, y la diferencia está en los ejes que corresponden a cada autovalor. Así, para el modelo de competición, el autovalor positivo $\sqrt{r_1 r_2}$ corresponde al vector $(s_1/\sqrt{r_1}, -s_2/\sqrt{r_2})$, y el autovalor negativo $-\sqrt{r_1 r_2}$ corresponde al vector $(s_1/\sqrt{r_1}, s_2/\sqrt{r_2})$. Para el

[20]Se deja como ejercicio al lector comprobar las afirmaciones que se hacen aquí.

modelo de mutualismo, sucede justamente al revés: el autovalor positivo $\sqrt{r_1 r_2}$ corresponde al vector $(s_1/\sqrt{r_1}, s_2/\sqrt{r_2})$, y el autovalor negativo $-\sqrt{r_1 r_2}$ corresponde al vector $(s_1/\sqrt{r_1}, -s_2/\sqrt{r_2})$.

**Paso 4. Representación.**

Teniendo en cuenta las propiedades anteriores, el comportamiento de las trayectorias respecto a las curvas isoclinas (por ejemplo, que las trayectorias no pueden cruzar los ejes $x$ e $y$), y el comportamiento en cada región delimitada por ellas, se obtienen las gráficas que podemos ver en las Figuras 11.21, 11.23 y 11.24, que aparecen comentadas en el siguiente Paso.

**Paso 5. Conclusiones.**

Finalmente vamos a extraer algunas conclusiones biológicas que extraemos de las gráficas de los modelos considerados.

*Predación.* Consideremos un modelo de dos especies que se comporte de acuerdo a las ecuaciones de predación descritas anteriormente. Además de $(0,0)$ (que es un valor de equilibrio por razones obvias), el modelo tiene un punto de equilibrio en $E_2 = \left(\frac{r_2}{s_2}, \frac{r_1}{s_1}\right)$. Si los valores de $(P, D)$ son, en un momento determinado, diferentes de $E_2$, entonces el punto $(P(t), D(t))$ describirá trayectorias cerradas alrededor de $E_2$.

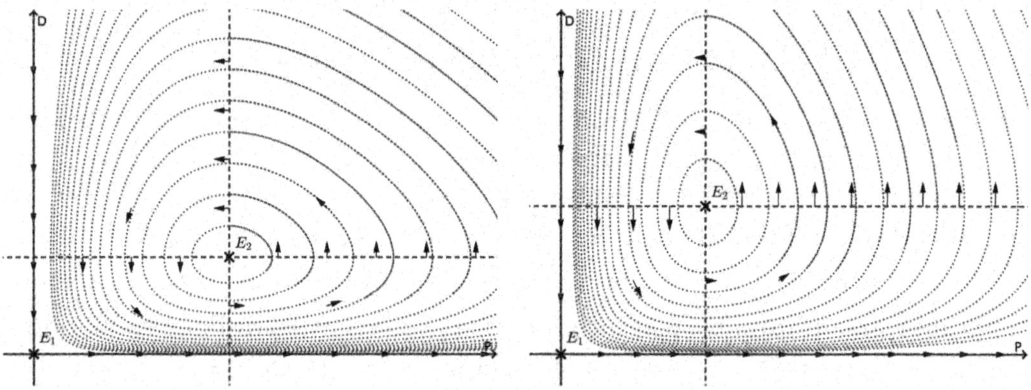


**Figura 11.21:** Trayectorias solución de un modelo de predación con $s_1/\sqrt{r_1} > s_2/\sqrt{r_2}$ (izquierda) y $s_1/\sqrt{r_1} < s_2/\sqrt{r_2}$ (derecha).

Esto hace que, como hemos visto en la Sección 11.2, las funciones $P(t)$ y $D(t)$ presentarán un comportamiento oscilatorio. Ambas oscilaciones tienen el mismo período, pero, dado que el giro de $(P(t), D(t))$ se realiza en el sentido contrario a las agujas del reloj, sucede que las oscilaciones de $D(t)$

están desfasadas respecto a las de $P(t)$ (de manera que $D(t)$ alcanza cada uno de sus valores máximos después de que lo alcance $P(t)$).

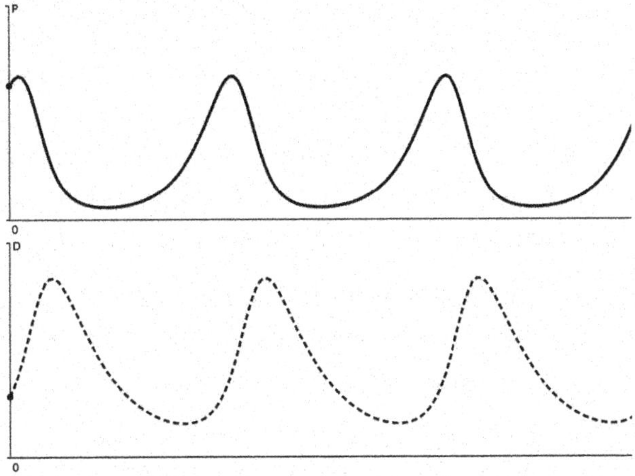


**Figura 11.22:** Dos poblaciones con una relación de tipo Lotka–Volterra.

*Competición.* Dadas dos poblaciones interactuando de acuerdo al modelo de competición considerado, además de en $(0,0)$, el modelo tiene un punto de silla en $E_2 = \left(\frac{r_2}{s_2}, \frac{r_1}{s_1}\right)$, y las trayectorias son como las que representadas en la Figura 11.23.

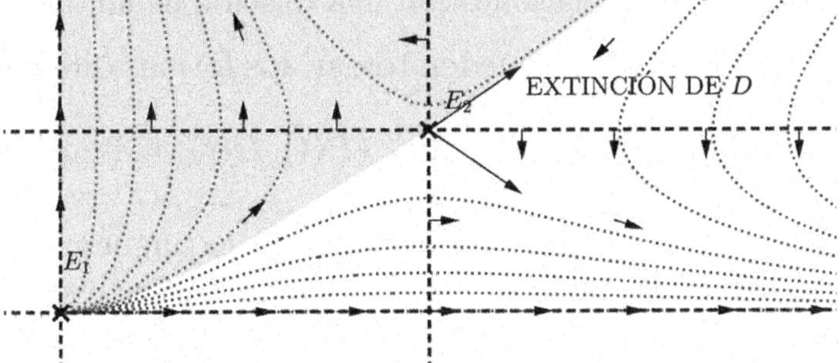


**Figura 11.23:** Dos poblaciones con una relación de competición.

Las trayectorias son de dos formas, según satisfagan:

$$\lim_{t\to+\infty}(P(t),D(t)) = (0,+\infty) \quad \text{ó} \quad \lim_{t\to+\infty}(P(t),D(t)) = (+\infty,0).$$

En otras palabras, una de las dos especies tenderá a extinguirse siempre. Cuál de las dos especies se extinguirá dependerá de la trayectoria en la que estemos inicialmente. Así, el primer cuadrante se dividirá en dos regiones: una en la que todas las trayectorias conducen a la extinción de $P$, y otra en la que todas las trayectorias conducen a la extinción de $D$.

*Mutualismo.* Finalmente, dadas dos poblaciones interactuando de acuerdo al modelo de mutualismo considerado, el modelo tiene otra vez un punto de silla en $E_2 = \left(\frac{r_2}{s_2}, \frac{r_1}{s_1}\right)$.

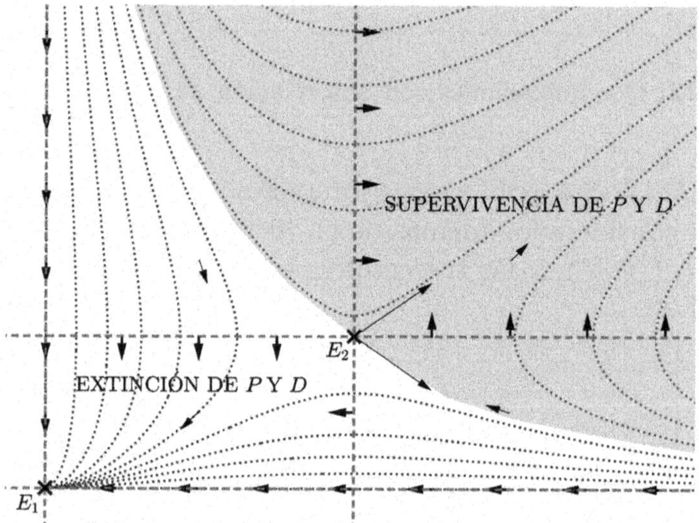


**Figura 11.24:** Dos poblaciones con una relación de mutualismo.

En este caso, las trayectorias pueden tomar dos formas diferentes, según:

$$\lim_{t\to+\infty}(P(t),D(t)) = (0,0) \quad \text{ó} \quad \lim_{t\to+\infty}(P(t),D(t)) = (+\infty,+\infty).$$

En otras palabras, o bien las dos poblaciones se extinguen o bien ambas crecen indefinidamente (se puede probar además que este crecimiento es exponencial). Así, el primer cuadrante se dividirá en dos regiones: una en la que todas las trayectorias conducen a la extinción de $P$ y $D$, y otra en la que para todas las trayectorias ambas especies sobreviven.

## 11.7.2. Lotka–Volterra con un término logístico

Analicemos ahora el caso en el que dos poblaciones interactuan de acuerdo a una relación de predación de tipo Lotka–Volterra, pero donde el depredador tiene además un comportamiento logístico (provocada, por ejemplo, por su territorialidad, que evita que haya más de un cierto número de individuos de su especie en el mismo territorio).

Queremos analizar qué efecto tiene añadir este nuevo término a las ecuaciones, así que vamos a considerar un ejemplo particular, por ejemplo:

$$\left.\begin{aligned}\frac{dP}{dt} &= P - PD\\ \frac{dD}{dt} &= -2D + PD\end{aligned}\right\}$$

cuyas trayectorias tienen la forma de la Figura 11.25. Es decir, ciclos estables girando alrededor del punto de equilibrio $E_2$, que es este caso es igual a $(2, 1)$.

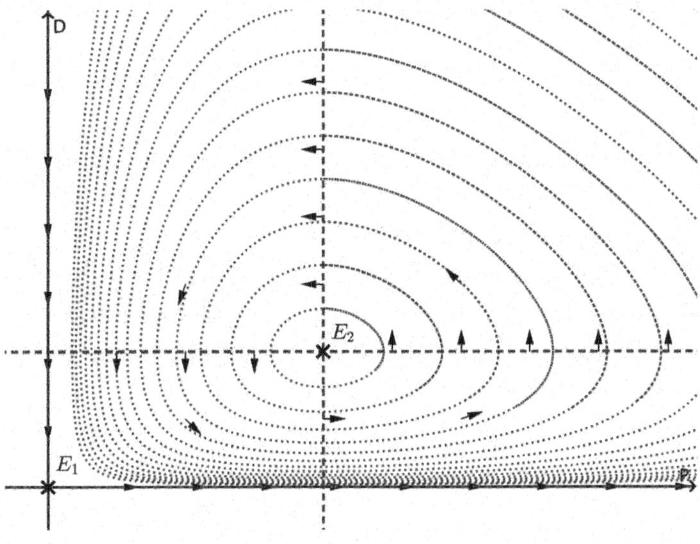


**Figura 11.25:** Dos poblaciones con una relación de tipo Lotka–Volterra.

Ahora añadimos un término logístico a la población depredadora:

$$\left.\begin{aligned}\frac{dP}{dt} &= P - PD\\ \frac{dD}{dt} &= -2D + PD - \boldsymbol{kD^2}\end{aligned}\right\}.$$

Aquí $k \geq 0$ es una constante no negativa. Para $k = 0$ tenemos el modelo de Lotka–Volterra clásico; veamos cómo cambia la situación para $k > 0$.

**Puntos de equilibrio.**

Resolvemos el sistema:

$$\left.\begin{array}{l} P - PD = 0 \\ \\ -2D + PD - kD^2 = 0 \end{array}\right\} \left.\begin{array}{l} P(1-D) = 0 \\ \\ D(-2 + P - kD) = 0 \end{array}\right\},$$

es decir

$$\left.\begin{array}{l} P = 0 \text{ ó } D = 1 \\ \\ D = 0 \text{ ó } P = kD + 2 \end{array}\right\}.$$

Ahora, cuando $P = 0$ tenemos dos posibilidades: o bien $D = 0$, o bien $D = -2/k$. Y cuando $D = 1$, la única posibilidad es $P = 2 + k$. Tenemos entonces *tres* puntos de equilibrio:

$$\boxed{E_1 = (0,0), \quad E_2 = (2+k, 1) \quad \text{y} \quad E_3 = (0, -2/k)}$$

Nótese que $E_3$ tiene una coordenada negativa, y las únicas trayectorias que tienen sentido biológico son las del primer cuadrante. Por lo tanto, no tenemos que considerar en nuestro estudio el punto $E_3$.

La primera conclusión, que extraemos ya, es que el equilibrio $(2, 1)$ se ha convertido en el punto de equilibrio $(2 + k, 1)$. Es decir, *un término logístico mayor para los depredadores beneficia a la población presa, que pasa de una valor de equilibrio* 2 *a un valor de equilibrio* $2 + k$.

**Isoclinas.**

Las isoclinas de nuestras ecuaciones son ahora:

| |
|---|
| $P$-isoclinas (vectores verticales): $P = 0, \quad D = 1$ |
| $D$-isoclinas (vectores horizontales): $D = 0, \quad P = kD + 2$ |

En la Figura 11.26 hemos representado las isoclinas de nuestro sistema, y algunos vectores tangentes a las trayectorias (que hemos calculado por simple sustitución). Observamos que la única diferencia con el caso $k = 0$

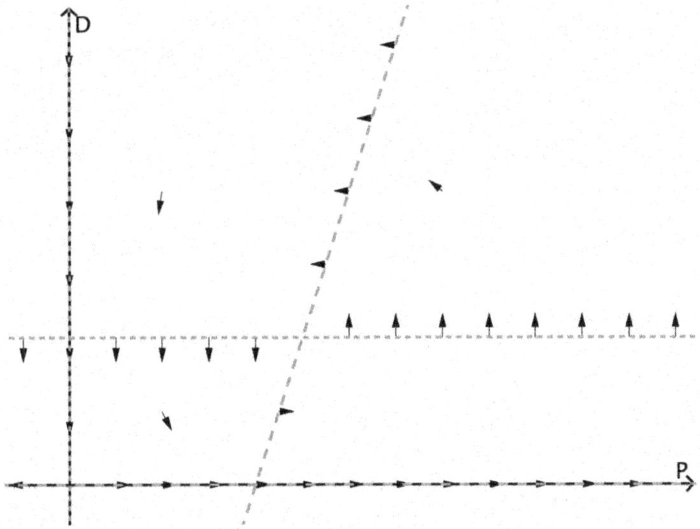


**Figura 11.26:** Isoclinas de un modelo de dos poblaciones con una relación de predación Lotka–Volterra con término logístico.

es que la isoclina $P = 2$, que es una recta vertical, se ha convertido en la recta $P = kD + 2$, que es una recta oblicua (de pendiente $1/k$).

**Estabilidad en los puntos de equilibrio.**

Derivando como de costumbre y sustituyendo calculamos las matrices Jacobianas[21] en los puntos de equilibrio:

$$J(E_1) = \begin{pmatrix} 1 & 0 \\ 0 & -2 \end{pmatrix}, \quad J(E_2) = \begin{pmatrix} 0 & -2-k \\ 1 & -k \end{pmatrix}.$$

En el punto $E_1 = (0, 0)$ la matriz Jacobiana es diagonal, y volvemos a tener un punto de silla con autovalores 1 (asociado al eje $x$) y $-2$ (asociado al eje $y$), exactamente igual que en el caso $k = 0$. En el punto $E_2 = (2+k, 1)$ la matriz Jacobiana tiene autovalores:

$$\frac{-k \pm \sqrt{k^2 - 4k - 8}}{2}.$$

La expresión $k^2 - 4k - 8$ es positiva o negativa dependiendo del valor de $k$, y tenemos tres casos[22]:

[21] Compruébalo.

[22] Haz el estudio de los signos de $k^2 - 4k - 8$.

- Si $k < 2 + 2\sqrt{3}$, los autovalores son complejos:

$$\lambda = -\frac{k}{2} + i\frac{\sqrt{4k+8-k^2}}{2}, \quad \mu = -\frac{k}{2} - i\frac{\sqrt{4k+8-k^2}}{2}.$$

Las trayectorias son entonces espirales atractoras (o estables) que giran en el sentido contrario a las agujas del reloj, convergiendo al punto $(2+k, 1)$.

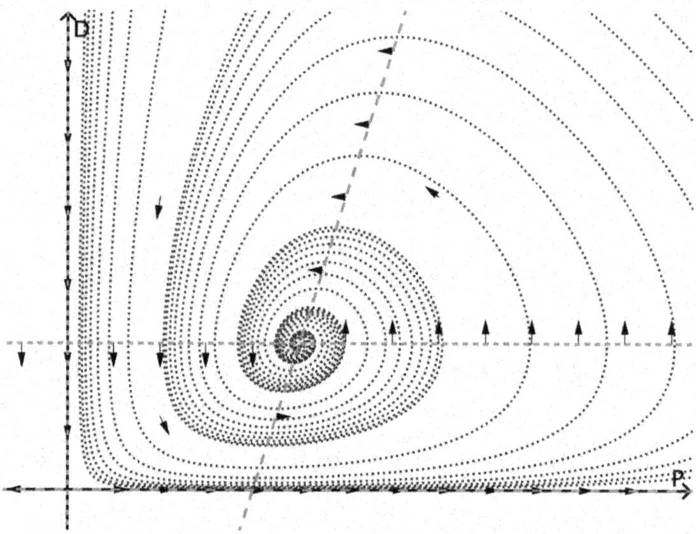


**Figura 11.27:** Trayectorias solución de un modelo de dos poblaciones con una relación de predación Lotka–Volterra con término logístico (1).

La conclusión que sacamos aquí es que *un término logístico moderado sobre la población depredadora hace que las trayectorias dejen de ser ciclos estables, y se conviertan en espirales, convergiendo al punto de equilibrio, de manera que las funciones solución $P(t)$ y $D(t)$ siguen presentando oscilaciones (como en el caso de Lotka–Volterra), pero atenuadas (su amplitud va decreciendo, tendiendo hacia cero).*

- Si $k > 2 + 2\sqrt{3}$, entonces los autovalores son reales:

$$\lambda = -\frac{k}{2} + \frac{\sqrt{k^2-4k-8}}{2}, \quad \mu = -\frac{k}{2} - \frac{\sqrt{k^2-4k-8}}{2}.$$

Como además $\sqrt{k^2-4k-8}$ es más pequeño que $k$, entonces tanto $\lambda$ como $\mu$ son negativos, siendo $\mu$ el autovalor de mayor valor absoluto.

Los autovectores de $J(E_2)$ son $u = (k+2, -\lambda)$ (asociado a $\lambda$) y $v = (k+2, -\mu)$ (asociado a $\mu$). Ambos están en el primer cuadrante, pero nótese que $-\lambda > -\mu$. Tenemos, así, un nodo estable en $E_2$, y la gráfica de las trayectorias cerca de dicho punto es la que aparece en la gráfica de la Figura 11.28 (izquierda). Finalmente, usando los razonamientos habituales, la representación de las trayectorias que obtenemos es la representada en la Figura 11.28 (derecha).

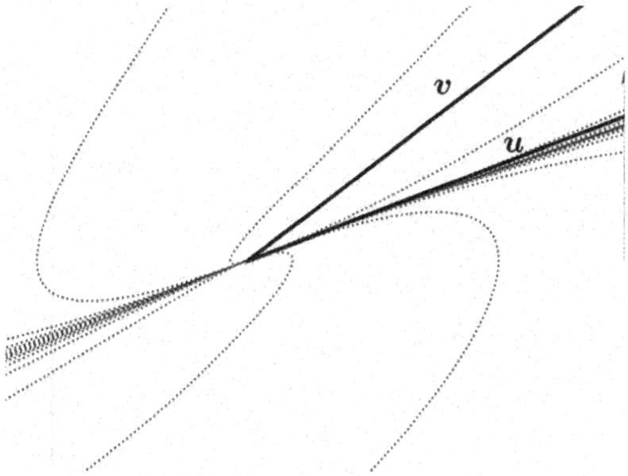

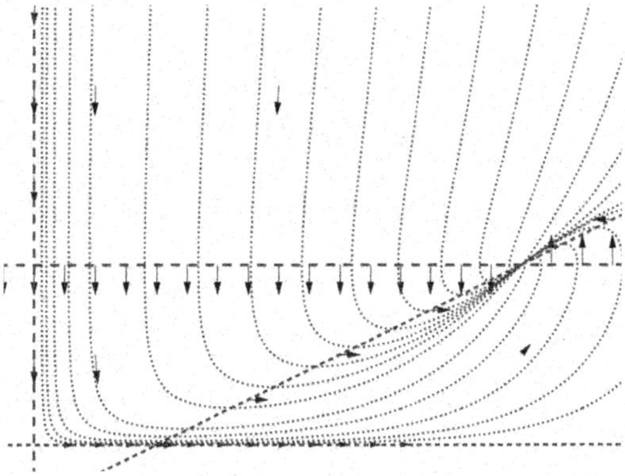

**Figura 11.28:** Trayectorias solución de un modelo de dos poblaciones con una relación de predación Lotka–Volterra con término logístico (2).

La conclusión que extraemos aquí es que *cuando el término logístico es grande, las trayectorias convergen más rapidamente al punto de equilibrio, sin realizar giros alrededor de él; en otras palabras, las funciones solución $P(t)$ y $D(t)$ no presentan oscilaciones.*

**Ejercicio 11.7.1:**

Estudia el sistema anterior para el caso en que $k$ sea exactamente igual a $2 + 2\sqrt{3}$.

## 11.8. Ejercicios

1. Un modelo poblacional de dos especies $x$ e $y$ tiene la siguiente forma:
$$\left.\begin{aligned} \frac{dx}{dt} &= x + y - 2 \\ \frac{dy}{dt} &= 3x - y - 2 \end{aligned}\right\}$$
Prueba, calculándolo, que tiene un punto de equilibrio inestable y dibuja sus trayectorias en el plano $xy$.

2. Considera el modelo poblacional de dos especies:
$$\left.\begin{aligned} \frac{dx}{dt} &= -2x - y - a \\ \frac{dy}{dt} &= 3x + y - b \end{aligned}\right\}$$
Calcula los valores de $a$ y $b$ que hacen que el modelo tenga un punto de equilibrio en $(1, 1)$. Después estudia su estabilidad y dibuja sus trayectorias en el plano $xy$.

3. Considera el modelo poblacional de dos especies:
$$\left.\begin{aligned} \frac{dx}{dt} &= x - 2y + 3 \\ \frac{dy}{dt} &= 8x + y - 10 \end{aligned}\right\}$$
Prueba, calculándolo, que tiene *un* punto de equilibrio inestable y dibuja sus trayectorias en el plano $xy$.

4. Considera el modelo poblacional de dos especies:
$$\left.\begin{aligned} \frac{dx}{dt} &= -2x - y + 3 \\ \frac{dy}{dt} &= 3x + y - 4 \end{aligned}\right\}$$
Prueba, calculándolo, que tiene un punto de equilibrio estable y dibuja sus trayectorias en el plano $xy$.

5. Este ejercicio muestra cómo nuestro método de resolución de sistemas de ecuaciones diferenciales lineales con coeficientes constantes puede servir para resolver también EDO's lineales de orden mayor que uno con coeficientes constantes (ver Sección 10.7.4). Consideremos la EDO $x'' + 3x' + 2x = 0$, donde $x = x(t)$.

   - Resuelve la EDO mediante el método que has aprendido en la Sección 10.7.4.
   - Define $y = x'$, y muestra que la EDO anterior da lugar al sistema:

$$\left.\begin{aligned} x' &= y \\ y' &= -2x - 3y \end{aligned}\right\}$$

   - Resuelve el sistema mediante los métodos explicados en este tema y compara las soluciones con las obtenidas en el primer apartado de este ejercicio.

6. Calcula los autovalores reales, y los autovectores correspondientes, de las matrices:

$$A = \begin{pmatrix} 4\log(1/2) & 0 \\ 0 & \log(1/2) \end{pmatrix}, \quad B = \begin{pmatrix} 0 & 2 \\ 1/2 & 0 \end{pmatrix}.$$

7. Considera el modelo poblacional de dos especies dado por el siguiente sistema de ecuaciones diferenciales:

$$\begin{cases} \dfrac{dx}{dt} = 4x \log\left(\dfrac{y+1}{2}\right), \\ \dfrac{dy}{dt} = y \log\left(\dfrac{x+1}{2}\right). \end{cases}$$

   - Prueba que tiene dos puntos de equilibrio y estudia su estabilidad. Esboza sus trayectorias en el plano $xy$.

8. Considera las funciones

$$f(x,y) = 4x(6-5y+y^2),$$

$$g(x,y) = 3y(-1+x).$$

Calcula las derivadas de $f$ y $g$ respecto de $x$ y de $y$.

9. Calcula los autovalores y autovectores de las matrices:

$$A = \begin{pmatrix} 24 & 0 \\ 0 & -3 \end{pmatrix}, \quad B = \begin{pmatrix} 0 & 4 \\ 9 & 0 \end{pmatrix}.$$

10. Considera el modelo poblacional de dos especies dado por el siguiente sistema de ecuaciones diferenciales:

$$\begin{cases} \dfrac{dx}{dt} = 4x(6-5y+y^2), \\ \dfrac{dy}{dt} = 3y(-1+x). \end{cases}$$

- Prueba que tiene tres puntos de equilibrio y estudia su estabilidad. Esboza sus trayectorias en el plano $xy$.

11. Siendo $C$ una constante, considera las funciones

$$f(x,y) = 4x(y^2+6-5y),$$

$$g(x,y) = 3xy-3y.$$

Calcula las derivadas de $f$ y $g$ respecto de $x$ y de $y$.

12. Calcula los autovalores reales, y los autovectores correspondientes, de las matrices:

$$A = \begin{pmatrix} 24 & 0 \\ 0 & -3 \end{pmatrix}, \quad B = \begin{pmatrix} 0 & 4 \\ 9 & 0 \end{pmatrix}, \quad C = \begin{pmatrix} 0 & -4 \\ 6 & 0 \end{pmatrix}.$$

13. Considera el modelo poblacional de dos especies dado por el siguiente sistema de ecuaciones diferenciales:

$$\begin{cases} \dfrac{dx}{dt} = 4x(y^2 + 6 - 5y), \\ \dfrac{dy}{dt} = 3xy - 3y. \end{cases}$$

- Prueba que tiene tres puntos de equilibrio y estudia su estabilidad. Esboza sus trayectorias en el plano $xy$.

14. Un modelo poblacional de dos especies $x$ e $y$ tiene la siguiente forma:

$$\left.\begin{aligned} \frac{dx}{dt} &= -2x - y - a \\ \frac{dy}{dt} &= 3x + y - b \end{aligned}\right\}$$

Calcula los valores de $a$ y $b$ que hacen que el modelo tenga un punto de equilibrio en $(1, 1)$. Después estudia su estabilidad y dibuja sus trayectorias en el plano $xy$.

15. Calcula los autovalores y autovectores de las siguientes matrices:

$$J_1 = \begin{pmatrix} 6 & 0 \\ 0 & -6 \end{pmatrix}, \quad J_2 = \begin{pmatrix} 0 & -9 \\ 4 & 0 \end{pmatrix}.$$

16. Considera el siguiente modelo de dos especies:

$$\begin{cases} \dfrac{dx}{dt} = 6x - 3xy \\ \dfrac{dy}{dt} = -6y + 2xy \end{cases}$$

calcula sus valores de equilibrio y estudia la estabilidad del modelo en torno a ellos. Esboza la gráfica de las trayectorias del modelo.

17. Un modelo de dos especies tiene un punto de equilibrio $P = (x_0, y_0)$, cuya matriz jacobiana es:

$$J = \begin{pmatrix} 1 & 2 \\ a & 3 \end{pmatrix}$$

El valor de $a$ es desconocido. Calcula la condición que debe verificar $a$ para que las trayectorias del modelo cercanas a $P$ sea espirales. En ese caso, ¿es $P$ estable o inestable?

18. Calcula los autovalores y autovectores de las siguientes matrices:

$$J_1 = \begin{pmatrix} 4 & 0 \\ 0 & 9 \end{pmatrix}, \quad J_2 = \begin{pmatrix} 0 & -6 \\ -6 & 0 \end{pmatrix}.$$

19. Considera el siguiente modelo de dos especies:

$$\begin{cases} \dfrac{dx}{dt} = 4x - 2xy \\ \dfrac{dy}{dt} = 9y - 3xy \end{cases}$$

calcula sus valores de equilibrio y estudia la estabilidad del modelo en torno a ellos. Esboza la gráfica de las trayectorias del modelo.

20. Calcula los autovalores y autovectores de las siguientes matrices:

$$J_1 = \begin{pmatrix} -4 & 0 \\ 0 & 9 \end{pmatrix}, \quad J_2 = \begin{pmatrix} 0 & 6 \\ -6 & 0 \end{pmatrix}.$$

21. Considera el siguiente modelo de dos especies:

$$\begin{cases} \dfrac{dx}{dt} = -4x + 2xy \\ \dfrac{dy}{dt} = 9y - 3xy \end{cases}$$

Calcula sus valores de equilibrio, estudiando la estabilidad del modelo en torno a ellos, y esboza la gráfica de las trayectorias del modelo. Suponiendo que en un momento dado las poblaciones tomen los valores $x = 3$, $y = 3$, describe el crecimiento de cada una de las poblaciones en ese instante.

22. Considera el modelo de dos especies dado por

$$\begin{cases} x' = cx - xy - x^2 \\ y' = -2y + xy \end{cases}$$

donde $c$ es un número positivo. Estudia sus puntos de equilibrio en función de $c$. Prueba que el modelo tiene siempre un equilibrio $E$ sobre el eje $X$ distinto del $(0,0)$ y estudia la estabilidad del modelo en torno a $E$. Razona que para $c = 3$ ninguna trayectoria conduce a la extinción de la especie $y$.

23. Considera el modelo de dos especies (simbiosis) dado por

$$\begin{cases} \dfrac{dx}{dt} = -x + xy \\ \dfrac{dy}{dt} = -y + 2xy \end{cases}$$

Calcula la ecuación de la trayectoria pasando por $(1,1)$.

24. Considera el modelo de dos especies dado por

$$\begin{cases} x' = 2x - xy - x^2 \\ y' = -y + xy \end{cases}$$

Prueba que tiene *tres* puntos de equilibrio, siendo uno de ellos el $(2,0)$. Estudia las estabilidades en cada punto y esboza sus trayectorias solución. ¿Existe alguna trayectoria que tienda a la extinción de una de las dos especies?

# Bibliografía


[1] H.R. Akçakaya; R. Arditi; L.R. Ginzburg. *Ratio–dependent predation: an abstraction that works.* Ecology **76**, 3 (1995), pp- 995–1004.

[2] V. Álvarez; D. Pestaña; J.M. Domínguez; E. Romera. *Curso básico de Cálculo y Precálculo.* Ed. Ariel (2011).

[3] R. Arditi; L.R. Ginzburg. *Coupling in predator-prey dynamics: ratio dependence*, J. of Theor. Biol., **139** (1989), pp. 311–326.

[4] R. Arditi; L.R. Ginzburg. *How Species Interact: Altering the Standard View on Trophic Ecology.* Oxford University Press (2012).

[5] S. Boyce. (1992)*Population viability analysis.* Annu. Rev. Ecol. Syst. **23** (1992), pp. 481–506.

[6] M. Braun. *Ecuaciones diferenciales y sus aplicaciones.* Ed. Iberoamérica (1990).

[7] F. Brauer; C. Castillo-Chávez.*Mathematical Models in Population Biology and Epidemiology.* Ed. Springer (2001).

[8] D. N. Burghes; M. S. Borrie. Modelling with Differential Equations. Ellis Horwood Ltd. (1981).

[9] J. de Burgos. *Álgebra Lineal.* Ed. McGraw Hill (1996).

[10] C. Darwin. *The origin of species by means of natural selection, or the preservation of favoured races in the struggle for life.* London: John Murray. 6th ed. (1872).

[11] L. Edelstein-Keshet, *Mathematical Models in Biology.* Classics in Applied Mathematics **46**, SIAM, New York (2005).

[12] C.U. Edwards; D. Penney. *Ecuaciones Diferenciales Elementales.* Ed. Prentice Hall (1999).

[13] Frobenius, G. *Über Matrizen aus nicht negativen Elementen*, Sitzungsber. Königl. Preuss. Akad. Wiss. 456–477 (1912).

[14] N.S. Goel; S.C. Maitra; E.W. Montroll, *On the Volterra and Other Nonlinear Models of Interacting Populations.* Rev. Mod. Phys. **43** (1971), pp 231–276.

[15] M. P. Hassell. Dinámica de la competencia y la depredación. Ed. Oikostau (1988).

[16] J.M. Iriondo; M.J. Albert; L. Giménez Benavides; F. Domínguez Lozano; A. Escudero (Eds.).*Poblaciones en Peligro: Viabilidad Demográfica de la Flora Vascular Amenazada de España.* Dirección General de Medio Natural y Política Forestal (Ministerio de Medio Ambiente, y Medio Rural y Marino), Madrid (2009).

[17] P.H. Leslie. *The use of matrices in certain population mathematics.* Biometrika, **33**(3), 183–212 (1945).

[18] P.H. Leslie. *Some further notes on the use of matrices in population mathematics.* Biometrika, **35**(3–4), 213–245 (1948).

[19] D. Ludwig; D. D. Jones; C. S. Holling. *Qualitative Analysis of Insect Outbreak Systems: The Spruce Budworm and Forest.* The Journal of Animal Ecology, Vol. 47, No. 1. (1978), pp. 315-332.

[20] M.A. Martín. Matemáticas bioenriquecidas: matemáticas con vida para las ciencias de la vida. Ed. M.A. Martín (2013). http://www.matematicasbioenriquecidas.com.

[21] M.C Martínez Calvo; E. Fernández Bermejo: M.T. González Manteiga; R. Lahoz Beltrá; C. Perales Graván. *Matemáticas Básicas para Biólogos.* CD-ROM Proyectos PIE 2003/3. Ed. Universidad Complutense (2003).

[22] C.D. Meyer. *Matrix Analysis and Applied Linear Algebra*, SIAM, Philadelphia (2000).

[23] R.F. Morris. *The Dynamics of Epidemic Spruce Budworm Populations.* Memoirs of the Entomological Society of Canada, Vol. 95, No. 31, pp. 1-332 (1963).

[24] J.D. Murray. *Mathematical Biology I: An introduction.* Interdisciplinary Applied Mathematics, Springer, New York (2002).

[25] J.D. Murray. *Mathematical Biology II: Spatial Models and Biomedical Applications.* Interdisciplinary Applied Mathematics, Springer, New York (2011).

[26] C. Neuhauser. Matemáticas para Ciencias. Ed. Prentice Hall (2004).

[27] E. Olivos; A. Mansilla. *Ecuaciones Diferenciales*, 100 Problemas Resueltos. Primera Edición. Editorial Universidad de La Frontera. Temuco, Chile (2005).

[28] E. Pérez-Cacho García; F.M. Gómez Cubillo. *Modelos Matemáticos y procesos dinámicos.* Universidad de Valladolid (2002).

[29] O. Perron. *Zur Theorie der Matrices*, Math. Ann. **64** (2) 248–263 (1907).

[30] L.E. Solá Conde *(herramientas gráficas y de cálculo de la asignatura de Matemáticas para biólogos y ambientólogos)*: https://sites.google.com/site/lesolac/home/docencia/materialesmbio

[31] D.G. Zill. *Ecuaciones diferenciales*, Thomson (1988).

[32] D.G. Zill. *Ecuaciones Diferenciales con Aplicaciones de Modelado.* Octava edición. Thomson Learning Iberoamericana. México D.F. (2006).